Marion Schulz · Hubert Westkämper

Die neue Heizung

Umweltfreundlich und wirtschaftlich heizen mit Gas, Holz, Strom und Sonnenenergie

ökobuch
Staufen bei Freiburg
www.oekobuch.de

Bibliografische Information der Deutschen Nationalbibliothek

Die Deutsche Nationalbibliothek verzeichnet diese Publikation in der Deutschen Nationalbibliografie; detaillierte bibliografische Angaben sind im Internet unter
http://dnb.d-nb.de abrufbar.

FSC www.fsc.org MIX Papier aus verantwortungsvollen Quellen FSC® C110508

ISBN 978-3-936896-63-3

1. Auflage 2013

Internet: www.oekobuch.de

Druck: Westermann Druck, Zwickau

Dank

Wir möchten uns an dieser Stelle bei allen Personen und Firmen bedanken, die uns beim Schreiben dieses Buches unterstützt und Bildmaterial geliefert haben. Besonderer Dank gebührt Herrn Gert Schulz, der uns in langen Gesprächen und Diskussionen mit Rat und Tat zur Seite gestanden hat, und nicht zuletzt Herrn Heinz Ladener für seine engagierte und kritische Begleitung.

Quellennachweis Umschlagbilder

obere Reihe v.l.n.r.:
- Ölbrennwertkessel m. Schichtenspeicher Quelle: Fa. Wolf
- Solaranlage m. Heizungsunterstützung. Quelle: Fa. Solvis
- Holzpellet-Ofen mit Wassertasche. Quelle: Fa. Calimax

untere Reihe v.l.n.r.:
- WhisperGen-Stirling-BHKW. Quelle: Ulf Schreiner
- Wasser-Wasser-Wärmepumpe mit Erdsonden. Quelle: Bundesverband Wärmepumpe BWP e.V.
- Luft-Wasser-Wärmepumpe. Quelle: Bundesverband Wärmepumpe BWP e.V.
- Schema Solarheizung mit Latentwärmespeicher. Quelle: Fa. Consolar

Inhalt

1 Rahmenbedingungen und Anforderungen

Die in den letzten Jahren spürbar gestiegenen Energiepreise, aber auch das Bemühen um mehr Klimaschutz und Minderung der CO_2-Emissionen veranlassen viele Menschen, intensiver über ihre Heizung nachzudenken. Dies gilt für die Planung von Neubauten ebenso wie für Sanierungsmaßnahmen im Altbau. Zentrales Thema dieses Buches wird die Beantwortung der Frage sein, wie man Wohngebäude in Zukunft komfortabel, klimafreundlich und kostengünstig beheizen kann. Vor allem wird es darum gehen, bewährte und neue Heizungstechniken für Wohngebäude vorzustellen und sie miteinander zu vergleichen. Dabei wird in der Regel vorausgesetzt, dass bei Altbauten Maßnahmen zur Verbesserung des baulichen Wärmeschutzes bereits umgesetzt sind oder im Zuge einer anstehenden größeren Modernisierung mit erledigt werden.

Wann sollte man über eine neue Heizung nachdenken?

Wer einen Neubau errichten will, muss im Rahmen der Planung auch über das Heizsystem nachdenken. Hier stellen sich Fragen wie: Welchen Energieträger oder Brennstoff wählt man am besten? Heizt man mit Heizöl oder Erdgas? Entscheidet man sich für eine Holzpelletheizung oder eine Wärmepumpe? Lohnt es sich, zusätzlich eine Solarkollektoranlage einzubauen? Oder kann man den Neubau vielleicht auch mit einer Lüftungsanlage beheizen, und wenn ja, welche Voraussetzungen sind dafür zu schaffen?

Im Altbau beanstandet in manchen Fällen der Schornsteinfeger die alte Heizungsanlage, weil der Abgasverlust über dem gesetzlichen Grenzwert liegt. Er fordert zu Recht eine Erneuerung des Wärmeerzeugers. In anderen Fällen ist die Heizungsanlage defekt und muss erneuert werden, was dann meistens recht schnell umzusetzen ist. Oder die bestehende Heizungsanlage arbeitet aufgrund ihres Alters so ineffizient, dass eine Erneuerung auch wirtschaftlich nur vorteilhaft ist. (Der Schornsteinfeger misst nur den Abgasverlust, nicht die Verluste im Heizraum!) In allen diesen Fällen stellt sich die Frage, ob man das bestehende Heizkonzept und den alten Energieträger beibehält und nur die Aggregate erneuert, oder ob man die Gelegenheit nutzt, auf ein möglicherweise zukunftsfähigeres, d.h. klimafreundlicheres und energiesparsameres System umzustellen. Welche Verbesserungen lassen sich mit einer neuen Heizung erreichen? Und welches System eignet sich am besten? Diese Fragen bewegen Besitzer von Altbauten ebenso wie Architekten und Handwerker.

Ferner ist zu berücksichtigen, dass in den letzten 10 Jahren insbesondere für die Energieträger Heizöl und Erdgas die Preise stark angestiegen sind (vgl. Abb. 1.1) und damit deutlich höhere Ausgaben für das Wohnen verursachen.

Parallel dazu ist festzustellen, dass die Heizungstechnik große Fortschritte gemacht hat. Allein durch Auswechseln eines 15 - 20 Jahre alten Kessels gegen eine moderne Anlage kann man in der Regel mit einer Energieeinsparung von rund 20% des bisherigen Jahresverbrauchs rechnen.

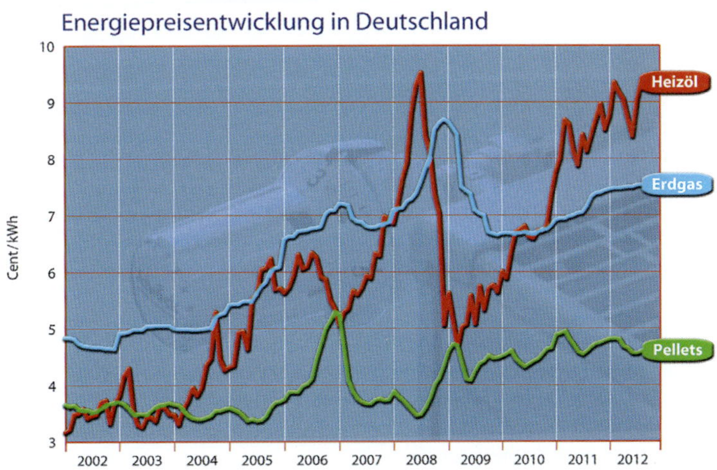

1.1:
Energiepreisentwicklung von Heizöl, Erdgas und Holzpellets in den letzten 10 Jahren.
Quelle: Solar Promotion GmbH, Stand August 2012

Bestandsaufnahme: Welcher Wärmebedarf ist zu decken?

Der Energieverbrauch für Gebäudeheizung und Warmwasserbereitung kann je nach Gebäudestandard innerhalb Deutschlands sehr unterschiedlich ausfallen: In schlecht gedämmten Altbauten mit veralteten Heizungsanlagen erreicht der jährliche Heizenergieverbrauch häufig noch Werte von 300 kWh je m² Wohnfläche und mehr, Passivhäuser und sogenannte Nullenergiehäuser kommen dagegen mit 15 kWh/(m²·a) und weniger aus. Plusenergiehäuser produzieren durch Nutzung erneuerbarer Energiequellen sogar mehr Energie als sie verbrauchen, was aber nicht heißt, dass eine Heizungsanlage überflüssig ist.
Nun stellt die geltende Energieeinsparverordnung EnEV (in der Fassung von 2009) für Neubauten Mindestanforderungen an den baulichen Wärmeschutz, die dazu führen, dass ein spezifischer Energiebedarf von rund 70 kWh/(m²·a) erreicht oder unterschritten wird. Auch für Sanierungsmaßnahmen an Altbauten gibt es gesetzliche Mindestanforderungen. Nach Komplettsanierungen, für die es besonders attraktive Fördermittel gibt, erreichen Altbauten häufig das Neubau-Niveau und liegen mit ihrem Energiebedarf oft bei 100 kWh/(m²·a) oder weniger.
Diese deutlich reduzierten Mengen an einzubringender Heizenergie führen nicht nur zu geringeren Heizkosten, sondern wirken sich auch auf die Heizungstechnik, die Wärmeerzeugung und die Wärmeverteilung aus. Deshalb ist es in Anbetracht der deutlich gesunkenen Heizleistung und des Energiebedarfs sinnvoll, die Fragen nach der optimalen und wirtschaftlichen Heizung für Gebäude mit geringem Energiebedarf neu zu beantworten und dabei auch das sich wandelnde Energieträgerangebot zu berücksichtigen. Im Hinblick auf den Wärmebedarf, den die neue Heizung decken soll, gilt es zu unterscheiden zwischen den Begriffen *Energieverbrauch* und *Energiebedarf*. Der *Energieverbrauch* ist ein real gemessener Wert, der vom Nutzerverhalten und dem aktuellen Klima abhängig ist.
Der *Energiebedarf* wird nutzer- und klimaunabhängig ermittelt. Im Extrem ist es durchaus möglich, dass ein sehr sparsamer Mensch in einem schlecht gedämmten Altbau lebt und dort ähnlich wenig Energie (Gas, Öl, Strom) verbraucht wie jemand anders in einem Passivhaus. Das funktioniert allerdings nur, wenn diese Person kaum heizt, eine erheblich verminderte Wohnqualität in Kauf nimmt, Schimmelbefall riskiert und/oder häufig bzw. überwiegend abwesend ist. Auch das Verheizen von Holz in einem Kaminofen wird in der Regel (z.B. im Energieausweis) nicht berücksichtigt, da Holz als nachwachsender Brennstoff nicht mitgerechnet wird.

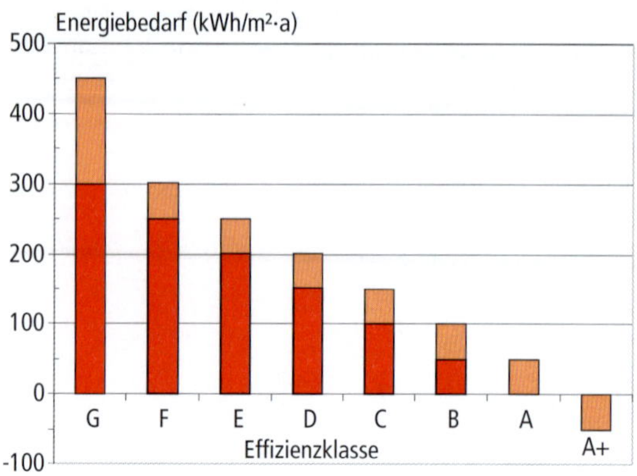

1.2
Typischer Endenergiebedarf von Gebäuden verschiedener Effizienzklassen für Heizung und Warmwasserbereitung. Die Klassifizierung mit Effizienzklassen wurde in früheren Energieausweisen aufgeführt, später aber zugunsten der Farbskala (Abb. 1.3) fallengelassen.

Beim Verkauf oder bei der Vermietung von Häusern ist ein Energieausweis vorzulegen, der aus zwei Teilen, dem Verbrauchsausweis und dem Bedarfsausweis, besteht. Mindestens einer der beiden Teile muss ausgefüllt sein und ist für 10 Jahre gültig.

- *Energieverbrauchsausweis:* Die realen Jahresverbräuche der letzten 3 Jahre an konventioneller Energie werden einer Klimakorrektur unterzogen und durch die Nutzfläche (nach EnEV) geteilt. Da das Nutzerverhalten eine große Rolle spielt, sind diese Ausweise bei Ein- und Zweifamilienhäusern mit Vorsicht zu genießen und selbst mit manipulierten Angaben muss gerechnet werden. Der Verbrauch von Holz wird nicht berücksichtigt. Ein solcher Ausweis ist einfach und kostengünstig zu erstellen.
- *Energiebedarfsausweis:* Aus der Bausubstanz und der installierten oder geplanten Heizungsanlage wird der Energiebedarf errechnet. Die Berechnung erfolgt mit normiertem Nutzerverhalten (das gesamte Haus wird ganzjährig auf 19°C beheizt und mit 0,7 h^{-1} Luftwechselrate gelüftet) und normiertem Klima (langjährige meteorologische Mittelwerte für Deutschland). Der so ermittelte Energiebedarf ist nutzer- und klimaunabhängig und gilt für ganz Deutschland, so dass Häuser von Flensburg bis zum Bodensee miteinander verglichen werden können.

Dieser Ausweis ist aufwändig in der Erstellung, da die gesamte Gebäudehülle und das Heizungssystem mit ihren Eigenschaften erfasst werden müssen. Der Energiebedarfsausweis ist wesentlich aussagekräftiger als der Verbrauchsausweis und bei der Altbausanierung oft Voraussetzung für die Beantragung von Fördermitteln (KfW-Effizienzhaus).

Da verallgemeinerbare Aussagen gefragt sind, wird im Folgenden stets der Energiebedarf von Gebäuden als Planungsgrundlage herangezogen. Der Endenergiebedarf von Gebäuden verschiedener Wärmeschutzstandards ist in Abb. 1.2 und Tabelle 1.1. dargestellt. Die Unterschiede zwischen den Haustypen sind enorm!
In früheren Jahren wurden die Effizienzklassen – analog zu den Effizienzklassen bei Haushaltsgeräten – in den Energieausweisen aufgeführt. In der Abb. 1.2 und Tab. 1.1 ist ergänzend die Klasse A+ eingeführt, um Energie-Plus-Häuser angemessen zu berücksichtigen, die damals kaum jemand für möglich gehalten hat. A+-Häuser produzieren mehr Energie als sie verbrauchen. In den neueren Energieausweisen taucht nur noch die Farbskala (Abb. 1.3) auf.

Weiterhin sind, besonders im Hinblick auf die Berechnungen und Angaben beim EnEV-Nachweis, die Begriffe *Endenergiebedarf* und *Primärenergiebedarf* zu unterscheiden.
Als *Primärenergie* wird die Energie bezeichnet, die in den Rohstoffen (Kohle, Rohöl, Erdgas, Uran) steckt, welche aus der Erde gefördert werden und die unter z.T. beträchtlichen Verlusten (für Gewinnung, Aufbereitung, Transport) erst in Endenergie umgewandelt werden müssen. Der Primärenergiebedarf ist damit ein Maß für die Umweltbelastung, die mit der Beheizung eines Hauses verbunden ist.
Endenergie (Strom, Heizöl oder Erdgas) bezieht sich dagegen auf die veredelte Energieform, die direkt zur Beheizung der Gebäude zum Einsatz kommt und vom Nutzer bezahlt werden muss.
Die verschiedenen Heizungssysteme zeigen bei gegebenem Heizenergiebedarf erhebliche Unterschiede beim Primärenergiebedarf, was ggf. über Einhaltung oder Nicht-Einhaltung des EnEV-Grenzwertes oder über die Gewährung von Fördermitteln entscheiden kann. Die Note im Energiebedarfsausweis (Abb. 1.3) ist umso besser, je geringer der Primärenergiebedarf ist.

Endenergiebedarf von Gebäuden verschiedener Effizienzklassen

	Effizienzklasse	spez. Wärmebedarf kWh/m²·a
ungedämmter Altbau vor Baujahr 1978 veraltete Heizungsanlage	G	301 bis 450
Typisch für Häuser der Baujahre 1974-1977 geringfügig sanierte Altbauten	F	251 bis 300
Typisch für Häuser der Baujahre 1978-1983 Altbauten mit sanierter Heizung	E	201 bis 250
Typisch für Häuser der Baujahre 1984-1994 Teil-Sanierte Altbauten	D	151 bis 200
Typisch für Häuser der Baujahre 1995-2008 teilsanierte Altbauten, schlechte Neubauten (EnEV)	C	101 bis 150
Neubauten (EnEV) und sehr gut sanierte Altbauten mit Rundum-Wärmeschutz und moderner Heizungsanlage	B	51 bis 100
Passivhäuser und Niedrigstenergiehäuser	A	1 bis 50
Null- und Plusenergiehäuser mit regenerativer Energiequelle	A+	0 bis -50

Tabelle 1.1
Endenergiebedarf in Abhängigkeit von der Energieeffizienzklasse. Die Bezeichnung A+ für die Effizienzklasse wurde von den Autoren gewählt, um die Null- und Plusenergiehäuser in dieser Skala angemessen zu berücksichtigen.

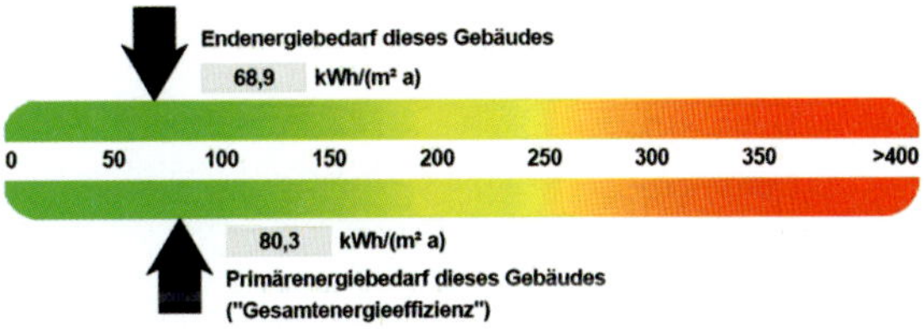

1.3: Energieskala im Energiebedarfsausweis.

Welche Maßnahmen zur Senkung des Wärmebedarfs sind möglich?

Die technischen Anlagen zur Beheizung (und Belüftung) von Gebäuden sind teuer, vergleichsweise störanfällig und in der Regel nach spätestens 20 - 25 Jahren verschlissen. Veraltet sind sie, wie viele andere technische Geräte auch, meist schon wenige Jahre nach Inbetriebnahme. Im Vergleich dazu ist eine Wärmedämmung, d.h. der bauliche Wärmeschutz, relativ preisgünstig und hat, einen fachgerechten Einbau vorausgesetzt, eine Lebensdauer von 50 - 100 Jahren. Darüber hinaus wird durch eine Wärmedämmung – schon ohne Heizung – das Raumklima verbessert und die Wohnqualität des Hauses gesteigert. Eine Heizungsanlage in einem rundum gut gedämmten Haus kann obendrein wesentlich kleiner dimensioniert werden und entsprechend energiesparsamer und kostengünstiger arbeiten als dies in einem schlecht gedämmten Altbau möglich ist.

Steht nur ein begrenztes Budget für Sanierungsmaßnahmen zur Verfügung, ist die Erneuerung einer ineffizienten Heizungsanlage vielleicht die preiswerteste und rentabelste Maßnahme, um die Heizkosten für ein Gebäude mit mittelmäßigem Wärmeschutz zu senken. Einsparungen zwischen 10 und 25% – mit thermischer Solaranlage sogar bis 40% – des Ist-Verbrauches werden sich durch solch eine Maßnahme wahrscheinlich erreichen lassen. Weitergehende Einsparerfolge sind im Altbau aber nur möglich, wenn umfassende Verbesserungen des baulichen Wärmeschutzes vorgenommen werden.

Deshalb sollte man vor der Entscheidung für eine Heizungssanierung bzw. vor dem Einbau einer neuen Heizung prüfen, ob nicht gleichzeitig oder vorab Verbesserungen des baulichen Wärmeschutzes sinnvoll und möglich sind, zumal Komplettsanierungen von der KfW mit besonders attraktiven Förderkonditionen belohnt werden. Im Folgenden werden die wichtigsten Maßnahmen kurz aufgezählt:

Wärmedurchgangzahlen von Verglasungen und Fenstern		
	U-Wert W/m²K	Oberflächen-temperatur °C
Einfachglas	5,8	-2
Isolierglas	2,8	+8
Wärmeschutzglas, 2-fach	1,1	+15
Wärmeschutzglas, 3-fach	0,5	+18
Rahmen (Holz, Kunststoff)	1,6	+14
Gedämmter Rahmen für Dreifachglas	0,7	+17

Tabelle 1.2
Wärmedurchgangzahlen von Verglasungen und Fenstern.

- **Fenster und Türen**

Durch eine Einfachverglasung fließt mehr als zehnmal soviel Energie nach außen ab wie durch die moderne Dreifach-Wärmeschutzverglasung. Die konventionelle Isolierverglasung ist immer noch viermal schlechter als die Dreifach-Wärmeschutzverglasung, wie ein Vergleich der U-Werte in Tabelle 1.2 zeigt.

Wo noch Einfachfenster vorhanden sind, macht es Sinn, diese durch dichtschließende Fenster mit Wärmeschutzverglasung (mindestens mit Zweifach-Verglasung) zu ersetzen. Bei Fenstern mit Isolierverglasung ist es empfehlenswert, die Scheiben zu tauschen, sofern die Rahmen in einem guten Zustand und dicht sind. Dies ist erheblich preisgünstiger (ca. 70%) als der Einbau neuer Fenster und bringt jährliche Einsparungen von rund 140 kWh pro m² Verglasungsfläche. Wärmeschutzglas kam Ende der 1980er Jahre auf den Markt und wurde im Jahre 1995 Pflicht in Neubauten, während man in Altbauten noch bis etwa 2000 und darüber hinaus konventionelles Isolierglas einbaute, was insbesondere für Haustüren gilt. Der Scheibenzwischenraum ist beim Wärmeschutzglas mit einem Edelgas (Argon, Krypton, Xenon) befüllt, das die Wärme weniger gut leitet als Luft, und die innere Scheibe ist auf der Innenseite mit Metall bedampft. Durch diese Maßnahmen konnte gegenüber der konventionellen Zweifachverglasung der Wärmedurchgang um etwa 60% verringert werden. Durch Dreifach-Verglasung wird der Wärmedurchgang gegenüber der Isolierverglasung sogar um 75 - 80% verringert.

Allerdings ist beim Austausch der Verglasung oder der Fenster Vorsicht geboten: Waren bis zum Glastausch die Fensterflächen jene mit der geringsten Oberflächentemperatur, sind es nun möglicherweise Teile der Außenwand. Dadurch können Außenwandecken und Wandoberflächen hinter Schränken im Winter bei mangelhaftem Wärmeschutz so weit abkühlen, dass die Luftfeuchtigkeit jetzt dort kondensiert und die Entstehung von Schimmel begünstigt. Daher wird geraten, zeitgleich mit dem Fenstertausch die Außenwände zu dämmen. Möchte man für den Fenstertausch Fördermittel von der KfW in Anspruch nehmen, verlangt die KfW-Bank sogar einen Nachweis, dass der Wärmeschutz der Wände besser ist als der der Fens-

1.4: Kerzentest und Glasdetektor zur Unterscheidung von Wärmeschutzglas und veraltetem Isolierglas.
In der Zweifachverglasung (linkes Bild) spiegelt sich die Kerzenflamme auf der Fensterbank vierfach. Ist eine Scheibe mit Metall bedampft, erscheint das betreffende Spiegelbild der Flamme etwas verfärbt. Im Bild ist das 2. Spiegelbild von links verfärbt, d.h. die Innenseite der Scheibe auf der Wohnraumseite trägt eine Metallbedampfung; es handelt sich um Wärmeschutzglas.
Professioneller, schneller und zuverlässiger geht es mit dem Glasdetektor (rechtes Bild), der für ca. 100 € im Fachhandel für Glasereien erhältlich ist (z.B. Fa. Bohle AG, Haan). Mit diesem Test lässt sich auch ermitteln, ob das Glas richtig eingebaut ist. Das beschichtete Glas sollte auf der warmen Seite (d.h. zum Wohnraum hin) liegen, um die Wärmestrahlung in den Raum zurück zu spiegeln. Fotos: Almut Setje-Eilers

ter! Zu bedenken ist auch, dass neue Fenster dichter sind als die alten. Es muss in jedem Fall konsequent gelüftet werden.
Was für die Fenster gesagt wurde, gilt gleichermaßen für Außentüren.

- **Außenwände**

Bei dem in Norddeutschland häufig anzutreffenden zweischaligen Mauerwerk ist es empfehlenswert, den Hohlraum mit einem Dämmstoff wie z.B. Perlite, geschäumtes Glas (SLS20), Polystyrolkügelchen, Mineralwollflocken zu verfüllen, sofern die Hohlschicht mindestens 4 cm stark ist. Diese sogenannte Kerndämmung ist mit Kosten von etwa 25 € pro m^2 Außenwandfläche relativ preiswert auszuführen und amortisiert sich schon nach 5 - 8 Jahren. Der Energieverbrauch des Hauses sinkt erfahrungsgemäß um etwa 20%. Die Dämmstärke ist nach heutigen Maßstäben allerdings nicht mehr ausreichend; deshalb ist eine zusätzliche Innen- oder Außendämmung in Betracht zu ziehen.
Bei einschaligen Außenmauern ist die Außendämmung (Wärmedämmverbundsystem) das Mittel der Wahl, wobei mindestens 14 cm Dämmstärke vorgesehen werden sollten. Die Kosten für diese Maßnahme liegen mit etwa 100 - 140 €/m^2 erheblich über denen für eine Hohlraumverfüllung. Handelt es sich um eine erhaltenswerte Fassade (z.B. wegen Denkmalschutz), muss man auf eine Innendämmung zurückgreifen. Diese verlangt auf jeden Fall eine sorgfältige Planung und sollte nicht ohne den fachkundigen Rat eines Sachverständigen ausgeführt werden.

- **Kellerdecke**

Wenn der Keller nicht beheizt wird, sollte die Kellerdecke möglichst von unten (also kellerseitig) durch Ankleben bzw. Anheften von 10 - 12 cm starken Dämmstoffplatten gedämmt werden. Ist das Haus nicht unterkellert, kann der Boden des Erdgeschosses nur von oben gedämmt werden. Diese Form der Dämmung ist erheblich aufwändiger und konstruktiv schwieriger, so dass auch bei dieser Ausführung unbedingt fachkundiger Rat eingeholt werden sollte. Die Energieeinsparung mit gedämmter Kellerdecke oder gedämmtem Boden liegt erfahrungsgemäß bei 5 - 10% des ursprünglichen Verbrauchs, und die darüber liegenden Räume werden „fußwärmer".
Ist das beheizte Volumen eines Altbaus rundherum möglichst lückenlos mit einer ausreichend dicken Dämmschicht umhüllt (Abb. 1.5), sollte der Energiebedarf um mindestens 50% gegenüber dem Ausgangszustand reduziert sein. Wird dann eine moderne Heizungsanlage in Verbindung mit einer Solarkollektoranlage eingebaut, kann der Energiebedarf noch einmal um die Hälfte, insgesamt also auf rund 25% des Ausgangswertes gesenkt werden.
Für eine solche Totalsanierung stellt die KfW (Kreditanstalt für Wiederaufbau) erhöhte Fördermittel zur Verfügung und vergibt das Gütesiegel „Effizienzhaus". Je sparsamer das Haus nach der Sanierung ist, desto günstiger sind die Förderkonditionen (s. Kap. 7). Der Einsparerfolg muss allerdings von einem anerkannten Planer/Energieberater nachgewiesen und durch einen Energiebedarfsausweis belegt werden. Energiesachverständige findet man unter www.energie-effizienz-experten.de im Internet.

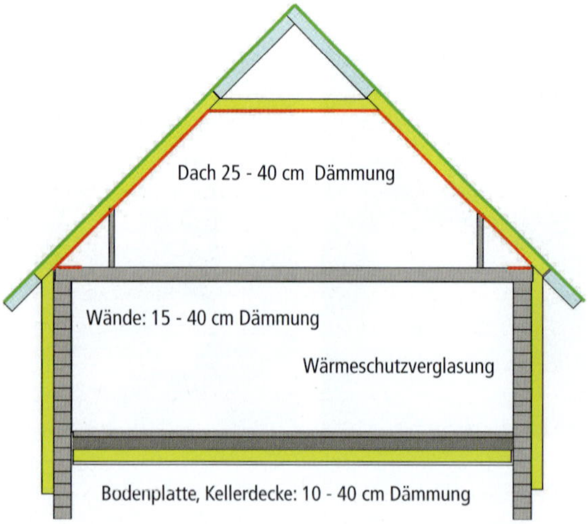

1.5
Wirtschaftlich sinnvolle Dämmstärken. Der bewohnte Bereich sollte lückenlos mit einer Dämmschicht (gelb) der genannten Dicke umhüllt werden. Rot: Dampfbremse und Luftdichtheitsebene; grün: Aufsparrendämmung und Windbremse.

Detaillierte Darstellungen der Maßnahmen zur energetischen Sanierung von Altbauten finden sich in der einschlägigen Fachliteratur, z.B. Gabriel, Ladener, Hrsg.: „Vom Altbau zum Niedrigenergie- und Passivhaus", ökobuch Verlag 2010

Neubauten

Wer neu baut, muss heute die gesetzlichen Mindestanforderungen der Energieeinsparverordnung EnEV 2009 einhalten. Neben einem Mindestwärmeschutz fordert die EnEV die Einhaltung konkreter Grenzwerte für den Primärenergiebedarf des Gebäudes. Erfüllt ein Gebäude die Mindestanforderungen für Neubauten zu 100%, wird es als Effizienzhaus 100 bezeichnet. Erreicht ein Altbau durch eine umfassende Sanierung diesen EnEV-Neubaustandard, kann das Ergebnis als gelungene Sanierung betrachtet werden. Dagegen ist das Effizienzhaus 100 beim Neubau eher eine Minimallösung. Denn es ist absehbar, dass die EnEV in den nächsten Jahren in mehreren Schritten weiter verschärft wird. Nach dem jetzt vorliegenden Entwurf der EnEV 2013 sollen die primärenergetischen Anforderungen um 12,5% und ab 2016 um 25% verschärft werden (s. Textfenster Kap. 2). Ab dem Jahr 2021 sieht die geltende EU-Richtlinie EPBD (Energy Performance of Buildings Directive) hinsichtlich der Gesamtenergieeffizienz von Gebäuden vor, dass nur noch klimaneutrale Häuser gebaut werden. Damit sind aus heutiger Sicht wohl Passiv-, Null- und Plusenergiehäuser gemeint. Wer also heute so baut, dass die Anforderungen der EnEV 2009 gerade eben erfüllt sind, hat in wenigen Jahren ein Haus mit veraltetem Wärmeschutz. Um Anreize zu geben, heute schon etwas Besseres als ein Effizienzhaus 100 zu bauen, gewährt die KfW-Bank für den Neubau von Effizienzhaus 70, Effizienzhaus 40 oder Passivhaus verbilligte Darlehen und einen Tilgungszuschuss (vgl. Kap. 7).

Welche Ziele verfolgen Bauherr und Planer?

Fragt man Hausbewohner nach den Wünschen und Ansprüchen, die sie an ihre Heizungsanlage stellen, erhält man folgende Stichworte als Antworten:

- Angenehmes Raumklima
- Komfort bei Betrieb und Bedienung
- Kostengünstiger und wirtschaftlicher Betrieb mit einem möglichst krisensicheren Energieträger
- Technik mit möglichst geringer Umweltbelastung

Die Qualität des Raumklimas ist unabhängig vom Energieträger; von wesentlicher Bedeutung sind, abgesehen vom Wärmeschutz und der Raumluftqualität, die gewählten Heizflächen. Möglich sind Radiatoren, Konvektoren, Flächenheizungen (Fußboden- und Wandheizungen) oder auch Luftheizungen, wobei die verschiedenen Arten der Wärmeübertragung unterschiedliche Vorlauf-, Oberflächen- respektive Einblastemperaturen und Raumklimata mit sich bringen. Da in gedämmten Gebäuden nicht mehr so große Mengen an Wärmeenergie übertragen werden müssen, geht der Trend in der Heizungsbranche weg von den hohen Heizungsvorlauftemperaturen (früher bis 90°C). Denn hohe Heizkörpertemperaturen sind nicht nur mit hohen Verlusten in den Rohrleitungen verbunden, sondern haben auch Staubumwälzungen in den Räumen zur Folge und beeinträchtigen so die Raumluftqualität. Schon bei einigermaßen gutem Wärmeschutz und Heizflächen üblicher Größe reichen 50 - 60°C Vorlauftemperatur vollkommen aus. Außerdem setzen sich Flächenheizungen (Fußboden- und Wandheizungen) immer mehr durch, die mit maximal 35°C Vorlauftemperatur auskommen.

Die Heizungsanlage soll kostengünstig und wirtschaftlich sein. Hier ist zu unterscheiden zwischen den einmaligen Investitionskosten und den laufend anfallenden Betriebskosten, die in der Regel auf ein Jahr bezogen ermittelt und angegeben werden. Eine „billige"

Heizung wie die Elektroheizung, die nur geringe Investitionskosten erfordert, hat in der Regel hohe Betriebskosten (Energiekosten) zur Folge, so dass sie auf längere Sicht sehr unwirtschaftlich ist. Wärmepumpenheizungen erfordern aufgrund des technischen Aufwandes dagegen vergleichsweise hohe Investitionskosten, liefern dafür aber Wärme zu relativ niedrigen Betriebskosten, sofern die Anlage korrekt geplant und installiert ist. Auf längere Sicht kann sich das auszahlen. Öl-, Gas- und Holzpellet-Heizungen liegen irgendwo zwischen diesen beiden Extremen und können einen guten Mittelweg darstellen. Allerdings ist ungewiss, ob Erdgas und vor allem Heizöl auch in 10 bis 20 Jahren noch bezahlbar sein wird. Denn hierbei handelt es sich um endliche Rohstoffe, die z.T. aus unsicheren Weltregionen importiert werden müssen. Demgegenüber sind Holz und Holzpellets nachwachsende Brennstoffe, die im besten Fall aus der Region bezogen werden können oder zumindest in Europa produziert werden.
Im Hinblick auf die Schonung der fossilen Energieressourcen ist natürlich auch die Nutzung anderer erneuerbarer Energieträger, insbesondere der Solarenergie und Biomasse (außer Holz), erstrebens- und bedenkenswert.
In Bezug auf die Umweltbelastung entstehen bei der Verbrennung von Heizöl die höchsten Schadstoffemissionen (abgesehen von Kohle), während Erdgas von den fossilen Energieträgern noch der am wenigsten umweltschädliche ist. Langfristig muss aber auch das Erdgas vor allem aus Klimaschutzgründen durch Erneuerbare Energien ersetzt werden.

Ausblick

Aus Klimaschutzgründen sollen die Treibhausgas-Emissionen in Deutschland bis zum Jahre 2050 um mindestens 80 - 95% reduziert werden, so das formulierte Ziel der Bundesregierung (Tab. 1.3). Um das zu erreichen, muss die Energieversorgung in Deutschland (und in den europäischen Ländern) grundlegend umgebaut werden. Derzeit entfallen rund 40% des Endenergieverbrauchs und ein Drittel der CO_2-Emissionen auf den Gebäudebereich. Da etwa 75% aller Gebäude vor 1978 errichtet wurden und bei diesen Gebäuden nur ansatzweise Energiesparmaßnahmen durchgeführt wurden, liegt in der Altbausanierung ein sehr großes Einsparpotential. Nach den Zielen der Bundesregierung soll der gesamte Gebäudebestand bis 2050 klimaneutral sein.
Nach einer Richtlinie der EU ist dies für Neubauten bereits ab dem Jahre 2020 vorgesehen. Diese sehr ehrgeizigen Ziele lassen sich nur erreichen, wenn die jährliche Altbau-Modernisierungsrate von derzeit 1% auf 2% verdoppelt wird. Alle Gebäude müssen Effizienzhäuser und in hohem Maße aus erneuerbaren Energieträgern versorgt werden. Ein mögliches Szenario, wie beispielsweise sich die derzeit etwa 11 Mio. ölbeheizten Gebäude umrüsten lassen, könnte folgendermaßen aussehen (grobe Schätzung):

- 50% des Energiebedarfs muss durch verbesserten Wärmeschutz eingespart werden,
- 80% der Häuser erhalten eine thermische Solaranlage,
- 25% der Hausbesitzer entscheiden sich für eine Holz-(Pellet-)heizung,
- 40% entscheiden sich für eine Wärmepumpe,
- 25% entscheiden sich für ein mit Windgas oder Biogas betriebenes Nahwärme-BHKW,
- 5% entscheiden sich für Erdgas (30% weniger CO_2 gegenüber Heizöl),
- 5% bleiben bei Öl, weil es für sie keine anderen Möglichkeiten gibt.

Um diese anspruchsvollen Teilziele und Quoten zu erreichen, werden enorme Anstrengungen notwendig sein. Dabei spielen auch weitere Verbesserungen der Heizungstechniken und die konsequente Erneuerung solcher Anlagen vor Ort eine wichtige Rolle.

Tabelle 1.3
Energiepolitische Zielsetzung der Bundesregierung
Quelle: Beratung in Meseberg im Sept. 2010 und Kabinettsbeschluss vom 6.6.2011.

Energiepolitische Zielsetzungen der Bundesregierung (Meseberg 2010)	Ziele bis 2020	Ziele bis 2050
Reduktion Treibhausgasemissionen (Basis 1990)	-40%	-80 bis -95%
Reduktion Primärenergieverbrauch (Basis 2008)	-20%	-50%
Reduktion Stromverbrauch	-10%	-25%
Anteil erneuerbarer Energien am Stromverbrauch	35%	80%
Anteil erneuerbarer Energien am Endenergieverbrauch	18%	60%

2 Grundlagen und Systementscheidungen

2.1 Welche Systeme sind möglich?

Die Zahl der technisch möglichen Systeme zur Beheizung von Wohngebäuden und zur Trinkwarmwasserbereitung hat in den letzten Jahrzehnten deutlich zugenommen. Traditionelle Heizungssysteme auf der Basis von Öl-, Gas- und Festbrennstoffkesseln wurden weiterentwickelt zu Brennwertsystemen, die eine maximale Ausnutzung der Brennstoffe durch Kondensation der Feuchtigkeit im Abgas erlauben. Zu den traditionellen Kesselanlagen kamen eine Reihe sogenannter Neuentwicklungen hinzu, wie z.B. Wärmepumpen, Blockheizkraftwerke, Brennstoffzellen, thermische Sonnenkollektoren, Jahreszeitenspeicher, Zeolithspeicher usw. Manche dieser Systeme haben mittlerweile einen nennenswerten Marktanteil erreicht. Was in diesem Zusammenhang leicht übersehen wird: ein wirklich neues System ist in den letzten Jahrzehnten nicht hinzugekommen. Alle derzeit existierenden Heizungssysteme basieren auf lange bekannten physikalischen Prinzipien, sind also lediglich Weiterentwicklungen bekannter „Urformen“. So datiert die Erfindung der Kältemaschine auf das Jahr 1834; bereits 1852 konnte Lord Kelvin nachweisen, dass sich die Kältemaschine auch für Heizzwecke eignet. 1945 ging in den USA die erste erdgekoppelte Wärmepumpe in Betrieb. Das Prinzip der Brennstoffzelle wurde 1838 von Christian Friedrich Schönbein entdeckt, indem er zwei Platindrähte in Salzsäure mit Wasserstoff und Sauerstoff umspülte und zwischen den Drähten eine elektrische Spannung messen konnte.

Der wesentliche Unterschied zwischen einem modernen und einem alten Heizungssystem liegt also weniger in den Wirkprinzipien, sondern in der konsequenten Weiterentwicklung und Optimierung des Wirkungsgrades, in der verstärkten Nutzung erneuerbarer Energien, in der Minimierung der Abgas- und Schallemissionen, der Verbesserung der Lebensdauer und Optimierung des Wartungsaufwandes usw. Optimale Ressourcennutzung ist das Gebot der Zeit: Moderne Brennwertgeräte für Öl und Gas haben da mittlerweile die physikalischen Grenzen nahezu ausgereizt. Abb. 2.1 gibt einen schematischen Überblick über die derzeit relevanten Heizungssysteme und zeigt ihre Stellung zwischen den Energieträgern einerseits und der Wärmenutzung auf der anderen Seite.

Jedes dieser Heizungssysteme hat Eigenheiten und spezifische Eigenschaften, die einen technischen und

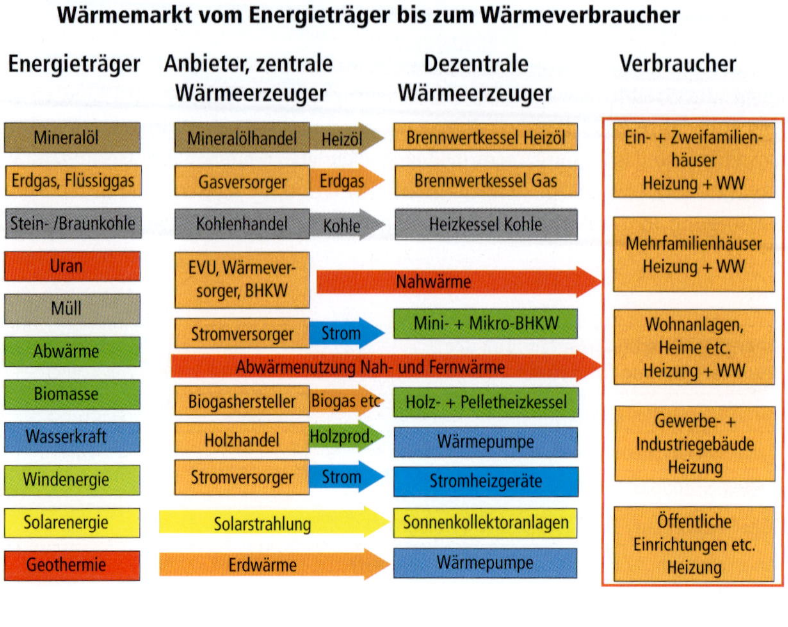

2.1
Auf dem Weg von den Energieträgern zu den Wärmeverbrauchern sind viele Akteure tätig und viele Heiztechniken möglich.

wirtschaftlichen Einsatz nur unter bestimmten Rahmenbedingungen erlauben. Anders ausgedrückt: Für ein Gebäude mit bestimmten baulichen Standards (Größe, Wärmeschutz etc.) und anlagentechnischen Eigenschaften (z.B. Heizkörper oder Fußbodenheizungsflächen) und mit einem bestimmten Nutzerprofil erweisen sich nach sorgfältiger Prüfung oft nur wenige Heizungssysteme oder Systemkombinationen als gut geeignet, wenn ein gleichermaßen wirtschaftlicher, ökologischer und komfortabler Betrieb der Anlage angestrebt wird. Die richtige Systemwahl und die sorgfältige Anlagendimensionierung sind dafür eine ebenso unabdingbare Voraussetzung wie die zu treffende Entscheidung für einen zukunftsfähigen und krisensicheren Brennstoff.

2.2 Wichtige Auswahlkriterien

Was ist zu beachten, wenn eine Heizung komfortabel und umweltfreundlich arbeiten soll und die Investitions- und Betriebskosten dabei so wenig wie möglich „auf's Portemonnaie schlagen" sollen? Kann man sich für das billigste Angebot entscheiden, oder sollte man doch lieber ein wenig mehr investieren, weil dann die Betriebskosten geringer sind? Und wenn ja, wie viel darf man investieren, um nicht in die Bereiche von Geldverschwendung und Kostenexplosion zu geraten? Wo liegen die Chancen und Grenzen der verschiedenen Techniken?

Ein Problem bei der Suche nach dem richtigen Heizungssystem entsteht dadurch, dass manchmal einseitig (nicht zuletzt in der Werbung) nur einzelne Faktoren wie Angebotspreis, Betriebskosten, Wartungsaufwand, Effizienz, Umweltfreundlichkeit usw. als entscheidendes Kriterium in den Vordergrund gestellt werden.

Eine solche einseitige Bewertung (ver-)führt fast zwangsläufig zu falschen Entscheidungen. Wählte man z.B. die Heizung mit dem geringsten Anschaffungspreis, müsste man sich für eine Elektroheizung entscheiden. Wählte man das System mit den geringsten Betriebs-/Verbrauchskosten, würde die Entscheidung vermutlich in Richtung Sole-Wärmepumpe oder Solarheizung gehen. Neben der Entscheidung für ein falsches, weil im Laufe der Zeit kosten- und/oder wartungsintensives System handelt man sich mit derart einseitiger Bewertung obendrein das Risiko einer nicht funktionierenden Anlage ein.

Die Aufgabe bei der Suche nach der optimalen Heizung besteht in der richtigen Gewichtung der baulichen Rahmenbedingungen und der variablen äußeren Einflüsse. Zu den baulichen Rahmenbedingungen gehören z.B.

- Größe und Wärmebedarf des Gebäudes,
- die Effizienzklasse, d.h. die Qualität des Wärmeschutzes,
- die Dichtigkeit der Gebäudehülle und
- die Lage des Gebäudes.

Zu den variablen äußeren Einflüssen gehören vor allem

- das Nutzerverhalten,
- die Verfügbarkeit von Brennstoffen,
- die mittelfristige Entwicklung der Brennstoffkosten und
- die Einhaltung von Klimaschutzmaßnahmen.

Drei Beispiele:

- Ein altes, schlecht gedämmtes, großes Bauernhaus mit halbsteinigem Fachwerk wird, wenn es voll beheizt werden soll, einen bedeutenden Wärmebedarf haben. Schätzungsweise liegt der spezifische Wärmebedarf zwischen 250 und 350 kWh/(m^2·a). Nehmen wir eine Nutzfläche von 200 m^2 und einen spezifischen Wärmebedarf von 300 kWh/(m^2·a) an, ist mit einem Jahreswärmebedarf von 60.000 kWh zu rechnen. Ließe sich jemand eine in der Anschaffung recht preiswerte Elektroheizung einbauen, würde er sein Konto jährlich um mehr als 10.000 € an Heizkosten erleichtern.
- Ein 1960er-Jahre-Haus mit Gästewohnung wurde teilweise saniert. Die Heizungsfirma schlug vor, den alten Ölkessel stillzulegen und eine Luftwärmepumpe einzubauen; diese würde den verbliebenen Restwärmebedarf schon decken. Die Besitzer willigten ein – und wunderten sich bereits nach dem ersten Jahr darüber, dass die Heizkosten nun sogar noch höher waren als mit der alten Ölheizung. Bei der Suche nach den Ursachen entdeckte eine Ener-

gieberaterin, dass im Haus hohe Heizwassertemperaturen (Vorlauf 60°C und mehr) benötigt werden, weil Radiatoren installiert sind. Luftwärmepumpen bringen aber allenfalls dann akzeptable Energiekosten, wenn sie an Flächenheizungen mit 35°C maximaler Vorlauftemperatur betrieben werden.

- In einem Zweifamilienhaus wurde die alte Ölheizung durch ein BHKW ersetzt. Die versprochenen finanziellen Erträge durch Stromeinspeisung ins Netz konnten nicht in geplanter Höhe erzielt werden. Dafür stiegen die Wartungskosten erheblich. Die Ursache lag einfach in der verfehlten Dimensionierung. Für den wirtschaftlichen Betrieb und eine ausreichende Auslastung des gewählten BHKW wären zwei bis drei Zweifamilienhäuser mit ähnlichem Wärmebedarf als Abnehmer notwendig gewesen. Da es an Abnehmern für Wärme fehlte, erreichte das BHKW nur geringe Laufzeiten und taktete häufig, was zu erhöhtem Verschleiß führte.

Die einfachen Beispiele zeigen: Bei der Heizungsplanung gilt es viele Faktoren und Rahmenbedingungen zu berücksichtigen, die teilweise sehr komplex zusammenwirken. Man kommt nicht umhin, die energetischen, technischen, ökonomischen und ökologischen Aspekte im Zusammenhang zu betrachten und sauber zu rechnen (oder rechnen zu lassen). Das hilft auch, die möglicherweise zu erwartende Veränderungen (z.B. beim Brennstoffpreis oder bei der Verfügbarkeit) realistisch einzuschätzen. Mag Öl heute durchaus bezahlbar sein, könnte es in 3 - 5 Jahren bereits anders aussehen. Ähnliches gilt für Gas, Strom und Holz.

Insofern sollte das Nachdenken über die neue Heizungstechnik der zweite Schritt sein. Zuvor sind die Fragen nach der Qualität der Wärmedämmung und den Möglichkeiten ihrer Verbesserung zu beantworten. Die gezielte Verminderung des Wärmebedarfes führt nicht nur zur „Heizungsvermeidung", sondern ist in den meisten Fällen auch gleichbedeutend mit der wirtschaftlichen, nachhaltigen und umweltverträglichen Verwendung der finanziellen Mittel.
Außerdem kann ein verbesserter Wärmeschutz u.U. völlig neue Anlagenkonzeptionen ermöglichen. Der Brennwertkessel wird plötzlich sehr klein und platzsparend oder der alte Kessel lässt sich (manchmal) durch ein Mikro-BHKW ersetzen, oder auf zusätzliche Heizkörper kann verzichtet werden, weil die Fußbodenheizungsflächen ausreichen usw. Im Passivhaus kann die kontrollierte Wohnraumlüftung allein die Beheizung des Gebäudes übernehmen.
Zu den veränderlichen Einflüssen sollte man übrigens nicht nur politische Entwicklungen oder neue gesetzliche Rahmenbedingungen zählen, sondern auch die Bewohner mit ihren Wünschen und Möglichkeiten. Wer heute in der Lage ist, den Brennstoff für seinen Stückholzkessel aus dem Wald zu holen, zu spalten und zu lagern, sollte sich durchaus die Frage stellen, ob er das in zehn oder fünfzehn Jahren auch noch kann. Wer heute als Berufstätiger noch einige tausend Liter Heizöl zu zahlen in der Lage ist, sollte überlegen, ob ihm das als Pensionär ebenfalls leicht fallen wird, wenn der Ölpreis auf das Doppelte bis Dreifache gestiegen ist.

Energieträger	Zahl der Wohnungen		Energieverbrauch	
total	100%	38,2 Mio.	601,4 Mrd. kWh	100%
Erdgas	49,0%	18,72 Mio.	267,8	44,5
Flüssiggas			7,8	1,3
Heizöl	29,6%	11,31 Mio.	155,3	25,8
Fernwärme	12,6%	4,81 Mio.	50,0	8,3
Strom	6,1%	2,33 Mio.	34,4	5,7
Kohle	2,7%	1,03 Mio.	13,3	2,2
Biomasse			72,8	12,1

Tabelle 2.1
Nutzung der Energieträger in privaten Haushalten in Deutschland 2010 (zusammengestellt aus den Tabellen der AG Energiebilanzen)

2.3 Die Wahl des Brennstoffs

Ein wichtiger Aspekt der Frage „Welche Heizung ist die geeignetste?“ ist die Wahl des Brennstoffes: Welcher ist zu bevorzugen? Was werden Öl, Gas, Holz, Strom in zehn oder zwanzig Jahren kosten? Wie können wir die Abhängigkeit von fossilen Energieträgern und solchen, die obendrein importiert werden müssen, verringern? Welche erneuerbaren Energieträger können wir heute schon nutzen? Und welche sogar lohnend? Vor der Behandlung der verschiedenen Heiztechniken im folgenden Kapitel werden zunächst die möglichen Brennstoffe – besser ist der Begriff Energieträger – mit ihren Eigenschaften und wesentlichen Vor- und Nachteilen beschrieben.

2.3.1 Fossile Energieträger

Fossile Energieträger wie Kohle, Erdöl und Erdgas sind im Laufe von Millionen von Jahren durch geologische Einlagerung von Pflanzen (Biomasse) entstanden. Sie sind daher nichts anderes als gespeicherte Sonnenenergie.
Durch den ausbeuterischen Umgang mit fossilen Energieträgern werden die bekannten Erdölvorräte voraussichtlich bis etwa 2040, die von Erdgas bis etwa 2060 und die von Kohle in etwa 200 Jahren erschöpft sein. Für die Bildung der fossilen Brennstoffe benötigte die Natur aber 300 Millionen Jahre! Durch die Verbrennung werden die fossilen Energieträger jedoch nicht nur verbraucht, sondern auch noch deren Abfallprodukte in die Naturkreisläufe eingetragen, z.B. CO_2 in die Atmosphäre und in die Meere. Die Folgen der Verbrennung fossiler Energieträger wie Klimawandel und Versauerung der Meere sind bekannt. Sie werden immer deutlicher und in den Auswirkungen unabsehbarer zugleich.

Kohle

Die mit Abstand größten Schadstoffemissionen entstehen bei der Verbrennung von Kohle. Der Gesetzgeber reagierte bereits: Seit dem 22. März 2010 gilt eine neue Verordnung für Feuerungsanlagen, die unter anderem verschärfte Emissionsgrenzwerte für kleine und mittlere Öfen und Kesselanlagen vorsieht. Kohle ist zugleich der Brennstoff, der das Klima am meisten schädigt. Daher und auf Grund der schlechten Handhabbarkeit von Kohleheizungen (ungleichmäßiger Abbrand, hoher Aufwand für die Beschickung, hohe Kesseltemperatur, hoher Ascheanteil, Gefahr von Kohlenmonoxidbildung) werden sie in diesem Buch nicht weiter betrachtet.

Heizöl

Heizöl ist jedoch auch keine wirkliche Alternative, selbst wenn die Verbrennung in einem modernen Brennwertkessel mit einem Wirkungsgrad von 96 - 98% (bezogen auf den Brennwert) erfolgt: Abb. 2.2 zeigt die Ergebnisse einer Studie der Ludwig-Bölkow-Systemtechnik, wonach der Punkt maximaler Ölförderung („Peak Oil“) bereits im Jahre 2008 überschritten wurde. Seither nimmt die Ölförderung stetig ab. Die sehr konservative Internationale Energieagentur IEA ging in ihren früheren Studien „World-Energy-

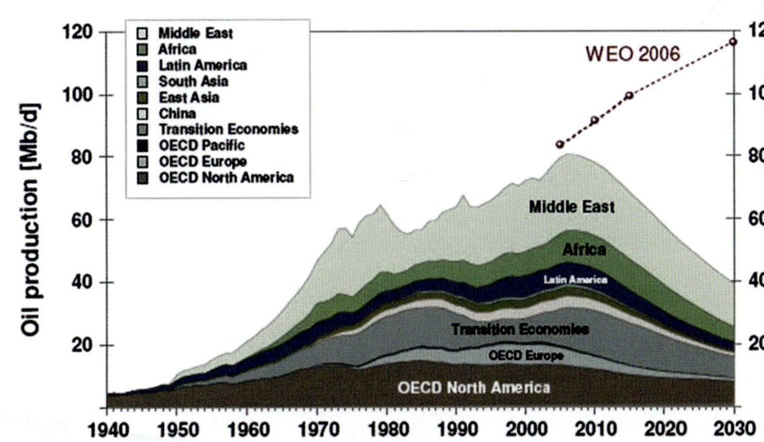

2.2
Übersicht über die weltweite Erdölförderung.
Quelle: Schindler, J. und Zittel, W.: Zukunft der weltweiten Erdölversorgung. Eine Studie der Ludwig-Bölkow-Systemtechnik im Auftrag der Energy Watch Group, 2008

Outlook“ (WEO) immer davon aus, dass nahezu unendlich viel Öl zur Verfügung steht. Im WEO 2010 kommt die IEA jedoch überraschend zu dem Schluss, dass der Peak Oil im Jahre 2020 erreicht sein und die Ölförderung danach stetig sinken wird. Sie warnt vor den Folgen. Öl als Energieträger für eine Heizungsanlage auszuwählen, bedeutet also,

- sich möglichen sehr starken Preissteigerungen auszusetzen. Anfang der 1960er Jahre lag der Erdölpreis bei 5 US-Dollar pro Barrel und ist bis zum Jahr 2012 auf mehr als 110 Dollar und damit in 50 Jahren um mehr als das 20fache gestiegen. Ein Ende der Entwicklung ist nicht absehbar, folglich sind Prognosen extrem unsicher;
- hohe Risiken bei Förderung und Transport in Kauf zu nehmen. Tankerunfälle, geborstene oder in Brand geratene Pipelines führen immer wieder zur Freisetzung großer Mengen Öl;
- radioaktiv verseuchte Rückstände zu mehren. Bei der Erdöl- und Erdgasförderung fallen jährlich Millionen Tonnen davon an. Schlämme und Abwässer enthalten NORM-Stoffe (naturally occurring radioactive material), u.a. das hochgiftige und extrem langlebige Radium 226 sowie Polonium 210. Die spezifische Aktivität der Abfälle beträgt zwischen 0,1 und 15.000 Becquerel (Bq) pro Gramm;
- Landschaften großflächig zu zerstören durch den Abbau von Ölsanden (Kanada);
- mehr Schadstoffe zu produzieren. Je kWh Nutzwärme werden etwa 30% mehr Kohlendioxid emittiert als beim Erdgas.

Öl hat z.Zt. einen Anteil von 40% am Primärenergieverbrauch in Deutschland. Mit dem Verheizen werden unersetzliche Grundlagen für Industrie und Verkehr vernichtet. Es dient zur Erzeugung von Elektrizität und als Treibstoff fast aller Verkehrs- und Transportmittel, es dient in der chemischen Industrie zur Herstellung von Kunststoffen und anderen Chemieprodukten, es ist und bleibt ganz einfach das „schwarze Gold“.

Deshalb ist es sinnvoll, die Verwendung von Öl zur Wärmeerzeugung baldmöglichst zu reduzieren. Derzeit werden in Deutschland (Statistik für 2010) noch etwa 11 Millionen Wohnungen (29% des Bestandes) mit Heizöl beheizt, wofür jährlich rund 15,5 Mrd. l Heizöl verbrannt werden. Diese Zahlen offenbaren ein erhebliches Potential für die Heizungserneuerung. Auch wenn der Anteil neu installierter Ölheizungen inzwischen auf weniger als 6% der Neuanlagen zurückgegangen ist, zeigt der erhebliche Bestand aber auch, wie anspruchsvoll die Aufgabe einer Umstellung von Öl auf andere Brennstoffe sein wird.

Erdgas

Damit bleibt von den fossilen Brennstoffen also nur das Erdgas als Brennstoff mit halbwegs akzeptablen Eigenschaften übrig. Rund 49% aller deutschen Haushalte (vgl. Tabelle 2.1) heizen mit Erdgas und verbrauchen dabei rund 268 Mrd. kWh. Pro kWh Nutzwärme werden mit einem Brennwertkessel „nur“ 244 g CO_2 (vgl. Tabelle 2.2) freigesetzt, während es beim Ölbrennwertkessel 302 g sind. Zu den Pluspunkten von Erdgas zählen die relativ schadstoffarme Verbrennung (abgesehen vom CO_2), die geringen Wartungskosten sowie der geringe Platzbedarf des Wärmeerzeugers. Ein Lagerraum ist nicht erforderlich, wenn der Anschluss an das Gasnetz möglich ist. Die meisten Großstädte, aber auch viele ländliche Gebiete sind in das Erdgas-Fernleitungsnetz eingebunden.

Erdgas enthält im Vergleich zum einfachen Heizöl praktisch keinen Schwefel. Der Ausstoß der Schadstoffe Kohlenmonoxid und Stickoxid wird wesentlich von der verwendeten Brennerkonstruktion bestimmt (was für gasbefeuerte ebenso wie für ölbefeuerte Anlagen gilt). Zur Erhöhung der Betriebssicherheit wird dem Erdgas ein Geruchsstoff zugefügt, der beim Austreten geringster Mengen wahrgenommen wird. Erdgas lässt sich durch Tiefkühlung auch verflüssigen und transportieren.

Aber auch Erdgas besteht aus Kohlenwasserstoffverbindungen, im Wesentlichen aus Methan (CH_4). Es ist damit, chemisch gesehen, dem Erdöl sehr ähnlich, kann also wie Erdöl genutzt oder auch in Erdöl verwandelt werden (Stichwort: Fischer-Tropsch-Verfahren).

Erdgas kann in unterirdischen Speichern relativ kostengünstig bevorratet werden. In Deutschland gibt es derzeit ca. 43 solcher (Kavernen-)Speicher, die in Salzstöcken in Tiefen von 180 bis 3.000 Meter liegen. Das Volumen dieser Speicher reicht aus, um statistisch den Verbrauch von etwa 80 Tagen in Deutschland zu decken.

Erdgas wird normalerweise per Pipeline z.B. aus Sibirien angeliefert. Durch Tiefkühlung verflüssigtes Erdgas kann auch per Tanker angeliefert werden. Durch intensive Suche nach neuen Lagerstädten, insbesondere durch das sehr Umwelt schädigende „Fracking“, gibt es momentan ein Überangebot von Erdgas auf dem

Markt, was die Preise drückt. Ob dieses Überangebot von Dauer ist, darf bezweifelt werden.
Weitere Nachteile des Energieträgers sind die Klimaschädlichkeit von Erdgas bei dessen Freisetzung (Leckagen in Pipelines, Verluste bei Transport und Lagerung) und die hohe Abhängigkeit, die durch den Import aus politisch teilweise weniger stabilen Regionen entsteht.

Flüssiggas

Flüssiggas (Propan, Butan), ein möglicher Ersatz für nicht leitungsversorgte Gebiete, entsteht bei der Erdöl-Verarbeitung und ist in der Regel teurer als Erdgas, meist auch als Heizöl. Zusätzliche Kosten entstehen durch die Miete für den Tank. Wer sich dauerhaft mit Flüssiggas versorgen will, fährt grundsätzlich günstiger, wenn er einen Tank kauft! Bei zunehmender Verknappung der Ressource Erdöl wird für Flüssiggas eine ähnliche Preisentwicklung wie bei Heizöl erwartet (Stichwort: Ölpreisbindung). Insofern gelten für Flüssiggas hinsichtlich Verfügbarkeit die gleichen Aussagen wie für Erdöl.

2.3.2 Regenerative Energiequellen

Die regenerativen Energieformen entstehen auf natürliche Weise in menschlichen Zeitmaßstäben immer wieder neu. Sie können in der Regel dezentral genutzt werden, was ökologisch und sozial verträglicher als die zentrale Nutzung ist.

Zu den regenerativen Energien zählen

- die Sonnenenergie, die auf direktem Weg durch thermische Kollektoren zur Wärmeerzeugung und durch Photovoltaikanlagen zur Stromerzeugung genutzt werden kann,
- die Windenergie, die durch Windkraftanlagen meist in größerem Maßstab zur Stromerzeugung genutzt wird,
- die Wasserkraft, die durch Strömungs- und Gezeitenkraftwerke ebenfalls hauptsächlich zur Stromerzeugung herangezogen wird,
- die Biomasse, zu der neben Holz auch Energiepflanzen, Pflanzenabfälle und deren Folgeprodukte wie Biogas zählen; sie kann durch Verbrennung (Holz) zur Wärmeerzeugung oder durch Vergärung bzw. Vergasung (Mais, Gülle, Mist, Gülle) zu einem hochwertigen, speicherbaren Brennstoff (Biogas) veredelt werden,
- die Erdwärme oder Geothermie. Die oberflächennahe Erdwärme wird aus zwei Quellen gespeist: Der überwiegende Teil stammt aus Sonnenenergie und der übrige Teil ist geothermische Energie, die aus dem Erdinnern ständig nachströmt.

Um die Nutzung erneuerbarer Energien zu fördern, wurde im April 2000 das Erneuerbare Energien Gesetz (EEG) in Deutschland eingeführt. Damit wird das Ziel verfolgt, den Anteil regenerativer Energien am gesamten Energieverbrauch wesentlich zu erhöhen. Es wurde 2008 durch das Erneuerbare-Energien-Wärmegesetz (EEWärmeG) ergänzt, welches eine Pflicht zur Nutzung von erneuerbaren Energien zur (teilweisen) Wärmeversorgung in Neubauten begründet.

Windenergie

Wind wird mittels Windkraftanlagen in elektrische Energie umgewandelt. Nachteile des Windstroms sind vor allem die großen witterungsbedingten Leistungsschwankungen. In neuester Zeit wird zur Verwertung der Angebotsüberschüsse versucht, aus überschüssigem Windstrom „Windgas" zu erzeugen, indem Wasser per Elektrolyse in seine Bestandteile Wasserstoff und Sauerstoff zerlegt wird. Solange der Wasserstoffanteil im Erdgasnetz unter 5% liegt, kann der Wasserstoff direkt in das Erdgasnetz eingespeist werden. Langfristig kann man den Wasserstoff mit Kohlendioxid – z.B. aus einer Biogasanlage – reagieren lassen und dabei Methan gewinnen, was der Hauptbestandteil von Erdgas ist. Der Wirkungsgrad bei der Erzeugung von Erdgas (Windgas) aus Strom liegt bei 60% und ist damit recht gut! Windgas kann man bereits bei Greenpeace energy beziehen.

Wasserkraft

Wasserkraft ist nur an wenigen Stellen gut nutzbar; in Deutschland ist das Potential weitgehend ausgeschöpft. In manchen Regionen lassen sich allerdings noch kleine Wasserkraftwerke reaktivieren oder neu installieren. Auch hier wird die Energie in Form von elektrischem Strom ins Netz eingespeist, so dass für die Heizungsanwendung der Energieträger Strom zu betrachten ist.

Biomasse

Unter dem Begriff Biomasse werden Biogas, Holz, Pellets und weitere Brennstoffe aus nachwachsenden Rohstoffen (Begriff: NawaRo) zusammengefasst.

Biogas entsteht wie Erdgas beim Abbau organischer Substanzen durch Mikroorganismen unter Sauerstoffabschluss. In vielen landwirtschaftlichen Betrieben gibt es inzwischen Biogasanlagen, in denen Gas aus nachwachsenden Rohstoffen (oftmals Mais) und landwirtschaftlichen Reststoffen (Mist, Gülle, Grasabfälle u.ä.) erzeugt wird. Das Gas besteht zu etwa 60% aus Methan, zu 40% aus CO_2 und Spuren von Schwefelwasserstoff (H_2S) und anderen Gasen. Biogas kann in Blockheizkraftwerken (BHKW) mit bis zu 90% Wirkungsgrad in Strom und (Nah-/Fern-)Wärme umgewandelt oder nach Reinigung als Biomethan ins Erdgasnetz eingespeist werden. Das ausgegorene Eingangsmaterial ist ein guter Dünger und weitgehend geruchsneutral. Biogas ist speicherbar, so dass Biogasanlagen wertvollen Spitzenstrom liefern oder dann Strom produzieren könnten, wenn Wind- oder Sonnenenergie nicht verfügbar sind. Leider wird das über das EEG nicht honoriert, so dass Biogasanlagen in der Regel eher als Grundlastkraftwerke betrieben werden. Allerdings ist Biogas in den letzten Jahren in Verruf gekommen. Mais-Monokulturen, Bedrohung der Artenvielfalt, Nahrungsmittelkonkurrenz auf den Feldern, Preissteigerungen für Ackerflächen, erhöhtes Transportaufkommen in ländlichen Gebieten sind mehr oder weniger typische Nutzungskonflikte, wenn die Bioenergienutzung (nicht nur bei Biogas, sondern z.B. auch beim Holz) weiter intensiviert wird. Hier müssen gesellschaftlich tragbare Lösungen erarbeitet und Grenzen gesetzt werden.

Zur Erfüllung der Anforderungen des EEWärmeG kann bei vielen Erdgasanbietern in Deutschland sogenanntes *Bio-Erdgas* mit 10% Biogas-Anteil bezogen werden. Wer einen Liefervertrag für Bio-Erdgas vorweist, kann damit im Altbau seine Verpflichtung (in Baden-Württemberg) zur Nutzung von 10% erneuerbarer Energie erfüllen und beispielsweise die Installation einer thermischen Solaranlage umgehen. Beim Anbieter Lichtblick kann man Erdgas mit 5% Biogasanteil beziehen, und die Firma Naturstrom AG bietet Erdgas mit 10%, 20% oder sogar 100% Biogas-Anteil (reines Biogas). Letzteres kostet 12,95 ct/kWh und ist damit etwa doppelt so teuer wie normales Erdgas. Beide Firmen betonen, dass das Biogas nicht aus Massentierhaltung stammt.

Das Erneuerbare-Energien-Wärmegesetz (EEWärmeG)

Nach dem EEWärmeG sollen bis 2020 mindestens 14% des Wärme- und Kälteenergiebedarfs im Gebäudebestand durch erneuerbare Energien abgedeckt werden. In Neubauten ist es deshalb Pflicht, einen bestimmten Anteil des Bedarfs durch erneuerbare Energien (EE) zu erzeugen. Ursprünglich sollte diese Forderung auch für Altbauten gelten, bei denen eine Heizungssanierung ansteht; sie wurde aber nur im Land Baden-Württemberg in das entsprechende Landesgesetz aufgenommen. Dort müssen z.B. bei einem Kesseltausch mindestens 10% des Bedarfs durch EE gedeckt werden oder z.B. durch verbesserten Wärmeschutz eingespart werden.

Das EEWärmeG gilt z.B. als erfüllt, wenn eine thermische Solaranlage mit 0,04 m² Aperturfläche je m² EnEV-Nutzfläche (EFH/ZFH) bzw. 0,03 m² je m² EnEV-Nutzfläche (MFH) installiert wird. Bei einem EFH/ZFH mit 200 m² EnEV-Nutzfläche ist also eine (Netto-)Kollektorfläche von 8 m² erforderlich.

Statt erneuerbare Energien zu nutzen kann man z.B. auch den Wärmeschutz des Gebäudes soweit verbessern, dass sowohl die Transmission (H_T‘) als auch der Primärenergiebedarf Q_p um 15% unter den Anforderungen der EnEV liegen. Ohne Solarenergienutzung ist die Unterschreitung des Primärenergiebedarfes um 15% aber schwer zu erreichen.

Anforderungen des EEWärmeG zur anteiligen Nutzung erneuerbarer Energie

Mindestdeckungsanteile		Ersatzmaßnahmen	
Solare Strahlungsenergie	15%	Anlagen zur Nutzung von Abwärme	50%
Gasförmige Biomasse	30%	Wärme aus Kraft-Wärme-Kopplung	50%
Flüssige und feste Biomasse	50%	Q_p und H'_T nach EnEV	-15%
Geothermie und Umweltwärme	50%		

Holz

Holz hat als Brennstoff in den ländlichen Gebieten in den letzten Jahrzehnten zunehmend an Bedeutung gewonnen. Es verbrennt klimaneutral (das bei der Verbrennung freigesetzte CO_2 entspricht genau der Menge, die beim Wachsen des Holzes der Luft entnommen wurde), zusätzliche CO_2-Emissionen entstehen aber durch Aufbereitung und Transport. Insgesamt wird der Brennstoff Holz mit einem sehr geringen CO_2-Äquivalent bilanziert und ist vergleichsweise preiswert (mit abnehmender Tendenz), führt aber bei schlechter Feuerungstechnik zu hohen Feinstaubbelastungen. Aufgrund der verstärkten Nachfrage ist der Preis für

Stückholz in den letzten Jahren kontinuierlich gestiegen, derzeit muss mit ca. 3 - 6 ct/kWh gerechnet werden. Allerdings sind bei Stückholz durch Eigenleistung Kosteneinsparungen möglich: Wer die Kraft, die Zeit, das Werkzeug und u.U. sogar ein Waldgrundstück hat, kann erheblich Kosten sparen und seinen Brennstoffbedarf preisgünstig decken. Das Holz muss nur wachsen, die Bäume müssen gefällt, transportiert, gesägt, gespalten, gelagert und ein letztes Mal transportiert werden, bevor die Asche entsorgt werden darf.

Für den städtischen Bereich ist Stückholz kaum geeignet: Feinstaubemissionen, Kohlenmonoxid und die sonstigen Schadstoffe, aber auch der Bedarf an Lagerflächen und die hohen Transportvolumina sprechen dagegen. Zudem hat die Versorgung der Abnehmer mit Holz natürliche Grenzen: Das Holzvolumen in den deutschen Wäldern hat zwar zugenommen, in den letzten zehn Jahren schätzungsweise um 20%. Aber Holz ist für eine Unzahl von Industrieprodukten Ausgangsmaterial, die Weltmarktpreise steigen, der Export boomt. Nach Schätzungen von Forstwirtschaftlern ist potentiell maximal etwa das Dreifache der derzeit genutzten Holzmenge von 13 Mrd. kWh/a als Brennholz nutzbar, ohne dass die nachhaltige Bewirtschaftung der Wälder darunter leidet. Allerdings wird auch deutlich, dass das im Lande wachsende Holz bei weitem nicht ausreichen würde, um den Energiebedarf für die Beheizung unserer Häuser allein mit Brennholz zu decken.

Holzpellets sind eine elegante Lösung, um auch in kleineren Anlagen eine automatische Feuerung mit dem Brennstoff Holz zu realisieren. Erforderlich ist ein Kaminofen oder ein Pelletkessel mit Fördereinrichtung für den Brennstoff und ein entsprechendes Vorratslager. Pelletkessel emittieren erheblich weniger Feinstaub als Stückholzheizungen, jedoch sind die CO_2-Emissionen gegenüber Stückholz durch die Verarbeitung etwas höher. Dafür kann das Vorratslager kleiner ausgelegt werden, da Pellets bereits fertig getrocknet geliefert werden. Auch der Arbeitsaufwand für Transport und Lagerung ist minimal. Allerdings sind die Investitionskosten für Holzpelletanlagen relativ hoch.

Holzhackschnitzel und andere NawaRo: Eine ähnliche Situation ergibt sich für andere Biomasse-Brennstoffe wie Holzhackschnitzel, Stroh, Kirschkerne usw.

Heizwert, Brennwert und Preise von Brennstoffen

Brennstoff	Heizwert H_i kWh je Einheit	Brennwert H_s kWh je Einheit	Preis € je Einheit	Einheit	Wärmepreis ct/kWh	CO_2-Emission g/kWh
Heizöl	10,1	10,7	0,90	Liter	9,0	302
Erdgas L	8,9	9,8	0,66	m³	6,5	244
Erdgas E	10,4	11,6	0,74	m³	6,5	244
Flüssiggas Propan/Butan	12,9 7,2	14,0 7,8	1,63 0,67	kg Liter	8,6	263
Steinkohle Koks	7,6		0,55	kg	*7,2	438
Braunkohle-Brikett	5,4	5,8	0,35	kg	*6,5	451
Scheitholz Buche	4,0 2.100	4,5 2.300	70	kg rm	*3,3	6
Scheitholz Kiefer	4,4 1.600	4,9 1.750	60	kg rm	*3,8	6
Holzbriketts	4,8	5,4	0,30	kg	5,6	10 - 50
Hackschnitzel	4,1 850	918	25	m³ srm	*2,9	10 - 50
Holzpellets	4.600	5.400	250	to	4,6	10 - 50
Strom Haushaltstarif Wärmepumpentaril	1	1	0,25 0,18	kWh kWh	25 18	597 597

*Der Wärmepreis bezieht sich bei diesen Brennstoffen auf den Heizwert, da Brennwertkessel nicht verfügbar sind.

Tabelle 2.2: Brennstoffe mit Heizwert, Brennwert und aktuellen Preisen incl. Mwst. Der Preis hängt teilweise stark von der Liefermenge ab. Preisstand Sommer 2012. Die CO_2-Emissionen nach GEMIS und EnEV unterscheiden sich je nach Herkunft und Bearbeitung der Brennstoffe.

(sogenannte nachwachsende Rohstoffe NawaRo). Sie haben einen akzeptablen bis guten Heizwert und sind – mancherorts – preiswert verfügbar. Da die Verbrennungsanlagen in der Regel aber sehr groß, teuer und wartungsintensiv sind, kommen solche Heizungsanlagen nur zur Versorgung großer Gebäude (Landwirtschaft) oder ganzer Siedlungen (Nahwärme) in Betracht.

Umgebungswärme und Erdwärme stehen zwar in beinahe unbegrenztem Umfang zur Verfügung, sind aber nur mit einer Wärmepumpe nutzbar: Die Wärmeenergie der Luft oder des Bodens, die ein niedriges Temperaturniveau hat, wird mit einer Wärmepumpe auf ein höheres Temperaturniveau angehoben, das für die Gebäudeheizung nutzbar ist. Für den Antrieb der Wärmepumpe ist elektrischer Strom erforderlich. Je größer die Temperaturdifferenz zwischen Umweltwärmequelle und Heizungstemperatur, umso höher ist der Stromverbrauch dieser Anlagen.

Gut ausgelegte und optimal arbeitende Wärmepumpen, die an Flächenheizungen (Fußboden- und Wandheizungen) arbeiten, benötigen 1 kWh Strom, um damit etwa 3 - 4 kWh nutzbare Wärme (und mehr) zu erzeugen. Sie kompensieren damit die immensen Kraftwerksverluste (der Wirkungsgrad liegt üblicherweise bei nur 30 - 45%) und stellen gewissermaßen eine ökologisch akzeptable Form der Stromnutzung zu Heizzwecken dar. Leider gibt es aber auch viele schlecht ausgelegte Wärmepumpen mit Arbeitszahlen von 2 und weniger, die sich der direkten Elektroheizung bedenklich nähern und damit nicht mehr zu befürworten sind.

Sonnenenergie

Der wichtigste Energielieferant unter den Regenerativen ist die **Sonne**, der einzige wirklich betriebssichere und zuverlässige Fusionsreaktor. Eigentlich ist die Sonne keine regenerative Energiequelle, denn sie verbrennt ihren eigenen Brennstoff, und zwar seit Milliarden Jahren. Sie gab uns die fossilen Energieträger, die wir in wenigen Jahrhunderten verbraucht haben werden; und sie hält das System der regenerativen Energieträger auf der Erde weiter in Bewegung, liefert also Wind für die Windparks, Umgebungs- und Erdwärme für die Luft- und Solewärmepumpen, Mais für die Biogasbauern, und sie lässt sich sogar direkt nutzen.

Wir können ihre Wärme zur Trinkwasser-Erwärmung, für die Heizung oder zur Stromerzeugung nutzen. Kurz gesagt: Die Sonne ist und bleibt der wichtigste Energielieferant für alle Formen der Heizung. Nachteilig sind die tages- und jahreszeitlichen Schwankungen, die ja überhaupt die Ursache für unseren erhöhten Energiebedarf im Winterhalbjahr sind: Speicher sind unumgänglich. Andere Nachteile sind nicht bekannt, es sei denn, man setzt sich oder ungeeignete Materialien ungeschützt intensiver Sonnenstrahlung aus.

Der „Brennstoff“ Sonnenenergie ist kostenlos. Allerdings sind die Anlagen zur Sonnenenergienutzung mit Investitions- und Betriebskosten verbunden, die, auf die produzierte Energie umgelegt, zu kalkulatorischen Kosten für Sonnenstrom und Sonnenwärme führen. Wieviel Treibhausgas bei den unterschiedlichen Energiesystemen jeweils anfällt, zeigen Abb. 2.3 und Tab.2.3 im Überblick.

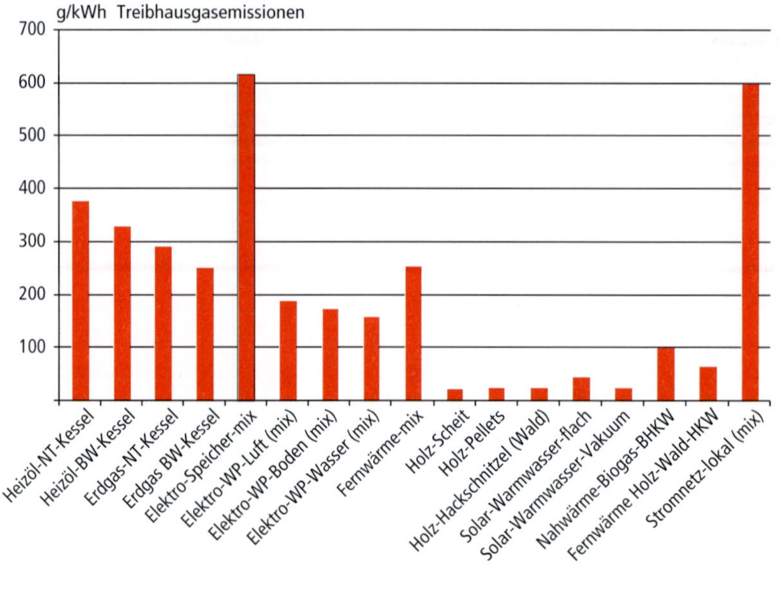

2.3: Treibhausgasemissionen verschiedener Energiesysteme (nach GEMIS 4.6, 2010).

2.3.3 Zentral und dezentral erzeugte Energieträger

Neben den fossilen und erneuerbaren Energieträgern gibt es noch einige, die sich nicht eindeutig der einen oder anderen Gruppe zuordnen lassen. Diese Energieformen, in erster Linie Strom und Fern-/Nahwärme, werden zentral oder dezentral erzeugt und in direkt nutzbarer Form, d.h. als Strom oder Wärme, an die Verbraucher geliefert. Sie können sowohl aus fossilen Energieträgern als auch aus regenerativen Quellen erzeugt werden.

Strom

Elektrischer Strom ist zwar kein Brennstoff, aber doch ein universeller und sehr hochwertiger Energieträger, der auch für die Wärmeerzeugung nutzbar und von Bedeutung ist. Kein anderer Energieträger lässt sich so vielfältig umwandeln und nutzen. Dabei ist der Wirkungsgrad bei der Umwandlung in Wärme stets 100%, gleichgültig, ob der Strom in einem Heizlüfter, einem Computer oder in einer Lampe verheizt wird. Wird der Strom in Wärmepumpen eingesetzt, kann man damit ein Vielfaches der eingesetzten elektrischen Energie an Nutzwärme zur Gebäudeheizung erzeugen, weil die Wärmepumpe auch noch Umweltwärme in das Haus transportiert.

Stammt der Strom aus erneuerbaren Quellen (Ökostrom), ist er im Prinzip schadstofffrei. Doch auch Solar- und Windkraftwerke müssen hergestellt, transportiert, aufgebaut und später wieder entsorgt werden. Dafür werden in der Regel (noch) fossile Energieträger eingesetzt und Rohstoffe abgebaut. Das hat zur Folge, dass auch Ökostrom nicht völlig „rein" ist.

Insofern ist nichtverbrauchte Energie noch besser als Ökostrom; Maßnahmen zur Einsparung von Energie verdienen in aller Regel Vorrang vor Maßnahmen zur umweltfreundlichen Energieerzeugung.

Tabelle 2.3 Schadstoffemissionen bei der Wärmeerzeugung (nach GEMIS 4.6, 2010). Die Emissionsangaben schwanken je nach Herkunft und Bearbeitung der Brennstoffe.
Die Anlagenaufwandszahlen (Richtwerte) wurden für ein Haus mit 90 kWh/m²·a Heizwärmebedarf errechnet. Bei den Wärmepumpen werden Flächenheizungen (max. Vorlauf 35°C) und bei den übrigen Wärmeerzeugern Radiatoren (55°C) angenommen. Bei den Solarkollektoren wird zusätzlich ein Gas-Brennwertkessel angenommen.

Schadstoffemissionen und Anlagenaufwandszahlen bei der Wärmeerzeugung

	CO_2-Äquivalent g/kWh	SO_2-Äquivalent mg/kWh	NO_x mg/kWh	Staub mg/kWh	Kumulierter Energieverbrauch kWh_{fossil}/kWh_{nutz}	Anlagen-Aufwandszahl
Heizöl-NT-Kessel	376	527	228	30	1,38	1,51
Heizöl-BW-Kessel	327	459	200	26	1,20	1,41
Erdgas-NT-Kessel	290	164	208	8	1,33	1,51
Erdgas-BW-Kessel	251	142	180	8	1,15	1,38
Elektrospeicher	614	824	634	45	2,38	2,79
Elektro-WP-Luft	186	254	194	16	0,72	1,01
Elektro-WP-Boden	172	242	186	16	0,66	0,86
Elektro-WP-Wasser	157	231	176	17	0,60	0,76
Fernwärme fossil o. KWK	254	402	357	17	0,90	1,68
Fernwärme Holz	65	534	579	34	0,25	0,48
Holz-Scheit	21	414	283	277	0,03	0,47
Holz-Pellets	25	388	328	75	0,09	0,45
Holz-Hackschnitzel	24	439	429	169	0,07	0,46
Solar-Flachkollektor	44	198	114	41	0,14	1,11*
Solar-Vakuumkollektor	24	81	58	9	0,08	1,11*
Biogas-BHKW	99	542	313	25	0,34	0,07
Stromnetz-lokal	597	796	611	41	2,32	2,79

* in Verbindung mit Brennwert-Heizkessel

2.4 Energieeinsparverordnung EnEV

Um den (unwiederbringlichen) Verbrauch an Primärenergie, die Auswirkungen auf das Klima und die Importabhängigkeit bei fossilen Brennstoffen zu mindern, wurden in den letzten Jahren verschiedene Verordnungen und Gesetze erlassen. Die wichtigsten sind die Energieeinsparverordnung EnEV, das Erneuerbare Energien Gesetz EEG, das die Einspeisung von Strom (und Gas) aus erneuerbaren Energien regelt, sowie das Erneuerbare-Energien-Wärme-Gesetz EEWärmeG (s. Kap. 1), das Neubau-Besitzer zur Nutzung von erneuerbarer Energie im Wärmebereich bewegen soll.

Die Energieeinsparverordnung ersetzt seit dem Jahre 2002 die Wärmeschutz- und die Heizungsanlagenverordnung und gilt für alle Gebäude, die pro Jahr länger als 4 Monate beheizt werden. Sie ist Teil des deutschen Wirtschaftverwaltungsrechts und wurde zuletzt im Jahre 2009 novelliert. Sie wird im Folgenden mit EnEV 2009 bezeichnet.

Vor Einführung der EnEV 2009 wurde der Jahres-Primärenergiebedarf

- bei Wohngebäuden nach DIN V 4108-6 und DIN 4701-10,
- bei Nicht-Wohngebäuden nach DIN V 18599 errechnet.

Seit der letzten Novellierung können nun auch Wohngebäude nach DIN 18599 berechnet werden, wobei die beiden Varianten (noch) frei wählbar sind und bei Wohngebäuden zu ähnlichen Ergebnissen führen. Die DIN V 18599 basiert auf einer EU-Richtlinie (EPBD) und soll langfristig das Berechnungsverfahren nach DIN 4108 und 4701-10 ersetzen. Die neue DIN V 18599 besteht aus 10 Teilen, nach denen der Primärenergiebedarf für Heizung, Kühlung, Klimatisierung, Beleuchtung, Lüftung, Warmwasser ermittelt werden kann. Das Gebäude muss dazu in Zonen aufgeteilt werden, wenn es Bereiche unterschiedlicher Nutzung oder Technik gibt. Die gegenseitige Beeinflussung der verschiedenen Zonen wird dabei berücksichtigt.

Mit dem neuen Berechnungsverfahren werden mehrere Ziele verfolgt:

- Mit der Einbeziehung der Anlagentechnik in die Energiebilanz werden auch die bei der Erzeugung, Verteilung, Speicherung und Übergabe der Wärme entstehenden Verluste berücksichtigt. In die Berechnung geht also nicht nur die dem Raum zur Verfügung gestellte Nutzenergie ein, sondern auch die an der Gebäudegrenze übergebene Endenergie.
- Der Energiebedarf wird unter dem Aspekt des Verbrauchs an Primärenergie bewertet, indem die durch Gewinnung, Umwandlung und Transport des jeweiligen Energieträgers entstehenden Verluste durch einen Primärenergiefaktor berücksichtigt und in die Primärenergiebilanz des Gebäudes eingerechnet werden.
- Es werden für Wohn-, Büro- und Industriebauten (sog. „Nichtwohngebäude") Grenzwerte für den Primärenergiebedarf und den Transmissionswärmeverlust definiert.
- Anforderungen an den sommerlichen Wärmeschutz werden festgelegt.
- Solare Wärmegewinne finden Berücksichtigung.
- Mit der DIN V 18599 lässt sich auch der Primärenergiebedarf für Kühlung, Klimatisierung, Beleuchtung errechnen.

Bei beiden Berechnungsvarianten wird ein sogenanntes Referenzgebäude als Maßstab herangezogen, das die gleichen Abmessungen hat wie das Gebäude, das berechnet werden soll. Für das Referenzgebäude sind

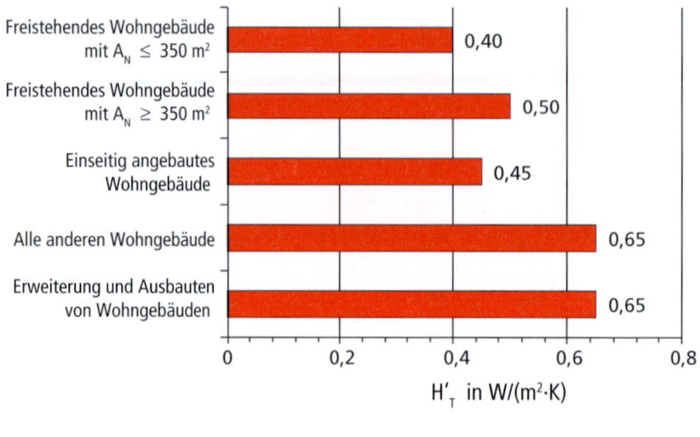

2.4
Anforderungen der EnEV 2009 an den Wärmeschutz der Gebäudehülle bei neuen Wohngebäuden. Höchstwerte des spezifischen, auf die Wärme übertragende Umfassungsfläche bezogenen Transmissionswärmeverlusts.
Quelle: EnEV 2009, Anlage 1

bestimmte Wärmedurchgangskoeffizienten und eine bestimmte Haustechnik (s. Tab. 2.4) vorgegeben. In einer komplexen Berechnung werden für beide Gebäude die Energieströme bilanziert. Am Ende darf der Primärenergiebedarf des zu berechnenden Gebäudes den des Referenzhauses nicht überschreiten.

Außerdem darf ein bestimmter Transmissionswärmeverlust H'_T (Abb. 2.4), der aus dem mittleren U-Wert der Gebäudehülle resultiert, nicht überschritten werden.

Diese Art der Bilanzierung erlaubt es in gewissen Grenzen, dass eine weniger gute Wärmedämmung durch eine primärenergetisch günstiger bewertete Heizungsanlage ausgeglichen werden kann und umgekehrt.

Um den Rahmen dieses Buches nicht zu sprengen, wird im Folgenden nur auf das ältere und ausgereiftere EnEV-Berechnungsverfahren nach DIN 4108 und 4701-10 eingegangen.

Abb. 2.5 verdeutlicht einige wesentliche Begriffe des Energie-Vokabulars und des EnEV-Nachweises. Bilanziert wird bei der Berechnung der Energiekenn-

Zeile	Bauteil/System	Referenzausführung / Wert (Maßeinheit)	
1.1	Außenwand, Geschossdecke gegen Außenluft	Wärmedurchgangskoeffizient	U = 0,28 W/(m²·K)
1.2	Außenwand gegen Erdreich, Bodenplatte, Wände und Decken zu unbeheizten Räumen (außer solche nach Zeile 1.1)	Wärmedurchgangskoeffizient	U = 0,35 W/(m²·K)
1.3	Dach oberste Geschossdecke, Wände zu Abseiten	Wärmedurchgangskoeffizient	U = 0,20 W/(m²·K)
1.4	Fenster, Fenstertüren	Wärmedurchgangskoeffizient	U_w = 1,30 W/(m²·K)
		Gesamtenergiedurchlassgrad der Verglasung	g = 0,60
1.5	Dachflächenfenster	Wärmedurchgangskoeffizient	U_w = 1,40 W/(m²·K)
		Gesamtenergiedurchlassgrad der Verglasung	g = 0,60
1.6	Lichtkuppeln	Wärmedurchgangskoeffizient	U_w = 1,40 W/(m²·K)
		Gesamtenergiedurchlassgrad der Verglasung	g = 0,64
1.7	Außentüren	Wärmedurchgangskoeffizient	U = 1,80 W/(m²·K)
2	Bauteile nach den Zeilen 1.1 bis 1.7	Wärmebrückenzuschlag	U_{WB} = 0,05 W/(m²·K)
3	Luftdichtheit der Gebäudehülle	Bemessungswert n_{50}	Bei Berechnung nach • DIN V 4108-6: 2003-06 : mit Dichtheitsprüfung • DIN V 18599-2: 2007-02: nach Kategorie I
4	Sonnenschutzvorrichtung	keine Sonnenschutzvorrichtung	
5	Heizungsanlage	Wärmeerzeugung durch Brennwertkessel (verbessert), Heizöl EL; Aufstellung: für Gebäude mit bis zu 2 Wohneinheiten innerhalb der thermifschen Hülle, für Gebäude mit mehr als 2 Wohneinheiten außerhalb der thermischen Hülle. Auslegungstemperatur 55/45°C, zentrales Verteilsystem innerhalb der wärmeübertragenden Umfassungsfläche, innenliegende Stränge und Anbindeleitungen, Pumpe auf Bedarf ausgelegt (geregelt, p konstant), Rohrnetz hydraulisch abgeglichen, Wärmedämmung der Rohrleitungen nach Anlage 5 Wärmeübergabe mit freien statischen Heizflächen, Anordnung an normaler Außenwand, Thermostatventile mit Proportionalbereich 1 K	
6	Anlage zur Warmwasserbereitung	Zentrale Warmwasserbereitung. Gemeinsame Wärmebereitung mit Heizungsanlage nach Zeile 5 Solaranlage (Kombisystem mit Flachkollektor) entsprechen den Vorgaben nach DIN V 4701-10 : 2003-08 oder DIN V 18599-5 : 2007-02 als - kleine Solaranlage bei A_N kleiner 500 m² (bivalenter Solarspeicher) - große Solaranlage bei A_N größer gleich 500 m² Verteilsystem innerhalb der wärmeübertragenden Umfassungsfläche, innen liegende Stränge gemeinsame Installationswand, Wärmedämmung der Rohrleitungen nach Anlage 5, mit Zirkulation, Pumpe auf Bedarf ausgelegt (geregelt, p konstant)	
7	Kühlung	keine Kühlung	
8	Lüftung	zentrale Abluftanlage, bedarfsgeführt mit geregeltem DC-Ventilator	

Tabelle 2.4: Ausführung des Referenzgebäudes nach EnEV Anhang 1, Tabelle 1

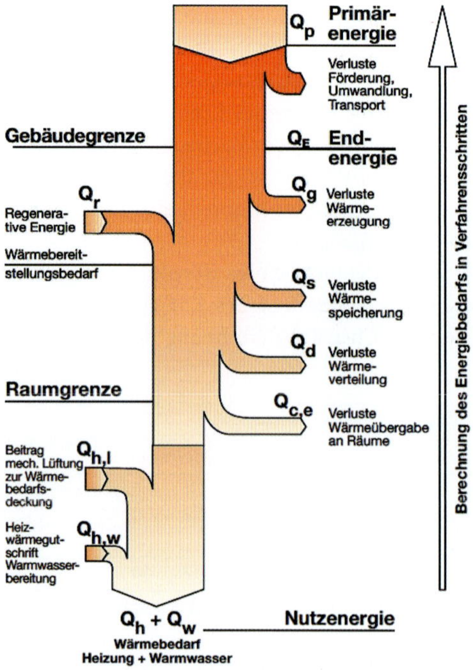

2.5: Energiebilanzierung bei einem Wohngebäude.
Quelle: RWE-Bauhandbuch, 14. Auflage

werte in entgegengesetzter Richtung zum Energiefluss, d.h. von unten nach oben.

Die **Nutzenergie** ist jene Energie, die dem Nutzer unmittelbar zugute kommt. Es ist die Energiemenge, die zur Deckung des Wärmebedarfes eines Raumes/Gebäudes von den Heizkörpern abgegeben und für die Erwärmung des Trinkwassers im Warmwasserbereiter aufgewendet werden muss.
Umgekehrt betrachtet, muss gerade so viel Nutzenergie zugeführt werden, dass die Energieverluste des Gebäudes durch Transmission und Lüftung ausgeglichen werden. Neben der Energie, die von der Heizungsanlage den Räumen zugeführt wird, fließen zusätzlich externe und interne Gewinne (Sonnenwärme durch Fenster sowie die Abwärme von Geräten und Personen) in das Gebäude. Auch wenn die Wärmeverluste (d.h. die Nutzenergie) deutlich größer sind als die gebäudeinternen Gewinne, kann es vorkommen, dass die Gewinne nicht vollständig nutzbar sind und daher nur teilweise angerechnet werden können (weil sie z.B. durch Lüftung abgeführt werden).

Als **Endenergie** wird die Energiemenge bezeichnet, die der Heizungsanlage zugeführt werden muss, damit sie die notwendige Energie zur Beheizung der Räume (einschließlich Trinkwassererwärmung) liefern kann. Die Endenergie muss von den Bewohnern in Form von Heizöl, Erdgas, Strom, Holz eingekauft werden. Im EnEV-Nachweis wird dabei eine Energiemenge berechnet, die deutschlandweit einheitlich bei gemittelten Klimaverhältnissen zur Deckung des Heizwärmebedarfs und des Trinkwasserwärmebedarfs erforderlich ist; die Verluste der Anlagentechnik, ggf. der Wärmespeicherung und der Wärmeverteilung sind dabei berücksichtigt. Im Energieflussdiagramm ist die Endenergie als die Summe aller Teilenergieströme unterhalb der Linie Gebäudegrenze – Endenergie dargestellt (Abb. 2.5). Rechts unterhalb der Linie finden sich die Verluste, links darunter die Gewinne, die sich z.B. aus dem Wärmegewinn einer Sonnenkollektoranlage oder aus dem Wärmerückgewinn der Lüftungsanlage ergeben können.
Die Endenergie wird aus der Nutzenergie berechnet, indem die internen und externen Gewinne sowie eventuell genutzte Energie aus regenerativen Quellen abgezogen und die Verluste der Wärmeerzeugung und –verteilung hinzugerechnet werden.

$$Q_E = (Q_h + Q_w) - (Q_{h,w+}Q_{h,l}) - Q_r + (Q_g + Q_s + Q_d + Q_{ce})$$

Seit Einführung der EnEV 2002 ist nicht mehr die Endenergie der entscheidende Maßstab für die Qualität eines Gebäudes, sondern der **Primärenergiebedarf**. Denn die gleiche Menge Endenergie kann im Extrem sehr energieintensiv durch Strom (Elektroheizung) oder relativ CO_2-neutral durch eine Holzheizung bereitgestellt werden. Dieser Unterschied kommt durch die Angabe des jeweiligen Primärenergiebedarfs zum Ausdruck.
Der Primärenergiebedarf berücksichtigt alle Verluste, die bei der Bereitstellung der Endenergie, bei ihrem Transport, vor allem aber bei der Herstellung auftreten. Zur Berechnung des Primärenergiebedarfs aus der Endenergie hat der Gesetzgeber für alle Energieträger sogenannte *Primärenergiefaktoren* f_p definiert, welche die Verluste bei Gewinnung und Transport jedes Energieträgers berücksichtigen und die Anteile an erneuerbaren und nichterneuerbaren Primärenergieträgern festschreiben. Die einfache Formel zur Errechnung des Primärenergiebedarfs aus dem bekannten Endenergiebedarf eines Gebäudes lautet:

$$Q_p = Q_E \cdot f_p$$

Von Bedeutung für die EnEV-Berechnung ist nur der nichterneuerbare Anteil des Primärenergiefaktors (Tab. 2.5). Da der Bedarf an nicht erneuerbarer Primärenergie je m² Nutzfläche einen bestimmten Grenzwert nicht überschreiten darf, fließt nur der nicht erneuerbare Primärenergiefaktor in die Berechnung und in die Beurteilung der Energieeffizienz eines Gebäudes ein.

Neben dem Primärenergiefaktor ($f_p = Q_P/Q_E$) ist die **Anlagenaufwandszahl** e_p im Rahmen des EnEV-Nachweises von Bedeutung. Sie beschreibt das Verhältnis von Aufwand (Primärenergieeinsatz Q_p) zu erwünschtem Nutzen (Wärmebedarf für Heizung und Warmwasser $Q_h + Q_w$):

$$e_p = Q_p / (Q_h + Q_w)$$

Die Anlagenaufwandszahl e_p ist somit der Kehrwert des *Nutzungsgrades* eines Energiesystems und Gradmesser für die Effizienz einer technischen Anlage. In die Aufwandszahl der Gesamtanlage fließen im Laufe der Berechnungen die Primärenergiefaktoren aller eingesetzten Energieträger, z.B. Strom für die Pumpen, ein. Bei Heizungsanlagen, die mit Heizöl oder Erdgas betrieben werden, ist die Aufwandszahl (ebenso wie der Primärenergiefaktor) stets größer als 1. Werden zur Bereitstellung der Endenergie erneuerbare Energien (Primärenergiefaktor kleiner 1) eingesetzt, kann die Anlagenaufwandszahl kleiner als 1 werden. Auf diese Weise begünstigt das Nachweisverfahren den Einsatz regenerativer Energien.
Mit Hilfe der auf die Primärenergie bezogenen Anlagenaufwandszahl können verschiedene technische Anlagen zur Versorgung eines Hauses objektiv miteinander verglichen werden, da die gesamte Technik in der Aufwandszahl berücksichtigt wird. Dementsprechend werden stets alle vorhandenen Funktionen (Heizung, Lüftung und Trinkwassererwärmung) mit ihren jeweiligen Nutzungszeiträumen berechnet, zusammengefasst und verglichen.

Zur Ermittlung der Aufwandszahl muss natürlich der Nutzwärmebedarf, d.h. die Summe aus Wärmebedarf für Heizung Q_h und Warmwasser Q_w, bekannt sein. Der *Heizwärmebedarf* Q_h wird dabei nach dem sogenannten Monatsbilanzverfahren bestimmt. Bei Gebäuden mit Lüftungsanlage wird eine Luftwechselrate von $n_{A,norm} = 0{,}4\ h^{-1}$ angenommen.

Der *Trinkwasserwärmebedarf* Q_w *wird* in der Verordnung mit 12,5 kWh je m² Nutzfläche (EnEV) und Jahr festgelegt. Dabei wird die Nutzfläche A_N nach EnEV aus dem Volumen V_e, das von der Wärme übertragenden Hüllfläche des Gebäudes eingeschlossen wird, nach folgender Formel berechnet:

Brennstoff	insgesamt	nicht erneuerbar	erneuerbar
Heizöl EL	1,1	1,1	0,0
Erdgas	1,1	1,1	0,0
Flüssiggas	1,1	1,1	0,0
Steinkohle	1,1	1,1	0,0
Braunkohle	1,2	1,2	0,0
Holz	1,2	0,2	1,0
Nah-/Fernwärme aus Kraft-Wärme-Kopplung*			
- fossiler Brennstoff	0,7	0,7	0,0
- erneuerbarer Brennstoff	0,7	0,0	0,7
Nah- und Fernwärme aus Heizwerken			
Fossiler Brennstoff	1,3	1,3	0,0
Erneuerbarer Brennstoff	1,3	0,1	1,2
Strom: Strom-Mix	3,0	2,6	0,4
Umweltenergie: Solarenergie, Umweltwärme	1,0	0,0	1,0

* Angaben sind typisch für durchschnittliche Nah-/Fernwärme mit einem Anteil KWK von 70%

Tabelle 2.5:
Primärenergiefaktoren nach DIN V 4101-10 (Bezugsgröße: Heizwerte)

$$A_N = 0{,}32 \cdot V_e$$

Der Nutzwärmebedarf für Warmwasser ist somit:

$$Q_w = q_w \cdot A_N$$

Anmerkungen:

- Die EnEV-Nutzfläche wird oft verwechselt mit der Nutzfläche oder Wohnfläche, die nach DIN 277 bzw. nach der Berechnungsverordnung ermittelt wird. Das führt regelmäßig zu Irritationen, weil die EnEV-Nutzfläche meist 20 - 25% größer ist als die Wohnfläche.
- 12,5 kWh/m²a entspricht der Energiemenge, die aufgewendet werden muss, um 215 Liter Wasser von 10 auf 60°C zu erwärmen (Anlagenwirkungsgrad 100%). Wenn eine Person auf einer Fläche von 45 m² EnEV-Nutzfläche wohnt, entspricht das einem Warmwasserverbrauch von 9,7 m³ pro Person und Jahr, was etwa Bundesdurchschnitt ist.

Mit der Norm lassen sich die Anlagenaufwandszahlen beliebiger Anlagen zur Deckung des (flächenbezogenen) Wärmebedarfs bestimmen (s. Abb. 2.6 und Tab. 2.6). Die Werte können Diagrammen (Diagrammverfahren) oder Tabellen (Tabellenverfahren) entnommen oder mit Computerprogrammen detailliert berechnet werden (detailliertes Verfahren).

Die energetische Berechnung erfolgt flächenbezogen (EnEV-Nutzfläche), jedoch getrennt für die Wärmeenergie und die Hilfsenergie (Pumpenstrom). Der Brennstoff des Wärmeerzeugers und der Stromverbrauch der Hilfsaggregate (Pumpen) wird jeweils mit den Primärenergiefaktoren multipliziert und die Produkte werden aufsummiert. Der Primärenergiebedarf ergibt sich schließlich aus dem Produkt aus Anlagenaufwandszahl und Nutzwärmebedarf:

$$Q_p = e_p \cdot (Q_w + Q_h)$$

Lesebeispiele für Abbildung 2.6 und Tabelle 2.6:

- Ein Haus, das mit einer elektrischen Direktheizung und elektrischen Durchlauferhitzern versorgt wird (Anlagenkombination 1), hat eine Anlagenaufwandszahl von 2,63 bzw. 2,66. Um mit einer solchen Anlage einen bestimmten Primärenergiegrenzwert, der z.B. von der EnEV oder bei der KfW-Förderung (Effizienzhaus) gefordert wird, zu unterschreiten, muss das Haus über einen exzellenten Wärmeschutz verfügen.

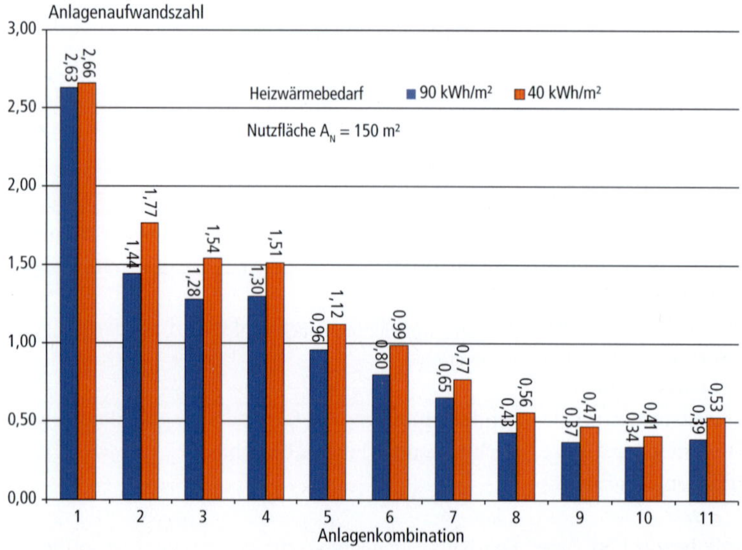

2.6
Die Anlagenaufwandszahl hängt ab von der gewählten Haustechnik, von der Nutzfläche und vom spezifischen Heizwärmebedarf (kWh/m^2a).

Tabelle 2.6
Anlagenaufwandszahlen (Spalte 2) bei einem Haus mit 150 m² EnEV-Nutzfläche.

Anlagenaufwandszahlen verschiedener Heizungsanlagen

1	2		3	4	5	6	7	8
Anlage	Heizwärmebedarf 90 kWh/m²	Heizwärmebedarf 40 kWh/m²	Technik	Heizsystem	Heizgerät und Rohre	Solarkoll. f. Hzg+TWW	Lüftung	WW-Zirkulation
1	2,63	2,66	Strom	dezentrale Direktheizung	innerhalb	nein	Fenster	ohne
2	1,44	1,77	Brennwert-K.	55/45°C Radiator, 1K	außerhalb	nein	Fenster	mit
3	1,28	1,54	Brennwert-K.	55/45°C Radiator, 1K	außerhalb	nein	LüWR	mit
4	1,30	1,51	Brennwert-K.	55/45°C Radiator, 1K	innerhalb	nein	Fenster	mit
5	0,96	1,12	Brennwert-K.	55/45°C Radiator, 1K	innerhalb	ja	Fenster	mit
6	0,80	0,99	WP	35/28°C Fläche, 0,5 K	innerhalb	nein	Fenster	mit
7	0,65	0,77	WP	35/28°C Fläche, 0,5 K	innerhalb	ja	Fenster	mit
8	0,43	0,56	Pelletkessel	55/45°C Radiator, 1K	innerhalb	nein	Fenster	mit
9	0,37	0,47	Pelletkessel	55/45°C Radiator, 1K	innerhalb	ja	Fenster	mit
10	0,34	0,41	Pelletkessel	55/45°C Radiator, 1K	innerhalb	ja	Fenster	ohne
11	0,39	0,53	Pelletkessel	55/45°C Radiator, 1K	innerhalb	ja	LüWR	mit

Abkürzungen: Brennwert-K. Gas o. Öl; WP: Erdreich-Wärmepumpe an Flächenheizung; Hzg+TWW: Solaranlage für Heizung und Trink-Warmwasserbereitung; LüWR: Lüftungsanlage mit 90% Wärmerückgewinnung; 1 K: Thermostatventile mit 1 K (Kelvin) Schalthysterese

- Durch den Einsatz erneuerbarer Energien kann die Anlagenaufwandszahl weit unter 1 absinken. Anlage 7 beispielsweise verfügt über eine Erdreich-Wärmepumpe und eine thermische Solaranlage, arbeitet an einer Flächenheizung mit 35°C maximaler Vorlauf- und 28°C Rücklauftemperatur, verfügt über eine elektronische Einzelraumregelung mit 0,5 K Schalthysterese. Die technische Anlage steht innerhalb der gedämmten Gebäudehülle. Das Haus hat eine Fensterlüftung und eine Trink-Warmwasserzirkulation.

Abb. 2.6 und Tabelle 2.6 machen deutlich: Die Anlagenaufwandszahl ist (in geringem Maß) vom Heizwärmebedarf abhängig. Ursache dafür ist die Hilfsenergie Strom für den Pumpenantrieb. Der Strombedarf mit der sehr hohen Primärenergiekennzahl 2,6 spielt in der Gesamtbilanz bei Häusern mit höherem Bedarf eine weniger große Rolle als bei Häusern mit geringem Bedarf.

- Es wird deutlich, dass eine Heizungsanlage günstiger bewertet wird, wenn sie und ihre Heizrohrleitungen innerhalb der thermischen Hülle (im gedämmten Gebäude) installiert werden (Anlage 4), als eine Anlage, die z.B. im Keller außerhalb der thermischen Hülle (Anlage 2) installiert ist.
- Der Einsatz einer Lüftungsanlage mit Wärmerückgewinnung vermindert die Anlagenaufwandszahl (vgl. Anlagen 2 und 3), kann sie aber auch erhöhen (Anlagen 9 und 11). Ursache für Letzteres ist wiederum der Strombedarf der Lüftungsanlage, der mit einer hohen Primärenergiekennzahl in die Gesamtbilanz eingeht. Wenn durch die Wärmerückgewinnung regenerative Wärme verdrängt wird, kann die Bilanz negativ ausfallen!
- Die Warmwasserzirkulation verschlechtert die Aufwandszahl. In kleinen Gebäuden sollte deshalb immer versucht werden, durch eine geschickte Gebäudeplanung auf die Zirkulation zu verzichten. Die Heizungsanlage sollte nahe bei den Zapfstellen stehen.

Durch die Wahl eines günstig bewerteten Heizungssystems kann der maximal zulässige Primärenergiebedarf nach EnEV 2009 u.U. auch dann eingehalten werden, wenn der Wärmeschutz der Außenbauteile nicht ganz optimal ist. Diese Möglichkeit im EnEV-Nachweis legt vielfach die Wahl einer Wärmepumpe, eines Pelletofens oder auch einer Lüftungsanlage mit Wärmerückgewinnung nahe, weil für diese Systeme mit hohem Anteil regenerativer Energie günstige Primärenergiefaktoren angesetzt werden dürfen (z.B. Holz = 0,2). Wenn dieselben Häuser z.B. mit einer Elektroheizung ausgestattet würden, stiege der Primärenergiewert so stark an (im Fall einer Stromheizung auf das 2,6-fache), dass die Anforderungen der EnEV in der Regel nicht erfüllt werden, es sei denn, die Transmissionswärmeverluste werden durch zusätzliche Dämmung und Wärmerückgewinnung so drastisch reduziert, dass der maximal zulässige Primärenergiebedarf unterschritten wird (Passivhaus). Auf der anderen Sei-

Die wichtigsten Änderungen der EnEV 2013 laut Entwurfsfassung auf einen Blick:

1. Verschärfung der primärenergetischen Anforderungen (Gesamtenergieeffizienz) bei Neubau von Wohngebäuden und Nichtwohngebäuden (um 12,5%, ab 2016 um 25%).
2. Verschärfung der Anforderungen an die Gebäudehülle über den spezifischen Transmissionswärmeverlust (H'_T) und mittlere U-Werte.
3. Einführung des „Modellgebäudeverfahrens" als alternatives Nachweisverfahren (auch bekannt als „EnEV easy").
4. Stufenweise Senkung des Primärenergiefaktors von Strom auf 2,0 und ab 2016 auf 1,8.
5. Einführung einer Pflicht zur Nennung von Energiekennwerten in Immobilienanzeigen.
6. Neuskalierung des Bandtachos im Energieausweis für Wohngebäude bis 250 kWh/(m^2·a) und Stärkung der Modernisierungsempfehlungen.
7. Einführung eines Kontrollsystems für Energieausweise.
8. Einführung eines Kontrollsystems für Inspektionsberichte von Klimaanlagen.
9. Streichung pauschaler Aufschläge bei gekühlten Wohngebäuden für End- und Primärenergiebedarf.
10. Keine Verschärfung der Anforderungen an den Gebäudebestand bei der Modernisierung der Außenbauteile bestehender Gebäude und keine neuen Nachrüstpflichten. Lediglich Änderungen bei den Anforderungen an Außenbauteile (Verschärfung bei Außentüren, Änderungen bei Erneuerung von Außenwänden).
11. Neudefinition zur Einsichtnahme des Energieausweises (Übergabe und erweiterte Aushangpflicht).

Nach dena-Newsletter 10.2012. Nachdruck, auch auszugsweise, nur unter Nennung der Deutschen Energie-Agentur GmbH (dena) als Quelle.

te wäre ein Zelt (dauerhaft bewohnt), das zu 100% mit Sonnenenergie versorgt wird, nicht erlaubt, weil ein Mindestwärmeschutz gefordert wird.

Zusammenfassend ist zu konstatieren, dass neue Gebäude nach EnEV zwei Kriterien erfüllen müssen:

- Der Jahres-Primärenergiebedarf des neuen Gebäudes darf den errechneten Jahres-Primärenergiebedarf des Referenzgebäudes nicht überschreiten.
- Der Transmissionswärmeverlust H'_T, (s. Abb. 2.4) darf nicht über vorgegebenen Grenzwerten liegen.

So wird ein gewisser Mindestwärmeschutz sichergestellt, auch wenn das Haus komplett mit erneuerbaren Energien versorgt wird.

Ergebnis der aufwändigen Berechnung ist der Energiebedarfsausweis (s. Kap. 1). Häuser mit geringem Primärenergiebedarf, d.h. mit hohem Anteil erneuerbarer Energie, bekommen darin eine gute Note, so dass das Haus besser zu vermieten oder zu verkaufen ist (s. Abb. 1.3).

2.5 Effizienzhäuser

Mit der EnEV 2009 wurde von der KfW der Begriff Effizienzhaus eingeführt. Ein Effizienzhaus 100 bedeutet, dass die Anforderungen der EnEV 2009 zu 100% eingehalten werden. Beim Effizienzhaus 115 darf der Primärenergiebedarf des Altbaus um 15% größer sein als bei einem Neubau nach EnEV-Standard. Dementsprechend hat ein Effizienzhaus 40 einen Primärenergiebedarf, der um mindestens 60% unter dem für einen Neubau zulässigen Bedarf liegt.
In ihren Altbausanierungsprogrammen (151 und 430) fördert die KfW die Effizienzhäuser 115, 100, 85, 70 und 55 und im Neubauprogramm (153) die Effizienzhäuser 70 und 40 sowie Passivhäuser (s. Kap. 7). Das Passivhaus ist definiert durch einen maximalen Heizwärmebedarf von 15 kWh/m² und Jahr.
Die Fördermittel der KfW fallen umso höher aus, je sparsamer der Altbau nach der Sanierung bzw. der Neubau ist. Für denkmalgeschützte Gebäude, die Energie effizient saniert werden, gibt es das Label „Effizienzhaus Denkmal". Hier werden nicht ganz so hohe Anforderungen an die Energiebilanz gestellt wie bei den nicht-denkmalgeschützten Altbauten.
Außer den oben angegebenen Effizienzhäusern gibt es noch das „Effizienzhaus Plus". Damit werden Gebäude ausgezeichnet, die jährlich mehr Energie produzieren als benötigen.
Mit Einführung der EnEV und der Orientierung am Primärenergiebedarf kann der tatsächliche Energiebedarf und die resultierenden Brennstoffkosten, für die sich die Nutzer interessieren, nicht direkt aus den Berechnungen nach EnEV (Energiebedarfsausweis) ermittelt werden. Die Energiekosten müssen vielmehr durch separate Berechnung des Wärmebedarfs für die Beheizung unter Hinzuzählung des Bedarfs für

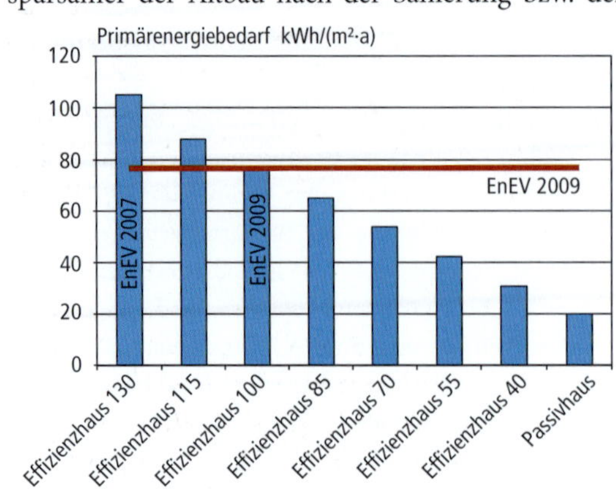

2.7
Richtwerte für den zulässigen Primärenergieverbrauch von energieeffizienten Wohngebäuden (EFH/ZFH) nach Definition der KfW. Gebäudegeometrie und Gebäudegröße haben Einfluss auf die genauen Werte.

KfW-100
Effizienzhaus

KfW-Plus
Effizienzhaus

2.8
Das neue Gütesiegel von KfW und DENA für energieeffiziente Neu- und Altbauten (oben) sowie für Energie-Plus-Häuser (unten).

Warmwasserbereitung, Lüftung, Beleuchtung usw. errechnet werden.
Tabelle 2.7 nennt Anhaltswerte für den zu erwartenden Energieverbrauch in verschiedenen Effizienzhäusern aus einer Literaturauswertung.

Tabelle 2.7
Typischer Heizwärmebedarf und Brennstoffverbrauch von Effizienzhäusern verschiedener Standards.
Die angegebenen Werte sind mit einiger Vorsicht zu verwenden. Die Praxis zeigt, dass individuelle Nutzergewohnheiten oder von der Norm stark abweichende Standortbedingungen zu stark abweichenden Verbrauchswerten führen können!

Heizwärmebedarf und Brennstoffverbrauch von Effizienzhäusern			
Haustyp	Heizwärme-bedarf kW/m²·a	Heizöl-bedarf l/m²·a	Erdgas-bedarf kWh/m²·a
KfW-Effizienzhaus 100	70 - 90	7 - 10	70 - 100
KfW-Effizienzhaus 70	50 - 70	5 - 8	50 - 80
KfW-Effizienzhaus 55	28 - 50	2,8 - 6	25 - 60
KfW-Effizienzhaus 40	20 - 40	2 - 5	20 - 50
Passivhaus	< 15	1,5 - 2,0	15 - 20
Nullenergiehaus	k.A.		

2.6 Berechnung des Wärmebedarfs nach DIN EN 12831

Der Heizwärmebedarf bzw. der Wärmebedarf nach EN DIN 12831 gibt an, welche Wärmemenge pro Zeiteinheit, d.h. welche Leistung (in W bzw. kW) einem Raum bzw. einem Gebäude zugeführt werden muss, damit bei der tiefsten normgemäß zu erwartenden Außentemperatur die Wärmeverluste des Hauses gedeckt werden können und in den Wohnräumen die normgemäßen Innenraumtemperaturen erreicht werden. Die DIN EN12831 ersetzt seit dem 31. März 2004 die DIN 4701-1,-2 und -3. Der Wärmebedarf für den Auslegungsfall (also die Heizleistung) wird für jeden Raum berechnet und ist damit die Grundlage für die Bemessung der Heizflächen sowie für die Auslegung der Heizungsanlage insgesamt (insbesondere die Leistung des Heizkessels).

Die Größe des Wärmebedarfs ist abhängig von

- der Lage des Gebäudes (tiefste Außentemperaturen, Windanfall, freie oder geschützte Lage),
- der Bauweise der wärmeübertragenden Umfassungsflächen eines Gebäudes (Qualität des Wärmeschutzes) sowie der Lüftungstechnik und
- dem Bestimmungszweck der einzelnen Räume (gewünschte Raumtemperaturen und Luftwechselraten).

Die genaue Berechnung des Wärmebedarfs ist in der DIN EN 12831 beschrieben. Der Wärmebedarf setzt sich aus zwei Größen zusammen:

1. dem Transmissionswärmebedarf: Das ist die Wärmeleistung, die nötig ist, um die durch die Umfassungsflächen eines Gebäudes abfließenden Wärmeverluste auszugleichen.
2. dem Lüftungswärmebedarf: Das ist die Wärmeleistung, die gebraucht wird, um die von außen nachströmende Kaltluft (entspricht der entweichenden warmen Raumluft) aufzuheizen.

Für die Auslegung der einzelnen Heizflächen und des Heizkessels ist der maximale Wärmebedarf entscheidend, der bei minimaler Außentemperatur (in Deutschland –12 bzw. –15°C) und den gewünschten Raumtemperaturen für das Gebäude entsteht. Dabei können im Gegensatz zur Berechnung des Jahres-Heizwärmebedarfs hier keine internen oder solaren Wärmegewinne berücksichtigt werden. Zur Bemessung der Kesselleistung muss zum maximalen Heizwärmebedarf auch die für die Warmwasserbereitung erforderliche Heizleistung hinzugerechnet werden (vgl. Kap. 5.3 und 5.4).
Die Berechnungen sind umfangreich und werden unter Zuhilfenahme einschlägiger Computerprogramme von Fachplanern erledigt.

3 Moderne Wärmeerzeugungsanlagen im Vergleich

3.1 Effiziente Wärmeerzeugung: Definitionen, Wirkungsgrade

Auch in der Heizungstechnik werden teilweise Begriffe verwendet, die unscharf oder eigentlich sogar falsch sind. So gibt es genau genommen keine „Wärmeerzeuger“. Es gibt lediglich Geräte oder Anlagen, mit denen chemisch gebundene Energie als Wärme freigesetzt oder elektrische bzw. Strahlungsenergie in nutzbare Wärme umgewandelt wird. Wer erinnert sich nicht an die Energieerhaltungssätze? Trotzdem wird auch in diesem Buch von Wärmeerzeugern, den verschiedenen Bauarten, ihren Eigenschaften und Anwendungsbereichen die Rede sein.

Abb. 3.1.1 zeigt die Umwandlungskette von der Primärenergie (dem Energieträger) bis zur nutzbaren Wärme, die dem Gebäude zugeführt wird, für drei Wärmeerzeuger. Demnach ist die reine Elektroheizung eine sehr ineffiziente Heizung, weil mehr als 60% der aufzuwendenden Primärenergie nicht dem Gebäude zugeführt wird und verloren geht. Auch Niedertemperaturkessel, ob mit Gas oder Heizöl befeuert, arbeiten relativ ineffizient (17% Verluste) und sind nicht mehr Stand der Technik. Noch ineffizienter sind sogenannte Konstanttemperaturkessel aus den 1970er und 1980er Jahren (in Abb. 3.1.1 nicht dargestellt), die so schnell wie möglich ersetzt werden sollten.

Der überwiegende Teil der Heizgeräte, die heute installiert werden, sind Brennwertkessel für Gas und Heizöl (s. Abb. 3.1.2). Aber auch für Holzpellets werden bereits Brennwertkessel angeboten. Zu den weiteren effizienten Wärmeerzeugern, um die es im Folgenden gehen wird, gehören Holzvergaserkessel, Wärmepumpen, Solaranlagen, Blockheizkraftwerke (BHKW), Brennstoffzellen usw. Bei allen Anlagen kommt es darauf an, die (Wärme-)Verluste klein zu halten und die eingesetzte Primärenergie möglichst effizient zu nutzen.

Definitionen: Heizwert, Brennwert und Wirkungsgrad

Bei der Verbrennung von Kohle, Heizöl, Erdgas und Holz entstehen neben der Wärme in der Hauptsache Kohlendioxid und Wasser (-dampf), außerdem Schadstoffe wie Kohlenmonoxid, Stickoxide, Ruß, diverse Kohlenwasserstoffe und ggf. Schwefelverbindungen. Insbesondere der Wasserdampfanteil im Abgas enthält nennenswerte Mengen an Wärmeenergie, wobei dieser Anteil bei Erdgas und Holz im Vergleich zu anderen Brennstoffen verhältnismäßig groß ist. Kühlt das Abgas unter die sogenannte Taupunkttemperatur (56°C bei Erdgas- bzw. 47°C bei Heizölabgasen) ab, kondensiert der Wasserdampf zu Wasser und die Kondensationswärme wird freigesetzt.

Daher werden zwei Heizwerte unterschieden, welche die durch die Verbrennung einer bestimmten Brennstoffmenge freigesetzte Wärmemenge kennzeichnen.

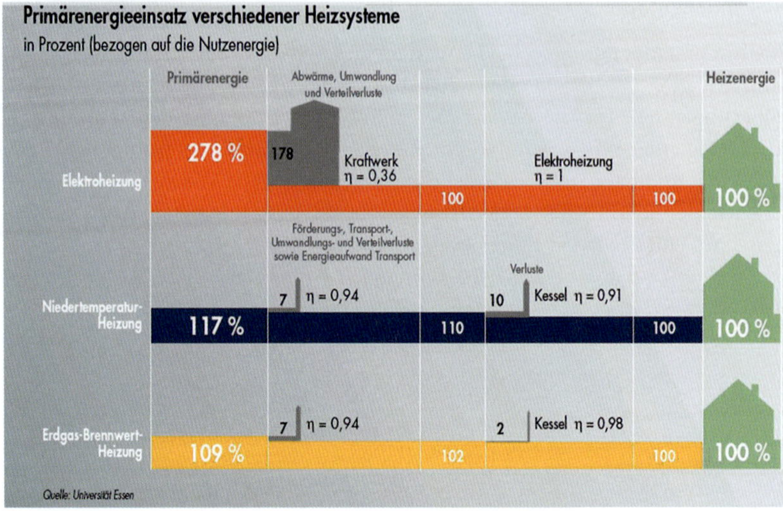

3.1.1
Primärenergieverbrauch verschiedener Heizsysteme. Quelle: ASUE

3.1.2
Marktentwicklung der Wärmeerzeuger in Deutschland.
Quelle: BDH-Prognose

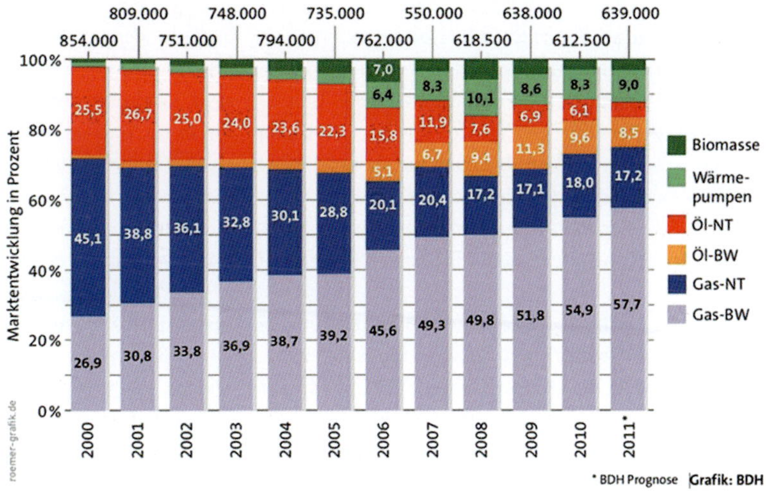

Sie sind auch Synonyme für die Arbeitsprinzipien überholter und moderner Wärmeerzeuger:

- Der untere Heizwert H_i (i für lat. inferior; manchmal Index u) bezeichnet die Wärmemenge, die bei vollständiger Verbrennung entsteht, ohne dass die im Wasserdampf enthaltene Verdampfungswärme Berücksichtigung findet. Das Abgas wird also nur so tief abgekühlt, dass noch kein flüssiges Wasser entsteht. Da früher alle Heizkessel ohne Kondensation betrieben wurden, werden bis heute die Angaben zu Wirkungs- und Nutzungsgraden auf diesen unteren Heizwert bezogen (vgl. Abb. 3.1.3).
- Der obere Heizwert H_s (s für lat. superior; manchmal Index o), auch Brennwert genannt, bezeichnet die insgesamt freigesetzte Wärmemenge einschließlich der Kondensationswärme des im Abgas enthaltenen Wasserdampfes. In der Thermodynamik ist der Brennwert identisch mit der Standardverbrennungsenthalpie $\Delta_v H°$. Das ist jene Enthalpieänderung, die auftritt, wenn ein Stoff unter Sauerstoff-Überschuss und Standardbedingungen (101,325 kPa und 25°C) vollständig verbrennt. Die Wasseranteile, die durch die Verbrennung entstehen und zunächst gasförmig sind, kondensieren dabei. Beim Erdgas ist der Brennwert etwa 11% größer als der Heizwert.

Brennwerttechnik ist also gleichbedeutend mit der Nutzung der Energie, die im Abgas in Form von Wasserdampf enthalten ist. Der Wasserdampf wird durch Kühlung unter den Kondensationspunkt verflüssigt, die entzogene Kondensationswärme und Anteile der Flüssigkeitswärme werden als Nutzwärme verfügbar. Bei der Verbrennung von Erdgas kondensiert bei nachfolgender Abkühlung des Abgases besonders viel Wasser, nämlich rund 1 Liter pro m^3 Gas.

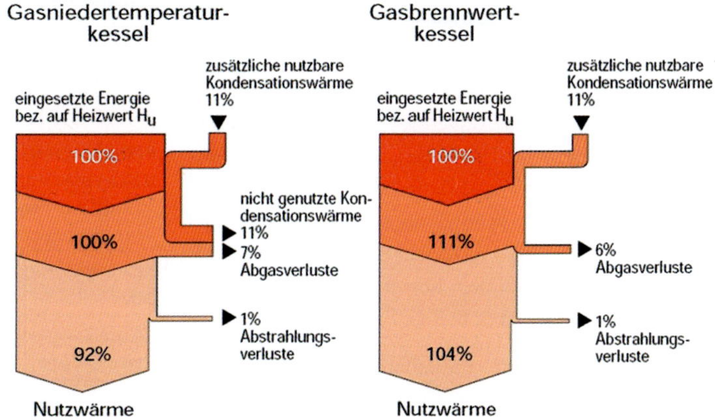

3.1.3
Energiebilanzen von Heizwert- und Brennwertkesseln.
Weil der Wirkungsgrad aus historischen Gründen auf den Heizwert bezogen wird, können Brennwertkessel Wirkungsgrade über 100% erreichen – für das Marketing solcher Kessel immer noch ein willkommener Aufhänger.
Quelle: RWE-Bauhandbuch, 14. Aufl.

Der Wirkungsgrad von Heizkesseln wird definitionsgemäß bis heute auf den Heizwert H_i bezogen. Entsprechend erreichen herkömmliche gute Heizkessel (Heizwertkessel) Wirkungsgrade von ca. 90 - 92%. Brennwertkessel können dagegen Wirkungsgrade von bis zu 108% erreichen, wiederum bezogen auf den Heizwert H_i. Würde man die Wirkungsgrade auf den Brennwert beziehen, läge der Wirkungsgrad eines Heizwertkessels nur bei 80% und der eines Brennwertkessels bei bis zu 97%.

Nun ist der *Wirkungsgrad* eines Wärmeerzeugers keine statische Größe, sondern von den Betriebsbedingungen abhängig. Er kann obendrein sowohl auf den Kessel wie auf eine Gesamtanlage bezogen werden. Der Kesselwirkungsgrad (feuerungstechnischer Wirkungsgrad) ist in der Regel deutlich höher als der Anlagenwirkungsgrad, der auch Abstrahlungsverluste, Stillstandsverluste durch Auskühlung etc. berücksichtigt. Selbst alte Kessel (Heizwertkessel) erreichen im Test, wenn Volllast gefahren wird und alle Leitungen sowie der Schornstein auf Betriebstemperatur sind, Wirkungsgrade von über 90% bezogen auf den Heizwert. Betrachtet man allerdings den Anlagenwirkungsgrad über den Zeitraum eines Jahres, erreichen alte Kessel mit konstanter Vorlauftemperatur Wirkungsgrade von höchstens 60 - 70%, bezogen auf den Brennwert sogar nur von 45 - 60%.

Je größer der Wasserdampfgehalt im Abgas eines Brennstoffes ist, umso größer ist die Differenz zwischen Brennwert und Heizwert (vgl. Tab. 3.1.2). Das erklärt, warum ein Gasbrennwertkessel in der Regel einen höheren Wirkungsgrad erreicht als ein Ölbrennwertkessel. Würde man den Wirkungsgrad auf den Brennwert beziehen, wären sie gleich.

Der *Nutzungsgrad* ist ein Maß dafür, wieviel der im Energieträger gespeicherten Energie tatsächlich in ei-

Energieverschwendung durch alte Heizkessel

Tab. 3.1.1 zeigt exemplarisch die Verluste eines alten Gaskessels, z.B. Baujahr 1978. Der Schornsteinfeger misst nur den Abgasverlust und stellt fest, dass der Kessel den Anforderungen der Bundesimmissionsschutzverordnung (BImSchV) genügt. Er darf also weiter betrieben werden, obwohl er enorme Verluste verursacht. Moderne Kessel nutzen den Brennwerteffekt, haben keine Zündflamme mehr, sind klein und gut gedämmt, nicht überdimensioniert, arbeiten raumluftunabhängig und verfügen über eine witterungsgeführte Regelung. Die Rohrleitungen sind dünn und gut gedämmt. Ersetzt man ein altes Ungetüm durch einen modernen Brennwertkessel, überarbeitet auch die Rohrleitungen und macht einen hydraulischen Abgleich, erhält man Einsparungen von 40% und mehr! In vielen Häusern steht sogar neben dem eigentlichen Kessel noch ein gasbeheizter Warmwasserbereiter mit einer weiteren Zündflamme. Diese Geräte haben sehr schlechte Wirkungsgrade, weil sie durch den Schornsteinzug schnell auskühlen. Jede Zündflamme „frisst“ für mindestens 50 € Gas im Jahr. Moderne Gasgeräte werden dagegen elektronisch gezündet.

Nach Angaben des Schornsteinfegerhandwerks sind 80% aller Heizkessel in Deutschland veraltet, erfüllen aber noch die Anforderungen der BImSchV! Um dieses Klimaschutz-Potential zu heben, wird derzeit die Einführung einer „Abwrackprämie“ für Heizkessel erwogen. Eigentlich gibt es so etwas schon: Das BAFA gewährt einen Zuschuss von 2.000 €, wenn ein alter Kessel durch einen modernen Kessel mit thermischer Solaranlage ersetzt wird (s. S. Kap. 7).

Tabelle 3.1.1: Verluste eines alten Gaskessels, Baujahr 1978, im Keller eines Hauses (Schätzungen)

Abgasverlust: Die Spitze des Eisbergs! (Wird vom Schornsteinfeger gemessen)	10%
Brennwerteffekt: Das Gerät ist kein Brennwertgerät	11%
Betriebsbereitschaftsverluste: Der Kessel hat eine ständig brennende Zündflamme, ist überdimensioniert, schlecht wärmegedämmt. Das Kellerfenster ist zwecks Verbrennungsluftzufuhr immer geöffnet.	7%
Keine witterungsgeführte Regelung: Der Kessel arbeitet selbst bei mildem Wetter mit hoher Temperatur	12%
Rohrleitungsverluste: Die Leitungen sind unzureichend gedämmt.	8%
Gesamtverluste:	48 %

Tabelle 3.1.2:
Technische Daten von Heizöl, Erdgas und Flüssiggas. Abkürzungen: EL = Extra Leicht; L = Low; H = High (frühere Bezeichnungen: Erdgas LL und Erdgas E)

	Heizöl EL	Erdgas L	Erdgas H	Flüssiggas
Heizwert H_i	10,08 kWh/l	8,83 kWh/m³	10,35 kWh/m³	7,2kWh/l
Brennwert H_s	10,68 kWh/l	9,87 kWh/m³	11,46 kWh/m³	7,8 kWh/l
Brennwert/Heizwert	1,06	1,11	1,11	1,08
Taupunkttemperatur	47°C	57°C	57°C	55°C
Kondenswassermenge	82 g/kWh	156 g/kWh	142 g/kWh	g/kWh

ner Heizperiode genutzt wird. Im Unterschied zum Wirkungsgrad, der im stationären Betrieb bei Volllast gemessen wird, wird der Nutzungsgrad über einen längeren Zeitraum beim Taktbetrieb ermittelt und die genutzte bzw. nutzbare Wärme zur eingesetzten Primärenergie ins Verhältnis gesetzt. Da beim Teillastbetrieb neben Abgas-, Rohrleitungs- und Kesselverlusten auch Stillstandsverluste auftreten, ist der *Nutzungsgrad* stets niedriger als der *Wirkungsgrad*. Der *Norm-Nutzungsgrad* ist definiert als Mittelwert aus fünf Teillastwirkungsgraden (Nutzungsgraden), wobei die Auslastungen so ausgewählt sind, dass in jedem der fünf Teillastbereiche im realen Heizbetrieb ca. 20% des Brennstoffs verbraucht werden.

Bei Heizwertkesseln ist der Wirkungsgrad im Teillastbetrieb in der Regel deutlich schlechter als bei Nennleistung, während er bei Brennwertkesseln sogar ansteigt (vgl. Abb. 3.1.4). Bei gedrosselter Verbrennungsleistung hält sich das Abgas länger im Wärmetauscher auf, so dass bei entsprechender Abkühlung besonders viel Kondenswasser anfällt. Das Kondensat von Gas-Brennwertkesseln ist leicht sauer und kann in die Kanalisation geleitet werden, ebenso das von Öl-Brennwertkesseln, sofern diese mit schwefelarmem Heizöl betrieben werden. Bei großen Heizkesseln muss es allerdings zuvor neutralisiert werden, da es Salpetersäure und bei Heizöl auch Schwefelsäure enthält.

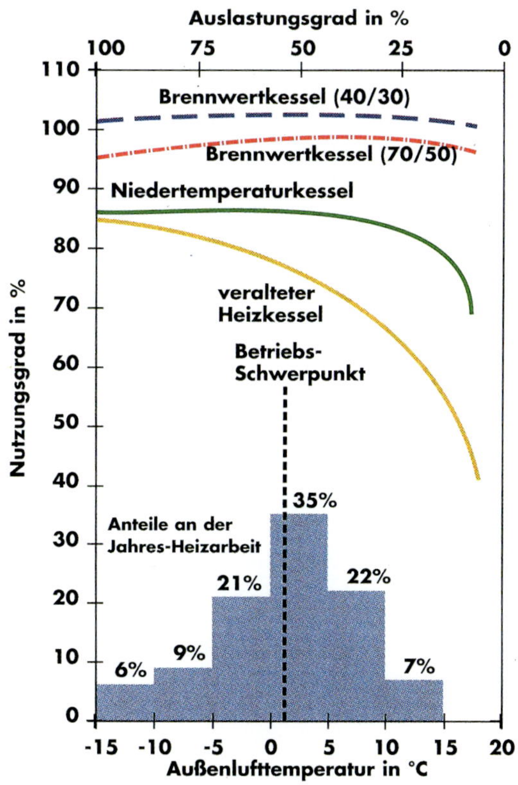

3.1.4: Nutzungsgrade verschiedener Kessel bezogen auf den Heizwert. Quelle: EnergieAgentur NRW
Lesebeispiel: Bei -15°C Außentemperatur haben selbst veraltete Kessel einen relativ guten Nutzungsgrad von 85%. Brennwertkessel, die an einem Niedertemperaturheizsystem (40/30°C) betrieben werden, schaffen ca. 102%, bezogen auf den Heizwert. Bei +10°C erreichen Brennwertkessel immer noch ca. 100%, während die veralteten Konstanttemperaturkessel nur etwa 60% Nutzungsgrad erreichen. Außentemperaturen unter -5°C sind in Deutschland eher selten. In diesem Bereich wird nur etwa 15% (6% + 9%) der Heizenergie verfeuert.

$$\text{Wirkungsgrad } \eta_K = \frac{\text{Nutzwärmeleistung}}{\text{Eingesetzte Leistung}} = \frac{\text{Kesselleistung } L_N}{\text{Feuerungsleistung } L_F} = \frac{L_N}{B \cdot H_i}$$

mit B = Brennstoffverbrauch und H_i = Heizwert

$$\text{Nutzungsgrad } \eta_N = \frac{\text{Heizwärmearbeit } Q_H}{\text{Eingesetzte Energie } Q_F}$$

Der Jahresnutzungsgrad ist die pro Jahr gelieferte Nutzwärme (in kWh) geteilt durch die eingesetzte Energie (bzgl. Heizwert in kWh)

Tabelle 3.1.3:
Definition des Wirkungs- und Nutzungsgrades von Heizkesseln

Leistungsbemessung

Die Nennleistung eines Wärmeerzeugers wird in der Regel entsprechend der Heizlast bei der niedrigsten anzunehmenden Außentemperatur bemessen. Weil diese früher für Ein- und Zweifamilienhäuser selten genau errechnet wurde, mussten Faustformeln herhalten: Die Größe eines Kessels wurde bemessen aus dem Produkt der beheizten Fläche mal einem spezifischen Wärmebedarf, plus ca. 20% Zuschlag für die Warmwasserbereitung, plus „Angstzuschlag". Im Ergebnis wurden vielfach Kessel mit erheblich höherer Leistung installiert als erforderlich. Derart überdimensionierte Kessel lieferten zwar die notwendige Heizleistung auch bei extrem niedrigen Außentemperaturen, erreichten aber keinen guten Jahresnutzungsgrad. Die in der Leistung nicht regelbaren Ölkessel und die nicht oder nur teilregelbaren Gaskessel takten, d.h. sie werden fortwährend ein und ausgeschaltet, um die Wärmeproduktion an den mit steigender Außentemperatur nachlassenden Wärmebedarf anzupassen. Außerdem arbeiteten sie immer mit konstant hoher Temperatur (z.B. mindestens 70°C), um Korrosion am Kesselwerkstoff Stahl zu vermeiden, egal, ob es draußen mild ist oder strenger Frost herrscht. Die Folge waren hohe Auskühlungs- und Oberflächenverluste. Zudem ist der Wirkungsgrad dieser sogenannten *Konstanttemperaturkessel* bis zum Erreichen der Betriebstemperatur eingeschränkt. Die später folgenden *Niedertemperaturkessel* stellten zwar eine erhebliche Verbesserung dar, entsprechen aber auch nicht mehr dem Stand der Technik, weil eine Mindesttemperatur von ca. 40°C und eine Abgastemperatur von über 100°C gehalten werden muss, um Schornsteinversottung zu vermeiden.

Mit der Entwicklung modulierender Brennwertkessel wurde das Problem der schlechten Brennstoffausnutzung und Leistungsregulierung gelöst. Die Kessel passen sich nun weitgehend selbstregulierend dem jeweiligen Leistungsbedarf an. Bei Teillast ist der Wirkungsgrad eines Brennwertkessels sogar noch höher als bei Volllast (Abb. 3.1.4). Dennoch sollte auch ein Brennwertkessel nicht überdimensioniert werden. Denn Modulation heißt: die Leistungsregelung findet nur innerhalb eines bestimmten Bereiches und nicht zwischen 0 und 100% statt! Bei Gaskesseln sind Modulationsbereiche zwischen 20 und 100% üblich. Die besten Kessel schaffen sogar 10 bis 100%, die schlechtesten 40 bis 100%. Bei Ölkesseln ist der Modulationsbereich meist ungünstiger, oder sie arbeiten zweistufig. Liegt der Wärmebedarf unter der minimalen Leistung,

Takten von Wärmeerzeugern

Wenn der Wärmeerzeuger zu groß für das Haus ist, eine zu kleine Wassermenge in Umlauf ist, und/oder wenn seine Leistung nicht modulierbar ist, schaltet sich der Wärmeerzeuger ständig an und aus: er taktet. Dies führt zwangsläufig zu hohem Verschleiß und schlechten Wirkungsgraden.

Abb. 3.1.5 zeigt eine Messung aus der Aktion Brennwertcheck der Verbraucherzentrale. Bis zu zehnmal und mehr in der Stunde ist der Kessel gestartet, und das bei einer Außentemperatur von 4°C. Außerdem war keine Nachtabsenkung eingestellt. Somit ist der Kessel nachts bei geschlossenen Thermostatventilen noch häufiger gestartet.

Bei modernen Brennwertkesseln kann man durch Begrenzung der max. Heizleistung auf die Heizlast des Gebäudes, ein besseres Regelverhalten erreichen. Bei jedem Startvorgang wird der Kessel mit einer wesentlich geringeren Heizleistung angefahren.

3.1.5: Taktender Brennwertkessel, links über 26 Std, rechts Auszug von 3 Std.

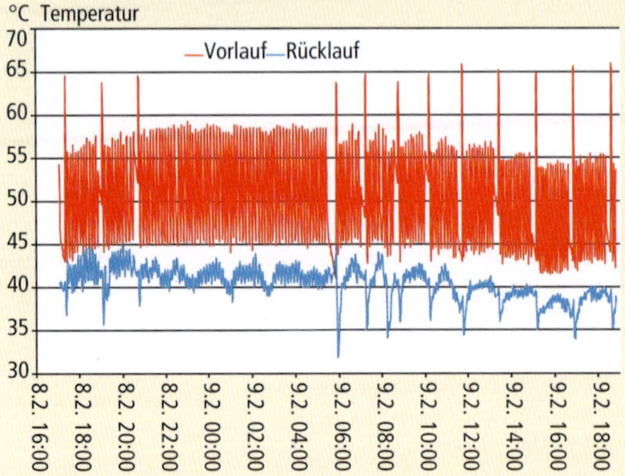

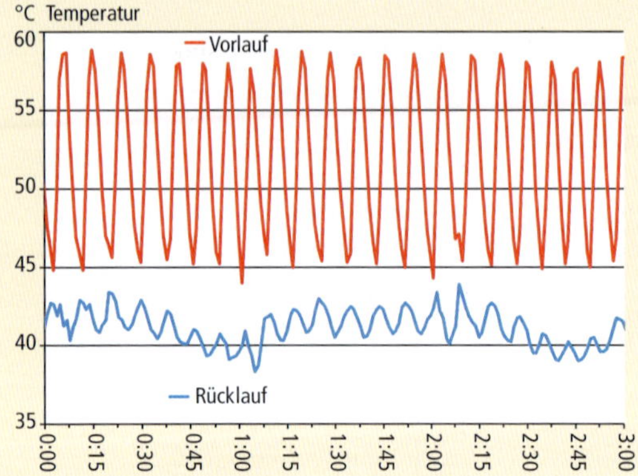

Rechenbeispiel zur Bemessung der Kesselleistung

Vor der Dimensionierung eines Wärmeerzeugers muss die Frage nach dem Anlagenprinzip beantwortet werden. Ist ein Pufferspeicher vorhanden oder nicht? Wenn ja, kann die Leistung des Wärmeerzeugers u.U. sogar etwas kleiner als die Heizlast bemessen werden. Denn Leistungsspitzen, die durch einen besonders hohen Warmwasserverbrauch zu Spitzenzeiten bei gleichzeitig extrem niedriger Außentemperatur zustande kommen, können durch einen ausreichend bemessenen Pufferspeicher ausgeglichen werden. Je kleiner die gewählte Kesselleistung, umso besser decken sich Modulationsbereich des Kessels und Wärmebedarf bei Teillast und umso weniger wird der Kessel takten. Soll auf einen Speicher verzichtet werden oder soll dieser nur sehr klein sein, muss den schwankenden Anforderungen des Wärmebedarfs Rechnung getragen werden. Der Einsatz eines nach der Heizlast und/oder dem Warmwasserbedarf bemessenen modulierenden Heizgeräts ist unumgänglich. Bei der Dimensionierung der Wärmeerzeuger sind in jedem Fall die DIN EN 12831 und die DIN 4708 zu beachten.

Ein Haus mit acht Bewohnern hat eine Heizlast von 4 kW (Super-Effizienzhaus mit 200 m^2 beheizte Nutzfläche bei 20 W/m^2 Heizleistung). Jeder Bewohner verbraucht pro Tag ca. 45 l Warmwasser.

Die Leistung für die Zubereitung des Warmwassers beträgt damit
$Q = 8$ Pers.· 45 l/(d·Pers.) · 4,2 kJ/kg[1)]K · 1/3600 h/s · (45 - 10) K = 14,7 kWh/d · 1/24 d/h= 0,6 kW
[1)]vereinfachte Gleichsetzung von l und kg

Soll das Warmwasser nicht über den ganzen Tag hinweg, sondern innerhalb einer Stunde zubereitet sein (für das morgendliche Duschen), ist der Leistungsbedarf für die Warmwasserbereitung 24 mal so hoch, er beträgt 14,7 kW.

Zur Deckung von Heizungs- und Warmwasserbedarf müsste man einen Wärmeerzeuger mit einer Leistung von 4 kW + 14,7 kW = 18,7 kW einbauen. Wird ein Wärmeerzeuger gewählt, der nur im Bereich von 40 bis 100% modulieren kann, würde er außerhalb der Zeiten, in denen Warmwasserbedarf vorhanden ist, viel zu groß sein und damit takten. Günstiger wäre ein Brennwertkessel mit einem Modulationsbereich von 10 bis 100%. Gibt es eine thermische Solaranlage, kann dessen Speicher auch als Puffer für den Brennwertkessel verwendet werden.

beginnt der Kessel zu takten, d.h. ein- und auszuschalten. Ist die Kesselleistung genau auf den Normwärmebedarf abgestimmt oder gar leicht unterdimensioniert, wird auf jeden Fall ein größerer Teil der Jahresarbeit innerhalb des Modulationsbereiches erzeugt als bei einem leistungsmäßig überdimensionierten Kessel. Obendrein mindert weniger häufiges Takten den Verschleiß. Was zur Leistungsbemessung für Öl- und Gaskessel gesagt wurde, gilt grundsätzlich auch für die anderen Wärmeerzeuger: Holzkessel, Pelletkessel, Wärmepumpen etc.

Großen Einfluss auf die richtige Wahl der Kesselleistung hat neben der Heizlast auch der Warmwasserwärmebedarf. Wurde noch vor wenigen Jahren die Warmwasserbereitung mit einem Zuschlagsfaktor (z.B. 20%) auf die Kesselleistung berücksichtigt, ist die Heizleistung durch den verbesserten Wärmeschutz der Gebäude deutlich zurückgegangen, so dass der Anteil des Wärmebedarfes für Warmwasser im Neubau erheblich höher ist als in älteren Bestandsgebäuden.

Um dennoch eine geringe Kesselleistung wählen zu können, muss man entweder einen größeren Warmwasserspeicher installieren oder, zum Beispiel in Kombination mit einer solaren Heizungsunterstützung, einen großen Heizungspufferspeicher mit Frischwasserstation vorsehen.

Steuerung der Wärmeerzeuger-Leistung

Bei allen Wärmeerzeugern sorgt eine Regelung dafür, dass die Wärmeleistung dem witterungsabhängigen Wärmebedarf des Gebäudes angepasst wird. In der Regel wird dazu die Kesselwassertemperatur (bzw. allgemeiner die Temperatur des Wärmeerzeugers) im Heizungsfall mit sinkender Außentemperatur erhöht. Zur Trinkwassererwärmung wird auf Maximalleistung umgeschaltet und die Kesseltemperatur auf ca. 60 - 75°C angehoben. Damit sind die wesentlichen Aufgaben einer Steuerung für den Wärmeerzeuger beschrieben.

In alten Gebäuden sind die Heizungsanlagen oft so ausgelegt, dass das Heizungswasser am kältesten Tag des Jahres, z.B. bei -15°C Außentemperatur, mit 70°C oder gar 90°C Vorlauftemperatur in die Heizkörper eintritt und mit 50°C bzw. 70°C Rücklauftemperatur wieder austritt (vgl. Abb. 3.1.6). Die witterungsgeführte Regelung sorgt nun dafür, dass die Vorlauf- bzw. Kesseltemperatur (rote Linie) vermindert wird, je milder es draußen ist und je weniger Heizleistung im Gebäude gebraucht wird. Denn durch eine reduzierte Heizwassertemperatur kann die Wärmeabgabe der Heizkörper im Gebäude wirksam reduziert und dem veränderten Bedarf angepasst werden.

Das Abgas des Kessels (grüne Linie) kann je nach Bauart bis nahe an die Temperatur des Rücklaufs (dunkelblaue Linie) gekühlt werden, so dass die Abgastemperatur bei einem guten Brennwertkessel um etwa 10°C über der Rücklauftemperatur liegt. Der Grafik ist ferner zu entnehmen, dass bei einem Gas-Brennwertkessel die Kondensation des Wasserdampfes eintritt, sobald es draußen wärmer als 6°C ist (hellblaue Linie; Taupunkt Erdgas-Abgas: 56°C). Vergleicht man das Ergebnis mit Abb. 3.1.4, erkennt man, dass der Brennwertkessel mehr als 80% seiner Heizarbeit oberhalb von -6°C leistet. Beim Öl-Brennwertkessel (graublaue Linie; Taupunkt 47°C) ist die Rücklauftemperatur erst bei Außentemperaturen oberhalb von +5,5°C niedrig genug, dass die Kondensation des Abgases eintritt. Ein Blick auf Abb. 3.1.4 zeigt, dass damit nur noch etwa 25% der Jahresheizarbeit im kondensierenden Betrieb erbracht werden. Daraus folgt, dass es für Ölkessel noch wichtiger als für Gaskessel ist, dass sie an einem Heizsystem mit niedriger Rücklauftemperatur betrieben werden, um den kondensierenden Betrieb möglichst gut zu nutzen. Optimal sind Flächenheizungen (Wand- und Fußbodenheizungen) mit Vorlauf- und Rücklauftemperaturen von maximal 35/28°C. In diesem Fall sind Jahresnutzungsgrade von 95% bezogen auf den Brennwert möglich. Bezogen auf den Heizwert liegen die Jahresnutzungsgrade sogar über 100%. Schaden nehmen Brennwertkessel nicht, wenn sie mit hoher Temperatur betrieben werden, nur der Wirkungsgrad leidet.

Steuer- und Regelkomponenten

Eine wesentliche Funktion von Steuer- und Regelkomponenten der Wärmeerzeuger ist die Anpassung der Vor- und Rücklauftemperatur an das Wärmeverteilungssystem des zu heizenden Gebäudes. Eine sehr komfortable Methode zur Einstellung der sogenannten „Heizkennlinie" ist in Abb. 3.1.7 gezeigt. Durch Ändern der Neigung der Heizkennlinie (hier mit dem Wert 1,4 gezeigt) lassen sich die resultierenden Vorlauftemperaturen für verschiedene Außentemperaturen direkt ablesen.

Über die außentemperaturgeführte Steuerung der Kesseltemperatur hinaus werden die Kesselregelungen von den meisten Herstellern mit umfangreichen Möglichkeiten für das Betriebsmanagement und die Erfassung und Auswertung von Anlagenparametern und Betriebsdaten angeboten: Betriebsstunden für Brenner und Pumpen, Vorlauf-, Rücklauf- und Abgastemperaturen, Warmwasserverbräuche und Wärmeleistungen sind wichtig für die Beurteilung der Arbeitsweise einer Anlage. Die Möglichkeiten für die Zeitprogrammierung der Heizung (Urlaubs- und Nachtabsenkung), Warmwasserbereitung (Legionellenschaltung), Warmwasserzirkulation usw. sollten gegeben sein. Wichtig ist aber auch die Erweiterungsmöglichkeit, z.B. für solarthermische Komponenten oder einen Zweit-Wärmeerzeuger.

Folgende Grundfunktionen müssen vorhanden sein: Schornsteinfeger- und Notbetrieb, Anzeige von Betriebs- und Fehlermeldungen, Einstellung der max. Vorlauftemperatur, Einstellung der Heizleistung, Ein-

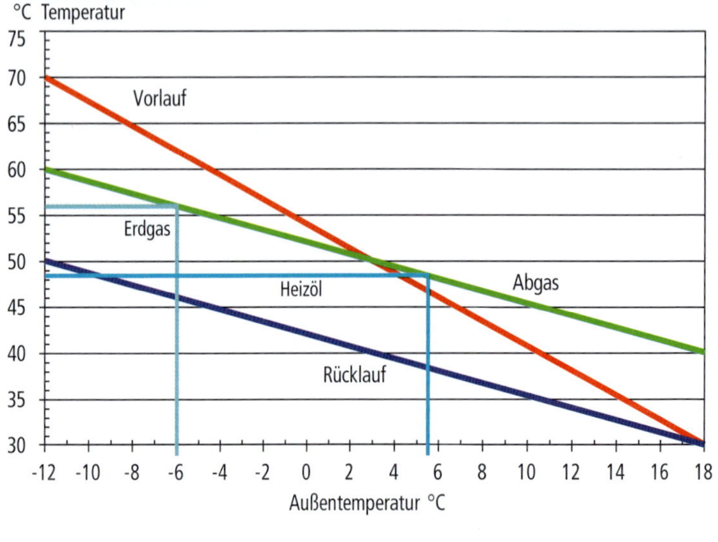

3.1.6:
Heizungsvorlauf-, Rücklauf- und Abgastemperatur eines Brennwertkessels in Abhängigkeit von der Außentemperatur (vereinfachte lineare Darstellung). Wenn die Abgastemperatur eines Gaskessels 56°C und die eines Ölkessels 47°C unterschreitet, entsteht Tauwasser und es wird zusätzlich die im Abgas enthaltene Kondensationswärme nutzbar. Durch Wärmedämmung eines Hauses können die Vor- und Rücklauftemperaturen und damit auch die Abgastemperaturen abgesenkt werden, so dass der Wirkungsgrad des Brennwertkessels ansteigt. Reduzierte Vor- und Rücklauftemperaturen lassen sich auch durch eine Vergrößerung der Heizflächen erreichen.

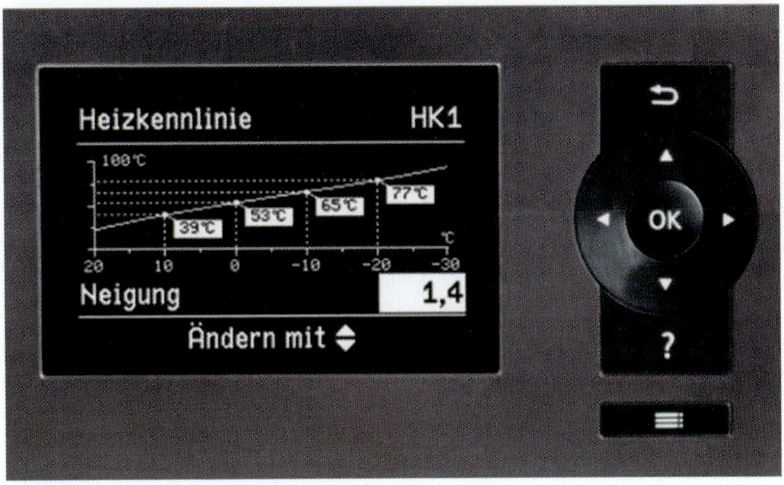

3.1.7
Nutzerfreundliche und komfortable Einstellung der Heizungskennlinie am Display.

stellung der Warmwassertemperatur, Reset-Funktion. Der Anschluss von mehreren, separat zu steuernden Heizkreisen ist in der Regel möglich. Viele Hersteller integrieren in die Steuerung/Regelung ihrer Brennwertgeräte außerdem Diagnosesysteme. Sie werden unter Bezeichnungen wie z.B. SMART (= self monitoring and reporting technology) angeboten. Derartige Diagnosesysteme erfassen Abweichungen vom zulässigen Betriebszustand und melden sie. Das macht Wartung und Service planbar, vermeidet Ausfälle und unnötige Reparaturkosten. Allerdings ist der Zugriff auf die Diagnosesysteme i.d.R. den Fachfirmen vorbehalten.

3.2 Brennwertkessel

Brennwertkessel werden hauptsächlich für die Brennstoffe Heizöl und Gas (Erdgas, Flüssiggas) gebaut. Das Material des Feuerungsraumes ist gegenüber den Einwirkungen kondensierender Rauchgase beständig, so dass sie mit gleitender Heizwassertemperatur betrieben werden können. Die Wärmetauscher müssen aus korrosionsbeständigen Materialien bestehen, z.B. aus Edelstahl. Durch die Konstruktion der Heizflächen in Verbindung mit dem Kondensationsprozess kann ein Selbstreinigungseffekt erzielt werden, der betriebsbedingte Ablagerungen verhindert und zu einer langen Nutzungsdauer des Heizkessels beiträgt. Längere Wartungsintervalle und damit geringere Servicekosten sind die Folge.

Die Dimensionierung der Kessel erfolgt nach der Heizlast (Berechnung nach DIN EN 12831) unter Berücksichtigung des Wärmebedarfs für die Warmwasserbereitung (DIN 4708). Eine Unterdimensionierung der Kesselleistung hat zwar eine geringe Komfortminderung zur Folge – der Wärmebedarf kann an sehr kalten Tagen nur teilweise gedeckt werden – , führt aber zu einer Verminderung der Schalthäufigkeit und zu einem besseren Jahresnutzungsgrad (s. auch Kap. 3.1), so dass die modulierende Leistungsregelung insgesamt länger genutzt wird.

Hydraulische Einbindung in die Wärmeverteilung

Die Trennung in einen Kessel- und einen Hauskreis ist nicht mehr zeitgemäß und unnötig, da niedrige Rücklauftemperaturen bei Brennwertkesseln sehr erwünscht sind, um das Abgas herunterzukühlen und den Brennwerteffekt zu nutzen. Drei- oder Vierwegemischer, Überströmventile oder hydraulische Weichen vernichten Exergie (d.h. bauen Energiewertigkeit und Temperaturniveau ab, vgl. Kap. 3.6), daher sollte es sie bei Neuanlagen nicht mehr geben!

Hydraulische Weichen (vgl. Abb. 3.2.1) werden von den meisten Herstellern gefordert, wenn mehrere

Heizkreise mit eigenen Pumpen angeschlossen sind. Da fast alle wandhängenden Kessel eine interne Pumpe besitzen, wären die Pumpen in Reihe geschaltet und würden sich gegenseitig beeinflussen. Einige Hersteller bieten für diesen Fall ein Pumpenersatzrohr für die interne Pumpe an.

Hydraulische Weichen an großen Heizungsanlagen darf es allenfalls unter der Bedingung geben, dass die primär- und sekundärseitigen Heizwassermengen für den Auslegungsfall exakt eingestellt werden. Als Grundregel hat sich eine primärseitige Mindermenge von ca. 10 - 30% bewährt. Außerdem sollte die primärseitige Spreizung 5 K größer sein als die heizungsseitige. Die interne Pumpe des Kessels muss von der Werkseinstellung auf „leistungsgeregelt" umgestellt werden. Ist der kleinste einstellbare Bereich der Pumpe noch zu groß, kommt es zur Erhöhung des primärseitigen Volumenstroms und dadurch zum Verlust der Brennwertnutzung. Eine hydraulische Entkopplung von Primär- und Sekundärseite kann auch durch einen Pufferspeicher erreicht werden (s. Abb. 3.3.5 und 3.3.6). Ein Pufferspeicher als Mittel der hydraulischen Entkopplung ist der hydraulischen Weiche vorzuziehen. Hydraulische Weiche und Pufferspeicher gemeinsam in einer Anlage sind abzulehnen.

In den letzten Jahren haben sich Brennwertgeräte mit drehzahlgeregelten Pumpen oder *Hocheffizienzpumpen* durchgesetzt. Richtig dimensioniert sorgen sie für optimierte Wassermengen und –drücke und eine möglichst niedrige Rücklauftemperatur zum Kessel. Ist der Kessel jedoch überdimensioniert, wird auch die interne Pumpe für das Gebäude meistens zu groß sein. Der kleinste einstellbare Druck ist dann oft noch zu groß, um die Durchflüsse im Rohrsystem abgleichen zu können. Die Folgen sind Pfeifgeräusche an den Ventilen. Wird in einem EFH eine alte Pumpe durch eine Hocheffizienzpumpe ersetzt, lassen sich häufig Stromeinsparungen von ca. 80 € im Jahr erzielen! *Vorsicht*: Altgeräte können nicht immer mit Hocheffizienzpumpen nachgerüstet werden (Hersteller befragen). Oft haben sie einen so geringen Wasserinhalt, dass sie überhitzen, wenn nicht ein Mindestumlauf gewährleistet ist.

Wichtig ist eine gute und lückenlose Dämmung aller Rohrleitungen und Armaturen, insbesondere, wenn der Speicher außerhalb der gedämmten und beheizten Gebäudehülle (thermische Hülle) steht, wie z.B. im unbeheizten Keller.

Trink-Warmwasserbereitung

Die Trinkwassererwärmung kann direkt vom Gasbrennwertkessel/-gerät im Durchlaufprinzip folgen; üblich ist diese Bauart vor allem bei Gasthermen im Wohnungsbau. Wird warmes Wasser benötigt, aktiviert das Gerät eine „Boost-Funktion": der Brenner geht auf maximale Leistung. Um z.B. eine Dusche dauerhaft zu betreiben, ist eine Mindestleistung von etwa

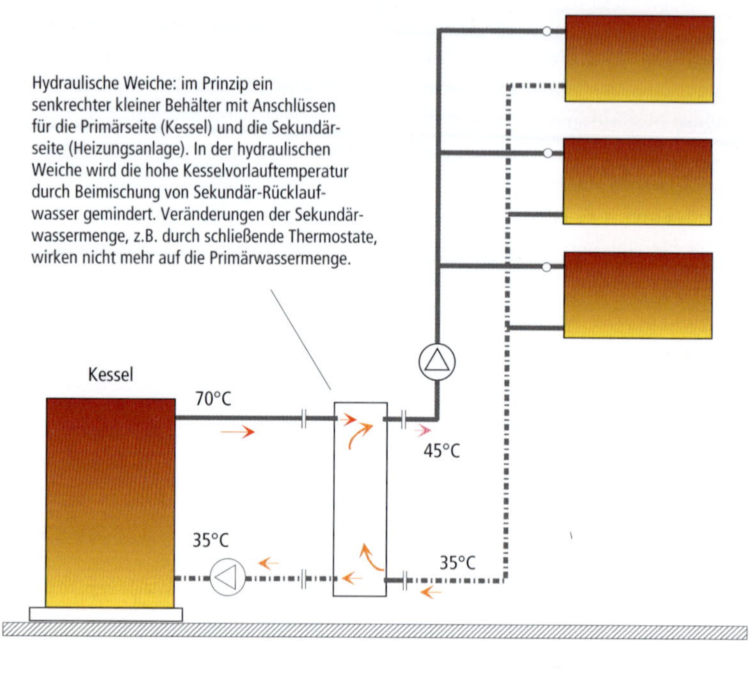

3.2.1:
Hydraulische Weiche zur Entkopplung der Wasserströme. In dem länglichen Behälter wird die Wassertemperatur einfach heruntergemischt, wodurch die Energiewertigkeit (Exergie) vermindert wird.

20 kW erforderlich. Das bedeutet wiederum, dass die Geräte in gut gedämmten Gebäuden zum Heizen oft eine viel zu große Leistung haben. Während der Warmwasserbereitung kommt es kaum zur Brennwertnutzung.

Bei höherem Warmwasserbedarf oder zur Steigerung des Komforts ist die Installation eines vom Kessel beheizten Speichers (Inhalt ca. 20 - 130 l) notwendig. Die Speicher, die neben oder unter dem Gerät installiert werden, können auch mehrere Zapfstellen gleichzeitig versorgen. Wasserdruckschwankungen sind mit einem Speicher unproblematischer, und das warme Wasser ist sofort an der Zapfstelle, sofern die Leitung kurz ist. Wird das Speichervolumen auf 200 Liter und mehr vergrößert, lässt sich auch Solarenergie integrieren. Optimal sind Schichtenspeicher und Schichtenlader (s. Kapitel 5), mit denen die Wärmeerzeuger hohe Wirkungsgrade erreichen.

Abgasführung

Die Abgase von Brennwertkesseln sind feucht und relativ kühl, so dass sie nicht durch thermischen Auftrieb im Schornstein aufsteigen und abgeführt werden. Sie müssen mit dem im Kessel integrierten Gebläse nach draußen befördert werden, wodurch im Abgasrohr ein (geringer) Überdruck entsteht. Damit kein Abgas aus dem Abgasrohr in Wohnräume eindringen kann, muss das Abgasrohr aus Glas, Edelstahl oder Kunststoff druckdicht und feuchtigkeitsbeständig sein. Abb. 3.2.2 zeigt verschiedene Möglichkeiten, wie ein Brennwertkessel an das Abgasrohr angeschlossen werden kann.

Die *raumluftabhängige* Variante 4 ist zwar erlaubt, aber nicht mehr zu empfehlen: Dabei wird ein Rohr in einen bestehenden Schornstein eingezogen und der Kessel holt sich die Verbrennungsluft aus dem Raum, in dem er steht. Im Raum müssen dann Frischluftöffnungen verbleiben, die zu hohen Wärmeverlusten führen. Außerdem sind dabei Probleme mit der Lüftungsanlage oder Dunstabzugshaube vorprogrammiert, weil diese im Haus einen Unterdruck erzeugen. Bei den übrigen Varianten arbeitet der Kessel dagegen *raumluftunabhängig*. Der Kessel holt sich die Verbrennungsluft aus dem Raum zwischen Rohr und Schornsteinwandung (z.B. Variante 6) oder aus dem Ringspalt (z.B. Variante 2) eines doppelwandigen Rohres (Luft-Abgas-System LAS). Es sind keine Frischluftöffnungen im Raum notwendig, die Verbrennungsluft ist stets sauber und obendrein sind die Schornsteinfegergebühren auch noch niedriger. Ein weiterer Vorteil ist, dass die Abgase die außen am Rohr vorbeistreichende Verbrennungsluft etwas vorwärmen kann, was den Wirkungsgrad noch etwas verbessert. Da im Abgasrohr Kondenswasser anfällt, muss der Ablauf in die Kanalisation geleitet werden.

Aufstellung

Brennwertkessel mit Leistungen unter 50 kW können und sollten – ebenso wie alle warmen Rohrleitungen – nach Möglichkeit innerhalb der thermischen Hülle des Hauses platziert werden. Trotz guter Dämmung der Rohrleitungen und sehr sparsamer Kessel gibt es nämlich immer noch Wärme- und Abstrahlungsver-

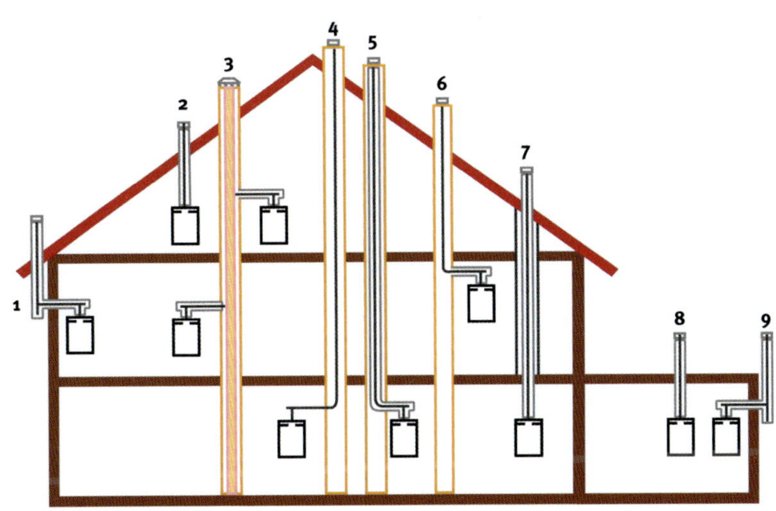

3.2.2
Mögliche Abgasführungen für einen Brennwertkessel. Bei Variante 4 bezieht der Kessel die Verbrennungsluft aus dem Keller. Diese Variante sollte nicht mehr zur Anwendung kommen. Bei allen anderen Varianten arbeitet der Kessel raumluftunabhängig.
Quelle: Fa. Brötje

Kombination von Öl-/Gas-Brennwertkesseln mit anderen Wärmeerzeugern		
	Bewertung	Kommentar
Thermische Solaranlage	++++	Die Kombination mit einer Solaranlage zur TWW-Bereitung und/oder Heizungsunterstützung ist sinnvoll, insbesondere, wenn die Anforderungen des EEWärmeG zu erfüllen sind.
Luft-Wärmepumpe	++	Hohe Investitionskosten
Erd-Wärmepumpe	+	Zu hohe Investitionskosten
Kaminofen f. Stückholz oder Pellets	++++	Ist immer sinnvoll, weil Holz ein nachwachsender Rohstoff ist und klimaneutral verbrennt.
Stückholzkessel	++++	Gute Ergänzung, wenn kostengünstiges Holz verfügbar ist, aber hohe Investitionskosten.
Holz-Pelletkessel	++	Zu hohe Investitionskosten
BHKW	+	Ist zur Versorgung großer Gebäude und Gebäudeensembles mit genügend hohem Wärmebedarf sinnvoll; der Gas-/Ölkessel deckt die Spitzen.
Photovoltaikanlage	++++	Beeinflusst die Heizung nicht; ist daher immer sinnvoll.
++++ sehr gut geeignet, +++ gut geeignet, ++ geeignet, + möglich, – ungeeignet		

Tabelle 3.2.1 Kombinationsmöglichkeiten von Öl-/Gas-Brennwertkesseln mit anderen Wärmeerzeugern.

luste, die der Wohnung bzw. dem Haus zugutekommen sollten. Das wirkt sich positiv auf die Energiebilanz und die Anlagenaufwandszahl aus.

Wärmeerzeuger ab 50 kW benötigen einen eigenen Heizraum, der ggf. auch innerhalb der thermischen Hülle liegen kann.

Kombinationen

Die Kombination eines Brennwertkessels mit einer solarthermischen Anlage ist sehr zu empfehlen, da eine Solaranlage mindestens die Warmwasserbereitung im Sommer übernehmen oder bei entsprechend größerer Kollektorfläche in einem gut gedämmten Gebäude auch die Heizung unterstützen und bis zu 40% des jährlichen Heizenergiebedarfs decken kann.

3.2.1 Ölkessel

Auf die Ära der Kokskessel folgte die Ära der Ölkessel: Bis zum Jahre 2008 wuchs die Zahl der Ölheizungen in Deutschland auf ca. 6,2 Mio. an und sank in den Folgejahren stark ab. In 2009 lag der Anteil der Öl-Brennwertkessel an der Gesamtzahl aller neu installierten Wärmeerzeuger bei 11,3% und der (veralteten) Niedertemperaturkessel bei 6,9%. (vgl. Abb. 3.1.2). Im Jahre 2011 lag der Anteil mit etwa 11,5% (BW-K.) und 3,5% (NT-K.) insgesamt nur noch bei 15%. Öl-Heizkessel halten also einen zunehmend kleiner werdenden Anteil am Heizungsmarkt der Zukunft. Als innovativ oder gar ökologisch können sie wegen begrenzter und unsicherer Ölressourcen und hoher Kohlendioxidemissionen jedoch nicht mehr gelten.

Kesselleistung

Noch vor wenigen Jahren waren einstufige Öl-Brenner ab 10 kW Nennleistung Stand der Technik. Der Taktbetrieb, also das Abschalten der Brenner bei Erreichen der Kessel-Solltemperatur, galt als unumgänglich. Mit zunehmend besserem Wärmeschutz der Gebäude kam es zu immer höheren Taktfrequenzen des Brenners, so dass als Ausweg zunächst zweistufige Brenner und dann modulierende Brenner entwickelt wurden, die heute Stand der Technik sind. Bei den modulierenden Brennern regelt ein Mikroprozessor in der Heizungssteuerung in Abhängigkeit von der geforderten Leistung stufenlos die zugeführten Luft- und Brennstoffmengen, wobei eine Modulation der Leistung im Bereich 40 bis 100% erreicht wird. Die Zahl der Brennerstarts, die bei einem ungeregelten Brenner durchaus mehrere Tausend pro Jahr zählt, kann durch die neue Technik um bis zu 90% gesenkt werden. Die kleinsten Ölbrennwertkessel werden derzeit mit Leistungen von ca. 5 bis 11 kW modulierend bzw. 5/14 kW bei zweistufigen Brennern angeboten.

3.2.3
Modulierender Kleinst-Ölbrenner
Quelle: Fa. Windhager

3.2.4
Wandhängender Öl-Brennwertkessel mit stufenloser Leistungsanpassung zwischen 10 und 20 kW.
Quelle: Firma Brötje

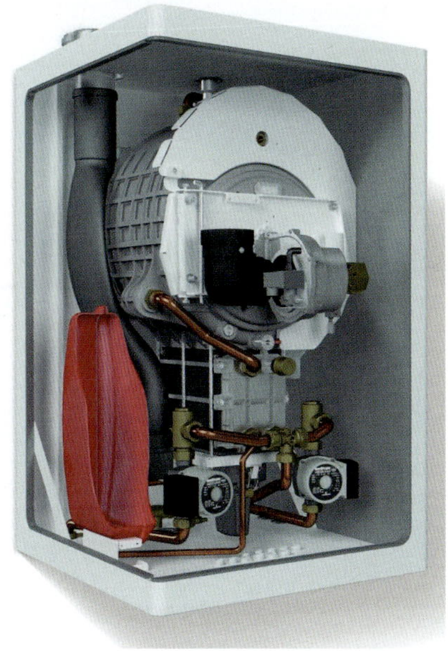

Brennstoff und Kondensat

Die Brenner sind für normales und schwefelarmes Heizöl geeignet. Pro Liter Öl fallen 0,5 bis 0,8 Liter saures Kondensat an (s. Kap. 3.1.1), so dass bei einem 20 kW Kessel im Jahr durchaus 1.000 - 2.000 Liter Kondensat über einen Abwasseranschluss entsorgt werden müssen. Das Kondensat von Kesseln bis 100 kW darf nach ATV-Merkblatt 251 ohne Rückhaltevorrichtung in das Abwassernetz eingeleitet werden. Bei Kesseln zwischen 100 und 200 kW ist das nur noch erlaubt, wenn schwefelarmes Heizöl verwendet wird. Bei größeren Kesselleistungen ist in jedem Fall eine Rückhaltevorrichtung mit Neutralisation Pflicht.

Moderne Brennwert-Ölkessel werden aus Guss, Stahl oder Aluminium gefertigt; für den Abgaswärmetauscher haben sich Kunststoffe wie Polyethylen (PE) durchgesetzt.

Die Aufstellung von Öl-Brennwertkesseln (bzw. das Aufhängen wandhängender Geräte) ist grundsätzlich auch in Küchen oder Bädern möglich. Anzuraten sind solche Aufstellungsorte aus Gründen der Geruchs- und Geräuschbelästigung aber eher nicht.

Brennstofflager

Das Öllager benötigt Platz: Ein Tank muss von allen Seiten inspizierbar sein und zum Kessel einen Abstand von mindestens einem Meter halten. Öl riecht äußerst unangenehm und verunreinigt Wasser. Wenn möglich, sollten das Öllager nicht im Haus und das Haus nicht in einem Wasserschutzgebiet liegen. In Wasserschutzgebieten ist in der Regel ein doppelwandiges Behältersystem mit Lecksonde erforderlich.

Tankanlagen mit über 5.000 l Fassungsvermögen sind baugenehmigungspflichtig. Für alle Erdtanks und für oberirdische Öllageranlagen mit einem Lagervolumen über 1.000 Liter, in manchen Bundesländern auch schon ab 300 Liter, muss eine Anzeigebestätigung der Unteren Wasserbehörde vorliegen.

Die Größe des Öllagers ist am Jahresbedarf auszurichten. Bei einem Heizwärmebedarf von 80 kWh/m²·a und 120 m² Wohnfläche ist eine Bevorratung von mindestens 80 · 120/10 = 960 l bzw. 1.000 l empfehlenswert.

Eignung und Anwendungsbereiche

Sofern man überhaupt noch auf den umweltbelastenden, unsicheren und teuren Brennstoff Öl setzen will, sollten in Neubauten grundsätzlich Brennwertkessel zum Einsatz kommen, am besten in Verbindung mit einer Flächenheizung und kombiniert mit einer großzügig bemessenen thermischen Solaranlage.

Soll im Altbau lediglich ein alter Ölkessel ausgewechselt werden und sind das Tanklager und der Schornstein noch intakt, macht es unter Kostengesichtspunkten Sinn, einfach einen neuen Niedertemperaturkessel einzubauen, vor allem, wenn das Heizsystem ohnehin mit hohen Vorlauftemperaturen gefahren werden muss. Eine zukunftsweisende Lösung ist das allerdings nicht. Mindestens sollte die Ergänzung durch eine thermische Solaranlage in Betracht gezogen werden. Besser ist es, auch im Altbau einen Brennwertkes-

3.2.5: Ölbrennwertkessel mit Schichtenspeicher aus Stahl
Quelle: Fa. Wolf

Öl-Brennwertkessel: Eigenschaften u. Planungswerte	
Standardauslegung der Kesselleistung	Nach DIN EN 12831 und DIN 4708 entspr. Wärmebedarf Gebäude + Wärmebedarf Warmwasser
Auslegung mit reduz. Leistung wg. Wirkungsgradoptimierung	0,8 bis 0,9 · des Normwärmebedarfs bei thermischer Komforteinbuße
• Kesselwirkungsgrad, • Jahresnutzungsgrad	102 - 106% (bezogen auf H_i) bis 100% (bez. auf Heizwert H_i)
Anlagenaufwandszahl Heizung:	1,3 - 1,4 (Kessel innerhalb der therm. Hülle) 1,4 bis 1,5 (Kessel außerhalb der therm. Hülle)
Primärenergiefaktor Öl	1,1
Schadstoffemission • CO_2	302 g/kWh
• SO_2	455 mg/kWh
• NO_x	227 mg/kWh

Tabelle 3.2.2: Steckbrief Öl-Brennwertkessel (alle Angaben sind Richtwerte!)

Annahmen
Zinssatz: 2%,
Nutzungsdauer: 20 Jahre
Annuität = 0,06118
Kesselverluste: 12 - 10,5%
Ölpreis: 0,09 €/kWh
Strombedarf: 2% v. Heizwärmebed.
Wärmebedarf Warmwasser: 12,5 kWh/m²a
Wohnfläche: 30 m²/Pers.
Kesselauslastung:
Eff.-Haus 55: 1350 h/a
sonstige: 1752 h/a
Leistungszuschl. WW: 0,2 kW/Pers.

Legende
WF: beheizte Fläche in m²
TWW: Wärmebedarf für Trink-Warmwasser in kWh/a
Heiz-W: Jahresheizwärmebedarf in kWh/a
Kess-L.: Kesselleistung in kW
Invest-K.: Investitionskosten
Kap-K/a: jährl. Kapitalkosten
Verbr-K/a: Verbrauchskosten Heizöl + Strom in €/a
Wart-K/a: Wartungskosten in €/a
Ges-K/a: jährl. Gesamtkosten in €/a
sp.E-K: spezifische Energiekosten in €/kWh

Kosten einer Ölheizung in verschiedenen Haustypen und -größen

WF	TWW	Heiz-W	Kess-L.[1]	Invest.-K.[2]	Kap-K/a	Verbr-K/a	Wart-K/a	Ges-K/a	sp.E-K.
m²	kWh/a	kWh/a	kW	€	€/a	€/a	€/a	€/a	€/kWh
Effizienzhaus 55 Q_{Heiz} = 40 kWh/m²·a									
80	1.000	3.584	3,9	12.500	764	421	205	1.391	0,33
125	1.567	5.591	6,1	15.100	918	657	272	1.847	0,28
206	2.571	9.134	10,0	19.600	199	1.074	346	2.619	0,24
355	4.438	15.699	17,3	26.200	1.602	1.849	427	3.878	0,21
Effizienzhaus 100 Q_{Heiz} = 72 kWh/m²·a									
80	1.000	6.912	5,0	13.500	826	726	243	1.795	0,27
125	1.567	10.663	7,8	17.100	1.046	1.123	308	2.477	0,23
206	2.571	17.230	12,7	22.200	1.358	1.816	381	3.556	0,20
355	4.438	29.307	21,6	29.600	1.810	3.098	461	5.369	0,18
Gebäude nach WSVO 1995 Q_{Heiz} = 120 kWh/m²·a									
80	1.000	12.000	8,0	17.300	1.058	1.193	311	2.562	0,24
125	1.567	18.402	12,2	21.800	1.333	1.833	376	3.542	0,21
206	2.571	29.559	19,7	28.100	1.719	2.950	447	5.115	0,19
355	4.438	49.983	33,4	37.400	2.287	4.996	526	7.810	0,17

[1] Die genannte Kesselleistung ist eine rein rechnerische Größe. In der Praxis liegt die untere Nennleistung moderner modulierender Ölbrenner bei ca. 5 kW. Um das Takten des Brenners zu verhindern, ist der Einbau einer Ölheizung in Gebäuden mit sehr kleinem Wärmebedarf zu vermeiden.
[2] Investitionskosten für BW-Ölkessel, WW-Speicher, Öllager, LAS-Kamin, Montage.

Tabelle 3.2.3: Kosten einer Ölheizung in verschiedenen Haustypen unterschiedlicher Größe. (Investitionskosten für BW-Ölkessel, LAS-System, WWB, Öllager und Montage.)

sel einzubauen und durch Wärmedämmung des Gebäudes dafür zu sorgen, dass die Vorlauf-/Rücklauftemperaturen auf 50/35°C abgesenkt werden können, damit ein kondensierender Betrieb für einen großen Teil der Heizperiode möglich ist. In der Praxis erweist sich ein Umstieg auf Holzpellets und Solarenergie oftmals als günstiger.

Ölbrennwertkessel sind auf Grund ihrer nach unten begrenzten Leistung – unter etwa 4 - 5 kW müssen alle Kessel takten – nicht überall einsetzbar. Ist die Kesselleistung deutlich größer als der Wärmebedarf, verkürzt häufiges Takten die Lebensdauer (s. Abb. 3.1.5). Der Einbau von Pufferspeichern kann zwar die Schalthäufigkeit mindern, hat aber zusätzliche Wärmeverluste zur Folge.

Für Niedrigenergie- oder Passivhäuser sind ölbetriebene Wärmeerzeuger damit – und natürlich auf Grund der genannten Nachteile wie Platzbedarf für das Öllager, Gerüche, Gefahr der Wasserverunreinigung, hohe CO_2-Emissionen – nicht zu empfehlen.

Die Kosten einer Ölheizung

Die Preise für Ölkessel liegen erheblich über denen von Gaskesseln oder Gasthermen vergleichbarer Leistung, obendrein sind die Kosten für den Brennstofflagerraum und den Tank in der Regel höher als ein Gas-Hausanschluss. Für einen Ölkessel mit modulierendem Brenner im Leistungsbereich bis 20 kW sind allein ca. 4.500 - 8.000 € zu rechnen. Insgesamt steigen die Investitionskosten für eine Ölheizung (Tabelle 3.2.3) nicht linear mit zunehmender Leistung, sondern deutlich langsamer (in der Kalkulationstabelle werden sie durch eine logarithmische Funktion beschrieben): der Grundaufbau wie auch ganz bestimmte Teile (Mischerrad, Brennerdüse, Pumpe, Zündvorrichtung) sind im kleinsten wie im größten Brenner vorhanden. Trotzdem ist von wachsenden Investitionskosten bei zunehmender Leistung auszugehen, da nicht nur die Kesselgröße, sondern auch der Aufwand für Nebenanlagen wie Öllagerraum und Öltank, mit dem Wärmebedarf steigen.

Dass im Ergebnis in Tabelle 3.2.3 die spezifischen Wärmegestehungskosten mit steigender Anlagenleistung sinken, erklärt sich aus den bei kleinen Leistungen verhältnismäßig hohen Investitionskosten für die Heizungsanlage. Dadurch liegt der Anteil der Kapitalkosten an den jährlichen Gesamtkosten bei keinen Anlagen in Energiesparhäusern bei 50% und mehr, erst bei größeren Anlagen haben die Kapitalkosten im Vergleich zu den reinen Energiekosten, die nahezu linear zum Wärmeverbrauch steigen, zunehmend geringeres Gewicht.

Erläuterung zu den Kostenangaben der verschiedenen Heizungstechniken

„Was wird die neue Heizungsanlage denn kosten?“, diese Frage bewegt Planer und Hauseigentümer gleichermaßen. Nicht allen ist bewusst, wie komplex die Fragestellung und wievielschichtig und schwierig demzufolge die Antwort ist. Um vergleichbare Angaben zu den Kosten verschiedener Heizungsanlagen machen zu können, sind mehrere Positionen in Betracht zu ziehen, die sowohl einzeln für sich als auch in ihrer Summe von Bedeutung sind:

- die einmalig aufzubringenden Kosten für die Anschaffung (Investitionskosten),
- die Abschreibung der Investitionskosten auf die Anlagenlebensdauer einschließlich Zins für einen ggf. aufzunehmenden Kredit, d.h. die jährlichen Kapitalkosten,
- die Kosten für Wartung und Instandhaltung (betriebsgebundene Kosten),
- die Kosten des Brennstoffverbrauchs (verbrauchsgebundene Kosten).

Die Summe aus Kapitalkosten sowie aus den jährlichen betriebs- und verbrauchsgebundenen Kosten führt zu den Jahresgesamtkosten und, bezogen auf die umgesetzte Nutzenergie, zu den spezifischen Wärmegestehungskosten in der Vollkostenrechnung.

In den folgenden Abschnitten werden in Kostentabellen für die meisten relevanten Wärmeversorgungstechniken die voraussichtlichen Investitions-, Kapital-, Betriebs-, Verbrauchs- und die spezifischen Wärmegestehungskosten angegeben. Die Annahmen, die diesen Berechnungen zu Grunde liegen, sollen nachfolgend kurz erläutert werden.

Investitionskosten

Die Investitionskosten stellen die größte Summe dar, sie stehen quasi „am Anfang“ einer neuen Heizungs- oder Lüftungsanlage. Oft entscheidet ihre Höhe über die Wahl eines bestimmten Heizungssystems. Sofern es Fördermittel (z.B. BAFA-Zuschuss) gibt, kann deren

Betrag von den Investitionskosten abgezogen werden. Leider besteht zwischen einer Investitionssumme und den resultierenden spezifischen Wärmegestehungskosten bzw. Jahresgesamtkosten nur ein indirekter Zusammenhang, der von weiteren Faktoren beeinflusst wird. Von der Höhe der Investitionssumme lässt sich also kein unmittelbarer Schluss auf die zukünftigen finanziellen Dauerlasten und die Wirtschaftlichkeit der neuen Anlage ziehen. Die Investitionskosten für Heizungs- und Lüftungsanlagen werden von zwei wesentlichen Anteilen bestimmt: zum einen sind dies die Lohnkosten für die Montage und Inbetriebnahme, zum anderen die Materialkosten. Die Lohnkosten sind bundesweit recht unterschiedlich. Um eine Basis zu finden, wurde mit einem mittleren Stundenlohn von 40 €/h kalkuliert.

Die Materialkosten werden bestimmt von

- der Leistung der Gerätetechnik (Heiz- oder Kühlleistung, Luftleistung),
- dem technischen Standard und der Qualität der Gerätetechnik (Wirkungsgrad, Modulation),
- der produzierten Stückzahl der Geräte (Kleinserien müssen zwangsläufig teurer sein),
- der Abnahmemenge (Rabatte auf den Bruttolistenpreis, die der Installationsfirma vom Produzenten oder Großlieferanten eingeräumt werden, und die er z.T. an den Endkunden weitergeben kann),
- den Gewährleistungsbedingungen (Geräte ohne Gewährleistung sind zunächst billiger),
- dem Namen des Produzenten.

Eine Dimensionierung der Leistung des jeweiligen Wärmeerzeugers erfolgte in den Kostentabellen nicht. Vielmehr wurde auf der Grundlage des flächenabhängig ermittelten Wärmebedarfes für Heizung und Warmwasser eine Heizlast ermittelt, und zwar unter folgenden Annahmen:

- Wohnfläche pro Nutzer: 30 m^2 (statistischer Durchschnitt Deutschland: 40 - 50 m^2)
- Warmwasserbedarf: 12,5 kWh/m^2 a
- Zuschlag für Kesselleistung: 0,2 kW/Person
- Anteilige Wärmeerzeugerauslastung im Effizienzhaus 55: 1.350 h/a

Welcher Wärmeerzeuger tatsächlich zum Einsatz kommt, hängt vor allem von der Anlagenkonzeption (mit oder ohne Puffer) und den verfügbaren Produkten ab. Beispielsweise sind Ölkessel mit 3,1 kW Nennleistung nicht auf dem Markt erhältlich; Gas-Brennwerthermen werden schon aus Gründen der Warmwasserbereitung mit einer Nennleistung ab 10 kW produziert. Infolgedessen werden die ausführenden Firmen in Niedrigenergie- und Passivhäuser immer leistungsfähigere Öl-, Gas- und Holzkessel einbauen als es nach der rechnerischen Heizlast erforderlich wäre. Bei Wärmepumpen lässt sich das Problem der Differenz zwischen errechneter Heizlast und verfügbarer Nennleistung besser lösen.

Für die Ermittlung der Materialkosten neuer Heizungsanlagen, die sich im Leistungsspektrum von 4 - 35 kW bewegen, wurden Internet-Preisportale ausgewertet, aber auch vorliegende Angebote herangezogen.

Aus den Preisangaben von drei bis fünf Lieferanten für ein Produkt mit einer bestimmten Nennleistung wurde ein Durchschnittspreis gebildet, ohne Rabatte für hohe Abnahmemengen oder fehlende Gewährleistung einzurechnen.

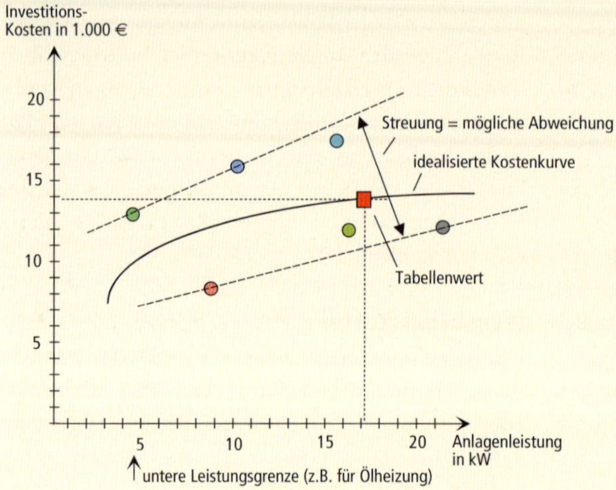

3.2.6
Das Prinzip der Kostenkurve: Der Verlauf einer Investitions-Kostenkurve kann mathematisch durch eine logarithmische Funktion beschrieben werden. In der Praxis weichen die realen leistungsabhängigen Investitionskosten (die farbigen Kreise sollen Preis/Leistungsrelationen verschiedener Anbieter darstellen) natürlich von der Idealkurve ab (natürliche Streuung um den Tabellenwert, den hier das rote Quadrat markiert). Desgleichen gibt es für die untere Leistungsgrenze eines Heizsystems einen Startwert, der als Sockel nicht unterschritten werden kann.

Um zu repräsentativen Mischpreisen zu kommen, fanden vor allem die nach aktuellen Standards hergestellten Markenprodukte namhafter Hersteller Berücksichtigung. Preiswerte Alternativen können natürlich ebenfalls eingesetzt werden, wenn technische Normen und gesetzliche Vorschriften nicht verletzt werden; für die Materialpreisbildung spielten diese Produkte jedoch keine Rolle.

Um nicht für jede gewünschte Leistung mehrere Materialpreise auswerten und Lohnstunden schätzen zu müssen, wurde versucht, die Leistungsabhängigkeit der Investitionskosten eines bestimmten Heizungssystems durch eine mathematische Funktion zu beschreiben, die eine logarithmische Charakteristik hat (s. Abb. 3.2.6). Die Kostenkurve hochwertiger Anlagentechnik wie z.B. Gas- oder Ölbrennwertkessel, Pelletkessel, Wärmepumpen etc. folgt dabei besonders stark der dargestellten, zunehmend flacher werdenden Form; die Preise für einfache Anlagen- oder Bautechnik wie Puffer, Tanklager, Frischwasserstationen, Schornsteine lassen sich besser mit linearen Funktionen beschreiben. Auf Grund des hohen Anteils hochwertiger Anlagentechnik in modernen Heizsystemen, ergibt sich für die Gesamtkostenkurve der Investition jedoch wieder die in der Abbildung dargestellte logarithmische Form.

Zu bedenken ist, dass bei den angegebenen Investitionssummen Abweichung von ±20% möglich sind – entscheidend für die individuelle Investitionssumme sind neben der Produktqualität (Materialpreis) und den regional unterschiedlichen Lohnkosten auch die baulichen Rahmenbedingungen und die Sorgfalt der handwerklichen Ausführung.

Kapitalkosten

Die Höhe der gesamten Kapitalkosten und der jährlichen Kosten wird berechnet aus der Investitionssumme, sowie dem Zinssatz und der Lebensdauer der Anlage. Üblich sind Lebensdauern zwischen 15 und 20 Jahren und Zinssätze zwischen 2 und 5%. In den Kostenübersichten sind in der Regel 20 Jahre Nutzungszeit (Ausnahme BHKW) und – auf Grund vielfältiger Fördermöglichkeiten und zinsgünstiger Kredite – 2% Zinssatz zu Grunde gelegt. Die KfW bietet beispielsweise Kredite ab 1,0% Effektivzins an (s. Kap. 7).

Wartung und Instandhaltung

Die Kosten für Wartung und Instandhaltung schwanken ebenfalls stark. Erfahrungsgemäß gibt es einen Zusammenhang zwischen dem Brennstoff und der Höhe der Wartungs- und Instandhaltungskosten: Gas-Brennwertkessel oder Gas-BHKW haben da klare Vorteile gegenüber Holz- oder Pelletheizungen. Luftwärmepumpen zeigen einen höheren Reinigungsaufwand am Außenteil als Erdwärmepumpen mit Flächenkollektor oder Erdwärmesonden. Bei Wasser-Wasser-Wärmepumpen hängt der Wartungs- und Instandhaltungsaufwand sehr stark von der Wasserqualität ab. Für die Kostentabellen wurden Angaben aus Internetportalen und diverser Handwerksfirmen verwendet. Die eingerechneten Wartungskosten von BHKW stützen sich auf eine Angabe der Energie-Agentur NRW.

Verbrauchskosten

Die Verbrauchskosten sind das Produkt aus Brennstoffpreis pro kWh und dem Endenergiebedarf eines Gebäudes (entspricht dem Wärmebedarf für Heizung und Warmwasser unter Berücksichtigung aller Verluste und den zusätzlichen Aufwendungen für Strom und sonstige Hilfsenergie).

Auf Grund der starken Schwankungen und tendenziell vorhandener Verteuerung der Brennstoffe wurden die Brennstoffkosten konservativ angesetzt. Die angesetzten Energiekosten sind in Tabelle 2.2 auf Seite 19 angegeben (Preisstand Juli 2012).

Die Gesamtkosten

Die Gesamtkosten, d.h. die Summe aus Kapitalkosten sowie den jährlichen betriebs- und verbrauchsgebundenen Kosten, sind sowohl in absoluter Höhe als jährliche Kosten der Wärmeerzeugung interessant (jeweils vorletzte Spalte der Kostentabellen), werden aber auch als spezifische Wärmegestehungskosten in €/kWh Nutzwärme (letzte Spalte) angegeben.

In diesen Wirtschaftlichkeitsberechnungen nicht erfasst sind die externen oder volkswirtschaftlichen Kosten bei der Nutzung einzelner Energieträger. Beispielsweise verursacht die Nutzung von Strom aus nuklearen oder fossilen Energieträgern teilweise enorme zusätzliche Kosten (Schädigung des Klimas, Atommülllagerung etc.), die erst von späteren Generationen beglichen werden müssen. Im Vergleich dazu sind in den Kostenrechnungen bei der Nutzung regenerativer Energiequellen, die in der Wirtschaftlichkeitsrechnung oft schlecht abschneiden, die externen bzw. volkswirtschaftlichen Kosten bereits weitgehend enthalten.

3.2.2 Gas-Brennwertkessel

Im Jahre 2011 waren 57,7% aller neu installierten Heizungsanlagen Gas-Brennwertkessel. Die veralteten Niedertemperatur-Kessel kamen noch auf 17,2%, mit sinkender Tendenz (vgl. Abb. 3.1.2). Abb. 3.2.7 zeigt die Funktionsweise eines Gas-Brennwertkessels. Die Flamme zeigt nach unten, damit das am Wärmetauscher entstehende Kondensat nicht in die Flamme tropft. Das Abgas kann umso stärker abgekühlt werden, je kälter der Heizungsrücklauf ist. Leider arbeiten viele Brennwertkessel mit so hohen Temperaturen, dass kein oder wenig Kondensat anfällt, wie eine Untersuchung der Verbraucherzentrale ergeben hat (s. Textfenster Kap. 3.1).

Aufstellung / Anschluss

Brennwertkessel für den Brennstoff Gas lassen sich sehr kompakt bauen, so dass die Geräte mit kleiner und mittlerer Leistung meist als wandhängende Einheiten äußerst platzsparend untergebracht werden können. Sie können z.B. auch in kleinen Nischen, Nebenräumen oder auch in Abseiten im Dachgeschoss montiert werden. Seitliche Serviceabstände sind nicht erforderlich, da die Anschlüsse von vorne gut zugänglich sind. Erst ab 70 kW Nennleistung ist ein separater Heizraum erforderlich; in Grenzfällen gilt nicht die maximal mögliche Feuerungswärmeleistung, sondern die am Kessel einregulierte Nennleistung. Im Zweifelsfall sollte der Schornsteinfeger befragt werden.
Das Betriebsgeräusch der Gaskessel ist niedrig, so dass auch eine Aufstellung im Flur, im Bad oder in der Küche möglich ist.

Brennstoff

Von allen fossilen Energieträgern verursacht Erdgas die geringsten CO_2-Emissionen. Seit einiger Zeit kann der Verbraucher – zu etwas höheren Bezugskosten – auch Erdgas mit Anteilen von Biogas oder „Windgas" (www.greenpeace-energy.de) beziehen, um erneuerbare Energie für die Heizung zu nutzen, wie es das Erneuerbare-Energien-Wärme-Gesetz (EEWärmeG) fordert. Viele Hersteller liefern ihre Gas-Brennwert-Geräte für die Verwendung mit allen Erdgasarten. Eine intelligente Verbrennungsregelung mit Lambda-Sonde passt Luft- und Brennstoffzufuhr automatisch Änderungen der Gasart an, wie sie z.B. durch die Beimischung von Biogas in nennenswerten Anteilen zu

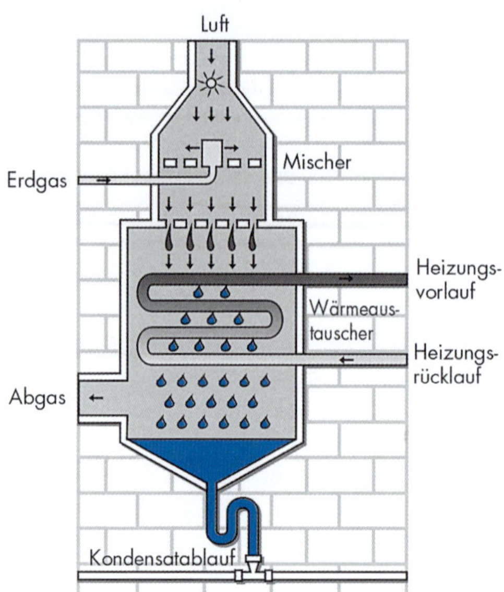

3.2.7:
Funktionsweise eines Brennwertkessels: Wird das Abgas genügend abgekühlt, entsteht Kondensat, das in die Kanalisation abgeleitet werden muss. Quelle: ASUE

3.2.8
Wandhängender Gas-Brennwertkessel mit Brauchwasserspeicher.
Quelle:
Fa. Viessmann

3.2.9
Flüssiggastank in der Erde.
Quelle: Fuchs GmbH

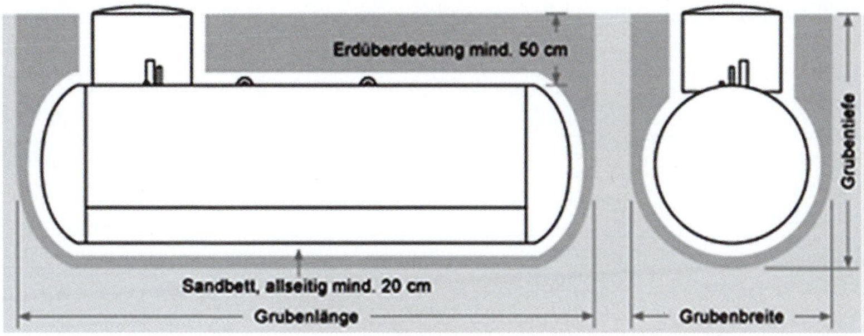

erwarten sind. Ein Düsenwechsel ist nicht mehr erforderlich. Die Verbrennungsregelung stellt das Gerät automatisch auf die neuen Gegebenheiten ein.
Ein Brennstofflager ist bei einem Gasanschluss nicht erforderlich. Das spart einige Investitionskosten, da der Hausanschluss in der Regel kostengünstiger ist als Lagertanks und Lagerräume.

Flüssiggas und Brennstofflager

Ist eine Gasversorgungsleitung nicht erreichbar bzw. kein Gasanschluss möglich, kann ein Flüssiggastank auf dem eigenen Grundstück installiert werden. Während Erdgas zu mehr als 95% aus Methan besteht, das sich durch Druck nicht verflüssigen lässt, ist Flüssiggas – ein Gemisch aus Propan und Butan – Abfallprodukt der Rohölverarbeitung. Dieses Gemisch kann bei normalen Temperaturen durch Druck verflüssigt werden. Flüssiggas hat einen Heizwert von 7,2 kWh und einen Brennwert von 7,8 kWh je Liter (Zum Vergleich: 1 Liter Heizöl: 10,0 bzw. 10,7 kWh).
Der Preis von Flüssiggas ist deutlich stärker als Erdgas an den Rohölpreis gekoppelt. Dabei war Flüssiggas in der Vergangenheit stets deutlich teurer als Erdgas und Heizöl. Zum Brennstoffpreis kommt häufig noch eine Miete für den Tank hinzu. Problematisch ist außerdem, dass es nur wenige Lieferanten für Flüssiggas gibt. Teilweise werden immer noch „Knebelverträge" mit schwerwiegenden Nachteilen für die Kunden abgeschlossen. In der Regel ist es für den Verbraucher günstiger, einen eigenen Tank zu kaufen, der es erlaubt, das Gas auf dem freien Markt zu beziehen. Denn der Kaufpreis einschließlich der Kosten für die TÜV-Prüfung im 5- bis 10-Jahresrhythmus ist in der Regel kostengünstiger als eine Tankmiete. Weitere Informationen zu diesem Thema sowie zu den Verträgen mit Flüssiggasfirmen bieten der Bund der Energieverbraucher oder die Verbraucherzentralen.

Ist der Jahreswärmebedarf bekannt, kann der Jahres-Flüssiggasbedarf leicht ermittelt werden. Für ein energieeffizientes Haus mit 120 m^2 beheizter Nutzfläche und einem spezifischen Jahreswärmebedarf von z.B. 50 kWh/(m^2·a) ist ein Vorratsvolumen für den Gastank von ca. 1.000 l erforderlich (50 kWh/(m^2·a) · 120 m^2)/7,8 kWh/l = 770 l; gewählt: 1.000 l Tank).
Sicherheitshinweis: Für Gastanks mit einem Füllgewicht von mehr als 14 kg ist immer ein separater Brennstofflagerraum erforderlich, der nicht unter der Erdoberfläche (z.B. im Keller) liegen darf, da austretendes Gas schwerer als Luft ist. Die Tanks sollten am besten im Freien aufgestellt werden. Dabei ist eine oberirdische, halboberirdische oder unterirdische Anordnung möglich. Die Anforderungen des vorbeugenden Brandschutzes sind einzuhalten!

Leistung / Verhalten im Teilleistungsbereich

Die Leistung von Gaskesseln ist in einem weiten Leistungsbereich zwischen 25 und 100% modulierbar, manche Hersteller werben mit einer Bandbreite von 10 - 100%. Dadurch kann die Geräteleistung auch an

Gas-Brennwertkessel: Eigenschaften u. Planungswerte	
Standardauslegung der Kesselleistung	Nach DIN EN 12831 und DIN 4708 entspr. Wärmebedarf Gebäude + Wärmebedarf Warmwasser
Auslegung mit reduz. Leistung wg. Wirkungsgradoptimierung	0,8 bis 0,9 · des Normwärmebedarfs bei thermischer Komforteinbuße
Wirkungsgrad • Kesselwirkungsgrad, • Jahresnutzungsgrad	bei kondensierendem Betrieb 103 - 109% (bezogen auf H_i) 97% (bez. auf Heizwert H_i)
Anlagenaufwandszahl Heizung:	1,2 - 1,5 (Kessel innerhalb der therm. Hülle) 1,4 bis 1,6 (Kessel außerhalb der therm. Hülle)
Primärenergiefaktor Gas	1,1
Schadstoffemission • CO_2 • SO_2 • NO_x	Erdgas H, L / Flüssiggas 244 / 263 g/kWh 157 / 110 mg/kWh 200 / 260 mg/kWh

Tabelle 3.2.4: Steckbrief Gas-Brennwertkessel (alle Angaben sind Richtwerte!)

Tabelle 3.2.5: Kosten von Gas-Brennwertheizungen in verschiedenen Haustypen und -größen (Investitionskosten für BW-Kessel/Wandgerät, LAS = Luft-Abgas-System, ggf. WWB, und Montage.)

einen kleinen Leistungsbedarf (in der Übergangszeit) angepasst werden. Die untere Modulationsgrenze liegt bei manchen Geräten bei 2 kW und darunter, so dass auch kleine sehr gut gedämmte Gebäude effizient versorgt werden können. Das Regelverhalten ist dadurch optimal, die Schalthäufigkeit wird minimiert und der Anlagenwirkungsgrad erhöht. Nach oben gibt es keine Leistungsbeschränkungen.

Dimensionierung

Auf Grund der sehr guten Modulationseigenschaften ist eine Überdimensionierung weniger problematisch als bei Ölkesseln. Trotzdem sollte darauf geachtet werden, dass die Maximalleistung des Gasbrennwertegerätes nicht über der Heizlast des Gebäudes liegt. Denn wenn die Leistungsanforderung unter der Modulationsgrenze liegt, beginnen auch diese Kessel zu takten! Der Leistungsbedarf der Warmwasserbereitung ist der Grund, warum Gas-Brennwertgeräte in der Praxis eine Nennleistung von mindestens 10 kW haben. Um das Wasser für eine Dusche (dauerhaft) ohne Warmwasserspeicher per Durchlauferhitzer zu erwärmen, ist sogar eine Heizleistung von mindestens 20 kW erforderlich. In Verbindung mit einem Warmwasserspei-

Annahmen
Zinssatz: 2%,
Nutzungsdauer: 20 Jahre
Annuität = 0,06118
Gaspreis: 0,065 €/kWh
Strombedarf: 2% v. Heizwärmebed.
Wärmebedarf Warmwasser: 12,5 kWh/m²a
Wohnfläche: 30 m²/Pers.
Kesselauslastung:
Eff.-Haus 55: 1350 h/a
sonstige: 1752 h/a
Leistungszuschl. WW: 0,2 kW/Pers.

Legende
WF: beheizte Fläche in m²
TWW: Wärmebedarf für Trink-Warmwasser in kWh/a
Heiz-W: Jahresheizwärmebedarf in kWh/a
Kess-L.: Kesselleistung in kW
Invest-K.: Investitionskosten
Kap-K/a: jährl. Kapitalkosten
Verbr-K/a: Verbrauchskosten Gas + Strom in €/a
Wart-K/a: Wartungskosten in €/a
Ges-K/a: jährl. Gesamtkosten in €/a
sp.E-K: spezifische Energiekosten in €/kWh

Kosten einer Gasheizung in verschiedenen Haustypen und -größen

WF	TWW	Heiz-W	Kess-L.[1]	Invest.-K.[2]	Kap-K/a	Verbr-K/a	Wart-K/a	Ges-K/a	sp.E-K.
m²	kWh/a	kWh/a	kW	€	€/a	€/a	€/a	€/a	€/kWh
Effizienzhaus 55 Q_{Heiz} = 40 kWh/m²·a									
80	1.000	3.584	3,9	5.500	336	304	151	791	0,19
125	1.567	5.591	6,1	5.500	336	475	200	1.011	0,15
206	2.571	9.134	10,0	8.100	495	776	254	1.525	0,14
355	4.438	15.699	17,3	11.000	673	1.335	313	2.321	0,12
Effizienzhaus 100 Q_{Heiz} = 72 kWh/m²·a									
80	1.000	6.912	5,0	5.500	336	525	178	1.039	0,15
125	1.567	10.663	7,8	7.000	428	811	226	1.465	0,14
206	2.571	17.230	12,7	9.200	563	1.313	279	2.155	0,12
355	4.438	29.307	21,6	12.400	758	2.237	338	3.334	0,11
Gebäude nach WSVO 1995 Q_{Heiz} = 120 kWh/m²·a									
80	1.000	12.000	8,0	7.100	434	862	228	1.524	0,14
125	1.567	18.402	12,2	9.000	550	1.324	275	2.150	0,13
206	2.571	29.559	19,7	11.800	722	2.130	328	3.180	0,12
355	4.438	49.983	33,4	15.900	972	3.608	386	4.967	0,11

[1] Die genannte Kesselleistung ist eine rein rechnerische Größe. Die gewählten Wärmeerzeuger sind oft erheblich größer, sie verfügen über Nennleistungen zwischen 10 und 25 kW. Grund ist die Komfortsicherung für die Warmwasserbereitung und die vorhandene Produktpalette.
[2] Investitionskosten für BW-Kessel/Wandgerät, LAS-System, WW-Speicher und Montage.

cher darf die Leistung auch kleiner sein. Einige kleine Kessel, die im Bereich von 1 - 11 kW modulieren, sind mit einer sogenannten Boostfunktion ausgestattet und können für die Warmwasserbereitung kurzzeitig 15 kW Leistung bringen. Sie benötigen aber dennoch einen Speicher. Andere Kessel modulieren z.B. zwischen 1,9 und 20 kW und arbeiten an einem sehr kleinen effizienten Schichtenspeicher.
Andere Hersteller lösen das Problem, indem sie von vornherein eine Kombination aus Pufferspeicher und Brenner als Einheit anbieten, wobei für die Warmwasserbereitung eine Frischwasserstation vorgesehen ist. Diese Anlagen eignen sich vor allem in der Kombination mit einer Solaranlage.
In der Kostenübersicht (Tabelle 3.2.5) zu Gas-Brennwertgeräten ist für die Warmwasserbereitung ein Leistungszuschlag von 0,2 kW pro Person auf die Kesselleistung berücksichtigt. Bei geringer Heizlast bzw. kleiner Wohnfläche ergibt sich dadurch ein sehr niedriger Leistungsbedarf. Hier ist eine gewisse Überdimensionierung kaum zu vermeiden.

Wirkungsgrade

Aufgrund des hohen Wasserdampfgehalts im Abgas können Gas-Brennwertkessel theoretisch einen Wirkungsgrad von 111% (bezogen auf H_i) erreichen. In der Praxis sind Werte zwischen 103 und 109% realistisch, so dass die physikalischen Grenzen nahezu erreicht sind. Voraussetzung für einen so hohen Wirkungsgrad ist, dass der Kessel in einem Heizsystem mit niedrigen Vor- und Rücklauftemperaturen betrieben wird, so dass die Kondensation des Abgases in einem weiten Arbeitsbereich gewährleistet ist.

Eignung

Moderne Gaskessel haben den Vorzug, dass sie durch Regelung von Brennstoffzufuhr und Verbrennungsluft über einen weiten Leistungsbereich modulierend arbeiten und dass außerdem Geräte für kleine Leistungen verfügbar sind. Sie sind damit besonders gut für Niedrigenergie- und Passivhäuser mit geringem Wärmeleistungsbedarf geeignet. Zudem sind Gasheizungen von den Investitionskosten her ziemlich preiswert.

Wartung

Während alte Heizwertkessel nach der Kehr- und Überprüfungsordnung sowie der 1. Bundes-Immissionsschutzverordnung jährlich vom Schornsteinfeger überprüft und gemessen werden, müssen Brennwertkessel nur alle zwei bis fünf Jahre geprüft werden. Das spart Gebühren.

Nachteile der Gaskessel

Ein Nachteil von Gasgeräten ergibt sich aus den Gefahren, die mit der Verwendung von Gas einhergehen: entweichen durch ein Gasleck größere Gasmengen, besteht Explosionsgefahr. Durch die einschlägigen strengen Sicherheitsvorkehrungen (und deren Einhaltung!) kann diese Gefahr als relativ gering eingeschätzt werden.
Ein anderer Nachteil ist politischer Art: Wer mit dem Brennstoff Gas heizt, ist natürlich abhängig vom Gasmarkt, der von wenigen Lieferländern und Konzernen dominiert wird. Durch die gespeicherten Vorräte und strategischen Reserven (ausreichend für 80 Heiztage in Deutschland) sollte sich zwar bei Lieferengpässen eine plötzliche Versorgungsunterbrechung vermeiden lassen, doch bleibt diese Abhängigkeit, nicht zuletzt durch die große Zahl der Gasverbraucher, grundsätzlich problematisch.

Hersteller

Gaskessel finden sich im Angebot aller renommierten Kesselproduzenten.

Die Kosten

Gas-Brennwertkessel sind preiswerter als vergleichbare Öl-Brennwertkessel und bereits ab ca. 1.800 € erhältlich! Es sollte aber darauf geachtet werden, dass der Kessel in großem Bereich moduliert und über eine Hocheffizienzpumpe verfügt. Für ein Gerät der mittleren Preiskategorie mit Option für eine thermische Solaranlage sind ca. 3.500 – 5.000 € anzusetzen. Hinzuzurechnen sind die Kosten für das Abgassystem, die Regelung und eventuell für einen Speicher.
Die Kombination mit einer thermischen Solaranlage erhöht die Investitionskosten um 4.000 - 10.000 €, je nach Größe, verbessert aber Primärenergiefaktor und Anlagenaufwandszahl deutlich.
Die Kostenstruktur in Tabelle 3.2.5 zeigt ähnliche Merkmale wie bei der Ölheizung: je größer und leistungsstärker eine Anlage, umso niedriger sind die spezifischen Wärmegestehungskosten. Aufgrund der geringeren Investitionskosten werden die jährlichen Aufwendungen aber weniger von den Investitionskosten und stärker von den Brennstoff- und Stromkosten bestimmt, was insgesamt im Vergleich zu Ölkesseln zu spürbar günstigeren spezifischen Energiekosten führt.

3.3 Holzfeuerungen

3.3.1 Stückholzkessel

Brennstoff

Holz ist ein nachwachsender Brennstoff und verbrennt nahezu klimaneutral (vgl. Abb. 3.3.1). Trotzdem sollte man mit Holz sparsam umgehen, da das Brennholzaufkommen nicht unbegrenzt ist. Bevor in einem schlecht gedämmten Haus eine große Holzfeuerungsanlage installiert wird, ist es besser, zunächst den Wärmebedarf des Gebäudes zu senken, z.B. durch Wärmedämmung und eine thermische Solaranlage.

Für Menschen in ländlicher Umgebung, die preisgünstig Holz erwerben können und die damit verbundene Arbeit nicht scheuen, sind Stückholzheizungen eine gute Ergänzung oder sogar Alternative zu den fossilen Brennstoffen Gas und Öl.

Heizwert verschiedener Hölzer			
Eiche	2.100 kWh/rm	Lärche	1.700 kWh/rm
Buche	2.100 kWh/rm	Kiefer	1.700 kWh/rm
Birke	1.900 kWh/rm	Esche	1.500 kWh/rm
Ahorn	1.900 kWh/rm	Fichte	1.500 kWh/rm
Erle	1.500 kWh/rm	Tanne	1.400 kWh/rm
Pappel	1.200 kWh/rm	Weide	1.400 kWh/rm

Tabelle 3.3.1: Heizwerte verschiedener Hölzer

3.3.1
Holz verbrennt CO_2-neutral, sofern nicht mehr Holz geschlagen wird als nachwächst. Relativ geringe CO_2-Emissionen entstehen nur bei der Bearbeitung (sägen und spalten) und beim Transport, solange dieser auf der Basis der Nutzung fossiler Energieträger erfolgt.
Fotos: Almut Setje-Eilers

In ländlichen Anwesen fällt oft schon so viel Abfallholz an, dass ein gut gedämmtes Haus damit komplett beheizt werden kann. Hat beispielsweise ein Haus mit 150 m² Wohnfläche einen Wärmebedarf von 7.500 kWh (50 kWh/m²·a), so reichen schon etwa 5 Raummeter Stückholz aus. Diese Menge kann man in etwa 2 - 3 Tagen Arbeit zusägen und per Hand spalten. Als Lagerraum werden etwa 15 m³ benötigt, am besten draußen unter Dach. Generell gilt: Wenn preiswertes Stückholz zur Verfügung steht oder beschafft werden kann, kommt man mit einer Stückholzheizung zu minimalen Heizkosten. Bei Lieferung frei Haus kostet Brennholz je nach Holzart, Feuchtegehalt und Bearbeitungsgrad bereits ca. 50 - 70 €/rm (Raummeter) entsprechend ca. 3,5- 6 ct/kWh.

Frisch geschlagenes Holz hat einen Wassergehalt von 60% und mehr (s. Abb. 3.3.2). Es ist viel zu nass, um es sofort zu verbrennen, was auch für Hackschnitzel gilt. Wird zu feuchtes Holz verfeuert, muss ein beträchtlicher Teil der Verbrennungswärme aufgewendet werden, um das Wasser zu verdampfen, so dass das Holzfeuer nicht die erforderliche Verbrennungstemperatur von etwa 1.000°C erreicht. Dadurch entstehen nicht nur schädliche Rückstände bzw. Ablagerungen wie Teer, Ruß und Kondensat in Ofen und Schornstein,

3.3.2
Heizwert von Holz. Der Heizwert steigt mit abnehmender Holzfeuchte stark an. Wird das Holz 2-3 Jahre trocken und luftig gelagert, liegt die Feuchte bei 15-20% und damit im grünen Bereich.

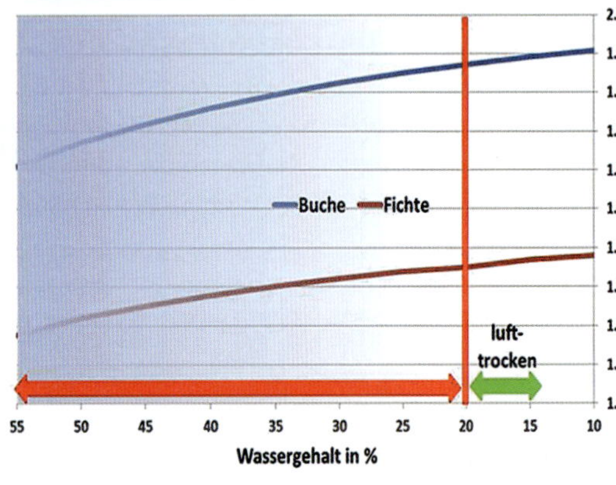

auch die Schadstoffemissionen sind beim Verfeuern von nassem Holz enorm hoch. Streit mit der Nachbarschaft ist vorprogrammiert.
Erst wenn der Wassergehalt durch 2-3-jährige, trockene und luftige Lagerung auf 20% und weniger gesunken ist, kann Holz schadstoffarm verbrennen.

Aufbau/Funktion

Soll mit Stückholz ein ganzes Gebäude beheizt werden, kommen meist Holzvergaser-Kessel zum Einsatz. Diese Geräte sind i.d.R. auch für die Verbrennung von Holzbriketts oder Hackschnitzeln geeignet (Herstellerangaben beachten!).
Gute Holzvergaserkessel verfügen über zwei Brennkammern, die jeweils eine eigene Funktion besitzen (Abb. 3.3.3). Die obere Brennkammer dient der eigentlichen Holzvergasung; hier wird das Brennholz bei hohen Temperaturen zunächst getrocknet und dann in Holzgas umgewandelt. Leichtere Bestandteile des freiwerdenden Holzgases verbrennen wie ein Teil des Brennholzes bereits in dieser ersten Brennkammer. Ein Gebläse, meistens ein Saugzugventilator, saugt das Holzgas aus der oberen in die untere Brennkammer, in der das Gas bei Temperaturen von teilweise mehr als 1.000°C verbrennt. Der Abbrand erfolgt damit von oben nach unten, das ist der wesentliche Unterschied zu einem normalen Holzofen. Deshalb wurden Holzvergaserkessel früher auch als Sturzbrandkessel bezeichnet. Jedenfalls wird das Holz zu über 90% in der Gasphase verbrannt.

Für die Verbrennung in den beiden Kammern wird jeweils Verbrennungsluft benötigt. Die entsprechend als Primär- und Sekundärluft bezeichnet wird. Die zugeführte Primärluft dient der Verbrennung der leichten Holzgas-Anteile in der oberen Brennkammer, während die Sekundärluft der vollständigen Verbrennung des Holzgases in der unteren Brennkammer dient.
Holzvergaserkessel sind überwiegend mit einem Saugzugventilator ausgestattet, der im Brennraum einen leichten Unterdruck erzeugt. Es gibt allerdings auch Ausführungen mit einem Gebläse auf der Zuluftseite. Hier entsteht ein gewisser Überdruck im Brennraum, so dass beim Öffnen des Brennraumes heiße Rauchgase in den Aufstellungsraum gedrückt werden können! Wenn möglich, sollte man diese Bauart nicht wählen. Für kleinere Leistungen sind auf dem Markt auch Holzvergaserkessel auf Naturzugbasis verfügbar, die technisch eher Ähnlichkeiten mit Kaminöfen aufweisen.
Die Neuinstallation von Holzvergaserkesseln wird vom BAFA mit direkten Zuschüssen gefördert, wobei nur besonders emissionsarme (hinsichtlich Luftschadstoffe CO, NO_x, Feinstaub etc.) Kessel mit hohem Wirkungsgrad (>90%) die Förderung erhalten. Solche Kessel verfügen über ein drehzahlgeregeltes Gebläse sowie eine Lambda-Sonde mit Steuerung, welche über die Regelung der Luftzufuhr für eine optimierte Verbrennung sorgt. Außerdem wird ein Pufferspeicher mit einem Volumen von 55 l/ kW Heizleistung verlangt.

1 Füllraum
2 Anheiztür
3 Glühzonenbrennkammer
4 Primärluftstellmotor
5 Sekundärluftstellmotor
6 Aschesammelkanal
7 Lambdasonde
8 Wärmetauscher mit Reinigungswirbulatoren
9 Reinigungshebel
10 Saugzugventilator
11 Abgastemperaturfühler
12 Regelung
13 Isoliertür

3.3.3
Holzvergaserkessel haben einen hohen Entwicklungsstand erreicht und verbrennen das Holz schadstoffarm. Quelle: Fa. ETA-Heiztechnik

Aufstellung/ Anschluss

Holzvergaserkessel sollten in einem eigenen Heizraum aufgestellt werden, der sich möglichst mit einer Schubkarre anfahren lässt. Der Kessel sollte ausreichend Abstand zu den Wänden haben, damit Reinigungs- und Wartungsarbeiten, aber auch Kessel- und Schornsteinprüfungen ungehindert durchgeführt werden können. Die folgenden Abstandsangaben sind als Richtwerte zu verstehen:

- Wandabstand d. ersten Kesselseite mind. 300 mm
- Wandabstand d. zweiten Kesselseite mind. 800 mm
- Rückseite mind. 400 mm
- Vorderseite mind. 1.000 mm

Ein raumluftunabhängiger Betrieb ist bei den meisten Holzvergaserkesseln im mittleren und höheren Leistungsbereich nicht möglich, weil Primär- und Sekundärluft über getrennte Klappen geregelt werden. Der Aufstellraum muss also über entsprechende Nachströmgitter oder –öffnungen verfügen, um die Frischluftzufuhr zum Holzvergaser zu gewährleisten. Der Heizraum sollte deshalb besser außerhalb der thermischen Hülle des Gebäudes liegen.

Energetisch vorteilhafter wäre ein raumluftunabhängiger Betrieb mit separater Frischluftzufuhr direkt in den Kessel, da die Wärmeverluste des Kessels damit weitgehend der Raumheizung zugutekommen würden und der Raum innerhalb der thermischen Hülle liegen könnte. Für den unteren Leistungsbereich sind seit wenigen Jahren solche raumluftunabhängigen Holzvergaser-Öfen/-kessel verfügbar. Zu nennen wären hier die Naturzug-Holzvergaser der Firmen Walltherm und Künzel. Diese Holzvergaser sind für Einzelräume oder auch für Niedrigenergie- oder Passivhäuser geeignet. Allerdings sollte man unbedingt darauf achten, dass die direkte Wärmeabgabe des Kessels an den Raum begrenzt werden kann, um Überhitzungen zu vermeiden.

Besondere Beachtung bei der Festlegung des Kesselstandortes verdienen die Entfernung und Art der Zuwegung zum Brennstofflager. In der Winterzeit müssen regelmäßig größere Mengen Holz zum Kessel transportiert werden.

Schornsteinanschluss

Querschnitt und Höhe des Schornsteins richten sich nach der Leistung des anzuschließenden Kessels. Schornstein und Abgasrohr müssen vom Schornsteinfeger abgenommen werden. Nach BImSchV (Bundesimmissionsschutzverordnung) sind Anlagen ab 4 kW überwachungspflichtig!

Da beim Anfahren des Kessels Abgastemperaturen unter 60°C auftreten, kann Kondensat im Abgasrohr entstehen. Deshalb müssen sowohl der Schornstein als auch das Rohr kondensatsicher sein, d.h. das Abgasrohr muss vom Holzvergaserkessel zum Schornstein mit Gefälle verlegt werden. Damit ist sichergestellt, dass das Kondensat nicht in den Kessel läuft, sondern in den Schornstein. An der tiefsten Stelle im Abgasrohr oder im Schornstein kann das Kondensat nach außen in ein Auffanggefäß geleitet werden. Damit es möglichst nicht zur Kondensation kommt, sollte das Verbindungsrohr zwischen Holzvergaserkessel und Schornstein isoliert werden.

Der Anschluss eines Holzvergaserkessels an einen Schornsteinzug zusammen mit einem weiteren Kessel, beispielsweise einem Ölkessel, ist teilweise unter bestimmten Bedingungen möglich, erfordert aber die Genehmigung des Bezirksschornsteinfegermeisters.

3.3.4
Brennholzlager. Der Lagerplatz sollte so groß sein, dass der Brennholzvorrat für mindestens 2 Jahre gelagert und getrocknet werden kann.
Foto: Almut Setje-Eilers

Brennstoffbedarf und Brennstofflager

Die Lagerfläche für den Brennstoff sollte am besten überdacht sein und Abstand vom Boden haben (Abb. 3.3.4), damit das Holz nicht mit der Bodenfeuchtigkeit in Berührung kommt (evtl. Lagerung auf Paletten). Das erforderliche Lagervolumen sollte in Abhängigkeit vom Wärmebedarf, von der Holzart und von der Vorratshaltung bzw. Trocknungszeit individuell ermittelt werden.

Bei einem Wärmebedarf von 10.000 kWh/a (entsprechend 1.000 l Heizöläquivalent) sind jährlich ca. 5,5 rm Buche oder ca. 7,5 rm Fichte mit 20% Restfeuchte erforderlich (vgl. Abb. 3.3.2). Um das Holz vor dem Verbrennen 2 Jahre zu trocknen, muss das Dreifache des Jahresbedarfes als Vorrat gelagert werden, so dass bei einer Stapelhöhe von 2 m rein rechnerisch 8,25 m^2 (Buche) bzw. 11,25 m^2 (Fichte) Lagerfläche ausreichen.

Bei den Angaben zu Holzmengen und -preisen sind verschiedene Einheiten gebräuchlich: Die Relationen zwischen Festmeter, Raummeter und Schüttraummeter sind in Tabelle 3.3.2 beschrieben.

Nach Tabelle 3.3.2 wächst 1 Festmeter gewachsenes Holz auf das doppelte bis zweieinhalbfache Volumen, wenn es zerkleinert und lose geschüttet wird! Bei sauberer Schichtung beträgt das Verhältnis noch 1 : 1,4.

Für die Ermittlung des Holzbedarfes aus einem bekannten Öl- oder Erdgasverbrauch kann man sich an Tabelle 3.3.3 orientieren. Ggf. muss der Holzbedarf um den besseren Wirkungsgrad der Vergleichsanlagen

Festmeter fm	Raummeter 1rm = 1 Ster	Schüttraummeter srm
Holz ohne Zwischenräume, d.h. gewachsenes Holz	3 Ster = 1 Klafter gut geschichtetes Holz mit Luft	lose geschüttetes Holz
1,0 fm	1,4 rm	2,0 – 2,4 srm
0,7 fm	1,0 rm	1,4 – 1,7 srm

Tabelle 3.3.2: Umrechnung gebräuchlicher Holzmaße

Holzart	Erdgas kWh	Heizöl Liter	Flüssiggas Liter
1 rm Buche	1.747 - 1.870	175 - 187	240 - 260
1 rm Fichte	1.261 - 1.350	126 - 135	173 - 188
1 rm Pappel	1.121 - 1.200	112 - 120	151 - 167
1 kg Buche	3,74 - 4,00	0,37 - 0,40	0,51 - 0,55
5,3 - 5,7 rm Buche	10.700	1.000	1.372
7,4 - 7,9 rm Fichte	10.700	1.000	1.372

Tabelle 3.3.3
Berechnung des Stückholzbedarfs aus dem bisherigen Heizenergiebedarf.

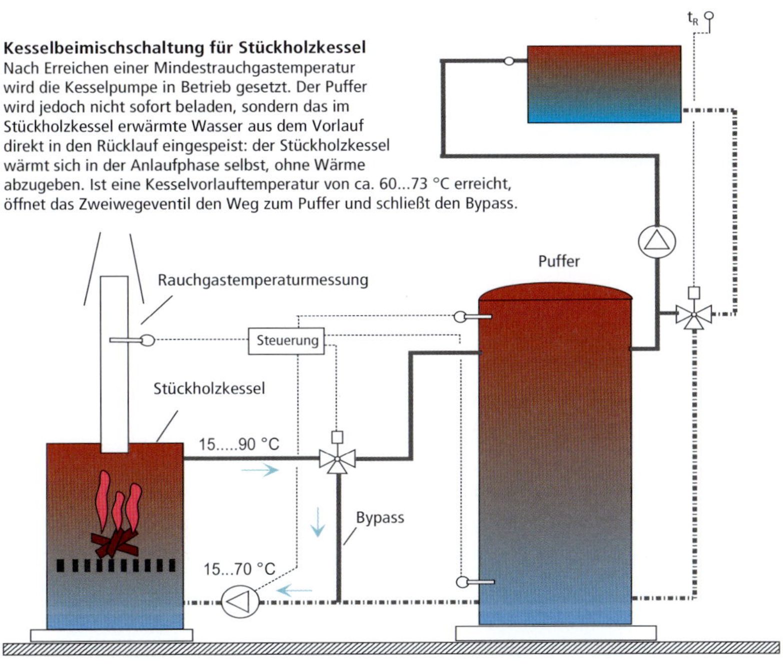

3.3.5
Anschluss eines Holzkessels an einen Pufferspeicher mit Drei-Wege-Ventil zur Anhebung der Rücklauftemperatur beim Anfeuern.

korrigiert werden, da die auf dem Markt erhältlichen Holzöfen und Holzvergaserkessel den Brennwerteffekt nicht nutzen. Grundsätzlich wird der Endenergiebedarf bei einer Holzheizung immer höher sein als der einer modernen Öl- oder Gasheizung.

Steuerung und Regelung

Die Regelung der Verbrennung erfolgt über die Luftzufuhr, deren Menge und primär- bzw. sekundärseitigen Anteile entweder von der Abgastemperatur oder der Abgaszusammensetzung bestimmt werden. Bei der Regelung nach Abgaszusammensetzung misst eine Lambda-Sonde (λ-Sonde) den Restsauerstoffgehalt im Abgas und liefert ein Signal, mit dem die Verbrennungsluftzufuhr so gesteuert wird, dass weder ein Brennstoff- noch ein Luftüberschuss entstehen. Mit diesem ausgereiften Verfahren können Kesselwirkungsgrade von 90 - 92% (bezogen auf den Heizwert H_i) erreicht werden, wie sie für die BAFA-Förderung notwendig sind.

Für das Anfeuern eines Holzvergaserkessels ist es vorteilhaft, wenn in dieser Phase über einen Drei-Wege-Mischer die Rücklauftemperatur des Kessels rasch angehoben wird (Abb. 3.3.5). Der Mischer führt das erwärmte Wasser solange im kleinen Kreis zum Kessel zurück, bis eine Mindesttemperatur von ca. 60°C im Kesselwasser erreicht ist. Erst dann gibt der Mischer den Weitertransport der Wärme in die Heizungsanlage bzw. in den Pufferspeicher frei. Damit wird verhindert, dass sich Kondenswasser im Kessel und im Schornstein niederschlägt. Dieses würde den Kessel und den Schornstein zerstören.

Starthilfen, wie z.B. eine Anheizautomatik mit Heißluftgebläse, werden von den meisten Herstellern optional angeboten.

Folgende Sicherheitseinrichtungen müssen vorhanden sein:

- *Sicherheitsdruckventil:* Die Absicherung des Heizkessels in einer Anlage nach DIN 4751 Teil 2 ist mit einem bauteilgeprüften Sicherheitsventil (Ansprechdruck max. 3,0 bar, Ventilsitzdurchmesser mind. 15 mm) durchzuführen.
- *Sicherheitsbatterie/thermische Ablaufsicherung:* Der Heizkessel muss in einer Anlage nach DIN 4751 Teil 2 mit einer thermischen Ablaufsicherung ausgerüstet sein. Die thermische Ablaufsicherung muss einmal im Jahr durch eine Fachkraft auf Funktion kontrolliert und die Sicherheitsbatterie auf Verkalkung überprüft werden. Bei Verkalkung der Sicherheitsbatterie muss entkalkt werden. Der Kaltwasserzulaufdruck muss mindestens 2 bar betragen.
- Ein *Kaminzugbegrenzer* ist zur Begrenzung des Schornsteinzuges einzubauen.

Für die Regelelektronik gilt grundsätzlich das Gleiche, was im Abschnitt über Öl- und Gaskessel gesagt wurde.

Einsatzbereich

Bisher wurden Stückholzkessel überwiegend für den Leistungsbereich über 20 kW hergestellt. Inzwischen bieten etliche Hersteller auch Kessel im Leistungsbereich 10 - 20 kW an. Möglich wurde dies durch drehzahlgeregelte Saugzuggebläse, die obendrein einen modulierenden Betrieb etwa zwischen 50 und 100% der Leistung erlauben. Den besten Wirkungsgrad erreichen die Geräte aber, wenn sie mit voller Heizleistung arbeiten und überschüssige Wärme in einen Speicher abgeführt wird.

Stückholzkessel werden zunehmend auch in gut gedämmten Häusern zusammen mit einer großen Solaranlage und einem großvolumigen (möglichst saisonalen) Speicher eingesetzt, wo sie als Zweit-Wärmeerzeuger über die strahlungsarmen Wintermonate hinweghelfen. Der große gut isolierte Speicher (8 - 12 m^3) sollte innerhalb der thermischen Hülle angeordnet sein, so dass die Wärmeverluste der Wohnung zugute kommen (s. Abb. 3.5.12 Sonnenhaus).

Anforderungsprofil Holzvergaserkessel

- Aufstellung in der Regel außerhalb der thermischen Hülle. Energiesparender ist eine Aufstellung innerhalb der thermischen Hülle, wobei raumluftunabhängige Holzkessel aber noch selten angeboten werden.
- Eigener Kamin mit ausreichendem Querschnitt (leistungsabhängig) erforderlich.
- Pufferspeicher gemäß Leistung des Wärmeerzeugers bemessen; der Pufferspeicher sollte bei sehr guter Isolierung innerhalb der thermischen Hülle installiert werden.
- Anbindung der Heizungsanlage über den Pufferspeicher. Zur schnellen Aufheizung sollte aber umschaltbar auch eine direkte Ankoppelung an den Kessel vorgesehen werden.
- Die Warmwasserbereitung sollte über eine Frischwasserstation erfolgen, die aus dem Pufferspeicher gespeist wird.

- Holzlager ausreichender Größe vorsehen.
- Eine Solaranlage ist eine optimale Ergänzung für die Sommermonate.

Dimensionierung Holzvergaserkessel

Die Leistung von Holzvergaserkesseln ist zeitlich nicht konstant: Nach einem steilen Leistungsanstieg beim Anfeuern und einer kontinuierlichen Phase (die je nach Holzart und Füllraumgröße zwischen 2 und 6 Stunden beträgt) fällt die Leistung nach dem Ausbrennen des eingefüllten Brennstoffes stark ab. Die durchschnittliche Leistung von Stückholzkesseln ist deshalb deutlich kleiner als die Nennleistung.
Für die Kesseldimensionierung gibt es keine einfachen Regeln, zu unterschiedlich sind die Rahmenbedingungen. Entscheidend für die Wahl der Kesselgröße ist die Frage: Wie oft pro Tag soll oder kann der Stückholzkessel mit welcher Holzart beschickt werden? Erst mit einer Antwort auf diese Frage und Kenntnis des Wärmebedarfes lassen sich Kesselgröße und Pufferspeichervolumen ermitteln. Von Bedeutung sind dabei auch die Brennraumgröße und der Energieinhalt einer Holzfüllung. Erfahrungsgemäß wird die Kesselleistung oft zu klein gewählt.

Dimensionierung Pufferspeicher

In Deutschland ist gemäß BImSchV (Bundesimmissionsschutzverordnung) bei Holzheizkesseln ab 15 kW Kesselleistung ein Pufferspeicher Pflicht. Durch den Pufferspeicher kann der zugeführte Brennstoff unter optimalen Feuerungsbedingungen etwa bei Nennleistung verbrennen, unabhängig vom aktuellen Wärmebedarf des Gebäudes. Außerdem erspart der Pufferspeicher allzu häufiges Anfeuern. Je kW Heizleistung

Beispiel

Der Norm-Wärmebedarf eines Hauses betrage 7,5 kW. Bei diesem Leistungsbedarf soll zweimaliges tägliches Beladen des Kessels ausreichen, um die Wärme für Hausheizung und Warmwasserbereitung zu liefern. In 24 h benötigt das Haus 7,5 kW · 24 h = 180 kWh Heizwärme.
Wird der Kessel (Wirkungsgrad 0,90) pro Tag zweimal beladen, müssen pro Kesselbeladung 90 kWh/0,9= 100 kWh an Holz eingebracht werden. Nun brennt das Holz aber nicht unbedingt genau 12 h lang. Eine Kesselfüllung wird in ca. 6 h in Wärme verwandelt, was eine Kesselleistung von 100 kWh/ 6 h = 16 kW ergibt.
Von entscheidender Bedeutung sind neben der Kesselleistung aber auch die Größe des Brennraumes und der Energiegehalt des Holzes. Das Vorgehen bei der Kesselwahl kann so aussehen:

- Wie groß ist der Wärmebedarf?
  Im Beispiel: 7,5 kW
- Welchem täglichen Wärmebedarf entspricht das?
  Im vorl. Fall: 24 h x 7,5 kW = 180 kWh/d.
- In welchem Abstand soll beladen werden?
  Zum Beispiel 2 x täglich.
- Welche Brennstoffmenge ist folglich zweimal täglich einzubringen?
  Im vorl. Fall: 180 kWh / (2 · 0,9) = 100 kWh/d.
- Wie lange brennt eine Füllung? Im Schnitt ca. 4 - 8 Stunden, je nach Holzart.
  Im Beispiel wird mit 6 Stunden gerechnet.
- Wenn eine Ladung nach der Zeit x abgebrannt ist, welche Leistung hat dann der Kessel?
  Im Beispiel wird mit x = 6 h eine Kesselleistung von 100 kWh/ 6 h = 16 kW errechnet.
- Welches Holzvolumen entspricht der einzubringenden Energiemenge?
  Rechnet man mit Buche, sind 100 kWh/1.872 kWh/rm = 0,048 rm (ca. 50 Liter) Buche mit 20% Restfeuchte (s. Tabelle „Heizwerte von Holz“) erforderlich.
- Für 100 kWh Buchenholz-Brennstoff würde theoretisch ein Füllraumvolumen von ca. 50 l reichen. Wenn mit Fichte geheizt wird, sind es 67 l (100 kWh/1.339 kWh/rm = 0,067 m³). Um bei der Wahl des Brennholzes nicht festgelegt zu sein, sollte man bei der Wahl des nutzbaren Füllraumvolumens nicht allzu knapp kalkulieren.
  Sinnvoll wäre im vorliegenden Fall ein Stückholzkessel mit 75 l Füllraum.

Die Formel für die Kesselleistung lautet also:

- Kesselleistung = $((Q_{Wb} \times 24\,h) / n_{\text{Beladungen in 24 h}}) \cdot 1/$Abbranddauer
- Die Formel für die Füllraumgröße:
  Füllraumgröße = Energiemenge pro Beschickung/ Brennwert des Holzes

Allgemein sollte die Kesselleistung etwa doppelt so groß gewählt werden wie die Heizlast des Hauses. Um Sägearbeit zu sparen, sind bei größerer Leistung Kessel, die 100 cm lange Holzscheite aufnehmen, vorteilhaft.

muss ein Pufferspeichervolumen von 55 l zur Verfügung stehen. Das ergibt bei einer Kesselleistung von 15 kW bereits ein Puffervolumen von 825 l, in der Praxis also 900 – 1.000 l!

Wenn ein noch größeres Puffervolumen installiert wird, bringt das nicht unbedingt eine Effizienzsteigerung, da mit zunehmendem Speichervolumen auch die Abstrahlungs- und Stillstandsverluste steigen. Ein zu kleines Puffervolumen führt dagegen schnell zur Überhitzung des Kessels mit Auslösung der thermischen Ablaufsicherung bzw. zu einem ungenügenden Abbrand mit der Gefahr von Holzteerbildung oder Verschwelung des Holzes. Erfahrungsgemäß ist ein Pufferspeichervolumen von ca. 60 - 70 l/kW optimal. Im Hinblick auf das Nachlegen bzw. Wiederanfeuern ist es für den Nutzer interessant zu wissen, wie lange die im Puffer gespeichert Wärme zur Beheizung eines Hauses ausreicht. In Tabelle 3.3.4 werden für ein relativ gut gedämmtes Haus Richtwerte genannt, wobei die Heizzeiten für -12°C Außentemperaturen gelten. Je größer der Wärmebedarf des Gebäudes, umso größer muss das Puffervolumen sein – oder die Zeit zwischen den Nachladungen verkürzt sich.

Wärmedämmung des Pufferspeichers

Pufferspeicher werden vom Holzvergaser in der Regel bis auf ca. 90°C aufgeheizt. Eine saubere, lückenlose Dämmung der Behälter einschließlich aller Anschlüsse, Leitungen und Armaturen mit temperaturbeständigen Isoliermaterialien ist bei so hohen Temperaturen zwingend erforderlich. Ist die Dämmung zu schwach, nehmen die Verluste drastisch zu, vor allem wird der Aufstellungsraum enorm aufgeheizt. Rohrleitungen sind mit 100% zu dämmen (s. Kap. 4.7.2), d.h. die Isolierstärke entspricht dem Rohrdurchmesser. Der Dämmstoff muss auch hitzebeständig sein (z.B. Armaflex HT oder besser alukaschierte Glaswollmatten bzw. -schalen).

Eine sehr gute Wärmedämmung wird erreicht, wenn der Speicher mit allen Anschlüssen und Rohrleitungen mit einem Bretterverschlag umkleidet und die Hohl-

Speicher-Volumen	Wärmeinhalt in kWh			Wärmeinhalt in Stunden		
	35°C	50°C	70°C	35°C	50°C	70°C
750 l	52	39	22	5,2	4,0	2,2
1.500 l	105	78	44	10,4	7,8	4,4
2.250 l	157	118	65	15,6	11,8	6,6
3.000 l	209	157	87	21,0	15,6	8,8

Lesebeispiel: Benötigt das Haus eine Heizungs-Vorlauftemperatur von 50°C und ist ein 1.500 Liter Speicher auf 95°C aufgeheizt, so enthält er 78 kWh Wärme (Entladung von 95 auf 50°C). Das Haus kann damit 7,8 Stunden beheizt werden. Wäre das Haus mit Flächenheizungen ausgestattet, könnte es sogar 10,4 Stunden betrieben werden, da eine Wärmemenge von 105 kWh zur Verfügung steht (Entladung von 95 auf 35°C).

Tabelle 3.3.4: Wärmeinhalt eines Pufferspeichers (links in kWh und rechts in Stunden Heizzeit) zur Versorgung eines relativ gut gedämmten Hauses (Effizienzhaus 130, bei -12°C Außen- und 20°C Innentemperatur, 150 m² Wohnfläche).

Kombination eines Stückholz-Kessels mit anderen Wärmeerzeugern		
	Bewertung	Kommentar
Thermische Solaranlage	++++	Die Kombination mit einer thermischen Solaranlage ist sehr sinnvoll, um das Anfreuern des Kessels zur Warmwasserbereitung im Sommer zu vermeiden.
Öl-/Gas-Kessel	++++	Bei Neuinstallation beider Kessel zu aufwändig. Ist ein Öl-/Gaskessel vorhanden, kann ein Holzkessel diesen stark entlasten. Der Öl-/Gaskessel steht als Reserve bereit.
Elektroheizstab	++++	Ist sehr preiswert und verursacht keine zusätzlichen Kosten. Ist für Notfälle in sehr sparsamen Häusern eine gute Alternative zum konventionellen Kessel oder Pelletkessel.
Luft-Wärmepumpe	+++	Hohe Investitionskosten
Erd-Wärmepumpe	++	sehr hohe Investitionskosten
Holz-Pelletkessel	++	Kann trotz hoher Investitionskosten sinnvoll sein. Er übernimmt dann die Wärmeversorgung, wenn der Scheitholzkessel abgebrannt ist.
BHKW	+	Sehr hohe Investitionskosten; der Betrieb des Stückholzkessels darf nicht zu Lasten der BHKW-Laufzeit gehen!
Photovoltaikanlage	++++	Beeinflusst die Heizung nicht; ist daher immer sinnvoll.
++++ sehr gut geeignet, +++ gut geeignet, ++ geeignet, + möglich, – ungeeignet		

Tabelle 3.3.5 Kombination eines Stückholzkessels mit anderen Wärmeerzeugern.

räume mit einem nicht-brennbaren Dämmstoffgranulat (z.B. Perlite, ein geblähtes Vulkangestein, oder SLS20, ein mineralischer Dämmstoff aus recycliertem Autoglas) verfüllt wird. Die Dämmstoffdicke sollte dabei mindestens bei 25 bis 30 cm liegen, um die Wärmeverluste zu minimieren.

Kombination

Heizungsanlagen mit Stückholzkesseln sind prädestiniert für die Kombination mit einer solarthermischen Anlage, die ggf. für eine Heizungsunterstützung großzügig dimensioniert werden sollte. Der Pufferspeicher kann auch für die Speicherung der Solarwärme genutzt werden! Außerdem kann der Kessel in den Sommermonaten, wenn er ohnehin seltener angefeuert und mit schlechterem Wirkungsgrad arbeiten würde, stillgelegt werden.

Günstig ist es, wenn für Notfälle (Krankheit, Winterurlaub) ein konventioneller Kessel bereitsteht. Doch fallen für diesen „Luxus“ Schornsteinfegergebühren, Gasgrundgebühren, Wartungskosten etc. an. Besser ist ein zusätzlicher Pelletkessel. Es gibt auch Kessel, die mit wenigen Handgriffen von Stückholz auf Pellets oder umgekehrt umgestellt werden können.

In sparsamen Häusern (Effizienzhäuser, Passivhäuser) kann man in den Pufferspeicher anstelle des konven-

Stückholz-Kessel: Eigenschaften u. Planungswerte	
Auslegung der Kesselleistung	etwa doppelte Heizlast
Wirkungsgrade • Kesselwirkungsgrad	einfacher Vergaserkessel > 80% Volllast-Vergaserkessel bis 83% leistungsgereg. Vergaserkessel bis ca. 88% Leistungs- und feuerungsgeregelte Holzvergaser bis ca. 92% (bezogen auf den Heizwert)
• Jahresnutzungsgrad	> 80%
Anlagenaufwandszahl Heizung	0,26 - 0,53 (Kessel außerhalb der therm. Hülle)
Primärenergiefaktor	0,2
Schadstoffemission	Holz/ Holzhackschnitzel
• CO_2	6 / 35 g/kWh
• SO_2	215 / 240 mg/kWh
• NO_x	208 / 530 mg/kWh

Tabelle 3.3.6
Steckbrief Stückholzkessel/ Hackschnitzel-Kessel (alle Angaben sind Richtwerte!).

3.3.6
Schaltschema Stückholzkessel mit Solaranlage und Pufferspeicher. Die Warmwasserbereitung erfolgt mit einer Frischwasserstation. Quelle: Fa. ETA-Heiztechnik

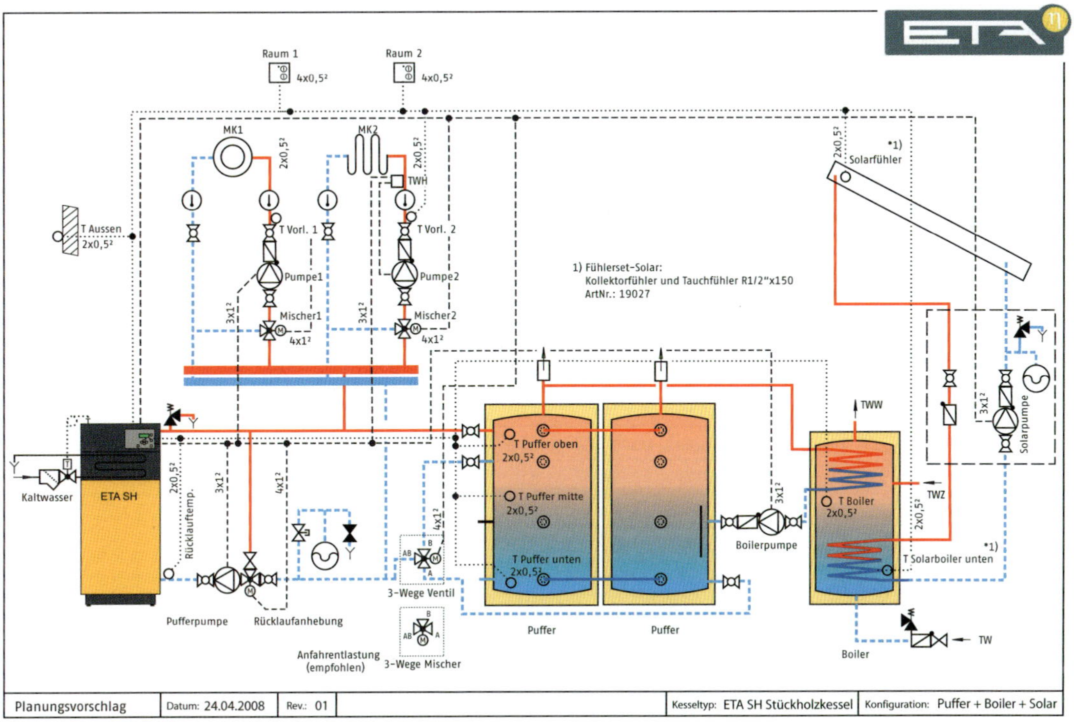

tionellen Kessels oder Pelletkessels durchaus auch einen Elektroheizstab installieren, der preiswert ist und keine Nebenkosten verursacht. Er sollte am besten nur per Hand zuschaltbar sein und mit einer Warnleuchte ausgerüstet werden.

Hersteller

Alle renommierten Kesselproduzenten führen Stückholzkessel im Angebot. Die Fachagentur für Nachwachsende Rohstoffe (www.fnr.de) bietet Marktübersichten über Scheitholzvergaser-, Hackschnitzel und Pelletkessel an, die kostenlos über das Internet bezogen werden können.

Kosten

Die Investitionskosten für eine Stückholzheizung (Holzvergaserkessel) bewegen sich zwischen 4.000 und 12.000 €. Für einen gemauerten Kaminzug mit feuchteunempfindlichem Einsatz (Ton- oder Edelstahlrohr) müssen zusätzlich etwa 2.000 – 3.500 € veranschlagt werden. Fördermittel des BAFA können abgezogen werden.

Der Pufferspeicher ist auf Grund seiner Größe aufwendiger als bei Öl- oder Wärmepumpenheizungen und auch der beträchtliche Platzbedarf für die Holzlagerung ist in die Kosten einzurechnen. Bei den Wartungskosten sind die Schornsteinfegergebühren zu beachten. Dafür sind, eine entsprechende (Brennstoff-) Quelle vorausgesetzt und den Eigenanteil an Arbeitsleistung nicht eingerechnet, die Brennstoffkosten sehr günstig. Das führt insgesamt zu vergleichsweise geringen Betriebskosten.

Die Kombination mit einer Solaranlage bietet sich förmlich an, da der Speicher schon vorhanden ist. Nur die Kollektoren fehlen noch, wobei pro 50 - 80 Liter Speichervolumen 1 m² Kollektorfläche eingebaut werden sollte. Ist ein 1.000 Liter Speicher installiert, sollten also mindestens 12 m² Kollektorfläche vorgesehen werden. Auch hierfür stehen Fördermittel des BAFA zur Verfügung, die sich sogar noch um einen Kombinationsbonus erhöhen, weil zwei erneuerbare Energien kombiniert werden (s. Kap. 7).

Tabelle 3.3.7
Kosten einer Stückholzheizung in verschiedenen Haustypen variabler Größe (Investitionskosten für Kamin mit Wassertasche oder Holzvergaserkessel, Pufferspeicher, Frischwasserstation und Montage).

Annahmen
Zinssatz: 2%,
Nutzungsdauer: 20 Jahre
Annuität = 0,06118
Kesselverluste: 12 - 10,5%
Stückholzpreis: 0,038 €/kWh
Strombedarf: 5% v. Heizwärmebed.
Wärmebedarf Warmwasser: 12,5 kWh/m²a
Wohnfläche: 30 m²/Pers.
Kesselauslastung: 1752 h/a
Leistungszuschl. WW: 0,2 kW/Pers.

Legende
WF: beheizte Fläche in m²
TWW: Wärmebedarf für Trink-Warmwasser in kWh/a
Heiz-W: Jahresheizwärmebedarf in kWh/a
Kess-L.: Kesselleistung in kW
Invest-K.: Investitionskosten
Kap-K/a: jährl. Kapitalkosten
Verbr-K/a: Verbrauchskosten Stückholz + Strom in €/a
Wart-K/a: Wartungskosten in €/a
Ges-K/a: jährl. Gesamtkosten i. €/a
sp.E-K: spezifische Energiekosten in €/kWh

Kosten einer Stückholzheizung in verschiedenen Haustypen und -größen

WF	TWW	Heiz-W	Kess-L.[1]	Invest.-K.[2]	Kap-K/a	Verbr-K/a	Wart-K/a	Ges-K/a	sp.E-K.
m²	kWh/a	kWh/a	kW	€	€/a	€/a	€/a	€/a	€/kWh
Effizienzhaus 55 Q_{Heiz} = 40 kWh/m²·a									
80	1.000	3.584	3,9	13.500	826	183	205	1.214	0,29
125	1.567	5.591	6,1	13.500	826	286	272	1.383	0,21
206	2.571	9.134	10,0	13.500	826	467	346	1.639	0,15
355	4.438	15.699	17,3	18.600	1.138	803	427	2.368	0,13
Effizienzhaus 100 Q_{Heiz} = 72 kWh/m²·a									
80	1.000	6.912	5,0	13.500	826	316	243	1.384	0,20
125	1.567	10.663	7,8	13.500	826	488	308	1.622	0,15
206	2.571	17.230	12,7	16.300	997	790	381	2.168	0,12
355	4.438	29.307	21,6	20.800	1.272	1.346	461	3.080	0,10
Gebäude nach WSVO 1995 Q_{Heiz} = 120 kWh/m²·a									
80	1.000	12.000	8,0	13.500	826	519	311	1.655	0,16
125	1.567	18.402	12,2	16.100	985	797	376	2.157	0,13
206	2.571	29.556	19,7	19.900	1.217	1.282	447	2.946	0,11
355	4.438	49.983	33,4	26.700	1.633	2.171	526	4.331	0,09

[1] Die erforderliche Kesselleistung ist eine rein rechnerische Größe. Die untere Leistungsgrenze von Stückholzkesseln liegt bei ca. 10 kW. Der Einsatz in Niedrigenergiehäusern ist nur bei entsprechendem Puffervolumen möglich. [2] Investitionskosten nur für Kamin mit Wassertasche oder Holzvergaserkessel, Pufferspeicher, Frischwasserstation hitzebeständiges Schornsteinsystem und Montage.

3.3.2 Pelletkessel

Der starke Zuwachs der Pelletheizungen – in Deutschland wurden zwischen 1999 und 2008 ca. 100.000 Pelletheizungen installiert – hat verschiedene Ursachen: die wichtigsten sind sicherlich, dass ein heimischer, preisgünstiger Brennstoff aus erneuerbarer Energie verfügbar wurde, der in entsprechenden Kesseln automatisch und mit gutem Wirkungsgrad verbrannt werden kann und obendrein mit einer vorteilhaften Anlagenaufwandszahl beim EnEV-Nachweis belohnt wird. Für viele umweltbewusste Käufer von Pelletkesseln ist außerdem von großer Bedeutung, dass es sich bei Pellets um einen nachwachsenden Brennstoff handelt, der zudem weitgehend klimaneutral verbrennt.
Pellets lassen sich sowohl in Kesseln wie auch in Einzelöfen für die zentrale Heizung und Warmwasserbereitung verheizen. In diesem Kapitel werden aber zunächst Pellets-Zentralheizungen vorgestellt.

Aufbau/Funktion

Der Kessel (bzw. der Brenner) wird über ein Transportsystem mit dem genormten Brennstoff Pellets versorgt, die Menge wird der Leistung entsprechend dosiert. Die Entzündung des Brennstoffes erfolgt automatisch oder über den Erhalt eines Glutbettes im Brennraum.

Die Technik der Beschickung ist unterschiedlich:

- Unterschubfeuerung: Die Pellets werden per Förderschnecke von unten auf einen Brennteller gedrückt und verbrennen; die Asche fällt über den Tellerrand in den darunterliegenden Aschebehälter.
- Quereinschubfeuerung: Der Brennstoff wird über eine Förderschnecke von der Seite auf den Brennteller gebracht.
- Fallschachtfeuerung: Die Pellets gelangen über einen Fallschacht auf den Brennteller.
- Walzenrostsystem: Die Pellets fallen von oben auf mehrere, sich langsam drehende Stahlscheiben mit geringem Zwischenraum. Ein Abstreifkamm reinigt bei jeder Umdrehung die Zwischenräume, so dass die Asche ungehindert durchfallen und Verbrennungsluft nach oben steigen kann.
- Sturzbrandtechnik: Die Pellets fallen von oben auf den Rost einer Brennkammer. Die Flammen werden mit Hilfe eines Saugzuggebläses durch den Rost nach unten gezogen. Dieses System verursacht den geringsten Ascheanfall.

Die Steuerung der Pelletbrenner erfolgt über Temperatur-, Flammraumfühler oder eine Lambda-Sonde, die einen Saugzug stufenlos regeln. Pelletkessel lassen

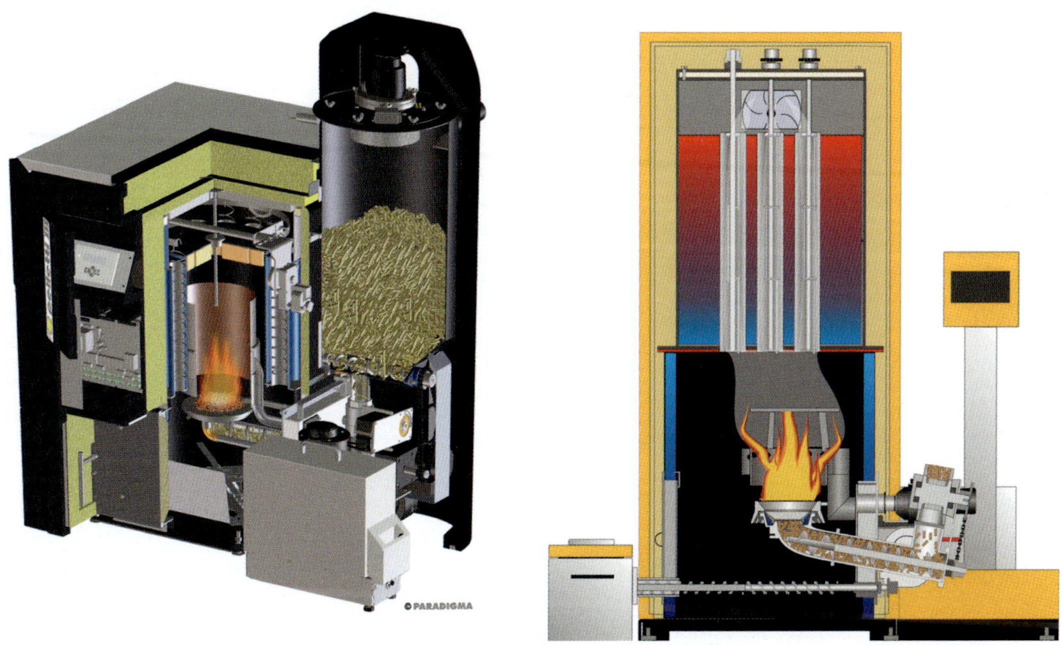

3.3.7: Schnitt durch Pelletheizkessel. Quellen: links: Fa. Paradigma, rechts: Fa. Wagner & Co Solartechnik GmbH

3.3.8: Holzpellets mit guter Qualität tragen diese Zeichen

sich in der Leistung gut modulieren, die Verbrennung zeichnet sich durch niedrige Emissionswerte und einen sehr geringen Ascheanfall aus.

Der Verzicht auf einen Pufferspeicher ist prinzipiell möglich, aber nicht empfehlenswert. Auf den Pufferspeicher verzichten kann man nur, wenn die aufzubringende Heizleistung in der Heizperiode weitestgehend im Modulationsbereich des Kessels liegt. Vorgesehen werden zumeist kleinere Pufferspeicher mit etwa 40 - 100 l Volumen pro kW Kesselleistung. In Niedrigenergie- oder Passivhäusern ist auf Grund der geringen Heizleistung ein Pufferspeicher immer sinnvoll, um ein Takten des Pelletbrenners zu vermeiden. Die Förderung des BAFA fällt höher aus, wenn ein Pufferspeicher mit mindestens 30 l/kW Heizleistung installiert wird. Dieser kann gleichzeitig zur Speicherung von Solarwärme genutzt werden.

Pelletheizungen arbeiten weitgehend vollautomatisch. Die Tätigkeiten des Anwenders beschränken sich auf die Befüllung des Vorratslagers, die Kontrolle der Fördereinrichtung, des Ascheaustrags und auf die gelegentliche Reinigung der Rauchgaszüge und Wirbulatoren, sofern dafür nicht auch automatische Vorrichtungen existieren. Der Ascheanfall ist gering: Maximal 3% der verfeuerten Pelletmasse verbleiben als Asche im Kessel. Der Aschekasten muss damit nur alle 2 - 4 Wochen entleert werden. Die Asche kann über die Biotonne entsorgt oder in kleinen Mengen im Garten als Dünger (in großen Mengen u.U. bedenklich wegen Schwermetalleintrag) verwendet werden.

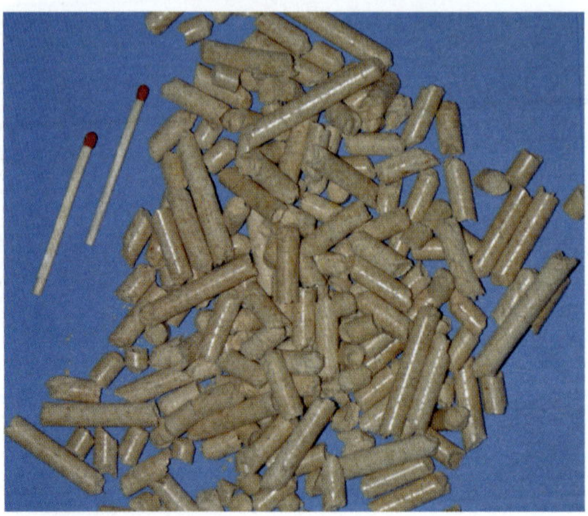

3.3.9: Holzpellets. Foto: Almut Setje-Eilers

Brennstoff

Pellets sind ein klimaneutraler, nicht Wasser gefährdender, preiswerter und preisstabiler Biomasse-Brennstoff mit einem sehr günstigen Primärenergiefaktor von 0,2. Durch die hohen Temperaturen beim Pressen des zerspanten Holzes wird das holzeigene Bindemittel Lignin freigesetzt, so dass die Holzspäne zu formstabilen Pellets zusammenbacken. Als zusätzliche Bindemittel für die Produktion der Pellets dürfen nur in geringem Maße Stärke oder Mehl zugesetzt werden, jedoch keinerlei Chemikalien. Die Qualität der Pellets wird in der Norm DIN 51731 festgelegt, die in Zukunft durch die europäische Norm EN 14961-2 abgelöst wird und dann für die gesamte EU gilt. Privathaushalte können sich auf die Zeichen DIN Plus und ENplus A1 verlassen und erhalten eine sehr gute Qualität. Holzpellets haben ein spezifisches Gewicht von 650 kg/Sm^3(kg pro Schütt-m^3) und einen Heizwert von 5,0 kWh/kg, entsprechend 3.250 kWh/Sm^3.

Brennstofflager

Um 1.000 Liter Heizöl zu ersetzen, wird für Pellets ein Lagerraum von 3.000 Liter gebraucht (vgl. Abb. 3.3.13). Folgende einfache Faustformel zur Bemessung des erforderlichen Lagervolumens ist brauchbar:

- $V_{Pelletslager}$ (in m^3) = Heizlast (in kW) x 0,9

Beispiel: Bei einer Heizlast von 7,5 kW ergibt sich die Größe des Pelletlagers zu 6,75 m^3

Bestehende Öllagerräume können in vielen Fällen zu Pellet-Lagerräumen umgebaut werden. Da die Öllager in Zeiten des billigen Öls reichlich überdimensioniert und die Gebäude inzwischen wärmetechnisch verbessert wurden, reicht das Volumen trotz des geringeren volumenbezogenen Heizwertes der Pellets meistens aus. Soll das Pelletlager in einen Kellerraum eingebaut werden, empfiehlt es sich, mit glatten Schalungsplatten einen Schrägboden (im Winkel von 35…45°) einzubauen, der ein Nachrutschen der Pellets zur Entnahmestelle am tiefsten Punkt begünstigt. Neben dem Einblasstutzen zum Befüllen des Lagers ist auch ein Absaugstutzen vorzusehen.

Eine Alternative bietet das Sacklager (Abb. 3.3.10), bestehend aus einem luftdurchlässigen Gewebesack, der in einem Stahlgerüst hängt. Überdruck kann entweichen, der Staub wird zurückgehalten. Vorteile: geringer Preis (ca. 1.000 € für 3 t bzw. 5 m³). Bei Innenaufstellung ist eine individuelle Anpassung an die (Keller-) Raumgeometrie, aber keine Absaugung für den Staub erforderlich. Im Außenbereich sollte das Sacklager unter einem Dach stehen (z.B. Carport).
Eine Alternative sind Pellets-Silos, also Blechbehälter im Gestell. Sie sind zu vertretbaren Preisen und in Größen von 1,1 oder 2,1 m³ erhältlich. Es werden auch unterirdische Tanks aus Beton oder Stahl angeboten.
Da Pellets beim Absaugen an einem Punkt Schüttkegel bilden, müssen sie mit Rüttelringen oder „Maulwürfen“ (Abb. 3.2.11) in Richtung Saugschlauch bewegt werden. Eine besonders raffinierte Methode ohne Mechanik und Schrägen ist in Abb. 3.3.12 dargestellt.

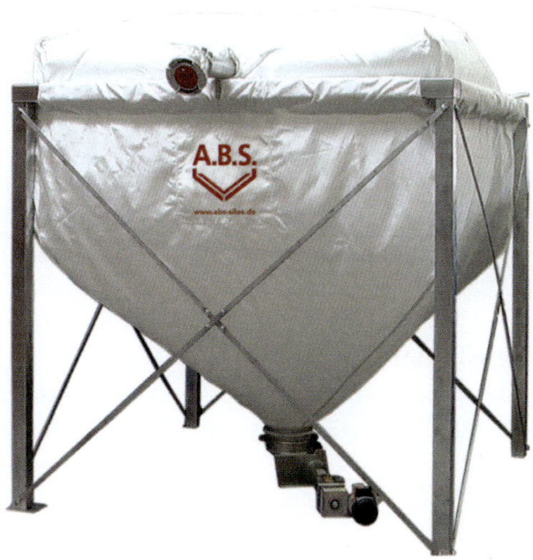

3.3.10: Pellet-Sacklager. Quelle: www.abs.silos.de

Leistungsbereich

Pelletkessel werden in einem breiten Leistungsbereich von ca. 5 kW bis zu mehreren hundert kW angeboten. In neuerer Zeit gibt es sie sogar ab 2 kW für Passiv- und Effizienzhäuser (z.B. von den Firmen Ökofen, Solarfocus und Guntamatic).

Brennwertkessel

Ähnlich wie bei der Verbrennung von Erdgas entsteht bei der Verbrennung von Holz relativ viel Wasserdampf. Wenn es gelingt, diesen zu verflüssigen, gewinnt man durch die Kondensationswärme etwa 10% zusätzlich nutzbare Energie. Während die Nutzung der Kondensationswärme bei Erdgas sehr einfach ist, muss bei den Pelletabgasen mehr Aufwand getrieben werden. In den Abgasen befinden sich nämlich außer Wasserdampf auch noch Ruß, Teer und Feinstaub, wenn auch in geringen Mengen. Doch reichen diese aus, um den Wärmetauscher soweit zu verschmutzen, dass er nach einiger Zeit nicht mehr richtig funktioniert. Ein aufwändiger Reinigungsmechanismus ist erforderlich, der die Anlage sehr verteuert. Als einziger Hersteller bietet bisher die Firma Ökofen einen Pellet-Brennwertkessel an (Abb. 3.3.15).

3.3.11
„Maulwurf“: Durch Drehung werden die Pellets auf einem horizontalen Boden in Richtung Förderschnecke bewegt.

Sicherheitseinrichtungen

Um der Gefahr eines Rückbrandes zu begegnen, ist eine Sicherung notwendig, i.d.R. durch ein Brandschott, das temperaturabhängig den Weg zum Lagerraum verschließt. Das Brandschott kann z.B. in Form einer Zellradschleuse ausgeführt sein.

3.3.12
Raffinierte Pelletzufuhr ohne Mechanik und schräge Böden, gesehen in einem Privathaus. Foto: Wilhelm von Elling

Zur Verhinderung der Freisetzung giftiger Gase in den Aufstellungsraum muss bei raumluftabhängiger Betriebsweise eine Notabschaltung des Kessels erfolgen, sobald im Raum ein Unterdruck auftritt (z.B. durch Dunstabzugshaube, Lüftungsanlage etc.).

Bei Betrieb ohne (nicht empfehlenswert!) oder mit sehr kleinem Pufferspeicher muss zur Abfuhr der Restwärme ein Sicherheitswärmetauscher oder eine thermische Ablaufsicherung vorgesehen werden.

Dimensionierung

Pelletkessel werden ähnlich wie Öl- oder Gaskessel dimensioniert. Die Kesselleistung ist passend zum Wärmebedarf des Gebäudes zu bemessen. Wird ein größerer Pufferspeicher eingebaut, etwa in Kombination mit einer thermischen Solaranlage, kann die Kesselleistung auch etwas kleiner als der Wärmebedarf gewählt werden. Eine genaue Dimensionierung unter Berücksichtigung des Gesamtsystems ist unumgänglich.

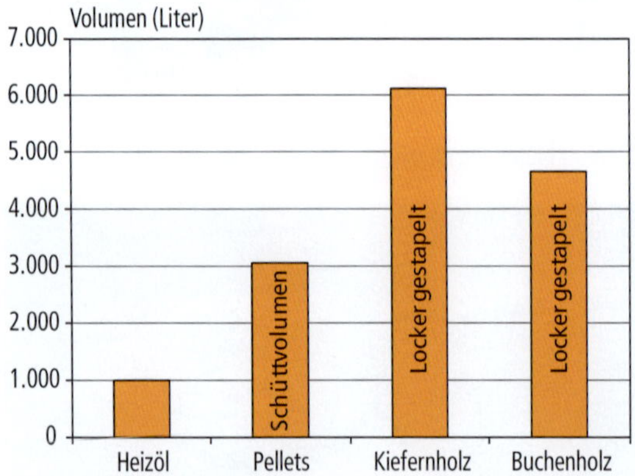

3.3.13: Um Heizöl durch Holzpellets und Scheitholz (Stückholz) zu ersetzen, wird das drei- bis sechsfache an Lagerraum benötigt.

3.3.14: Pelletkessel mit Modulationsbereich von 2,9 - 9,9 kW, Pufferspeicher (550 l), Solaranschluss, und Frischwasserwärmetauscher. Quelle: Fa. Solarfocus

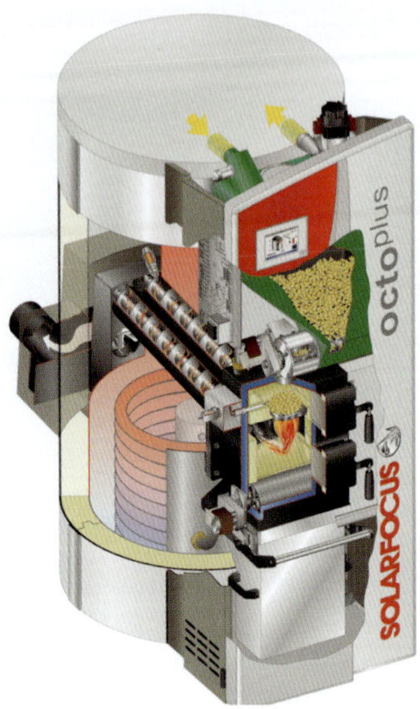

Aufstellung

Pelletkessel können raumluftunabhängig betrieben und damit innerhalb der thermischen Hülle aufgestellt werden. Die Betriebsgeräusche durch Gebläse und automatische Brennstoffzuführung werden in Wohnräumen jedoch oftmals als störend empfunden.

Eignung

Durch die Möglichkeit eines raumluftunabhängigen Betriebes, die gute Modulation, das breite Leistungsspektrum und den sehr günstigen Primärenergiefaktor des Brennstoffes sind Pelletkessel prädestiniert für den Einsatz in neuen Gebäuden mit niedrigem Wärmebedarf sowie als Ersatz für Ölheizungen, da ein Öllager leicht zum Pelletlager umgebaut werden kann.

Pelletkessel lassen sich hervorragend mit solarthermischen Anlagen kombinieren. Auch eine Kombination mit einem Stückholzkessel, der gelegentlich befeuert wird, macht Sinn. Kombinationen mit anderen Wärmeerzeugern sind zu aufwändig, weil Pelletkessel bereits vollwertige Heizungsanlagen sind.

Der Hauptnachteil von Pelletheizungen sind die hohen Investitionskosten, die ihre Ursache in den Brandschutzvorkehrungen und der komplizierten, materialaufwendigen Mechanik für die automatische Beschickung der Kessel haben.

3.3.15: Holzpellet-Brennwertkessel. Quelle: Fa. ÖkoFEN

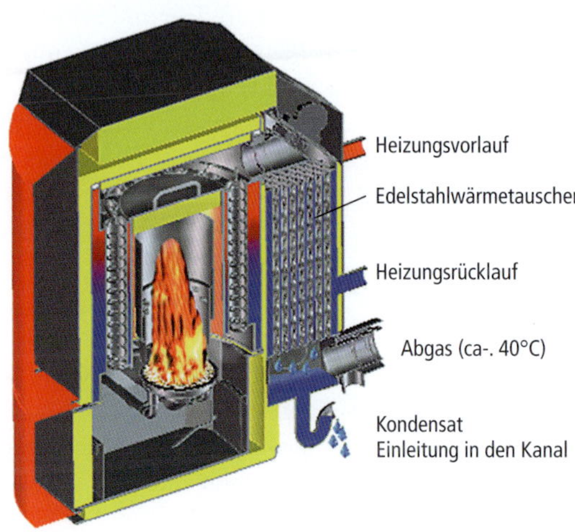

Hersteller

Alle namhaften Kesselhersteller produzieren auch Pelletkessel. Marktübersichten findet man im Internet unter www.fnr.de.

Kosten

Die Investitionskosten für eine Pelletheizung sind relativ hoch und vergleichbar mit denen für eine Stückholzheizung. Der große Vorteil: Pelletkessel sind auf Grund ihrer sehr guten Modulationseigenschaften auch für Gebäude mit kleinem Wärmebedarf geeignet. Die Preise für einen Pelletkessel beginnen bei etwa 3.000 €. Hinzu kommen die Kosten für Nebenanlagen: Für das Pelletlager sind je nach Größe und Art (in vorhandenem Gebäude, als Sacklager, Silo usw.) sehr unterschiedliche Kosten zu veranschlagen. Rechnet man die eigene Arbeitsleistung in die Kosten einer Stückholzheizung ein, wäre sie im Hinblick auf die spezifischen Wärmegestehungskosten ungünstiger als eine Pelletheizung. Von der Modulationsfähigkeit und dem Jahreswirkungsgrad her ist der Pelletkessel dem Stückholzkessel weit überlegen.

Beim Vergleich der spezifischen Energiekosten kann sich die Pelletheizung in Gebäuden mit größerem Wärmebedarf gegenüber der Gasheizung behaupten, weil dort den beträchtlichen Investitionskosten ein relativ großer Energieverbrauch gegenübersteht.

Holzpelletkessel: Eigenschaften und Planungswerte	
Auslegung der Kesselleistung	Nach DIN EN 12831 und DIN 4708 entspr. Wärmebedarf Gebäude + Wärmebedarf Warmwasser
Auslegung Kesselleist. u. ökologisch. Aspekten	0,8 - 0,9 · größter auftretender Wärmebedarf
Wirkungsgrade • Kesselwirkungsgrad	92 - 96% (bezogen auf den Heizwert) bis ca. 103% bei Brennwertkessel (bezogen auf den Heizwert)
• Jahresnutzungsgrad	90% (bezogen auf den Heizwert)
Anlagenaufwandszahl Heizung	0,44 - 0,50 (Kessel innerhalb der therm. Hülle)
Primärenergiefaktor	0,2
Schadstoffemission • CO_2 • SO_2 • NO_x	Holzpellets 41 g/kWh 680 mg/kWh 799 mg/kWh

Tabelle 3.3.8: Steckbrief Pelletkessel.

Tabelle 3.3.9
Die Kosten einer Pelletheizung in verschiedenen Haustypen variabler Größe (Investitionskosten für Pelletskessel, Förderschnecke, Sacksilo, Pufferspeicher, Frischwasserstation und Montage).

Annahmen
Zinssatz: 2%,
Nutzungsdauer: 20 Jahre
Annuität = 0,06118
Kesselverluste: 12 - 10,5%
Pelletpreis: 0,046 €/kWh
Strombedarf: 5% v. Heizwärmebed.
Wärmebedarf Warmwasser: 12,5 kWh/m²a
Wohnfläche: 30 m²/Pers.
Kesselauslastung: 20% = 1752 h/a
Leistungszuschl. f. WW: 0,2 kW/Pers

Legende
WF: beheizte Fläche in m²
TWW: Wärmebedarf für Trink-Warmwasser in kWh/a
Heiz-W: Jahresheizwärmebedarf in kWh/a
Kess-L.: Kesselleistung in kW
Invest-K.: Investitionskosten
Kap-K/a: jährl. Kapitalkosten
Verbr-K/a: Verbrauchskosten Holz + Strom in €/a
Wart-K/a: Wartungskosten in €/a
Ges-K/a: jährl. Gesamtkosten i. €/a
sp.E-K: spezifische Energiekosten in €/kWh

Kosten einer Pelletheizung in verschiedenen Haustypen und -größen									
WF	TWW	Heiz-W	Kess-L.[1)]	Invest.-K.[2)]	Kap-K/a	Verbr-K/a	Wart-K/a	Ges-K/a	sp.E-K.
m²	kWh/a	kWh/a	kW	€	€/a	€/a	€/a	€/a	€/kWh
Effizienzhaus 55 Q_{Heiz} = 40 kWh/m²·a									
80	1.000	3.584	3,9	12.800	783	221	219	1.223	0,32
125	1.567	5.591	6,1	12.800	783	346	290	1.419	0,24
206	2.571	9.134	10,0	17.500	1.070	565	369	2.005	0,19
355	4.438	15.699	17,3	21.100	1.290	973	456	2.719	0,15
Effizienzhaus 100 Q_{Heiz} = 72 kWh/m²·a									
80	1.000	6.912	5,0	15.000	917	382	259	1.559	0,23
125	1.567	10.663	7,8	16.400	1.003	591	329	1.923	0,18
206	2.571	17.230	12,7	18.800	1.150	956	406	2.512	0,14
355	4.438	29.307	21,6	23.300	1.425	1.630	492	3.547	0,12
Gebäude nach WSVO 1995 Q_{Heiz} = 120 kWh/m²·a									
80	1.000	12.000	8,0	16.500	1.009	628	332	1.969	0,19
125	1.567	18.402	12,2	18.600	1.138	964	401	2.503	0,15
206	2.571	29.556	19,7	22.400	1.370	1.552	477	3.399	0,12
355	4.438	49.983	33,4	29.200	1.786	2.629	562	4.976	0,11

1) Die erforderliche Kesselleistung ist eine rein rechnerische Größe.
2) Investitionskosten für Pelletkessel, Förderschnecke, Sacksilo, Pufferspeicher, Frischwasserstation, Schornsteinsystem und Montage.

3.3.3 Kamine und Öfen für Stückholz und Pellets

Anheimelnd sind Kamine und Kaminöfen durch die offenen Flammen. Kamine/Öfen/Kaminöfen erzeugen Wärme mit einem hohen Strahlungsanteil, die als angenehm empfunden wird. Sie ist auch in einigem Abstand noch gut spürbar. Die sichtbaren Flammen wecken Urinstinkte. Offene Kamine genügen allerdings nicht den modernen energetischen Anforderungen; wegen ihres äußerst geringen Wirkungsgrades von nur 5 - 8% dürfen sie nach BimSchV nur gelegentlich befeuert werden und werden daher hier nicht weiter behandelt. Solche Kamine sollten mit einem Heizeinsatz umgebaut werden.
Zwischen geschlossenen Kaminen und Öfen gibt es fließende Übergänge. So werden viele Produkte als Kaminofen bezeichnet, weil sie eine Sichtscheibe besitzen und frei im Raum stehen. Kennzeichnend für Öfen, die als Wärmeerzeuger hier näher in Betracht kommen, ist der geschlossene Feuerungsraum mit geregelter Luftzufuhr. Nur unter diesen Bedingungen sind eine kontrollierte schadstoffarme Verbrennung und eine gute Wärmeausbeute zu erreichen.
Öfen bzw. Kaminöfen sind für die Brennstoffe Stückholz und Pellets, aber auch für Kohle und sogar Gas und Strom erhältlich. Das Verheizen von Kohle und Braunkohlebriketts sowie auch von Strom sollte allerdings aus Klimaschutzgründen der Vergangenheit angehören. Neben reinen Zimmeröfen, welche die Wärme nur über Strahlung und Luftkonvektion an den Raum abgeben, gibt es auch Öfen mit Wassertasche. Damit kann ein Teil der Verbrennungswärme in den Wasserkreislauf eines Heizungssystems eingespeist werden, um auch andere Räume zu beheizen oder das Trinkwasser zu erwärmen.

Speicherfähigkeit

Öfen aus Stahl haben nur eine geringe Wärmespeicherfähigkeit. Der Mantel des Ofens wird schnell heiß, was vorteilhaft ist, um Räume schnell aufzuheizen (z.B. Wochenendhaus oder Skihütte). In Wohnhäusern, wo eine gleichbleibende Temperatur erwünscht ist, sind dafür Speichermassen wünschenswert, z.B. eine Specksteinverkleidung oder eine Ummauerung des stählernen Heizeinsatzes (= Kachelofen). Durch die Speichermassen wird auch die Oberflächentemperatur vermindert, so dass man sich am Ofen normalerweise nicht mehr verbrennen kann.

Leistungen/Einsatzbereich

Das Leistungsspektrum der Kaminöfen bewegt sich zwischen 2 und 35 kW. Von der Wärmeleistung her wären solche Öfen damit prinzipiell auch als Haupt-Wärmeerzeuger in nur mittelmäßig gedämmten Ein- und sogar Zweifamilienhäusern einsetzbar. Zu bedenken sind neben der Leistung aber auch das Abbrandverhalten und die erforderlichen Brennstoffmengen. Werden Öfen/Kaminöfen nicht automatisch beschickt (z.B. mit Pellets), sondern per Hand mit Stückholz, ist auf Grund des verhältnismäßig kleinen Brennraumes ein hoher manueller Aufwand für das Nachlegen von Brennstoff und für die Aufrechterhaltung der Wärmeproduktion erforderlich. Außerdem sind viele Öfen bzw. Kaminöfen nicht als Dauerbrandöfen gebaut und somit für den kontinuierlichen Betrieb nicht ausgelegt.
In älteren Gebäuden mit erhöhtem Wärmebedarf sollte der Einsatz von Kaminöfen auf Einzelräume und dort auf die Funktion „Zweitwärmeerzeuger für Spitzenlasten“ beschränkt bleiben.

Zulassung

Zu achten ist auf die Zertifizierung der Geräte: Musterbauordnung, Bauordnung der einzelnen Bundesländer, Feuerungsverordnungen, DIN18160 Teil 1 und Teil 2, EN 13384, EN 13240 sowie örtliche Vorschriften. Ist der Kamin/Ofen/Kaminofen für den raumluftunabhängigen Betrieb geeignet, muss eine entsprechende bauaufsichtliche Zulassung vom Hersteller nachgewiesen werden.

Bundesimmissionsschutzverordnung

In Deutschland gibt es etwa 14 Millionen Einzelfeuerstätten, die jährlich 24.000 Tonnen gesundheitsschädlichen Feinstaub in die Luft blasen. Nach der ersten Verordnung zur Durchführung des Bundesimmissionsschutzgesetzes (1. BImSchV oder auch Kleinfeuerungsanlagenverordnung) vom 26.1.2010 dürfen Feuerungsanlagen bestimmte Emissionsgrenzwerte für Staub (100 mg Staub/m^3) und andere Schadstoffe (Kohlenmonoxid) nicht überschreiten. Die 1. BImSchV trat am 22.3.2010 in Kraft. In der 2. Stufe, die voraussichtlich im Jahre 2015 in Kraft treten wird, sollen die Anforderungen verschärft werden (Grenzwert: 20 mg Staub/m^3). Es gilt folgende Regelung:

- Eine existierende Feuerstätte kann weiter betrieben werden, wenn nachgewiesen wird, dass die Anforderungen der 1. BImSchV eingehalten werden.
- Wenn der Ofen die Grenzwerte nicht erfüllt, muss er zwischen 2014 und 2024 ausgetauscht oder mit einem Feinstaubfilter nachgerüstet werden.
- Wenn die Feuerstätte nach dem 22.3.2010 in Betrieb genommen wurde, müssen die Grenzwerte der 1. BImSchV (2010) erfüllt werden, nicht aber die der für 2015 vorgesehenen 2. Stufe.
- Eine Feuerstätte, die nach 2015 in Betrieb geht, muss die verschärften Anforderungen der 1. BImSchV (2015) erfüllen.

Erste Feinstaubfilter sind inzwischen auf dem Markt. Sie werden z.B. in den Schornstein eingebaut. Öfen, welche die zukünftigen Anforderungen der 1. BImSchV schon heute erfüllen, sind mit dem Blauen Engel oder dem Zeichen DIN Plus ausgezeichnet. Auf Grund der Klassifizierung als Festbrennstoffkessel ist bei Einbau eine Zustimmung des Schornsteinfegers einzuholen.

Rauchrohranschluss

Bei raumluftunabhängigem Betrieb gelten erhöhte Anforderungen an die Dichtheit der Zuluftleitung und der Rauchrohre zum Schornstein. Die Muffen-/Stoßverbindungen der Zuluft- und Rauchgasrohre sind mit hitzefestem Kleber abzudichten.

Dimensionierung

Kaminöfen werden gern mit viel zu großer Leistung ge- und verkauft. Die Wärmeleistung muss dem Raumwärmebedarf entsprechen, tendenziell sollte die Leistung sogar kleiner sein. Denn um eine gute, schadstoffarme Verbrennung zu erhalten, muss der Ofen mit voller Leistung betrieben werden. Das hat zur Folge, dass es im Aufstellraum bei mildem Wetter schnell zu warm wird. Allenfalls an sehr kalten Tagen lassen sich zu große Öfen vernünftig betreiben. Wenn man den Ofen auch in der Übergangszeit gut und häufig nutzen möchte, sollte man eher einen Ofen mit kleinerer Leistung und mit guter Regelung der Zuluft, möglichst für Dauerbrand geeignet, kaufen.

Kaminöfen mit Wassertasche

Seit einigen Jahren sind Holzöfen, auch solche mit feuerfester Glasscheibe und sichtbaren Flammen, auch mit einer Wassertasche erhältlich. Die Wände und der Abgasbereich sind wassergekühlt, die Frischluftzufuhr erfolgt dosiert und getrennt nach Primär- und Sekundärluft. Die Wassertasche wird an den Heizungskreislauf bzw. an den Pufferspeicher angeschlossen, so dass der Ofen die Funktion eines sekundären Wärmeerzeugers in der Zentralheizung erfüllt. Der Wasserkreislauf ist mit allen erforderlichen Betriebs- und Sicherheitseinrichtungen wie Umwälzpumpe, Ausdehnungsgefäß, Sicherheitstemperaturbegrenzer, raumtemperaturabhängige Regelung etc. ausgestattet, ähnlich wie bei einer Stückholzheizung (Abb. 3.3.5). Die Umwälzpumpe sollte nach Möglichkeit nicht im Wohnraum installiert werden, da die Pumpen zwar leise sind, doch in einem stillen Wohnzimmer auch dieses Geräusch noch störend sein kann.

Der Anschluss an das Heizsystem ist allerdings nur sinnvoll, wenn der Ofen täglich mehrere Stunden gefeuert wird. Brennt ein Kaminofen, der z.B. 6 kW in das Hausnetz einspeist, nur am Wochenende für 1 - 2 Stunden, liefert er mit 6 - 12 kWh/Woche Wärme im Gegenwert von nur 0,40 – 1,00 € (Öl oder Gas). Pro Jahr kommen so nicht einmal 500 kWh entsprechend 20 - 50 € zusammen, so dass der Ofen bzw. die Einbindung in die Heizungsanlage völlig unwirtschaftlich ist. In einem Passiv- oder Niedrigstenergiehaus kann ein guter Ofen mit Wassertasche als Hauptheizung dienen. Im Winter wird der Ofen als zentraler Wärmeerzeuger benutzt, während thermische Solarkollektoren

3.3.16
Kaminofen für Stückholz mit Wassertasche, raumluftunabhängig. Quelle: Fa. Wodtke

die Versorgung in den Sommermonaten übernehmen. Zu bedenken ist allerdings, dass z.B. beim Heizenergiebedarf eines Effizienzhauses 55 von 6.000 kWh/a (entsprechend 600 Liter Heizöläquivalent) 1.200 kg Pellets (oder 80 Säcke mit jeweils 15 kg) pro Jahr ins Wohnzimmer befördert werden müssen. Die Alternative ist ein Pelletlager im Dach, von dem aus die Pellets automatisch in den Ofen rutschen. In Niedrigstenergie- oder Passivhäusern reichen meist schon 10 - 20 Säcke entsprechend 150 – 300 kg.

Gute Pelletöfen werden bei Wärmebedarf elektronisch gezündet und können ihre Leistung durch Modulation dem Bedarf anpassen. Sie arbeiten vollautomatisch.

Wärmeverteilung bei Pellet-Kaminöfen und Stückholzöfen

Pelletkaminöfen können über einen Raumthermostaten und/oder eine Außentemperaturregelung in ihrer Leistung geregelt werden. Manche Firmen (z.B. Windhager, Walltherm, Wodtke) bieten Regelungen an, welche die Wärmeabgabe in den Raum stark zurückfahren können und sie stattdessen in die Heizungsanlage einspeisen.

Bei Stückholzöfen mit Wassertasche ist solch eine variable Verteilung nicht möglich; daher ist genauer zu prüfen, welche Wärmemenge der Ofen insgesamt abgibt und wie sie zwischen Wasserseite und Aufstellungsraum aufgeteilt wird. Im schlechtesten Fall führt ein zu großer oder schlecht regelbarer Ofen zur Überheizung des Raumes oder das Überdruckventil öffnet sich: Heißes Heizungswasser läuft dann aus dem Heizsystem in die Kanalisation und kaltes Leitungswasser strömt nach, um den Ofen zu kühlen! Geht aus den technischen Unterlagen nicht klar hervor, wie sich die Wärmeleistungen aufteilen, ist von einem Einbau des Gerätes abzuraten.

Kombination der Feuerstätte mit einer Lüftungsanlage

Die Kombination von Feuerstätten mit raumlufttechnischen Anlagen, z.B. mit einer kontrollierten Be- und Entlüftungsanlage, ist in Deutschland in § 4 der Feuerungsverordnung (FeuVo) geregelt. Für den gleichzeitigen Betrieb von Lüftungsanlage und Ofen ist entweder ein raumluftunabhängiger Betrieb des Ofens vorgeschrieben, oder der gleichzeitige Betrieb von Ofen und Lüftungsanlage muss durch eine technische Vorrichtung unterbunden werden. Außerdem muss eine Luftzufuhr eingebaut werden, die dem Aufstellraum die notwendige Verbrennungsluft (ca. 20 m³/h) für die Feuerstätte zuführt.

Dunstabzugshauben im Abluftbetrieb entziehen dem Raum große Mengen Luft und erzeugen einen Unterdruck. Entweder ist die Zuluftöffnung für die Verbrennungsluft entsprechend groß zu bemessen, oder die Inbetriebnahme des Dunstabzuges wird über einen Fensterkontakt erst nach Öffnen eines Fensters ermöglicht. Um den Problemen mit der Lüftungsanlage und dem Ofen aus dem Wege zu gehen, werden in sparsamen Häusern Umluft-Dunstabzugshauben eingebaut, die die Luft reinigen, aber in den Raum zurückführen.

Hydraulischer Anschluss

Öfen mit Wassertasche benötigen eine Rücklaufanhebung (Abb. 3.3.5), damit beim Anfeuern die Abgase

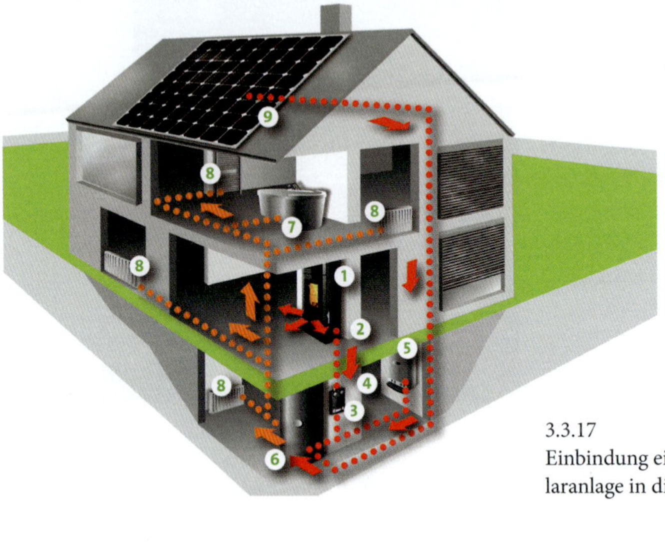

3.3.17
Einbindung eines Kaminofens und einer thermischen Solaranlage in die Zentralheizung. Quelle: Fa. Wodtke

nicht auskondensieren. Beim Betrieb im Verbund mit einem Zentralheizungskessel werden sie in den Rücklauf der Zentralheizung eingebunden.

Dimensionierung

Ein Ofen mit Wassertasche kann u.U. einen vorhandenen zentralen Wärmeerzeuger (Öl- oder Gaskessel) entlasten oder ganz ersetzen (empfehlenswert, wenn überhaupt, nur in Niedrigenergie-, Passiv- oder KfW-Effizienzhäusern). Die Ofenleistung muss in diesem Fall für den Wärmebedarf für die Beheizung und Warmwasserbereitung des Gebäudes bemessen werden.

Bei der Bemessung des Pufferspeichers sind die Angaben des Ofen-Herstellers zu beachten. Für einen 10 kW-Pelletkaminofen beispielsweise werden meist Speichervolumen zwischen 300 - 500 l empfohlen, der gleichzeitig auch für eine thermische Solaranlage genutzt werden kann.

Die Größe eines lokalen Vorratsbehälters für Holzpellets hängt von den örtlichen Platzverhältnissen und den Möglichkeiten/Vorstellungen der Nutzer ab. Für ein Passivhaus kann ein kleiner Behälter für ein paar Kilogramm Pellets einige Wochen reichen. Entsprechende Vorratsbehälter sind bereits mit Füllstandsmelder und Förderschnecke erhältlich, haben dafür aber ihren Preis (ca. 4.600 €). Ist ein eher größerer Wärmebedarf zu decken, sind solche lokalen Vorratsbehälter bald zu klein, so dass eine Pellet-Kesselanlage außerhalb des Wohnraumes angebrachter erscheint.

In Tabelle 3.3.10 sind einige Informationen zu Wirkungsgraden und Eignung von Einzelfeuerungsanlagen für Holz dargestellt.

Kombinationen

Sinnvoll ist immer die Kombination mit einer thermischen Solaranlage, insbesondere im Hinblick auf die Trinkwassererwärmung. Mögliche Partner sind aber auch andere Wärmeerzeuger, wenn der Kamin als Zweitkessel fungiert, der in Betrieb geht, um Wärmebedarfsspitzen abzufangen (klassisches Beispiel: Ofen und Luftwärmepumpe).

Kosten

Bei Kaminen und Öfen gibt es extreme Preisunterscheide. Der Hauptgrund liegt in der Bedeutung, die Hersteller (und Kunden) der Optik des Gerätes beimessen. Die Angabe von Investitionskosten ist daher mit einem hohen Unsicherheitsfaktor behaftet. Für einen Pelletofen aus deutscher oder westeuropäischer Produktion sind 5.000 - 10.000 € zu rechnen. Die ergänzenden Zubehörteile wie Pelletvorratsbehälter und Puffer werden oft im gleichen Design gefertigt, sodass auch hier hohe Kosten anfallen können. Kaminöfen ohne Wassertasche können, müssen aber nicht preiswerter sein. Hier spielt ebenfalls das De-

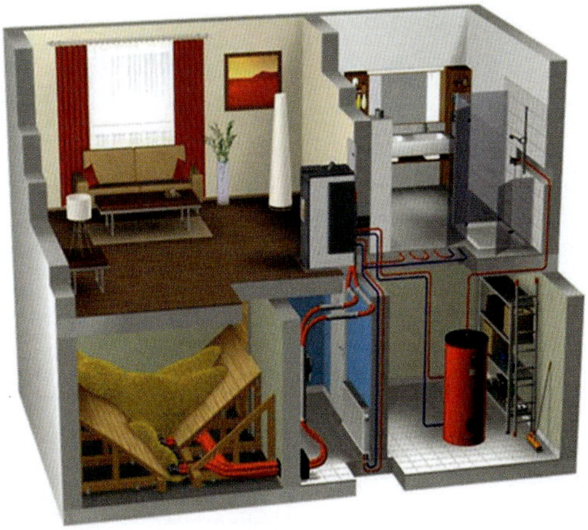

3.3.18
Heizen mit einem Pelletkaminofen. Quelle: Fa. Windhager

Tabelle 3.3.10
Wirkungsgrade von Holzfeuerungen.

	Wirkungsgrad v. Heizwert H_i	Eignung
Offener Kamin	5 - 10%	Keine zeitgemäße Lösung mehr
Kamin mit gußeisernem Einsatz	30 - 50%	Für die Optik und zum gelegentlichen Heizen geeignet
Kaminofen	50 - 70%	Vorwiegend als Stimmungsheizung und Ergänzung für Übergangszeiten, Notzeiten und Spitzenlast
Kaminofen m. Wassertasche	75 - 90%	Ggf. als Ersatz für Heizkessel, in Verbindung mit einer thermischen Solaranlage geeignet in Niedrigstenergie- und Passivhäusern
Holzvergaserofen, Holzpelletofen	80 - 95%	

Kamin/Kaminofen: Eigenschaften und Planungswerte	
Standard-Auslegung d. Kesselleistung für Öfen mit Wassertasche	Entspr. Wärmebedarfsrechn. Gebäude + Wärmebedarf Warmwasser nach EN DIN 12831 und DIN 4708
Leistungsauslegung bei Kesseln ohne Wassertasche zur Beheizung von Einzelräumen	Die Kamin-/Ofen/Kaminofenleistung sollte bei Stückholz max. das 2-fache der Raumheizlast betragen, bei Pellets ist der Wärmebedarf des Raumes zugrunde zu legen.
Wirkungsgrade	
• Kesselwirkungsgrad	
mit Wassertasche	bis 92% (bezogen auf den Heizwert)
ohne Wassertasche	bis 75% (bezogen auf den Heizwert)
• Jahresnutzungsgrad	k.A.
Anlagenaufwandszahl Heizung	0,44 - 0,50 (Kessel innerhalb der therm. Hülle)
Primärenergiefaktor	0,2 für Holz und Pellets
Schadstoffemission	Holzpellets
• CO_2	41 g/kWh
• SO_2	680 mg/kWh
• NO_x	799 mg/kWh

Tabelle 3.3.11: Steckbrief Kamin/Ofen/Kaminofen

Tabelle 3.3.12
Kosten einer Kaminofenheizung für Pellets mit Wassertasche in verschiedenen Haustypen variabler Größe (Investitionskosten für Pelletkamin mit Wassertasche, Pufferspeicher, Frischwassermodul und Montage).

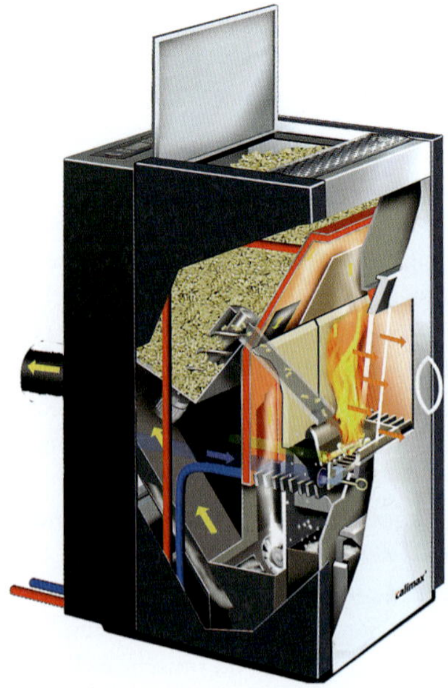

3.3.19
Pellets-Kaminofen mit Wassertasche und kompletter Hydraulik, mit einem 40 kg Vorratsbehälter und einer Leistung von 3 bis 10 kW modulierend. Quelle: Fa. Calimax

sign eine entscheidende Rolle. In der Tabelle 3.3.12 sind Durchschnitts-Investitionskosten für Pelletofen-Systeme enthalten, die alle Aufgaben der Beheizung und Warmwasserbereitung erfüllen, nicht jedoch höhere ästhetische Ansprüche.

Annahmen
Zinssatz: 2%,
Nutzungsdauer: 20 Jahre
Annuität = 0,06118
Kesselverluste: 12 - 10,5%
Pelletpreis: 0,046 €/kWh
Strombedarf: 5% v. Heizwärmebed.
Wärmebedarf Warmwasser: 12,5 kWh/m²a
Wohnfläche: 30 m²/Pers.
Kesselauslastung: 20% = 1752 h/a
Leistungszuschl. f. WW: 0,2 kW/Pers

Legende
WF: beheizte Fläche in m²
TWW: Wärmebedarf für Trink-Warmwasser in kWh/a
Heiz-W: Jahresheizwärmebedarf in kWh/a
Kess-L.: Kesselleistung in kW
Invest-K.: Investitionskosten
Kap-K/a: jährl. Kapitalkosten
Verbr-K/a: Verbrauchskosten Holz + Strom in €/a
Wart-K/a: Wartungskosten in €/a
Ges-K/a: jährl. Gesamtkosten i. €/a
sp.E-K: spezifische Energiekosten in €/kWh

Kosten einer Kaminofenheizung für Pellets mit Wassertasche

WF	TWW	Heiz-W	Kess-L.[1]	Invest.-K.[2]	Kap-K/a	Verbr-K/a	Wart-K/a	Ges-K/a	sp.E-K.
m²	kWh/a	kWh/a	kW	€	€/a	€/a	€/a	€/a	€/kWh
Effizienzhaus 55 Q_{Heiz} = 40 kWh/m²·a									
80	1.000	3.584	3,9	12.100	740	221	192	1.153	0,27
100	1.245	4.452	4,9	12.500	764	275	222	1.262	0,24
125	1.567	5.591	6,1	13.000	795	346	254	1.395	0,21
Effizienzhaus 100 Q_{Heiz} = 72 kWh/m²·a									
80	1.000	6.912	5,0	12.500	764	382	227	1.373	0,20
100	1.245	8.538	6,2	13.000	795	472	257	1.524	0,18
125	1.567	10.663	7,8	13.600	832	591	288	1.710	0,16
Gebäude nach WSVO 1995 Q_{Heiz} = 120 kWh/m²·a									
80	1.000	12.000	8,0	13.700	838	628	290	1.756	0,17
100	1.245	14.778	9,8	14.400	881	774	320	1.974	0,15
125	1567	18.402	12,2	15.400	942	964	351	2.257	0,14

1) Die Pelletöfen decken einen breiten Leistungsbereich ab und modulieren sehr gut. Eignung daher auch für Gebäude mit geringem Wärmebedarf bzw. kleinem Volumen!
2) Investitionskosten für Pelletkaminofen mit Wassertasche, Pufferspeicher, Frischwassermodul, hitzebeständiges Schornsteinsystem und Montage. Die Preise für Pelletöfen sind stark abhängig von der äußeren Form und Gestaltung; Pelletvorratsbehälter erhöhen den Systempreis erheblich!

3.4 Wärmepumpen

Wärmepumpen haben Zukunft, daran besteht mittlerweile kein Zweifel mehr. Nach vielen Jahren stagnierender oder rückläufiger Verkaufszahlen kam es zwischen 2005 und 2010 zu einer kontinuierlichen Steigerung der verkauften und installierten Anlagen. Der leicht rückläufige Zuwachs im Jahr 2011 dürfte durch stark gestiegene Strompreise einerseits bei gleichzeitig niedrigen Gaspreisen andererseits bedingt gewesen sein. Vermutlich ist dieser Rückgang aber nur ein vorübergehendes Phänomen. Der Bundesverband Wärmepumpe e.V. prognostiziert jedenfalls einen Umsatzzuwachs zwischen 90 und 390% für die Zeit zwischen 2010 bis 2030, das entspricht 120.000 - 311.000 verkauften Einheiten pro Jahr. Der Anteil am Gesamtmarkt soll von 10% im Jahre 2008 auf voraussichtlich 36% im Jahre 2030 steigen. 2,1 bis 3,9 Millionen Anlagen könnte es dann in Deutschland geben, d.h. über ein Drittel der Heizungsanlagen wären Wärmepumpensysteme!

Sehr wahrscheinlich wird es so kommen, denn der Strom zum Antrieb der Wärmepumpen kommt zunehmend aus erneuerbaren Energien. Wer reinen Ökostrom bezieht, erhält zumindest theoretisch ein schadstofffreies Heizsystem. In der Praxis wird der Strom aus Sonnenenergie während der Heizperiode, auch landesweit betrachtet, kaum in ausreichendem Umfang zur Verfügung stehen und für den Strom aus Windenergie werden zusätzliche Stromspeicher im Netz erforderlich werden. Physikalisch betrachtet werden die Bezieher von reinem Ökostrom für den Wärmepumpenbetrieb de facto teilweise Strom aus konventionellen Kraftwerken verwenden.

Damit eine Wärmepumpenheizung sinnvoll betrieben werden kann, müssen die Gebäude für dieses System geeignet sein. Konkret sollten sie

- einen sehr guten Wärmeschutz haben und
- mit einer Flächenheizung (max. 35°C Heizungsvorlauftemperatur) ausgerüstet sein.

Soll ein Altbau mit einer Wärmepumpe ausgerüstet werden, sind daher grundsätzlich folgende Sanierungsmaßnahmen begleitend erforderlich: umfassende Wärmedämmmaßnahmen durchführen, um einen zeitgemäßen Standard zu erreichen, Wärmebedarf berechnen, Heizflächen für die niedrige Vorlauftemperatur neu auslegen und einbauen, hydraulischen Abgleich durchführen und dann eine passende Wärmepumpe auswählen.

Funktionsprinzip

Bekanntlich fließt Wärme von allein von einem heißeren Gegenstand zu einem kälteren, nie umgekehrt. Soll Wärme in umgekehrter Richtung fließen, muss das durch den Einsatz hochwertiger Energie – das ist in der Regel Strom – und durch eine aufwändige Technik erzwungen werden. Wärmepumpen sind solche Geräte, die mit Hilfe von mechanischer Energie (meist erzeugt durch einen Elektromotor) Wärme von einem tieferen auf ein höheres Temperaturniveau pumpen können.

In jedem Kühlschrank sitzt eine solche Wärmepumpe: Den Lebensmitteln wird Wärme entzogen und auf die Geräterückseite transportiert. Eine Heiz-Wärmepum-

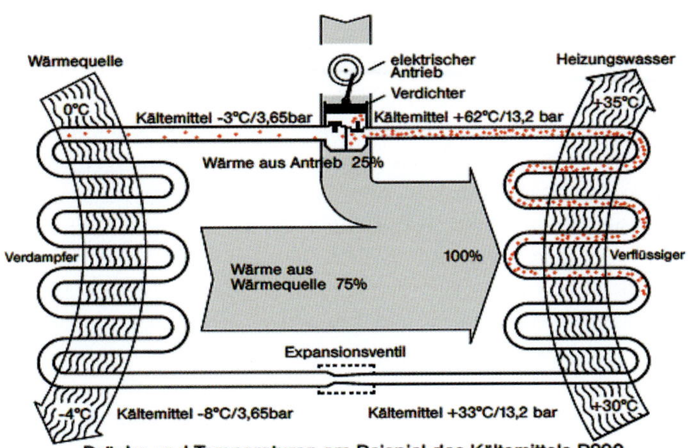

3.4.1
Funktionsweise einer Wärmepumpe.
Quelle: RWE-Bauhandbuch, 14. Aufl.

$$\text{Leistungsszahl } \varepsilon = \frac{\text{Heizleistung}}{\text{Antriebsleistung}} = \frac{P_H}{P_F} = \text{COP}$$

$$\text{Arbeitszahl } \beta = \frac{\text{Heizwärmearbeit (Nutzwärme)}}{\text{Eingesetzte Antriebsenergie (Strom)}} = \frac{Q_H}{Q_F}$$

Der COP-Wert (coefficient of performance) wird in den Datenblättern der Hersteller angegeben und bezieht sich immer auf genau definierte Betriebsbedingungen, die es nur im Labor gibt. Aus dem COP-Wert kann man keine Rückschlüsse auf die Jahresarbeitszahl (JAZ) ziehen.

Tabelle 3.4.1:
Definition der Leistungszahl (COP) und der Arbeitszahl von Wärmepumpen.

pe entzieht der Umwelt (Außenluft, Abluft, Erdreich) Wärme und pumpt diese auf einem höheren Temperaturniveau in die Hausheizung.

Im linken Teil der Abb. 3.4.1, im Verdampfer, geht das Flüssiggas – hier handelt es sich um R 290 (Propan) – in den gasförmigen Zustand über und entzieht der vorbei strömenden Luft oder einem Wasser-Salz-Gemisch (Erdwärme) die Verdampfungswärme. Der Dampf hat dann eine Temperatur von -3°C und einen Druck von 3,65 bar. Durch den Kompressor wird das Gas nun auf 13,2 bar verdichtet und erwärmt sich dabei auf 62°C. Diese Wärme kann das Gas im Verflüssiger (Kondensator) an das Heizungswasser abgeben. Das unter hohem Druck stehende Gas verflüssigt sich und gibt die Kondensationswärme ab. Das flüssige und abgekühlte Kältemittel kann sich anschließend hinter dem Expansionsventil entspannen und verdampft durch den niedrigeren Druck auf dieser Seite des Kreislaufes. Dabei kühlt es stark ab und kann im Verdampfer Wärme aus der Umgebung bei Temperaturen um 0°C aufnehmen. Im gezeigten Beispiel werden 75% Wärmeenergie aus der Umwelt und 25% elektrischer Strom für den Antrieb gebraucht, um 100% Nutzwärme bei 35°C an das Heizungssystem zu liefern. Es handelt sich in diesem Fall um eine sehr effiziente Wärmepumpe mit einer Leistungszahl von 4,0 (vgl. Tabelle 3.4.1). Mit handelsüblichen Wärmepumpen lassen sich heizungsseitig Temperaturen bis maximal 55°C erreichen. Dabei verbraucht der Verdichter umso mehr Strom, je größer der Temperaturunterschied zwischen Wärmequelle und Heizsystem ist!

Energieeffizienz und Energiebilanzen

Die *Leistungszahl* einer Wärmepumpe, auch mit COP (coefficient of performance) bezeichnet, ist definiert durch das Verhältnis von erzeugter Heizwärmeleistung (in kW) und Antriebsleistung (kW) der Wärmepumpe; die Leistungszahl ist ein zeitlich veränderlicher Wert und kennzeichnet die Wirksamkeit der Wärmepumpe zu einem bestimmten Zeitpunkt bei definierten Rahmenbedingungen, beispielsweise bei einer bestimmten Vorlauf- und Wärmequellentemperatur. Da sich die Betriebsbedingungen einer Heizungsanlage ständig ändern, ist die Leistungszahl für die Praxis relativ wenig aussagekräftig. Der COP-Wert wird in den Datenblättern der Hersteller angegeben, z.B. findet man dort für eine Sole-Wasser-Wärmepumpe (Erd-Wärmepumpe) COP = 3,8 im Betriebspunkt B0W50. Dabei steht B0 für eine Sole-Temperatur (engl. brine) von 0°C als Wärmequelle und W50 für eine Wassertemperatur von 50°C auf der Heizseite. Bei einer Luft-Wasser-Wärmepumpe findet man analog z.B. den COP im Punkt A7W35 (air = Luft) bei 7°C Außenluft und 35°C Heizwassertemperatur.

Die *Arbeitszahl* bezeichnet das Verhältnis zwischen erzeugter Energie in Form von Heizwärme und der eingesetzten elektrischen Arbeit für alle Komponenten über einen bestimmten Zeitraum hinweg. Beträgt dieser Zeitraum ein Jahr, spricht man von der *Jahresarbeitszahl (JAZ)*.

Beide Werte, COP und JAZ, sind im Wesentlichen abhängig von dem zu überwindenden Temperaturunterschied zwischen der Wärmequelle und dem Heizsystem. Je größer diese Temperaturdifferenz, desto höher ist der Stromverbrauch und umso kleiner werden COP und JAZ. Günstig ist deshalb eine hohe Wärmequellentemperatur (Erdreich oder Grundwasser liefern Wärme auf einem höheren Temperaturniveau als kalte Winterluft) und eine niedrige Heizungsvorlauftemperatur, wie sie mit einer Flächenheizung erreicht wird. Die Jahresarbeitszahl wird zusätzlich beeinflusst durch die energetisch optimierte Abstimmung der Komponenten aufeinander, durch den Anteil der Warmwasserbereitung am Gesamtwärmebedarf und durch das Nutzerverhalten.

Verglichen mit anderen Heizsystemen haben Wärmepumpen scheinbar einen großen Vorteil: sie liefern ein Vielfaches der investierten Antriebsenergie in Form von Wärme an den Nutzer. Natürlich ist diese Betrachtung nur teilweise zutreffend; denn Energie kann nicht vervielfacht oder vernichtet werden. Die Wärmepumpe bezieht einen hohen Anteil der Nutzwärme aus der

3.4.2
Energiebilanz einer Wärmepumpe (rechts) und eines Gas-Brennwertkessels (links); Quelle: RWE-Bauhandbuch, 14. Aufl.

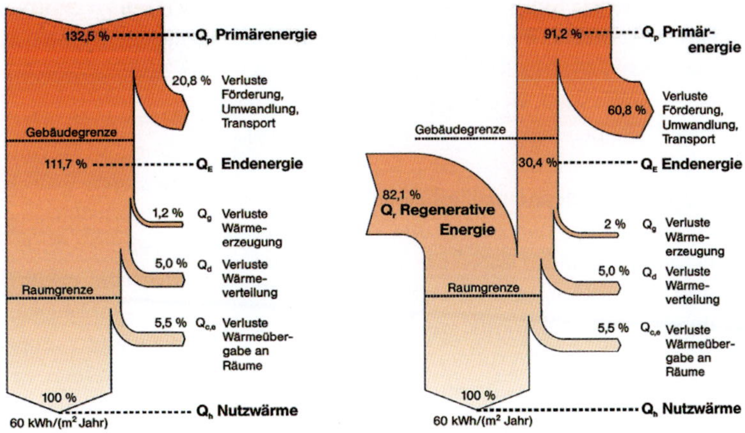

Umwelt, wie Abb. 3.4.2 zeigt. Nun geht bei der konventionellen Stromerzeugung in Großkraftwerden im Durchschnitt etwa 2/3 der eingesetzten Primärenergie verloren. Um diese Kraftwerksverluste auszugleichen, muss eine elektrisch angetriebene Wärmepumpe mindestens ebenso viel Wärme aus der Umwelt in die Wohnung pumpen. Das bedeutet, dass eine Arbeitszahl von 3 keinesfalls unterschritten werden sollte, um einen energetischen Vorteil gegenüber der direkten Nutzung des Brennstoffes vor Ort zu erwirtschaften.

Strom vom Dach für die Wärmepumpe

Die Kombination einer Wärmepumpe mit einer Photovoltaikanlage ist grundsätzlich sinnvoll, um den umweltfreundlich erzeugten Strom für die Heizung zu nutzen. Allerdings produziert die Solaranlage den Strom überwiegend im Sommerhalbjahr, während die Wärmepumpe ihn zur Heizung vor allem im Winterhalbjahr benötigt. Stromproduktion und -verbrauch sind gegenläufig. Zwar kann man in gut gedämmten Häusern erreichen, dass die Anlage auf dem Dach jährlich mindestens so viel Strom produziert wie die Wärmepumpe verbraucht; das öffentliche Stromnetz wird dann aber als Energiespeicher gebraucht. Denn es wird nicht möglich sein, die Wärmepumpe allein mit dem selbsterzeugten Sonnenstrom zu betreiben, da dezentrale Speicher zwar erhältlich, aber noch sehr teuer sind. Insbesondere Langzeit-Stromspeicher (Akkus) sind praktisch nicht finanzierbar.

Gasmotor-Wärmepumpen

Statt mit einem Elektromotor kann man den Verdichter auch mit einem Gasmotor antreiben (z.B. mit Erdgas). Ein Gasmotor wandelt etwa 25 - 30% der zugeführten Energie in mechanische Energie um, die für den Antrieb der Wärmepumpe genutzt wird. Der Rest ist Abwärme, die auf relativ hohem Temperaturniveau anfällt (ca. 80°C) und zusätzlich dem Heizsystem zugeführt werden kann. Dadurch lassen sich mit Gasmotor-Wärmepumpen heizungsseitig auch höhere Temperaturen erzeugen.

Energetisch betrachtet arbeiten Gasmotor-Wärmepumpen also wesentlich energieeffizienter als Elektro-Wärmepumpen, solange deren Strom in herkömmlichen Großkraftwerken produziert wird. Mit zunehmendem Einsatz von Strom aus erneuerbaren Quellen wirkt sich dieser Nachteil der Elektrowärmepumpen weniger aus.

Gasmotor-Wärmepumpen gab es bereits vor mehr als 30 Jahren. Durchsetzen und behaupten konnten sie sich im unteren Leistungsbereich bisher allerdings nicht, weil die Aggregate technisch sehr aufwändig und teuer sind. In Großanlagen zur Beheizung von Schwimmbädern und Bankgebäuden kommen sie seit langem zum Einsatz. Mangels Bedeutung im Wohnungsbau werden sie in diesem Buch nicht weiter behandelt. Wenn hier von Wärmepumpen die Rede ist, sind immer Elektro-Wärmepumpen gemeint.

Absorptions- und Adsorptions-Wärmepumpen

Anstelle eines Motors werden *Absorptions*-Wärmepumpen oder Kältemaschinen mit einer heißen Flamme angetrieben. Bekannt sind solche Geräte aus dem

Camping-Bereich: Kühlschränke, die mit Gas anstelle von Strom betrieben werden und die meist mit Ammoniak und Wasser als Kältemittel arbeiten. Sie sind besonders interessant, wenn neben Wärme gleichzeitig auch Kälte benötigt wird, z.B. in Industriebetrieben.

Adsorptions-Wärmepumpen arbeiten auf der Basis von Zeolith. Bringt man Zeolith und Wasserdampf in Verbindung, verbinden sich die beiden Stoffe, und es entsteht Wärme. Auf der anderen Seite wird das Wasser durch Zufuhr von Wärme wieder ausgetrieben.

Absorptions- und Adsorptionswärmepumpen werden inzwischen von mehreren Firmen angeboten. Günstig ist, dass sie weitgehend ohne mechanisch bewegte Teile auskommen und sehr leise sind. Als Heizenergiequelle für Einfamilienhäuser haben sie sich bisher nicht durchsetzen können.

Bauarten von Elektro-Wärmepumpen

Die gebräuchlichsten Formen der Wärmepumpenheizung sind:

Luft-Wasser-Wärmepumpen: Die Außenluft wird über den Verdampfer der Wärmepumpe geblasen. Dabei wird der Luft Wärme entzogen; auf der anderen Wärmepumpenseite wird die Wärme auf höherem Temperaturniveau dem Heizungswasser zugeführt.

Wasser-Wasser-Wärmepumpen: Hier wird Grundwasser aus einem Brunnen als Wärmequelle der Wärmepumpe zugeführt, die auf der anderen Seite Heizungswasser erwärmt.

Sole-Wasser-Wärmepumpen: Eine Sole (ein frostgeschütztes Wasser-Salz-Gemisch oder Wasser-Frostschutzmittel-Gemisch) nimmt Wärme aus dem Boden auf und transportiert sie zum Verdampfer der Wärmepumpe; auf der anderen Seite wird die Wärme wieder dem Heizungswasser zugeführt. Der Wärmeentzug aus dem Erdreich erfolgt über vertikale Erdsonden, die bis zu 100 m tief in den Boden gebohrt werden oder über horizontale Erdkollektoren, die im Erdreich in ca. 1,50 m Tiefe verlegt werden.

Sole-Wasser- und Wasser-Wasser-Wärmepumpen fasst man unter dem Begriff Erdwärmepumpen zusammen. Aufgrund der höheren und konstanteren Temperatur der Wärmequelle arbeiten sie in der Regel wesentlich effizienter als Luft-Wasser-Wärmepumpen, bei denen an kalten Wintertagen ein hoher Wärmebedarf mit besonders niedriger Außenlufttemperatur korreliert.

Betriebsweisen

Folgende Begriffe charakterisieren die möglichen Betriebsweisen von Wärmepumpen:

- *Monovalent:* Der gesamte Wärmebedarf für Heizung und Warmwasser wird allein durch die Wärmepumpe gedeckt. Geeignet dafür sind vor allem Erdreich-Wärmepumpen.
- *Monoenergetisch:* Für die Wärmepumpe und zur Deckung energetischer Spitzen kommt nur ein Energieträger, nämlich Strom, zum Einsatz. Vorteil: die Wärmepumpe kann mit kleinerer Leistung ausgelegt werden, da ein Teil der Wärme bei niedrigen Außentemperaturen durch einen Elektroheizstab erzeugt wird. Nachteil: je mehr der Elektroheizstab arbeitet, umso ungünstiger wird die JAZ.
- *Bivalent-parallel:* Es sind zwei verschiedene Wärmeerzeuger vorhanden, z.B. eine Luft-Wasser-Wärmepumpe und ein Öl-/Gas- oder Holzkessel. Die Luft-Wasser-Wärmepumpe übernimmt die Grundversorgung. Wird eine bestimmte Außentemperatur, der Bivalenzpunkt (z.B. +4°C) unterschritten, wird der Öl-/Gas- oder Holzkessel zugeschaltet, da die Luft-Wasser-WP nicht mehr genügend leistet.
- *Bivalent-alternativ:* Es sind zwei unterschiedliche Wärmeerzeuger vorhanden, eine Luft-Wasser-Wärmepumpe und z.B. ein Ölkessel. Sie arbeiten aber nie gleichzeitig wie im bivalent-parallelen Betrieb, denn unterhalb einer bestimmten Außentemperatur, dem Bivalenzpunkt, wird von der Wärmepumpe auf den Kessel umgeschaltet.

Bis in die 80er Jahre, als Heizöl relativ teuer wurde und Strom vergleichsweise billig war, wurde häufig zu der vorhandenen Ölheizung eine (Luft-) Wärmepumpe hinzugestellt. Heute sind solche bivalenten Anlagen kaum noch sinnvoll. Deshalb haben sich in neuerer Zeit die ersten beiden Betriebsweisen immer mehr durchgesetzt. Denn die Installation von 2 vollwertigen Wärmeerzeugern ist in der Regel zu aufwändig und erfordert obendrein viel Platz im Heizungsraum. Insbesondere erdgekoppelte Wärmepumpen können und sollten monovalent betrieben werden. Einige Firmen legen ihre Erdwärmepumpen gern für einen monoenergetischen Betrieb aus, um durch einen kleineren Erdabsorber Anlagenkosten zu sparen. Solche Anlagen zeichnen sich in der Regel durch einen deutlich höheren Stromverbrauch aus.

Die geplante Betriebsart ist ein entscheidender Aspekt für die Dimensionierung:

- Die *monovalente Betriebsweise* ist mit Luftwärmepumpen kaum realisierbar; denn je niedriger die Außentemperatur und je höher damit der Wärmebedarf des Gebäudes ist, umso geringer die Leistung der Luft-Wärmepumpe. Wasser- und Solewärmepumpen sind auf Grund der Temperaturkonstanz der Wärmequellen kaum von Leistungsminderungen betroffen, so dass ein Heizstab überflüssig und der monovalente Betrieb auch für die Warmwasserbereitung möglich ist.
- Bei *monoenergetischer Betriebsweise* (Energieträger Strom) ist abzuwägen, welchen Anteil der Heizstab, also die elektrische Direktheizung und welchen Anteil die Wärmepumpe übernehmen soll bzw. kann. Luftwärmepumpen erreichen bei niedrigen Außentemperaturen nur noch einen Bruchteil ihrer Nennleistung.
- Bei *bivalent-paralleler Betriebsweise* (Wärmepumpe plus Brennstoffkessel) ist es in der Regel sinnvoll, eine Grenztemperatur von ca. -5°C als Bivalenzpunkt zu wählen. Der zweite Wärmeerzeuger muss in diesem Fall (nach DIN 4701-10) einen Anteil von 2% an der gesamten Jahresheizarbeit liefern.
- Bei *bivalent-alternativer Betriebsweise* (Brennstoffkessel geht ab 5°C in Betrieb, die Wärmepumpe wird abgeschaltet) liegt der Anteil des Zweitwärmeerzeugers, also des Brennstoffkessels, bei DIN-gerechter Auslegung bereits bei 9% der Jahresheizarbeit.

Wenn heizungsseitig ein Pufferspeicher vorgesehen ist, kann die Leistung der Wärmepumpe etwas niedriger gewählt werden (vgl. Auslegung von Öl- und Gaskesseln in Kap. 3.1). Viele EVU gewähren Sondertarife für den Betrieb von Wärmepumpen, legen dafür aber im Gegenzug Sperrzeiten fest. Diese sind bei der Auslegung von monovalenten und monoenergetisch arbeitenden Wärmepumpen durch einen Leistungsaufschlag zu berücksichtigen: Bis zu einer Sperrzeit von 4 h wird ein Leistungszuschlag von 10% angesetzt, bei 2 h Sperrzeit ca. 5%. Die Formel für den Faktor Leistungszuschlag „f" lautet:

$$f = 24\ h/(24\ h - \text{Sperrzeit pro Tag})$$

Verglichen mit Öl- und Gaskesseln steigen die Investitionskosten von Wärmepumpen mit höherer Leistung deutlich stärker an. Da die Leistungsspitze aber nur bei sehr tiefen Außentemperaturen (-12°C), also an wenigen Tagen im Jahr, benötigt wird, verzichtet man häufig, in Absprache mit dem Bauherrn, auf diese Überdimensionierung und nimmt in Kauf, dass an solchen extremen Tagen nicht das ganze Haus auf 20°C geheizt werden kann. Häufig gibt es im Haus auch noch einen Ofen, der an solchen Tagen die Heizung unterstützt. Um den Sondertarif des EVU nutzen zu können, wird entweder zusätzlich zum Haushaltsstromzähler ein zweiter Zähler für den Wärmepumpenstrom oder alternativ ein Doppeltarifzähler benötigt, der in der Regel eine erhöhte Grundgebühr (früher Zählermiete) kostet. Wärmepumpenstrom ist in der Regel Strom aus Großkraftwerken („Egalstrom"). Bei energiesparsamen Häusern (Effizienzhäuser, Passivhäuser) kann man aber durchaus auf den finanziell günstigeren Sondertarif verzichten und Ökostrom, d.h. Strom aus erneuerbaren Energiequellen, für den Haushalt und den Antrieb der Wärmepumpe beziehen. Die Mehrkosten sind vergleichsweise gering, bei einem um 7 ct/kWh höheren Strompreis (25 statt 18 ct/kWh) und 2.000 kWh/a Stromverbrauch für die Wärmepumpe sind es weniger als 140 €/a, weil die Zählergebühr für den 2. Zähler entfällt.

Der Einbau einer effizienten Wärmepumpe wird vom BAFA gefördert (Kap. 7), wenn die Anlage eine bestimmte Mindestarbeitszahl erreicht. Dazu muss die Anlage mit einem geeichten Stromzähler (EVU-Zähler) sowie einem (geeichten) Wärmemengenzähler ausgestattet sein. Manche Wärmepumpen benötigen sogar zwei Wärmemengenzähler, einen für die Warmwasserbereitung und einen für die Heizung. Ebenso sollte der Stromzähler auch die Nebenaggregate mit erfassen: Das sind vor allem die Sole- oder Grundwasserpumpe, der Ventilator (bei einer Luft-Wärmepumpe) und der Heizstab. Nur wenn die produzierte Wärme und der verbrauchte Strom komplett erfasst werden, kann die Jahresarbeitszahl durch einfache Teilungsrechnung ermittelt werden.

3.4.1 Luftwärmepumpe

Die Luft-Wärmepumpe stellt die einfachste und preiswerteste Bauart unter den Wärmepumpen dar: Luft ist immer verfügbar, leicht zu handhaben und damit eine kostengünstige und leicht zu erschließende Wärmequelle. Es kann sowohl die Außenluft genutzt werden, aber auch die Raumluft (z.B. eines Kellers) oder die Abluft einer Lüftungsanlage (letztere mit begrenztem Wärmeinhalt). Luft-Wärmepumpen benötigen weder einen Schornstein noch ein Gas- oder Öllager. Ihr Betrieb ist vor Ort emissionsfrei. Luftwärmepumpen sind relativ preiswert in der Anschaffung, allerdings teurer als Gasheizungen. Sie können platzsparend und ohne großen Montageaufwand sowohl im Freien als auch im Gebäude installiert werden.

Luftwärmepumpen haben aber auch Nachteile. Ventilator und Kompressor verursachen Geräusche, bis hin zu Lärm. Nicht selten kommt es deshalb zu Streitereien mit der Nachbarschaft.

Charakteristisch für Luft-Wärmepumpen ist die bereits erwähnte Schere zwischen Leistung und Wärmebedarf: das nutzbare Wärmepotential der Außenluft nimmt umgekehrt proportional zum Wärmebedarf ab, ebenso der Wirkungsgrad der Luftwärmepumpe. Ein wirtschaftlicher Betrieb ist aus diesem Grund meist nur bis zum sogenannten Bivalenzpunkt möglich – das ist der Punkt, an dem die Luftwärmepumpe entweder abgeschaltet oder von einem zweiten Wärmeerzeuger unterstützt werden muss. Der Bivalenzpunkt liegt üblicherweise zwischen +5 und -8°C Lufttemperatur.

3.4.3
Prinzip der Luftwärmepumpe.
Quelle: Bundesverband Wärmepumpe BWP e.V.

Der Zweitwärmeerzeuger ist entweder teuer in der Anschaffung (Öl-, Gas- oder Holzkessel) oder im Betrieb (Elektro-Heizstab). Der Elektro-Heizstab wird meistens im Pufferspeicher angebracht. Wieviel Wärme der Heizstab erzeugt, wird leider oft erst wahrgenommen, wenn die Wärme bereits geliefert ist: der Blick auf die Stromabrechnung hat schon manchen erstarren lassen.

Wird der Außenluft Wärme entzogen, kommt es bei bestimmten Wetterlagen zu Wasserdampfkondensation auf dem Wärmetauscher. Bei Frost entsteht eine Eisschicht, die immer wieder über eine Kreislaufumkehr abgetaut werden muss. Die dafür nötige Wärme wird dem Heizungs-Pufferspeicher (bei Kompaktanlagen) oder dem erhitzten Arbeitsgas (Split-Anlagen) entnommen. Der Wirkungsgrad sinkt deutlich ab. Das ist der Grund, warum man Luftwärmepumpen bei Temperaturen unter 0°C möglichst nicht mehr betreiben sollte.

Wird Wasser höherer Temperatur benötigt (z.B. für die Warmwasserbereitung oder bestehende Radiatorenheizkörper), geht der Wirkungsgrad ebenfalls drastisch zurück. Sind für das vorhandene Heizungssystem Vorlauftemperaturen über 40°C notwendig, sollte auf keinen Fall eine Luft-Wärmepumpe eingebaut werden. Auch ein erhöhter Warmwasserbedarf (Ferienwohnungen, Gemeinschaftsküchen etc.) wirkt sich deutlich mindernd auf die Jahresarbeitszahl aus.

Insgesamt ist die Jahresarbeitszahl von Luftwärmepumpen im Durchschnitt schlechter als bei erdgekoppelten Wärmepumpen: In einem Feldtest des Fraunhofer ISE wurden in Altbauten Jahresarbeitszahlen zwischen 2,1 und 3,3 für Luftwärmepumpen ermittelt (Durchschnitt: 2,6); in Neubauten reichte die Spanne von 2,2 bis 3,4 (Durchschnitt 2,9) [http://wp-monitor.ise.fraunhofer.de/german/index/messdaten.html] (s. Abb. 3.9.1 – 3.9.3). Ähnliche Ergebnisse lieferte eine Untersuchung von Falk Auer, die unter www.agenda-energie-lahr.de zu finden ist.

Da bei der herkömmlichen Stromerzeugung 2/3 der eingesetzten Primärenergie als Abwärme verloren geht, sollte eine Wärmepumpe mindestens eine JAZ von 3 erreichen, um mindestens so viel Wärme aus der Umwelt zurückzugewinnen, wie bei der Stromerzeugung verloren geht. Bei Arbeitszahlen unter 3 arbeiten Brennwertkessel effizienter.

3.4.4
Kompakte Luft-Wasser-Wärmepumpen für Außenaufstellung (links) und Innenaufstellung (rechts). Quelle: Bosch Thermotechnik GmbH, Buderus Deutschland

Um bei der Beauftragung einer Wärmepumpenanlage zu einer effizienten Anlage zu kommen, sind in den Beratungsstellen der Verbraucherzentralen eine Wärmepumpen-Checkliste und ein Vertragstext erhältlich, in dem der Installateur eine Mindest-Jahresarbeitszahl gewährleisten muss.

Kompaktwärmepumpen

Verdampfer, Kondensator und Verdichter sind in einem kompakten Gerät untergebracht. Das Gerät steht entweder im Heizungsraum oder im Freien (Abb. 3.4.4).
Bei der Aufstellung im Heizungsraum müssen zwei Luftkanäle mit jeweils mindestens 30 cm Durchmesser durch die Außenwand geführt werden, durch die Außenluft ein- und ausströmen kann. Diese Durchbrüche stellen erhebliche Wärmebrücken dar, so dass die Anlage nicht innerhalb der thermischen Hülle stehen kann. Bei der Aufstellung im Freien müssen Warmwasserleitungen (Heizungs-Vor- und Rücklauf) vom Gerät ins Haus geführt werden. Da die Geräte nicht ganz leise arbeiten, müssen sie in einiger Entfernung vom Haus aufgestellt werden. Dadurch entstehen u.U. beträchtliche Wärmeverluste in der Erde.

Split-Wärmepumpen

Von einer Split-Wärmepumpe spricht man, wenn Verdampfer einerseits und Kondensator mit Verdichter andererseits räumlich getrennt sind. In der Praxis wird der Verdampfer in einem Gehäuse mit einem Ventilator angeordnet, um bei kleinen Verdampferflächen und abmessungen eine hohe Verdampferleistung zu erreichen. Der Kondensator wird zusammen mit dem Kompressor in ein zweites Gehäuse integriert. Bei Split-Anlagen steht nur der Verdampfer, ähnlich wie ein Autokühler mit Ventilator, im Freien, und die eigentliche Wärmepumpe steht im Heizungsraum. Von dort führen zwei dünne Leitungen mit einem Kältemittel oder Frostschutzmittel durch den Garten zum Verdampfer. Hier gibt es keine Wärmeverluste, da das Kältemittel in der Regel kälter als die Erde ist.
Split-Anlagen sind draußen leiser, weil dort nur der Ventilator läuft. Der deutlich lautere Kompressor steht im Heizungsraum, kann dort aber gut schallgedämmt werden. Split-Anlagen arbeiten in der Regel effizienter als Kompaktanlagen. Bei manchen Split-Wärmepumpen handelt es sich allerdings um modifizierte Klimaanlagen, die aus der Massenfertigung stammen und deshalb sehr preisgünstig angeboten werden. Diese Anlagen sind für den Wärmepumpenbetrieb nicht optimiert und erreichen nur geringe Jahresarbeitszahlen.

Dimensionierung

Luftwärmepumpen werden überwiegend als monoenergetische Anlagen betrieben: Strom liefert die Energie für den Kompressor, aber auch, bei tieferen Außentemperaturen, für den Elektro-Heizstab. Der Bivalenzpunkt wird oft bei -5 °C festgelegt, was aber nicht zwingend ist. Die Auslegung hat so zu erfolgen, dass die Heizleistung der Luftwärmepumpe beim gewählten Bivalenzpunkt – das ist nicht die Nennleistung des Gerätes, sondern die Teilleistung bei entsprechender Außentemperatur! – noch zur Deckung des Wärmebedarfs ausreicht. Sind Sperrzeiten zu berücksichtigen, müssen die bereits erwähnten Zuschläge eingerechnet werden. Für die Ermittlung des Wärmebedarfs im Bivalenzpunkt muss eine Wärmebedarfsberechnung für das Gebäude vorliegen.

Die Leistung des Heizstabes ergibt sich als Differenz aus dem maximalen Wärmebedarf des Gebäudes und der Leistung der Luftwärmepumpe bei tiefster Außentemperatur, wenn Wärmepumpe und Heizstab gleichzeitig arbeiten. Wird die Luft-Wärmepumpe im Bivalenzpunkt abgeschaltet, muss der Heizstab die volle Wärmeleistung bringen, eine Lösung, die nicht praktiziert werden sollte, es sei denn, der Wärmebedarf ist extrem niedrig.

Der Heizstab als 2. Wärmequelle ist billig in der Investition, aber teuer im Betrieb. Es sollte darauf geachtet werden, dass er möglichst selten zugeschaltet wird. Wer den Betrieb nicht per Hand freigeben will (mit automatischer Abschaltung), sollte zumindest eine rote Warnlampe vorsehen.

Pufferspeicher

Die Heizleistung der Wärmepumpe hängt von der Temperatur der Außenluft ab und ändert sich folglich mit dieser. Deshalb statten viele Hersteller ihre Luftwärmepumpen mit einer Drehzahlregelung aus, um die Leistung der Wärmepumpe regeln zu können. Hängt eine solche Wärmepumpe an einer großzügig bemessenen Flächenheizung (mit entsprechender Speicherkapazität), ist ein Pufferspeicher entbehrlich, es sei denn, der Speicher wird zur Warmwasserbereitung oder zur Überbrückung von Sperrzeiten benötigt.

Die Größe des Warmwasser-Pufferspeichers und die Leistung des Wärmetauschers richten sich vor allem nach dem Warmwasserbedarf und den möglicherweise zu überbrückenden Sperrzeiten. Ist der Bedarf an Warmwasser gering, sollte man den Puffer so dimensionieren, dass er gerade so viel Wärme aufnehmen kann, wie es für die Mindestlaufzeit der Luftwärmepumpe erforderlich ist; sie liegt, je nach Typ, zwischen 10 und 20 Minuten. Die Technischen Anschlussbedingungen (TAB 2007) der Energieversorgungsunternehmen schreiben im Kapitel 10.2.4 vor, dass Verdichter und Heizstab nur sechs Mal pro Stunde eingeschaltet werden dürfen.

Beispiel für die Ermittlung des Bivalenzpunktes

Zur überschläglichen Ermittlung der erforderlichen Leistung im Bivalenzpunkt reicht es, einen linearen Zusammenhang zwischen Wärmebedarf und Außentemperatur anzunehmen:

$$Q_{LWP,BP} = Q_{WB} * ((t_R - t_{BP})/(t_R - t_A))$$

Dabei bedeuten

$Q_{LWP,BP}$ = Leistung der Luftwärmepumpe im Bivalenzpunkt, Q_{WB} = Wärmebedarf (Transmissionswärmeverluste + Warmwasserbedarf), t_R = Raumtemperatur, t_{BP} = Bivalenz(temperatur-)Punkt = Außentemperatur, bei der die Umschaltung auf einen bzw. die Zuschaltung eines zweiten Wärmeerzeugers erfolgt und t_A = tiefste Außentemperatur am Standort für den Auslegungsfall .

Mit der errechneten Leistung wählt man aus dem produktspezifischen Leistungsdiagramm die passende Luftwärmepumpe aus.

Beispiel:

Mit Q_{WB} = 10 kW, t_R = 20°C, t_{BP} = -5°C und t_A = -12°C ergibt sich:

$$Q_{LWP,BP} = 10\ \text{kW} \cdot ((20 - -5)/(20 - -12)) = 10\ \text{kW} \cdot 25/32 = 7{,}81\ \text{kW}$$

Mit diesem Ergebnis kann anhand der Leistungsdiagramme eine passende Luftwärmepumpe ausgewählt werden. Sie muss bei -5°C eine Leistung von ≥7,8 kW haben, im Beispieldiagramm ist das WP 1. Beim Bivalenzpunkt -5 °C würde die Wärmepumpe etwa 95% der jährlichen Heizarbeit leisten, während der Heizstab 5% beisteuert. Würde +3°C als Bivalenzpunkt gewählt, müsste jeder der beiden Wärmeerzeuger 50% der Jahresheizarbeit beisteuern.

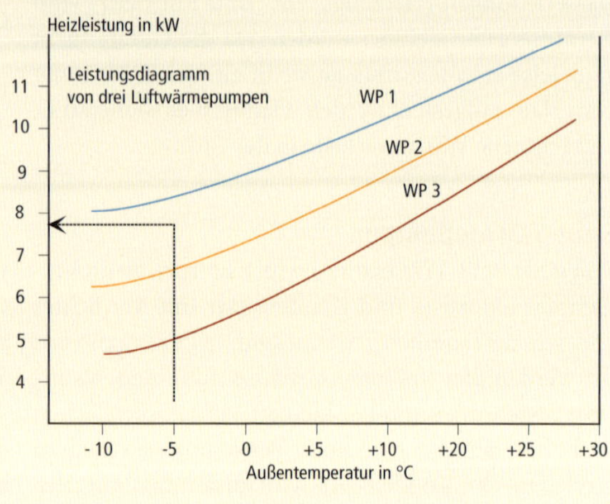

Kühlung mit der Luft-Wärmepumpe

Lässt man das Kältemittel mit Hilfe von Umschaltventilen umgekehrt durch den Verdampfer und Verflüssiger laufen, kann die Wärmepumpe die Flüssigkeit, die durch die Heizflächen gepumpt wird, kühlen. Die Wärmepumpe arbeitet dann wie eine Klimaanlage. Ihr Stromverbrauch ist im Vergleich zur passiven Kühlung mit Erdwärme (s. Kap. 3.4.2) hoch. Diese Geräte werden als Inverter bezeichnet.

Kombinationen

Die bessere Alternative zum Elektroheizstab ist ein Holzofen (Kaminofen oder Holzvergaser), der an kalten Tagen (zusätzlich) gefeuert wird. Eine thermische Solaranlage macht immer Sinn, bringt jedoch im Winter keine Entlastung.

Sinnvoll ist die Kombination mit einer Lüftungsanlage: In diesem Fall entzieht die Wärmepumpe zunächst Wärme aus der Abluft und dann aus der Außenluft. Solche Anlagen können günstige Anlagenaufwandszahlen von 1,03 - 1,08 erreichen.

Allgemein gilt: Luftwärmepumpen können in sehr gut gedämmten Häusern eine preisgünstige Alternative zu Erd-Wärmepumpen darstellen; sie bedürfen aber, wie die Erdwärmepumpen auch, eines Niedertemperatur-Flächenheizsystems und sollten über eine Drehzahlregelung zur Leistungssteuerung verfügen. Für sehr

Luft-Wärmepumpe: Auslegungs- und Planungswerte	
Auslegung monoenergetische und bivalente Betriebsweise	Leistung WP = Wärmebedarf bei -8°C bis + 5°C
Auslegung monovalente Betriebsweise	Leistung WP = Wärmebedarf im Auslegungsfall Gebäude (sollte vermieden werden, da eine Luft-WP mit zu großer Leistung erforderlich)
Jahresarbeitszahl JAZ	3,0 - 3,5
Primärenergiefaktor für Strommix	2,6
Anlagenaufwandszahl bei WW-Erzeugung über Luft-WP, solartherm. Anlage	0,88 - 1,0 bei 35/28°C Heizflächentemp.
Anlagenaufwandszahl wie vor, (nicht zu empfehlen!)	0,96 - 1,0 bei 55/45°C Heizflächentemp.

Tabelle 3.4.2: Steckbrief Luft-Wärmepumpe.

Tabelle 3.4.3: Kosten einer Luft-Wärmepumpen-Heizung.

Annahmen
Zinssatz: 2%, Nutzungsdauer: 20 a
Annuität = 0,06118
Strompreis: 0,18 €/kWh
JAZ: 2,6 monoenergetisch
Wärmebedarf Warmwasser: 12,5 kWh/m²a
Wohnfläche: 30 m²/Pers.
Anlagenauslastung
Eff.-Haus 55: 1350 h/a
sonstige: 1752 h/a
Leistungszuschl. WW: 0,2 kW/Pers.

Legende
WF: beheizte Fläche in m²
TWW: Wärmebedarf für Trink-Warmwasser in kWh/a
Heiz-W: Jahresheizwärmebedarf in kWh/a
Kess-L.: Kesselleistung in kW
Invest-K.: Investitionskosten
Kap-K/a: jährl. Kapitalkosten
Verbr-K/a: Stromkosten in €/a
Wart-K/a: Wartungskosten in €/a
Ges-K/a: jährl. Gesamtkosten in €/a
sp.E-K: spezifische Energiekosten in €/kWh

Kosten einer Luft-Wärmepumpen-Heizung in verschiedenen Haustypen und -größen									
WF	TWW	Heiz-W	Kess-L.	Invest.-K.[1]	Kap-K/a	Verbr-K/a	Wart-K/a	Ges-K/a	sp.E-K.
m²	kWh/a	kWh/a	kW	€	€/a	€/a	€/a	€/a	€/kWh
Effizienzhaus 55 Q_{Heiz} = 40 kWh/m²·a									
80	1.000	3.584	3,9	12.300	752	275	123	1.150	0,27
125	1.567	5.591	6,1	15.500	948	429	163	1.541	0,23
206	2.571	9.134	10,0	20.000	1.223	702	208	2.133	0,20
355	4.438	15.699	17,3	26.600	1.627	1.208	256	3.091	0,17
Effizienzhaus 100 Q_{Heiz} = 72 kWh/m²·a									
80	1.000	6.912	5,0	14.000	856	475	146	1.477	0,22
125	1.567	10.663	7,8	17.600	1.076	734	185	1.995	0,19
206	2.571	17.230	12,7	22.600	1.382	1.188	229	2.799	0,16
355	4.438	29.307	21,6	29.900	1.829	2.025	277	4.130	0,14
Gebäude nach WSVO 1995 Q_{Heiz} = 120 kWh/m²·a									
80	1.000	12.000	8,0	17.700	1.082	780	187	2.049	0,19
125	1.567	18.402	12,2	22.200	1.358	1.198	225	2.781	0,17
206	2.571	29.556	19,7	28.500	1.743	1.928	268	3.939	0,14
355	4.438	49.983	33,4	37.500	2.293	3.265	316	5.875	0,12

[1] Investitionskosten für Luft-Wärmepumpe, Pufferspeicher und Frischwassermodul.

kalte Tage sollte ein Holzofen zur Unterstützung vorgesehen werden.
Effizienter als Kompaktanlagen arbeiten die sogenannten Splitanlagen, sofern es sich nicht um umgebaute Klimaanlagen handelt.

Hersteller

Alle renommierten Heizkesselhersteller liefern auch Wärmepumpen. Darüber hinaus gibt es spezielle Wärmepumpenhersteller. Weitere Informationen s. Bundesverband Wärmepumpen.

Kosten

Luftwärmepumpen verursachen von allen Wärmepumpenarten die geringsten Investitions-, aber die höchsten Betriebskosten. Der Grund für die relativ geringen Investitionskosten liegt in der Kompaktheit der Aggregate und ihrem geringen Installationsaufwand. Die vergleichsweise hohen Betriebskosten resultieren aus der gegenüber anderen Bauarten kleineren Arbeitszahl. Handelt es sich bei dem zu beheizenden Gebäude um einen schlecht gedämmten Altbau, kann der Vorteil der geringen Investitionssumme schnell zunichte gemacht werden. Entweder muss eine relativ leistungsstarke Luftwärmepumpe oder ein zweiter Wärmeerzeuger installiert werden, der ab Bivalenzpunkt die Heizung übernimmt oder die Luft-Wärmepumpe unterstützt. Wird als 2. Wärmeerzeuger ein Elektroheizstab gewählt, ist mit sehr hohen Stromkosten zu rechnen.
Allgemein ist zu festzustellen: Für gut gedämmte Wohngebäude mit normalem Warmwasserbedarf sind Luftwärmepumpen an Flächenheizungen geeignet, vor allem dann, wenn es an Platz für Bodenkollektoren oder Brunnen fehlt. Eine saubere Planung ist unabdingbar, um im Betrieb günstige Jahresarbeitszahlen und günstige Betriebskosten (Stromabrechnung) zu erreichen.
Tabelle 3.4.3 nennt Richtwerte für die Energiekosten bei unterschiedlichen Baustandards und Wohnflächen.

3.4.2 Grundwasser-Wärmepumpe

Eine bessere Jahresarbeitszahl der Wärmepumpe lässt sich erreichen, wenn Umweltwärme auf einem höheren Temperaturniveau genutzt werden kann als es die winterliche Außenluft bietet. Erdwärme und Grundwasser sind zwei solche Wärmequellen, die sich vielerorts nutzen lassen. Dabei ist die Wärmegewinnung aus dem Grundwasser eigentlich nur eine Sonderform der Erdwärmenutzung.
Die Temperatur von Grundwasser liegt in Deutschland ganzjährig zwischen 9 und 11°C, so dass Wärmepumpen, die ihre Wärme aus dem Grundwasser beziehen, relativ hohe Jahresarbeitszahlen von über 4 erreichen können. Aufgrund des relativ geringen Temperaturunterschiedes (Heizung: 35°C - 10°C = 25°C bzw. Warmwasserbereitung 50°C - 10°C = 40°C) eignen sich Grundwasser-Wärmepumpen für eine monovalente Betriebsweise.
Zur Erschließung der Wärmequelle Grundwasser müssen 2 Brunnen angelegt werden: Aus dem Zapfbrunnen wird das Grundwasser entnommen und dem Verdampfer der Wärmepumpe zugeführt. Dieser entzieht dem Wasser Wärme (kühlt es um einige Grad ab) und pumpt die Wärme auf ein für die Heizung nutzbares Temperaturniveau. Das abgekühlte Grundwasser wird in den zweiten Brunnen, den Schluckbrunnen, zurückgepumpt und dort versickert. Die Tiefe der Brunnen richtet sich nach dem örtlichen Grundwasserstand und kann zwischen 4 m und 50 m betragen. Saug- und Schluckbrunnen sollten mindestens 10 - 15 m auseinander liegen, um einen Kurzschluss im Wasserfluss zu vermeiden. Aus dem gleichen Grund muss der Saugbrunnen in Strömungsrichtung gesehen vor dem Schluckbrunnen angeordnet werden, wenn horizontale Strömungen des Grundwassers vorhanden sind (und das ist in der Regel der Fall).
Bei schlechter Qualität des Grundwassers kann man einen Filter oder gar einen zusätzlichen Wärmetauscher vorschalten, um den Verdampfer vor Ablagerungen oder Korrosion zu schützen. Die Arbeitszahl sinkt dadurch allerdings ab. Der Filter muss regelmäßig gereinigt werden.

Voraussetzungen

Eine Grundwasserwärmepumpe kann nur dort betrieben werden, wo Grundwasser in ausreichender Menge gefördert werden kann und die zuständige Untere Wasserbehörde die Genehmigung zur Anlage und Nutzung der Brunnen erteilt. In einem Wasserschutzgebiet dürfte so eine Genehmigung kaum zu erhalten sein.

Außerdem sollte vor der endgültigen Planungsentscheidung eine Wasseranalyse durchgeführt werden, um mit dem Hersteller der Wärmepumpe Eignung und Verträglichkeit des Wassers mit dem Wärmetauscher abzuklären. Ob der Grundwasserbrunnen auf Dauer genügend ergiebig ist, muss im Zweifelsfall durch mehrtägiges Pumpen geprüft werden.

Der Grundwasserkreislauf sollte geschlossen sein. Wenn die Pumpe abschaltet, sollte keine Luft in das System eindringen, da unter Lufteinwirkungen Eisenverbindungen im Grundwasser oxidieren und Eisenschlamm entsteht. Eisenschlamm kann sowohl die Brunnen und als auch den Wärmetauscher verstopfen (Verockerung).

Die in der Regel unbekannte Qualität des Grundwassers erweist sich oftmals als Hinderungsgrund für die Anwendung. Viele Installateure trauen sich an das Medium Grundwasser nicht heran, weil ihnen das Risiko zu groß ist, dass Brunnen oder Wärmetauscher verstopfen. Oft weiß man erst nach Durchführung einer Bohrung, wie es um die Qualität des Grundwassers bestellt ist. Damit das Wasser nutzbar ist, sollte der Eisengehalt unter 0,2 mg/l und der Mangangehalt unter 0,1 mg/l liegen. Manchen Herstellern kann man eine Wasserprobe zuschicken, um die Eignung beurteilen zu lassen.

Dimensionierung

Die Leistung der Wärmepumpe ist entsprechend dem Wärmebedarf des Gebäudes zu bemessen, ggf. zuzüglich eines Korrekturfaktors für Sperrzeiten.

Für die nötige Menge an Grundwasser sind die Herstellerangaben entscheidend. Als Richtgröße sollte bei einer Heizleistung von 5 kW eine Entnahmemenge von ca. 1,2 m^3/h sichergestellt sein. Das Wasser wird dann von etwa 10 auf 7°C abgekühlt. Für die Umwälzung des Wassers sollten möglichst Hocheffizienzpumpen zur Anwendung kommen, da der Stromverbrauch der Pumpe(n) sich erheblich auf die JAZ auswirkt.

Heizflächen

Wie bei allen Wärmepumpenheizungen sollte die Heizungsvorlauftemperatur möglichst niedrig sein. Wenn es im sanierten, gut gedämmten Altbau gelingt, die Vorlauftemperatur auf maximal 50°C zu begrenzen, wird der Einsatz einer Wasser-Wasser-Wärmepumpe interessant. Als Faustformel kann man rechnen, dass die Reduzierung der Vorlauftemperatur um 1°C zu etwa 2,5% weniger Stromverbrauch führt.

Die Trink-Warmwassertemperatur sollte nicht höher als 50°C, besser nur auf 45°C eingestellt werden. Zum Schutz gegen eine Legionelleninfektion bietet sich an, einen Pufferspeicher mit Frischwasserwärmetauscher vorzusehen (s. Kap. 5.6). Manche Wärmetauscher arbeiten so effizient, dass auf der Primärseite (Heizungswasser) eine Temperatur von 45°C ausreicht, um das Trink-Warmwasser auf der Sekundärseite auf 44°C zu erwärmen, was im Haushalt meist völlig ausreicht (Schmerzgrenze Duschwasser: 42°C).

Kombinationen

Die Kombination mit einer solarthermischen Anlage für die Warmwasserbereitung ist sinnvoll, um die Wärmepumpe bei der Warmwasserbereitung zu entlasten, für die ja relativ hohe Temperaturen erforderlich sind. Auch ein Holzofen zur Unterstützung an sehr kalten Tagen ist sehr sinnvoll. Andere Wärmeerzeuger im Verbund mit der Wärmepumpe senken deren Betriebsstundenzahl und damit den Stromverbrauch, treiben aber die Investitionskosten und damit die Kapitalkosten unnötig in die Höhe.

Passive Kühlung

Im Hochsommer sind Erdreich und Grundwasser mit 10°C vergleichsweise kühl. Dieses Temperaturniveau

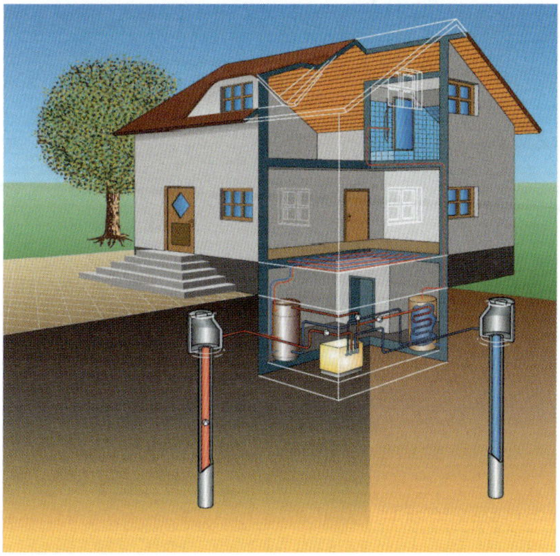

3.4.5
Erdwärmepumpe mit Saug- und Sickerbrunnen.
Quelle: Bundesverband Wärmepumpe BWP e.V.

Wasser-Wasser-Wärmepumpe: Planungswerte	
Auslegung monovalente Betriebsweise	Leistung WP = Wärmebedarf im Auslegungsfall Gebäude
Wirkungsgrad - COP - Jahresarbeitszahl JAZ	 4 - 5 4,0 - 4,4
Primärenergiefaktor für Strommix	2,6
Anlagenaufwandszahl bei WW-Erzeugung über Wasser-Wasser-WP + solartherm. Anlage	0,63 - 0,78 bei 35/28°C Heizflächentemp.
Anlagenaufwandszahl wie vor, doch bei 55/45°C Heizflächentemp.	0,72 - 0,87 (nicht zu empfehlen)

Tabelle 3.4.4: Steckbrief Wasser-Wasser-Wärmepumpe

kann man nutzen, um das Haus zu kühlen, und zwar ohne die Wärmepumpe selbst in Betrieb zu nehmen. Man lässt nur die Grundwasserpumpe und die Heizungspumpe laufen. Die überschüssige Wärme wird dann vom Heizungswasser über einen Wärmetauscher an das Grundwasser bzw. an den Boden übertragen. Diese Art der Kühlung ist sehr stromsparend, komfortabel und nahezu geräuschlos, im Gegensatz zur Kühlung mit einer Klimaanlage oder Luftwärmepumpe. Auch die Abwärme von Computern (Serverkühlung) und anderen Elektrogeräten lässt sich auf diese Weise elegant in die Erde transportieren.

Kosten

Tabelle 3.4.5 nennt Richtwerte für die Heizkosten und die spezifischen Wärmekosten beim Einsatz von Grundwasser-Wärmepumpen in Wohngebäuden mit unterschiedlichen baulichen Standards. Auch wenn die Grundwasser-Wärmepumpe höhere Investitionskosten erfordert als eine Luft-Wasser-Wärmepumpe, führt die bessere Jahresarbeitszahl beim Vergleich der Jahresheizkosten bzw. der spezifischen Wärmekosten zu vergleichbaren oder etwas günstigeren Ergebnissen bei größeren Leistungen. Wer mit höheren Warmwasserverbräuchen oder auch steigenden Strompreisen rechnet und über die örtlichen Möglichkeiten verfügt, sollte sich für eine Grundwasser- bzw. Erdwärmepumpe entscheiden.

Tabelle 3.4.5: Kosten von Wasser-Wasser-Wärmepumpen.

Annahmen
Zinssatz: 2%, Nutzungsdauer: 20 a
Annuität = 0,06118
Strompreis: 0,18 €/kWh
JAZ: 4,0 monovalent
Wärmebedarf Warmwasser: 12,5 kWh/m²a
Wohnfläche: 30 m²/Pers.
Anlagenauslastung
Eff.-Haus 55: 1350 h/a
sonstige: 1752 h/a
Leistungszuschl. WW: 0,2 kW/Pers.

Legende
WF: beheizte Fläche in m²
TWW: Wärmebedarf für Trink-Warmwasser in kWh/a
Heiz-W: Jahresheizwärmebedarf in kWh/a
Kess-L.: Kesselleistung in kW
Invest-K.: Investitionskosten
Kap-K/a: jährl. Kapitalkosten
Verbr-K/a: Stromkosten in €/a
Wart-K/a: Wartungskosten in €/a
Ges-K/a: jährl. Gesamtkosten in €/a
sp.E-K: spezifische Energiekosten in €/kWh

Kosten einer Wasser-Wasser-Wärmepumpen-Heizung									
WF	TWW	Heiz-W	Kess-L.	Invest.-K.[1]	Kap-K/a	Verbr-K/a	Wart-K/a	Ges-K/a	sp.E-K.
m²	kWh/a	kWh/a	kW	€	€/a	€/a	€/a	€/a	€/kWh
Effizienzhaus 55 Q_{Heiz} = 40 kWh/m²·a									
80	1.000	3.584	3,9	16.500	1.009	206	178	1.393	0,33
125	1.567	5.591	6,1	18.800	1.150	322	236	1.708	0,26
206	2.571	9.134	10,0	22.900	1.400	527	300	2.227	0,21
355	4.438	15.699	17,3	28.500	1.743	906	370	3.020	0,16
Effizienzhaus 100 Q_{Heiz} = 72 kWh/m²·a									
80	1.000	6.912	5,0	17.400	1.064	335	211	1.631	0,24
125	1.567	10.663	7,8	20.700	1.266	523	267	2.084	0,20
206	2.571	17.230	12,7	25.100	1.535	856	330	2.756	0,16
355	4.438	29.307	21,6	31.100	1.902	1.471	400	3.820	0,13
Gebäude nach WSVO 1995 Q_{Heiz} = 120 kWh/m²·a									
80	1.000	12.000	8,0	20.900	1.278	529	270	2.133	0,20
125	1.567	18.402	12,2	24.800	1.517	825	326	2.741	0,17
206	2.571	29.556	19,7	30.000	1.835	1.349	388	3.668	0,13
355	4.438	49.983	33,4	37.000	2.263	2.319	456	5.168	0,11

[1] Investitionskosten für Wasser-Wasser-Wärmepumpe, Brunnen, Pufferspeicher und Frischwassermodul.

3.4.3 Wärmepumpe mit Erdsonden

Die Nutzung von Erdwärme mittels Wärmepumpen wird auch als oberflächennahe Geothermie bezeichnet. Die Wärme, es handelt sich ganz überwiegend um Sonnenenergie, die in Form von Sonnenstrahlung und Regenwasser in den Boden eingebracht wurde, wird aus Tiefen bis maximal 150 m entnommen. Im Gegensatz dazu handelt es bei der Tiefengeothermie um die Wärmegewinnung aus mehr als 1.000 m Tiefe, die für die normale Gebäudeheizung nicht in Betracht kommt und hier auch nicht behandelt wird.

Die Temperatur des Erdreichs nimmt mit zunehmender Tiefe zu. Der Frost dringt nur maximal 80 cm tief in den Boden ein, und ab etwa 10 m Tiefe herrschen das Jahr hindurch nahezu konstante Temperaturen um +10°C. Etwa alle 33 m steigt die Temperatur um 1°C an. Bei frostigem Wetter, wenn die Häuser besonders viel Wärme benötigen, stellt das Erdreich somit – anders als Luft – eine Wärmequelle mit vergleichsweise hohem Temperaturniveau dar, das mit Wärmepumpen genutzt werden kann. Für die Erschließung der Erdwärme kommen, abgesehen von den bereits behandelten Brunnen in Verbindung mit einer Wasser-Wasser-Wärmepumpe, Erdkollektoren und Erdwärmesonden zum Einsatz, die die Wärme an eine Sole-Wasser-Wärmepumpe liefern. Erdgekoppelte Wärmepumpen an Flächenheizungen erreichen, vernünftige Planung und Montage vorausgesetzt, sehr hohe Arbeitszahlen (4 und mehr) und können monovalent, d.h. als alleinige Wärmeerzeuger betrieben werden.

Aufbau und Herstellung von Erdsonden (U-Sonden)

Zur Herstellung von Erdsonden werden mit einer fahrbaren Bohranlage vertikale Bohrungen 20 bis 150 m tief ins Erdreich niedergebracht, in die U-Sonden aus Kunststoffrohr eingeführt und einzementiert werden. Der Bohrdurchmesser richtet sich nach dem Durchmesser der Sonden- und des Verfüllrohres. In der Regel muss eine Bohrung 4 Rohre DN 32 oder DN 40 aufnehmen, hat also etwa 140 - 180 mm Durchmesser. Die U-Sonde besteht aus zwei HDPE-Leitungen (NW 32 oder 40), die als Vor- und Rücklauf-Leitung wirken, mit einer Umlenkung am Ende, dem sogenannten Y-Stück. Meistens werden Doppel-U-Sonden in die Bohrung eingebaut, so dass jede Bohrung mit 2 Vor- und Rückläufen bestückt ist (Abb. 3.4.7).

Die beiden Kreise der Doppel-U-Sonden werden, ggf. zusammen mit den Sonden in weiteren Bohrungen, an einen gemeinsamen Soleverteiler angeschlossen. Da die Herstellung der Bohrungen relativ aufwendig und teuer ist, sollten die fertigen Sonden eine möglichst lange Lebensdauer haben. Deshalb lohnt es nicht, einfache preiswerte Polyethylenrohre einzubauen, die empfindlich gegen Druck- (Steine) und Temperaturbelastungen (Frost) sind und im eingebautem Zustand durch Druckbelastung undicht werden können. Vernetzte PE-Rohre (PE Xa) sind zwar etwas teurer, aber weitaus weniger empfindlich. Mit solchen Rohren sollte eine Sondenlebensdauer von mindestens 100 Jahren erreicht werden.

Nach dem Einbringen der Sondenrohre in die Bohrung müssen die Hohlräume zwischen Sondenrohr und Bohrloch vollständig mit einem gut wärmeleitenden Material ausgefüllt werden, denn Lufteinschlüsse und Hohlräume behindern die Wärmeübertragung zwischen Erdreich und Sondenrohr. Außerdem ist das dichte Verfüllen des Bohrloches wichtig, um ggf. wasserführende Schichten in verschiedenen Tiefen sicher und dauerhaft voneinander getrennt zu halten. Bei dem Füllmaterial handelt es sich um spezielle Betone oder Beton-Bentonit-Mischungen, die eine gute Wärmeleitfähigkeit aufweisen und gleichzeitig sehr beständig sind gegenüber Auswaschungen durch aggressives Wasser und Salze in der Erde.

Für die Herstellung solcher Bohrungen für Erdsonden muss eine Genehmigung der Unteren Wasserbehörde eingeholt werden, da die Bohrung einen Eingriff in das

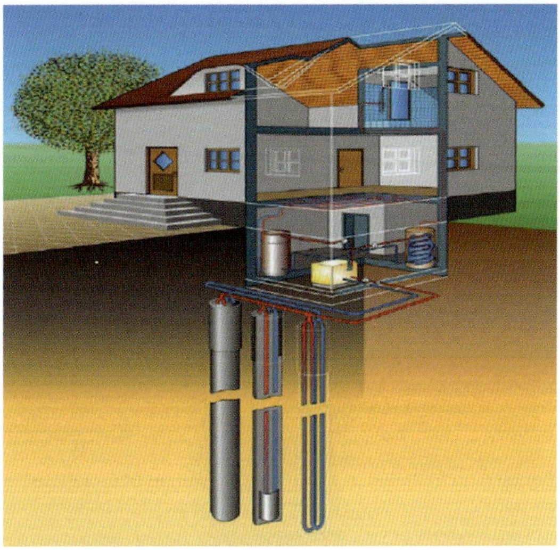

3.4.6: Erdwärmepumpe mit Erdsonde.
Quelle: Bundesverband Wärmepumpe BWP e.V.

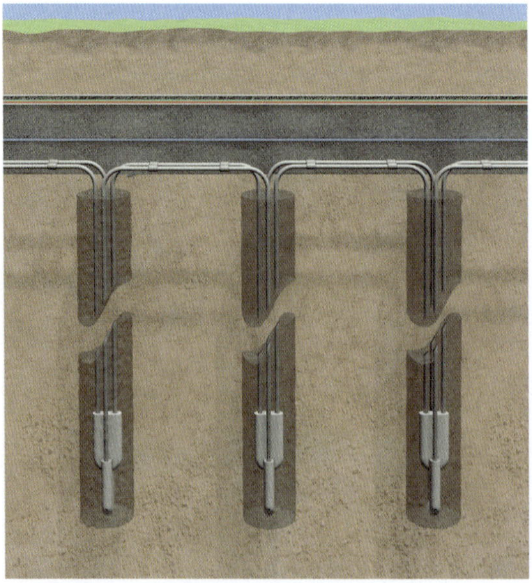

3.4.7
Erdsonden aus Polyethylen. Quelle: Fa. Rehau

Spezifische Entzugsleistung für Doppel-U-Erdsonden		
	Entzugsleistung in W/m	
Bodenart	b. 1800 h/a	b. 2400 h/a
Trockenes Sediment (λ<1,3 W/mK)	25	20
Normaler Festgestein-Untergrund und wassergesättigtes Sediment mit λ = 1,5 - 3 W/mK	60	50
Festgestein, hohe Leitfähigkeit mit λ > 3,0 W/mK	84	70
Kies, Sand, trocken	< 25	< 20
Kies, Sand, wasserführend	65 - 80	55 - 65
Bei starkem Grundwasserfluss in Kies und Sand, für Einzelanlagen	80 - 100	80 - 100
Ton, Lehm, feucht	35 - 50	30 - 40
Kalkstein, massiv	55 - 70	45 - 60
Sandstein	65 - 80	55 - 65
Saure Magmatite (z.B. Granit)	65 - 85	55 - 70
Basische Magmatite (z.B. Basalt)	40 - 65	35 - 55
Gneis	70 - 85	60 - 70

Tabelle 3.4.6
Spezifische Entzugsleistung für Doppel-U-Sonden DN 32 und DN 40 (Quelle: VDI 4640, Bl. 2); λ=Wärmeleitfähigkeit

geologische Gefüge des Bodens und in dessen Wasserhaushalt darstellt. Ab 100 m Bohrtiefe gilt das weitergehende Bergrecht, so dass zusätzlich eine Genehmigung des Bergamtes erforderlich ist. Das Einbringen von Erdsonden in Wasserschutzgebieten und in der Nähe von Brunnen für die öffentliche Trinkwasserversorgung ist prinzipiell möglich, erfordert aber den Einsatz von speziellen, nicht wassergefährdenden Soleflüssigkeiten.

Da die Herstellung solcher Bohrungen in der Erde geologische Fachkenntnisse erfordert und auch mit Risiken verbunden ist, darf die Erstellung von Erdsonden nur von einem zugelassenen Bohrunternehmen (Zertifizierung nach DVGW Arbeitsblatt W120 unter Beachtung der VDI-4640, Bl. 1 und 2) durchgeführt werden. Bei größeren Wärmepumpenanlagen mit Erdsonden und einer Leistung über 30 kW und/oder mehr als 2.400 Betriebsstunden pro Jahr muss ein Planungsbüro für Geothermie die fachgerechte Auslegung und Planung nachweisen. Das gilt auch, wenn die Anlage aus mehreren Einzelanlagen aufgebaut ist.

Die Verlegung mehrerer Sonden

Kommen mehrere Doppel-U-Sonden zum Einsatz, sollten sie einen Abstand haben, der mindestens bei 10% der Sondentiefe oder 6 m liegt (VDI 4640: Sondentiefe bis 50 m = Mindestabstand 5 m, über 50 m = Mindestabstand 6 m); sonst besteht die Gefahr einer gegenseitigen Beeinflussung. Bei strömendem Grundwasser in durchlässigen Bodenschichten sind die Sonden quer zur Strömungsrichtung anzuordnen.

Wichtig für den Gesamtwirkungsgrad des Sondensystems ist eine gleichmäßige Durchströmung der Sonden: das kann entweder durch eine entsprechende Gestaltung der Sondenleitungen oder durch Drosselorgane (Tacosetter) am Verteilerschacht und eine saubere hydraulische Einregulierung erfolgen.

Dimensionierung der Sonden

Zur Orientierung kann mit einer Wärmeentzugsleistung von 50 W je Meter Sondenlänge gerechnet werden (Tab. 3.4.6). Die Werte für die nutzbare Entzugsleistung differieren allerdings stark in Abhängigkeit von den geologischen und hydrogeologischen Bedingungen (s. VDI 4640, Bl. 2). Wird zu viel Wärme entzogen bzw. ist die Sondenlänge zu gering dimensioniert, droht die Vereisung des Bodenkörpers in der Umgebung der Sonden; eine zu groß dimensionierte Sondenlänge kostet unnötig viel Geld.

Bei richtiger Auslegung der Sonden und des Heizungssystems werden Wärmepumpe und Solepumpe etwa 1.800 Betriebsstunden pro Jahr arbeiten. Die Zahl der Betriebsstundenzahl sollte jedenfalls nicht über 2.400 h/a liegen, da sonst die Gefahr der Vereisung der Sonden besteht. Die Temperaturspreizung zwischen Vor- und Rücklauf des Solekreislaufs soll zwischen 3 und 4°C liegen.

Probleme beim Einsatz von Erdsonden

Wird dem Boden zu viel Wärme entzogen (d.h. zu große Entzugsleistung), kann die Austrittstemperatur der Sonde(n) unter 0°C fallen. Bei Wasser als Wärmeträger besteht dann Vereisungsgefahr. Aus diesem Grund wird als Wärmeträger eine Sole, meist ein Wasser-Glykol-Gemisch, eingesetzt. Wird dem Boden dauerhaft mehr Wärme entzogen als nachströmt, kann der Bodenkörper im Umfeld der Bohrung in größerem Umfang vereisen und als Wärmequelle unbrauchbar werden, weil es u.U. Jahre dauert, bis der Boden rund um das Bohrloch wieder aufgetaut ist. Da Eis ein größeres Volumen als Wasser hat, kommt es zu Pressungen im Boden. Nach dem Auftauen können rund um das Bohrloch sogar Hohlräume verbleiben, die den Wärmetransport wesentlich verschlechtern. Schlimmstenfalls wird die Bohrung völlig unbrauchbar!

Eine weitere negative Folge zu hoher Wärmeentzugsleistungen und zu niedriger Soletemperaturen ist die Schädigung des Sonden- und Verfüllmaterials. Nach VDI 4640 muss die Verpressung des Ringraumes nach dem Aushärten eine „dichte und dauerhafte, physikalisch und chemisch stabile Einbindung der Erdsonde in das umgebende Gestein" gewährleisten und für die jeweilige Einsatztemperatur geeignet sein. Gehen die Temperaturen in den Frostbereich, muss das Verpressmaterial dem Frost-Tau-Wechsel (FTW) standhalten können. Hier liegt aber das Hauptproblem: Da es bisher keine anerkannten Prüfverfahren zur FTW-Beständigkeit gibt, sind die Anlagen so zu dimensionieren, dass unterhalb der natürlichen Frostgrenze von etwa 120 cm Temperaturen von 0°C und darunter auch bei Spitzenlasten ausgeschlossen sind. Bei untersuchten Baustoffen aus dem Brunnenbau, sogenannten Dämmern, traten bereits nach wenigen Frost-Tau-Belastungen deutliche Risse und Abplatzungen auf (Quelle: Leitfaden zur geothermischen Nutzung des oberflächennahen Untergrundes Erdwärmekollektoren – Erdwärmesonden des Landes Schleswig-Holstein, Empfehlungen für Planer, Ingenieure und Bauherren, Sept. 2011, Schriftenreihe: LLUR SH – Geologie und Boden; 18). Somit ist der Einsatz von Brunnendämmern in geothermischen Bohrungen auf Grund der geringen Widerstandsfähigkeit gegen Frost-Tau-Wechsel-Beanspruchungen und der geringen Wärmeleitfähigkeit nicht sachgerecht. Speziell für Erdsonden entwickelte neue Produkte zeigen im Vergleich dazu bei Frostbelastung nur geringe Spuren einer Frostbelastung in Form sehr kleiner Risse.

Grundsätzlich vermeiden lassen sich Schäden am Sonden- und Verpressmaterial nur durch eine genaue Berechnung der Entzugsleistung auf der Grundlage exakter hydrogeologischer Daten oder mit einem Geothermal-Responsetest. Dabei wird ein Wärmeträger in die Bohrung eingeleitet und der reale Wärmeertrag gemessen. Gemäß VDI 4650 darf der Unterschied zwischen Solevor- und -rücklauftemperatur max.11 K betragen. Eine Unterschreitung der 0°C-Grenze im Rücklauf ist unbedingt zu vermeiden.

Besitzern von Wärmepumpen mit Erdsonden wird empfohlen, die Temperatur der Sole immer wieder zu kontrollieren. Temperaturen oberhalb von 0°C sind auch eine wichtige Voraussetzung dafür, dass die Wärmepumpe eine gute Arbeitszahl erreicht.

Beispiel für die Bemessung einer Erdsonde

- Wärmeleistung WP = 8,0 kW
- Strom-Leistungsaufnahme im Auslegungspunkt (z.B. B0/W35) = 1,8 kW
- Entzugsleistung der Wärmepumpe = = 8,0 kW – 1,8 kW (COP = 4,4) = 6,2 kW

- Vorhandener Boden: Ton, Lehm, feucht
- Entzugsleistung bei 2400 Betriebsstunden/a = 35 W/m
- Länge, rechnerisch = 6200 W/35 W/m = 177 m

Gewählt: 2 Doppel-U-Sonden mit je 90 m Länge mit einem Abstand von 7 m quer zur Fließrichtung des Grundwassers.

Vorteile von Wärmepumpen mit Erdsonden

Der größte Vorteil der Erdwärme ist die weitgehende Unabhängigkeit der Wärmequelle von wetterbedingten Temperaturänderungen. Ab einer Tiefe von 15 m kann über das ganze Jahr eine Temperatur von 10°C vorausgesetzt werden, die jeweils pro weitere 100 m Tiefe um 3 K ansteigt. Jahresarbeitszahlen von 4 und darüber sind möglich und erlauben eine monovalente Betriebsweise.

Ein weiterer Vorteil ist der geringe Platzbedarf. Die Solewärmepumpe mit Erdsonden bietet sich vor allem bei kleinen Grundstücken an. Die Entzugsleistung der Sonden ist theoretisch zwar nur abhängig von der Sondenzahl und Sondentiefe, letztere sollte aber aus geologischen, technischen und rechtlichen Gründen (s. das erwähnte Bergbaurecht) nicht zu groß gewählt werden. Eine Tiefe von mehr als 100 m bzw. mehr als 5 Doppel-U-Rohrsonden sind für ein Ein- oder Zweifamilienhaus in der Regel nicht erforderlich! Für Effizienz- und Passivhäuser reicht normalerweise schon eine einzige Bohrung aus.

Erdsonden-Wärmepumpe: Planungswerte	
Auslegung monovalente Betriebsweise	Leistung WP = Wärmebedarf im Auslegungsfall Gebäude
Jahresarbeitszahl JAZ	4,0 - 4,4
Primärenergiefaktor	2,6
Anlagenaufwandszahl bei WW-Erzeugung über Wasser-Wasser-WP, solartherm. Anlage	0,90 - 0,95 bei 35/28°C Heizflächentemp.
Anlagenaufwandszahl wie vor, (nicht zu empfehlen!)	0,95 - 1,02 bei 55/45°C Heizflächentemp.

Tabelle 3.4.7: Steckbrief Sole-Wasser-Wärmepumpe.

Eine passive Kühlung des Hauses ist mit diesem System sehr gut möglich (Kap. 3.4.2) und sogar vorteilhaft: Durch den Wärmeeintrag werden die Bohrlöcher im Sommer schneller regeneriert; auch das Einbringen überschüssiger Wärme aus einer Solaranlage ist möglich und vorteilhaft.

Nachteile

Die Erstellung der Bohrungen mit Einbringen und Verfüllen der Erdsonden erfordert nicht nur viel mehr Planung einschließlich Genehmigungsverfahren, sondern ist auch erheblich teurer als der Wärmetauscher einer Luft-Wasser-Wärmepumpe.

Obendrein kann der beim Herstellen der Bohrungen vorgefundene Schichtenaufbau im Erdreich zu starken Abweichungen von der kalkulierten Entzugsleistung führen. Daher bringt die Erkundung des ortsspezifischen Schichtenprofils mehr Planungssicherheit. Alternativ sollte die beauftragte Bohrfirma eine bestimmte Entzugsleistung garantieren! Bei bestimmten Bodenverhältnissen sind Bohrlöcher riskant, z.B. bei porösem Untergrund, artesischen Verhältnissen (Austritt von Grundwasser, das unter Druck steht, an der Erdoberfläche) oder CO_2-Einschlüssen. Problematisch wird es, wenn das Bohrloch nicht richtig verpresst werden kann! In Baden-Württemberg dürfen, nach negativen Erfahrungen und beträchtlichen Schäden durch Geländehebungen oder -senkungen an

Tabelle 3.4.8: Kosten von Sole-Wasser-Wärmepumpen

Annahmen
Zinssatz: 2%, Nutzungsdauer: 20 a
Annuität = 0,06118
Strompreis: 0,18 €/kWh
JAZ: 4 monovalent
Wärmebedarf Warmwasser: 12,5 kWh/m²a
Wohnfläche: 30 m²/Pers.
Anlagenauslastung
Eff.-Haus 55: 1350 h/a
sonstige: 1752 h/a
Leistungszuschl. WW: 0,2 kW/Pers.

Legende
WF: beheizte Fläche in m²
TWW: Wärmebedarf für Trink-Warmwasser in kWh/a
Heiz-W: Jahresheizwärmebedarf in kWh/a
Kess-L.: Kesselleistung in kW
Invest-K.: Investitionskosten
Kap-K/a: jährl. Kapitalkosten
Verbr-K/a: Stromkosten in €/a
Wart-K/a: Wartungskosten in €/a
Ges-K/a: jährl. Gesamtkosten in €/a
sp.E-K: spezifische Energiekosten in €/kWh

Kosten einer Sole-Wasser-Wärmepumpen-Heizung									
WF	TWW	Heiz-W	Kess-L.	Invest.-K.[1]	Kap-K/a	Verbr-K/a	Wart-K/a	Ges-K/a	sp.E-K.
m²	kWh/a	kWh/a	kW	€	€/a	€/a	€/a	€/a	€/kWh
	Effizienzhaus 55 Q_{Heiz} = 40 kWh/m²·a								
80	1.000	3.584	3,9	15.300	936	206	96	1.238	0,29
125	1.567	5.591	6,1	17.900	1.095	322	127	1.544	0,23
206	2.571	9.134	10,0	21.300	1.303	527	161	1.991	0,18
355	4.438	15.699	17,3	25.800	1.578	906	199	2.684	0,14
	Effizienzhaus 100 Q_{Heiz} = 72 kWh/m²·a								
80	1.000	6.912	5,0	16.700	1.021	356	113	1.491	0,22
125	1.567	10.663	7,8	19.500	1.193	550	144	1.887	0,18
206	2.571	17.230	12,7	23.100	1.413	891	178	2.482	0,14
355	4.438	29.307	21,6	27.900	1.706	1.519	215	3.440	0,11
	Gebäude nach WSVO 1995 Q_{Heiz} = 120 kWh/m²·a								
80	1.000	12.000	8,0	19.600	1.199	585	145	1.929	0,18
125	1.567	18.402	12,2	22.800	1.394	899	175	2.468	0,15
206	2.571	29.556	19,7	27.000	1.651	1.446	209	3.306	0,12
355	4.438	49.983	33,4	32.400	1.981	2.449	246	4.676	0,10

[1] Investitionskosten für Sole-Wasser-Wärmepumpe, Tiefensonde, Pufferspeicher und Frischwassermodul.

einigen Orten (z.B. Staufen), geothermische Bohrungen nicht mehrere wasserführende Schichten durchstoßen und nicht tiefer als bis zum Anhydridhorizont niedergebracht werden. Auskünfte erteilen die Geologischen Landesämter. Die Zahl der Sonden ist ggf. aus der erforderlichen Sondenlänge und der zulässigen bzw. möglichen Bohrtiefe durch Teilungsrechnung zu ermitteln.

Kombination mit anderen Wärmeerzeugern

Die Kombination einer erdgekoppelten Sole-Wasser-Wärmepumpe mit einem weiteren Wärmeerzeuger ist möglich, würde aber die Kosten treiben und die Wirtschaftlichkeit mindern. Einzige Ausnahme ist auch hier wieder der Verbund mit einer solarthermischen Anlage für die Warmwasserbereitung und/oder mit einem Stückholzofen.

Kosten

Auf Grund der genannten Vorteile (geringer Platzbedarf, ganzjährige Verfügbarkeit, gute Arbeitszahl) werden Wärmepumpen mit Erdsonden vor allem von Eignern kleinerer Grundstücke bevorzugt. Die Investitionskosten (Tabelle 3.4.8) liegen höher als bei Luft-Wärmepumpen, jedoch niedriger als bei Wasser-Wasser-Wärmepumpen, sofern man mit einer Tiefbohrung auskommt. Die spezifischen Wärmegestehungskosten sind mit anderen WP-Systemen vergleichbar. Die passive Kühlung (Komfortgewinn) wird hier nicht berücksichtigt.

3.4.4 Wärmepumpe mit Erdkollektoren

Erdwärmekollektoren, auch „Flächenkollektoren" genannt, nutzen die Erdwärme nahe der Erdoberfläche. Der Wärmeentzug erfolgt über Kunststoffrohrsysteme (PE), die in einer Tiefe von 1,2 bis 1,5 m großflächig verlegt sind und in denen eine Soleflüssigkeit strömt. Je feuchter der Boden, desto besser ist die Wärmeleitung und umso effizienter arbeiten Flächenkollektor und Wärmepumpe. Trockener Sandboden ist für solche Flächenkollektoren dagegen sehr ungünstig (s. Tab. 3.4.9).

Die einzelnen Rohrstränge sollten eine Länge von 100 m nicht überschreiten, da die Druckverluste und damit die aufzubringende Pumpleistung für die Sole sonst zu hoch werden. Die Rohrstränge sollten jeweils gleich lang sein, um eine möglichst gleichmäßige Durchströmung zu erreichen. Sie werden an den Enden in etwas höher gelegenen (wg. Entlüftung) Vor- und Rücklaufsammlern zusammengeführt. Jeder Strang sollte einzeln absperrbar sein. Die in der Wärmepumpe abgekühlte Sole wird mittels Umwälzpumpe durch die Kunststoffrohre gepumpt und nimmt dort die im Erdreich gespeicherte Wärme auf.

Vorteile und Nachteile

Flächenkollektoren sind preiswerter herzustellen als andere Systeme zur Erschließung von Erdwärme. Sie liefern Wärme auf einem etwas geringeren Temperaturniveau von 10 bis 3°C. Die geringe Verlegetiefe der Rohre (frostfrei in ca. 1,2 - 1,5 m) macht den Einsatz teurer und risikobehafteter Bohrtechnik überflüssig.

Der Rohrabstand soll bei PE DN 25 (32 x 2,9 mm) ca. 0,6 - 0,8 m nicht unterschreiten. Aufgrund der Temperaturen der Wärmequelle bewegt sich die JAZ (gemäß einer Felduntersuchung des Fraunhofer ISE) zwischen 2,2 und 4,2 bei Altbauten und zwischen 3,0 und 4,8 bei Neubauten (s. Kap. 3.9.1). Der Einsatz nicht wassergefährdender Kältemittel ist möglich (s. Kap. 3.4.3 Wärmepumpen mit Erdsonde).

Der Flächenbedarf für den Bodenkollektor ist sehr groß: bei sehr gutem Wärmeschutz des Gebäudes sollte die erforderliche Bodenkollektorfläche mindestens doppelt so groß sein wie die zu beheizende Wohnfläche! Die Freifläche darf nicht überbaut werden, eine Gartennutzung der Flächen beschränkt sich meist auf

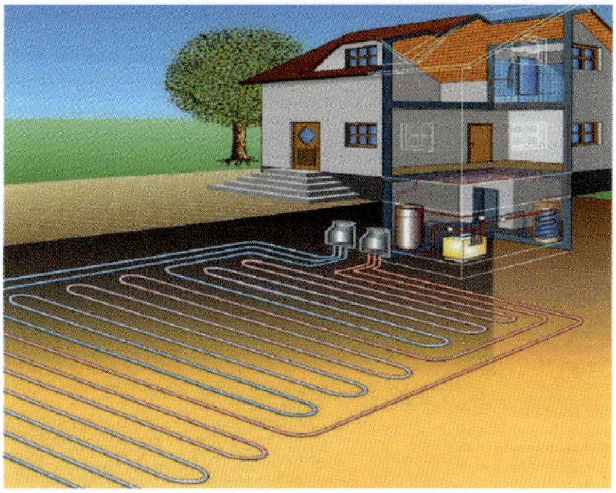

3.4.8: Erdwärmepumpe mit Erdkollektor.
Quelle: Bundesverband Wärmepumpe BWP e.V.

Bodenqualität	Spezifische Wärme-entzugsleistung W/m²
Trockener sandiger Boden	10
Feuchter sandiger Boden	15-20
Trockener lehmiger Boden	20-25
Feuchter lehmiger Boden	25-30
Wassergesättigter lehmiger Boden	35

Tabelle 3.4.9:
Wärmeentzugsleistung bei Flächenkollektoren(Erfahrungswerte aus der Praxis). Quelle: Bundesverband Wärmepumpe BWP e.V., Arbeitsordner Wärmepumpe

die Aussaat von Rasen. Bei nicht fachgerechter, d.h. zu kleiner Auslegung des Kollektors besteht die Gefahr einer Vereisung der Bodenfläche.

An Orten, an denen mit längeren Frostperioden zu rechnen ist (z.B. Höhenlagen), muss ein größerer Verlegeabstand gewählt werden. Wenn die Eisringe, die sich um die Rohrschlangen im Boden bilden, nach der Frostperiode nicht abtauen, kann Niederschlag nicht versickern. Die Folgen sind Staunässe und ein spürbarer Anstieg des Stromverbrauchs der Wärmepumpe!

Wird glykolhaltige Sole verwendet, dürfen Bodenkollektoren nicht innerhalb der Schutzzone von Wasserschutzgebieten und in der Nähe von Brunnen für die öffentliche Trinkwasserversorgung eingebaut werden.

Dimensionierung Bodenkollektor

Wie bei den Erdwärmesonden werden die thermischen Eigenschaften des Bodens im Wesentlichen durch die Wärmeleitfähigkeit bzw. -kapazität charakterisiert. Die Entzugsleistung ist an Standorten mit guter Bodendurchfeuchtung höher. Deshalb ist es durchaus sinnvoll, Regenwasser auf der Bodenschicht über dem Kollektor zu verrieseln. Die möglichen Entzugsleistungen können aus der VDI 4640 (Tabelle 3.4.9) entnommen werden.

Direktverdampfer

Einige Hersteller bieten Wärmepumpen mit Direktverdampfer an, bei denen das Kältemittel der Wärmepumpe direkt im Erdkollektor zirkuliert (Direktverdampfer). Dies hat den Vorteil, dass der zweite Wärmetauscher und die Solepumpe eingespart werden. Nachteilig ist, dass der gesamte Erdkollektor unter dem relativ hohen Druck des Kältemittels steht, so dass höhere Anforderungen an die Rohrleitungen im Erdreich und deren Dichtheit gestellt werden. Es müssen Kupfer- oder Edelstahlrohre verlegt werden. Durch den vermiedenen Wärmetauscher erreichen Wärmepumpen mit Direktverdampfer etwas höhere Arbeitszahlen als Anlagen mit Solekreislauf.

Andere Formen des Erdkollektors

Alternativ zu Flächenkollektoren und Erdsonden kann die Erdwärme für Wärmepumpen auch mit anders geformten Wärmetauschern erschlossen werden. Bekannt sind Erdwärmekörbe, Grabenkollektoren, Energiepfähle und Spiralkollektoren.

Bei allen diesen Systemen handelt es sich prinzipiell um Abwandlungen der Flächenkollektoren. Sie sind als geschlossene Systeme konzipiert und haben zum Ziel, die Nachteile der beiden Hauptsysteme, Flächenverbrauch bei dem einen und Bohraufwand bei dem anderen System, zu minimieren. Die spezifischen Entzugsleistungen sind auch bei diesen Formen vom Boden und von der Länge der Rohrleitungen abhängig. Für die Planung sind die einschlägigen Angaben (Druckverluste und sonstige Installationsvorschriften) der Hersteller/Anbieter zu berücksichtigen.

Planungshinweis

Die Investitionskosten für eine Wärmepumpen-Heizung sind beträchtlich und oftmals doppelt so hoch wie für eine Gasheizung gleicher Leistung. Um Kosten zu sparen und konkurrenzfähig anbieten zu kön-

3.4.9: Grabenkollektor. Quelle: Fa. sbk-neuenstein

3.4.10: Spiralkollektor.

nen, versuchen viele Firmen deshalb den Erdkollektor oder die Erdsonde „wirtschaftlich zu optimieren". Wird er sehr knapp oder gar zu klein ausgelegt, hat das zur Folge, dass nicht genügend Wärme nachströmt. Schlimmstenfalls kann der Boden vereisen oder es muss mit dem Elektroheizstab nachgeholfen werden. In beiden Fällen werden der Stromverbrauch und die Betriebskosten erheblich ansteigen. Schon mancher stolze Wärmepumpenbesitzer war nach dem ersten Betriebsjahr über die Strom-Jahresabrechnung schockiert.

Passive Kühlung

Die passive Kühlung funktioniert mit Flächenkollektoren in der Regel weniger gut als mit senkrechten Erdsonden oder mit Grundwasserbrunnen, weil die oberen Bodenschichten im Sommer von der Sonne erwärmt werden. Nur wenn die Kollektoren in strömendem Grundwasser liegen, kann man einen guten Kühleffekt erreichen.

Kombination mit anderen Heizungsformen

Die Kombination mit anderen Wärmeerzeugern macht wenig Sinn, denn sie würde die Laufzeit der Wärmepumpe mindern. Ausnahmen sind auch hier solarthermische Anlagen für die Warmwasserbereitung und Stückholzöfen.

Kosten

Die Investitionskosten von Wärmepumpen mit Flächenkollektoren liegen über denen für Luft-Wärmepumpen, jedoch unter jenen mit Tiefensonden oder Brunnen. Sie können zudem durch die mögliche Eigenleistung bei der Verlegung des Flächenkollektors etwas gemindert werden. Nicht in die Kostenrechnung einbezogen sind Wertverluste der Flächen, die vom Kollektor beansprucht werden. Die spezifischen Wärmegestehungskosten sind ganz ähnlich wie bei den anderen erdgekoppelten Wärmepumpen-Systemen auch.

Sole-Wasser-Wärmepumpe: Planungswerte	
Auslegung monovalente Betriebsweise	Leistung WP = Wärmebedarf im Auslegungsfall Gebäude
Jahresarbeitszahl JAZ	3,5 - 4,0
Primärenergiefaktor für Strommix	2,6
Anlagenaufwandszahl bei WW-Erzeugung über Wasser-Wasser-WP, solartherm. Anlage	0,90 - 0,95 bei 35/28°C Heizflächentemp.
Anlagenaufwandszahl wie vor, (nicht zu empfehlen!)	0,95 - 1,02 bei 55/45°C Heizflächentemp.

Tabelle 3.4.10: Steckbrief Sole-Wasser-Wärmepumpe.

Tabelle 3.4.11: Kosten von Sole-Wasser-Wärmepumpen mit Flächenkollektoren.

Annahmen
Zinssatz: 2%, Nutzungsdauer: 20 a
Annuität = 0,06118
Strompreis: 0,18 €/kWh
JAZ: 3,5 monovalent
Wärmebedarf Warmwasser: 12,5 kWh/m²a
Wohnfläche: 30 m²/Pers.
Anlagenauslastung
Eff.-Haus 55: 1350 h/a
sonstige: 1752 h/a
Leistungszuschl. WW: 0,2 kW/Pers.

Legende
WF: beheizte Fläche in m²
TWW: Wärmebedarf für Trink-Warmwasser in kWh/a
Heiz-W: Jahresheizwärmebedarf in kWh/a
Kess-L.: Kesselleistung in kW
Invest-K.: Investitionskosten
Kap-K/a: jährl. Kapitalkosten
Verbr-K/a: Stromkosten in €/a
Wart-K/a: Wartungskosten in €/a
Ges-K/a: jährl. Gesamtkosten in €/a
sp.E-K: spezifische Energiekosten in €/kWh

Kosten einer Sole-Wasser-Wärmepumpen-Heizung									
WF	TWW	Heiz-W	Kess-L.	Invest.-K.[1]	Kap-K/a	Verbr-K/a	Wart-K/a	Ges-K/a	sp.E-K.
m²	kWh/a	kWh/a	kW	€	€/a	€/a	€/a	€/a	€/kWh
Effizienzhaus 55 Q_{Heiz} = 40 kWh/m²·a									
80	1.000	3.584	3,9	15.000	917	206	96	1.219	0,29
125	1.567	5.591	6,1	16.600	1.015	322	127	1.464	0,22
206	2.571	9.134	10,0	19.700	1.205	527	161	1.893	0,18
355	4.438	15.699	17,3	23.900	1.462	906	199	2.567	0,14
Effizienzhaus 100 Q_{Heiz} = 72 kWh/m²·a									
80	1.000	6.912	5,0	15.500	948	356	113	1.417	0,21
125	1.567	10.663	7,8	18.100	1.107	550	144	1.801	0,17
206	2.571	17.230	12,7	21.400	1.309	891	178	2.378	0,14
355	4.438	29.307	21,6	25.800	1.578	1.519	215	3.312	0,11
Gebäude nach WSVO 1995 Q_{Heiz} = 120 kWh/m²·a									
80	1.000	12.000	8,0	18.200	1.113	585	145	1.843	0,17
125	1.567	18.402	12,2	21.100	1.290	899	175	2.364	0,14
206	2.571	29.556	19,7	25.000	1.529	1.446	209	3.183	0,12
355	4.438	49.983	33,4	30.100	1.841	2.449	246	4.535	0,10

[1] Investitionskosten für Sole-Wasser-Wärmepumpe, Tiefensonde, Pufferspeicher und Frischwassermodul.

3.4.5 Wärmepumpe mit Eisspeicher

Die Firma Consolar hat eine vielversprechende Wärmepumpen-Solarheizung (Abb. 3.4.11) entwickelt, mit der monovalentes und effizientes Heizen mit einer Wärmepumpe möglich ist, ohne dass aufwändige Erdkollektoren verlegt werden müssen. Zentrale Bestandteile der Anlage sind spezielle Flachkollektoren (Hybrid), welche Solar- und Umweltwärme liefern, eine Wärmepumpe kombiniert mit einem kompakten Eisspeicher auf der Verdampferseite und ein großer Wärmespeicher für die Heizung und Warmwasserbereitung (Abb. 3.4.13).

Die Funktion der Erdsonden bzw. des Erdkollektors wird hier von der Kollektoranlage übernommen, welche die Umweltwärme liefert. Darüber hinaus kann der Kollektor im Sommerhalbjahr auch ohne Wärmepumpe genügend Energie für die Warmwasserbereitung liefern. Die Verbindung mit dem Eisspeicher ist notwendig, um Zeiten mit schwacher Sonneneinstrahlung im Winter zu überbrücken.

An Tagen mit genügend hoher Sonneneinstrahlung und ausreichend hohen Kollektortemperaturen liefert die Solaranlage die Wärme direkt in den Pufferspeicher, aus dem die Wärmeversorgung des Hauses gespeist wird (Abb. 3.4.13, links). Bei Solarüberschüssen oder wenn die Kollektortemperatur nicht mehr genügend hoch ist, wird die Wärme in den Eisspeicher transportiert, um dort Eis zu schmelzen und das Wasser zu erwärmen. Reicht die Wärme aus den Kollektoren für die Hausheizung nicht mehr aus, pumpt die Wärmepumpe Wärme aus dem Eisspeicher in den Wärmespeicher. Dabei kann und soll Eis entstehen (Abb. 3.4.13, rechts). Beim Phasenübergang von Wasser zu Eis wird latente Wärme frei, die sogenannte Kristallisationswärme, wobei die Temperatur des Wasser-Eis-Gemisches solange auf 0°C bleibt, bis sämtliches Wasser erstarrt ist. Gleichzeitig strömt eiskalte Solarflüssigkeit durch den Kollektor, so dass dieser auch bei geringer Sonneneinstrahlung noch Wärme mit gutem Wirkungsgrad liefert. In der Nacht (ohne Einstrahlung) wird Luft durch den Hybridkollektor geblasen, so dass die kalten Kollektoren der vorbeiströmenden Luft Wärme entziehen und den Eisspeicher damit aufladen.

Durch die Ausnutzung des Phasenübergangs flüssig/fest (Kristallisationswärme) wird soviel Wärme frei wie bei der Abkühlung der gleichen Wassermenge von 80 auf 0°C. Die Kristallisationswärme ist allerdings nur mit einer Wärmepumpe nutzbar.

Diese solarunterstützte Wärmepumpe eignet sich für Neubauten mit zeitgemäßem Dämmstandard ebenso wie für energetisch sanierte Altbauten. Die Gebäude müssen allerdings mit einer Niedertemperaturheizung ausgestattet sein (Vorlauf max. 40°C, besser 35°C). Derzeit ist nur eine Anlagenkonfiguration lieferbar. Die Wärmepumpe mit ca. 6,9 kW Nennleistung (B0/W35, 1,3 kW_{el}) und untergebautem 320 l Eisspeicher kann in Verbindung mit dem 1.000 l fassenden Puffer-

3.4.11
Wärmepumpe mit Eisspeicher (eckig, vorn) und Wärmespeicher (rund, hinten). Quelle: Fa. Consolar

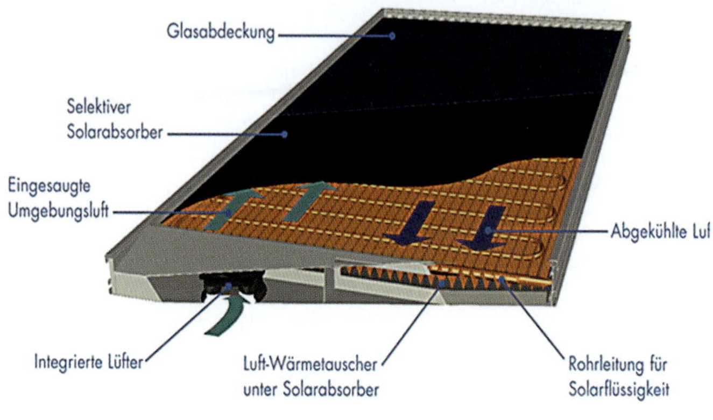

3.4.12
Der Hybridkollektor zur Gewinnung von direkter Sonnenenergie und indirekter Wärme aus der durchströmenden Außenluft (nachts) dient als Umweltwärmequelle für die Wärmepumpe mit Eisspeicher. Quelle: Fa. Consolar

speicher maximal 8 kW Heizleistung bringen und bei ausreichend bemessener Kollektorfläche (20 - 30 m^2) bis zu 13.000 kWh/a Heizwärme liefern. Von der Anzahl der installierten Kollektoren hängen Energieumsatz und Temperaturniveau des Eisspeichers sowie die JAZ der Wärmepumpe ab. Eine JAZ von 4 wurde in Beispielanlagen erreicht. In Verbindung mit einem wasserführenden Holzpelletofen ist das System auch für sanierte Altbauten mit einem Wärmebedarf von bis zu 23.000 kWh/a (bei 12 kW max. Heizleistung) geeignet. Besonderes Augenmerk verdient die ästhetische Integration der 20 - 30 m^2 Kollektorfläche in die Gebäudehülle. Der Neigungswinkel des Kollektors sollte zwischen 60° (Steildach) und 90° (Südfassade) liegen, damit Schnee sicher abrutschen kann und die Luftansaugöffnungen auch im tiefsten Winter frei bleiben.

Die Kosten dieses Systems sind (noch) vergleichsweise hoch, das Basispaket aus Wärmepumpe mit Eisspeicher, Schichtenwärmespeicher und Zubehör wird für rund 15.900 € (brutto) angeboten, hinzu kommen neben der Montage die Kosten für die Kollektoranlage. Für eine Anlage mit 11 Kollektoren und 25,3 m^2 Absorberfläche sind rund 17.100 € zu rechnen, zuzügl. Montageaufschlag, was zu jährlichen Kapitalkosten von 2.080 € führt (bezogen auf 13.000 kWh ergibt sich ein Anteil an den spez. Energiekosten von 0,16 €/kWh). Rechnet man die Stromkosten (812,50 €) plus Wartung hinzu, liefert die Anlage emissionsarm erzeugte Wärme zu spez. Energiekosten von 0,23 €/kWh.

Dafür erhält man eine saubere Heizung mit günstiger CO_2-Emission (dank guter JAZ der Wärmepumpe), die platzsparend in Keller- oder Heizräumen unterzubringen ist und die keine Eingriffe in den Boden oder Umwälzungen des Erdreiches erfordern. Lagerraum für Brennstoff wird ebenso wenig gebraucht wie ein Kamin/Abgasrohr oder ein Gas-Hausanschluss. Insofern wird diesem System für die Zukunft einiges Potential nachgesagt. Außerdem gewähren BAFA und KfW für die Installation dieses Heizungssystems Fördermittel (siehe Kap. 7).

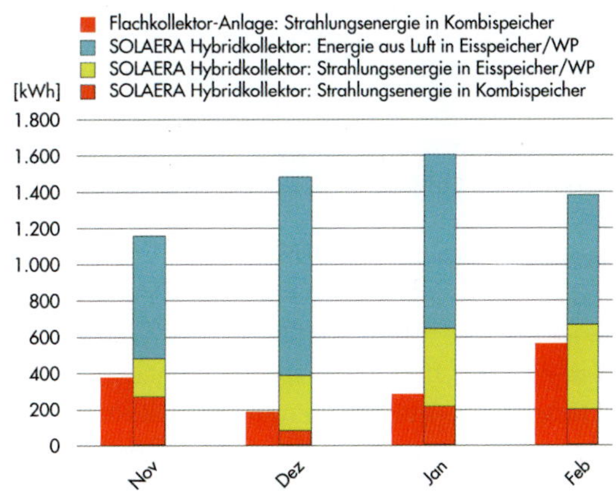

3.4.14
Durch die niedrigen Betriebstemperaturen in Verbindung mit dem Eisspeicher liefert der Hybrid-Kollektor (bezogen auf 2,28 m^2 Absorber-/Kollektorfläche) in den Wintermonaten um ein Mehrfaches höhere Energieerträge als eine gleich große Flachkollektoranlage. Vor allem die Beiträge aus der Luft sind beträchtlich.

3.4.13
Wärmepumpe mit Sonnenkollektor, Eisspeicher und Wärmespeicher. Quelle: Fa. Consolar

Links Sommerbetrieb: Der Solarkollektor versorgt den Wärmespeicher (und den Eisspeicher mit Wärme).
Rechts Winterbetrieb bei Nacht: Die Wärmepumpe entnimmt dem Eisspeicher Wärme und liefert sie auf einem höheren, für die Heizung nutzbaren Temperaturniveau in den Wärmespeicher. Wenn der Hybrid-Kollektor in der Nacht keine Sonnenstrahlung nutzen kann, wird Luft hindurch geblasen, welche den Absorber und die Solarflüssigkeit erwärmt. Diese Wärme wird dem Eisspeicher zugeführt.

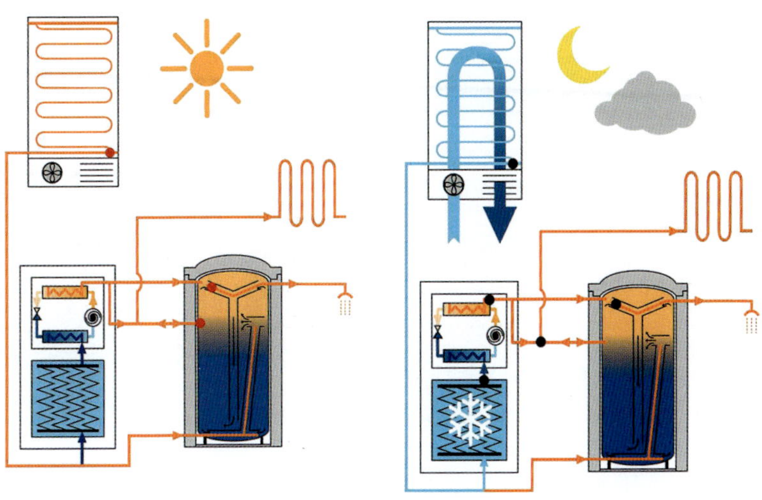

3.5 Sonnenenergienutzung

3.5.1 Thermische Sonnenkollektoranlagen

Kollektorbauarten

Thermische Sonnenkollektoren nutzen die Strahlung der Sonne und wandeln sie in nutzbare Wärme um. Das wesentlichste und deutlich sichtbare Merkmal solcher Solaranlagen sind größere, meist schwarze Absorberflächen bzw. Kollektorflächen auf möglichst südorientierten Dächern. In den Kollektoren wird die Sonnenstrahlung in Wärme umgesetzt und an eine Solarflüssigkeit übertragen, welche die Wärme über einen Solarkreislauf zur weiteren Nutzung in einen Warmwasser- und/oder Heizungsspeicher transportiert. Bei der Solarflüssigkeit handelt es sich meist um eine Mischung aus Frostschutzmittel (Glykol) und Wasser. Einige Firmen (Paradigma, Rotex) verwenden auch nur Wasser.

Üblich sind zwei Kollektor-Bauarten: Beim Flachkollektor liegt ein flacher, großflächiger Absorber in einem ebenfalls flachen, nach oben verglasten Kasten (Fläche ca. 1,5 - 3 m²); Vakuumröhrenkollektoren sind dagegen aus einer Vielzahl parallelliegender evakuierter Glasröhren (ø 6 - 16 cm) aufgebaut, in denen jeweils ca. 5 - 15 cm breite Absorberstreifen (ebenfalls von einer Flüssigkeit durchströmt) eingespannt sind.

Beim Flachkollektor wird durch Wärmedämmung des Absorbers nach hinten und zu den Seiten sowie durch eine selektive Beschichtung des Absorbers dafür gesorgt, dass von der gewonnenen Sonnenenergie möglichst wenig durch Abstrahlung und Wärmeverluste verloren geht und möglichst viel Nutzwärme der Heizung zugeführt werden kann. Bei Röhrenkollektoren sind die einzelnen Absorber durch das Vakuum noch besser isoliert als beim Flachkollektor, so dass die Röhrenkollektoren geringere Wärmeverluste haben und Wärme auf einem höheren Temperaturniveau bereitstellen können.

Bei Flachkollektoren ist sowohl die Indach- als auch die Aufdachmontage möglich. Insbesondere bei Neubauten lassen sich die Kollektoren nahtlos in die Dachhaut einbinden (Indach-Montage), so dass eine homogene Dachfläche entsteht. Eine ästhetische Integration der relativ großflächigen Bauteile in die Gebäudehülle ist daher relativ gut möglich. Vakuum-Röhrenkollektoren können aufgrund ihrer Form nur oberhalb von Dach- und Fassadenflächen montiert werden und sind optisch schwieriger in die Gebäudehülle zu integrieren.

Flachkollektoren sind durchweg preiswerter als Röhrenkollektoren (auf die gleiche Absorberfläche bezogen), sind dafür aber auch nicht ganz so ertragreich. Andererseits schmelzen Schnee und Eis im Winter bei Flachkollektoren (bedingt durch die schlechtere Dämmung) schneller ab als bei Röhrenkollektoren, so dass sie wieder zur Wärmeerzeugung zur Verfügung stehen.

3.5.1
Solardach mit Flachkollektoren für die Beheizung und Warmwasserbereitung eines EFH mit Ferienwohnungen.

3.5.2
Röhrenkollektoren auf einem Schuppen für die Beheizung und Warmwasserbereitung eines EFH.

Solares Energieangebot und Solarertrag

In Deutschland werden im Jahr durchschnittlich etwa 1000 kWh/m²·a Sonnenenergie mit wetterabhängigen Schwankungen (die sogenannte Globalstrahlung, s. Abb. 3.5.3) eingestrahlt; davon können Flachkollektoren etwa 350 - 550 kWh/m²·a in nutzbare Wärme umsetzen, bei Röhrenkollektoren liegt der jährliche Ertrag mit etwa 400 - 600 kWh/m²·a etwas höher. Die genannten Jahresenergieerträge sind bauart-, typ-, hersteller-, standort- und betriebstemperaturabhängig. Bezogen auf das Angebot an Globalstrahlung kann als grober Richtwert mit einem Jahreswirkungsgrad von 35 - 70% gerechnet werden.

Allerdings erreicht uns die Strahlungsenergie der Sonne nicht gleichmäßig über das Jahr hinweg, vielmehr folgt die eingestrahlte Solarenergie dem Tag-Nacht-Rhythmus und unterliegt außerdem wetterbedingten und jahreszeitlichen Schwankungen. Während die durchschnittliche tägliche Einstrahlung im Hochsommer mit 5 - 7 kWh/m²·d sehr hoch ist, geht sie in den Wintermonaten November bis Februar auf Werte um 1 kWh/m²·d und darunter zurück. Korrespondierend zur Einstrahlung schwankt auch der Energieertrag, wobei die Unterschiede im Nettoertrag durch den zurückgehenden Wirkungsgrad bei niedrigeren Außentemperaturen noch stärker ausfallen. Zum Ausgleich dieser Schwankungen werden Sonnenkollektoren mit einem Wärmespeicher kombiniert, um je nach Größe bzw. Speichervolumen Angebot und Nachfrage für Stunden, Tage oder Wochen auszugleichen.

Soll die Sonnenenergie zur Raumheizung genutzt werden, verlaufen Solarangebot und Energienachfrage sogar gegenläufig. In den Sommermonaten, wenn keine Heizung nötig ist, liefert eine thermische Kollektoranlage die größten Erträge, in den Wintermonaten, wenn der Heizwärmebedarf am größten ist, die geringsten. Abb. 3.5.4 zeigt einen typischen Verlauf der solaren Energiegewinne in Monatsschritten und korrespondierend dazu den Wärmebedarf eines gut gedämmten Gebäudes für Heizung und Warmwasser. Diese Gegenläufigkeit von Wärmebedarf und –ertrag lässt sich durch Vergrößern des Sonnenkollektors übrigens nicht aufheben; zwar würde der solare Anteil am hohen Wärmebedarf durch einen größeren solaren Energieertrag in den 4 Wintermonaten geringfügig zunehmen, allerdings um den Preis eines enormen kaum nutzbaren Energieüberschusses im Sommer. Um den Wärmebedarf des Gebäudes im Winter aus den Sommerüberschüssen zu decken, müsste der Wärmeüberschuss im Sommer in einem sehr großen sogenannten Jahreszeitenspeicher bis zum Winter aufgehoben werden.

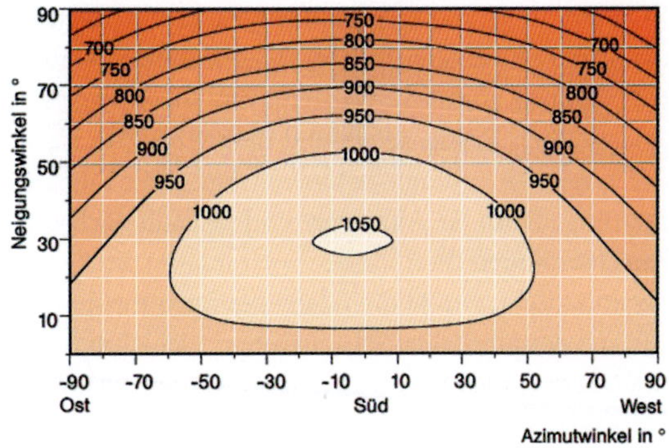

3.5.3:
Jahressummen der Globalstrahlung in kWh/m²a auf verschieden orientierte Empfangsflächen in Berlin. Die höchste Einstrahlung empfängt eine südorientierte, um 30° geneigte Fläche, doch ist der Rückgang der Solareinstrahlung bei abweichender Orientierung und Neigung weniger dramatisch als oftmals vermutet. Quelle: RWE-Bauhandbuch, 14. Aufl.

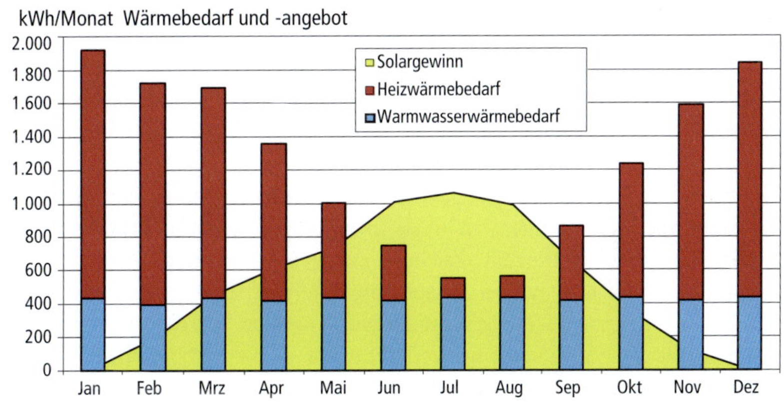

3.5.4
Energiebedarf für Heizung und Warmwasser sowie Wärmeerzeugung einer Flachkollektoranlage im Jahresverlauf (Wohnfläche 130 m², Effizienzhaus 130 n. EnEV 2007, 4 Personen, durchschnittlicher Wasserbedarf) in Norddeutschland.

In einem ungedämmten Altbau gleicher Größe würden die roten Balken in Abb. 3.5.4 mindestens dreimal so hoch ausfallen, während die Solaranlage fast den gleichen Ertrag liefert und dadurch nur etwa 10 - 15% zum Heizenergiebedarf beiträgt. Viele Eigentümer ungedämmter Altbauten sind deshalb nach Einbau einer teuren thermischen Solaranlage vom Ergebnis enttäuscht, zumal die relativ geringen Einsparungen von den jährlichen Schwankungen des Klimas und des Nutzerverhaltens oft überdeckt werden. Es ist also empfehlenswert, zunächst das Gebäude gründlich zu dämmen, die Heizung zu sanieren und als dritte und letzte Maßnahme eine thermische Solaranlage, am besten in Kombination mit einer neuen Heizung, zu installieren.
Genaue Zahlenwerte über das orts- und wetterabhängige Sonnenenergieangebot sind als Planungsgrundlage in allen rechnergestützten Auslegungsprogrammen enthalten. Diese ermöglichen auch weitergehende und genauere Berechnungen über den Wärmeenergieertrag eines bestimmten Kollektors bei gegebener Fläche und Nutzungstemperatur im Tages- oder Monatsdurchschnitt. Umgekehrt lässt sich auch die Kollektorfläche ermitteln, die notwendig ist, um eine bestimmte Wärmemenge oder einen angestrebten Anteil am Energiebedarf durch Solarenergie zu decken. Für die Planung maßgeschneiderter Anlagen sind Bauart des Kollektors, seine Größe, Ausrichtung und die Parameter der Heizungs-/Lüftungsanlage in die Berechnung ebenso einzubeziehen wie Eigenheiten des individuellen Standortes (z.B. Verschattung).

Nutzung der Sonnenenergie

Die jahreszeitlichen Schwankungen im solaren Angebot und das erhebliche Defizit in den Wintermonaten machen es in Deutschland einigermaßen schwierig und wenig wirtschaftlich, unsere Häuser ausschließlich mit Sonnenenergie zu beheizen. In der Konsequenz heißt das, dass wir zusätzlich zur Solarenergienutzung auf eine ergänzende Heizungsanlage mit Brennstoffen wie Holz oder Gas oder auf die Unterstützung durch eine elektrische Wärmepumpe nicht verzichten können. Andererseits hat die Sonnenenergie einige wichtige Vorteile, welche sie für eine zukünftige Energieversorgung unverzichtbar macht: Solarthermische Anlagen nutzen erneuerbare Energie und setzen keine Abgase und Schadstoffe frei; der primärenergetische Aufwand ist im Verhältnis zur gelieferten Nutzenergie äußerst günstig und durch die Solarenergienutzung kann der Verbrauch an fossilen Brennstoffen erheblich vermindert werden.
Deshalb und um die Anwendung von Solaranlagen in Wohngebäuden voranzubringen, fordert das Erneuerbare-Energien-Wärme-Gesetz (EEWärmeG, s. Kap. 2), dass bei Neubauten mindestens 15% des Wärmeenergiebedarfs solar gedeckt werden müssen. Einige Bundesländer fordern durch Landesgesetze auch bei einer Heizungserneuerung im Bestand die Nutzung erneuerbarer Energieträger. Diese Anforderung gilt ohne Nachweis als erfüllt, wenn mindestens 0,04 m^2 Kollektorfläche pro m^2 Wohnfläche installiert werden.

Solarsysteme

Grundsätzlich gibt es viele Verfahren und Systeme, um die Sonnenenergie zu nutzen, die hier nicht alle behandelt werden können; dazu gehört z.B. auch die solare Schwimmbadheizung. Ausführliche Informationen zur Solartechnik findet man z.B. in Späte/Ladener: „Solaranlagen", ökobuch Verlag.
In Verbindung mit der Heizung und Warmwasserbereitung in Wohngebäuden kommen im Wesentlichen drei Arten von Solaranlagen in Betracht:

- *Solaranlagen zur Warmwasserbereitung* (Trinkwassererwärmung) dienen, wie der Name besagt, der Erwärmung von Trinkwasser und sind vergleichsweise einfach aufgebaut. Die Solarwärme wird durch den Solarkreislauf vom Kollektor in einen zentralen Warmwasser-Wärmespeicher geladen, wobei ein Heizkessel (oder in Ausnahmefällen ein Elektroheizstab) als 2. Heizquelle die Versorgungssicherheit gewährleistet (Abb. 3.5.5).
- *Solaranlagen zur Warmwasserbereitung und Heizungsunterstützung* sind im Aufbau den Warmwasser-Solaranlagen sehr ähnlich. Allerdings wird hier die solare Wärme meist direkt in das Heizungssystem eingespeist, so dass Warmwasserbereitung und Heizung gleichberechtigt versorgt werden können. Im Vergleich zu reinen Trink-Warmwassersolaranlagen wird eine deutlich größere Kollektorfläche in Verbindung mit einem größeren Heizungspufferspeicher installiert. Kollektorfläche und Speichervolumen sind passend zur Größe und zum Wärmebedarf des Hauses zu bemessen. Es hat sich als (ökonomisch) günstig erwiesen, eine solare Deckung von 20 - 40% des Wärmebedarfs (je nach Dämmstandard) für Heizung und Warmwasser anzustreben (Abb. 3.5.4). Es gibt aber auch Bestrebungen, die solare Deckungsrate mit Hilfe von sehr großen Kol-

lektorflächen und Speichern auf mehr als 60% zu steigern (Sonnenhaus, Abb. 3.5.12)

- Die *Solaranlage für eine vollsolare Raumheizung* soll der Vollständigkeit halber erwähnt werden, auch wenn sie wegen des großen Jahreszeitenspeichers nur mit beträchtlichem Aufwand zu realisieren ist und insbesondere wegen der sehr hohen Kosten nur selten gebaut wird. Da der Jahresenergiebedarf des Gebäudes zuzüglich der Energieverluste des großen Wärmespeichers solar erzeugt werden muss, ist naturgemäß eine noch größere Kollektorfläche als bei Anlagen zur Heizungsunterstützung erforderlich.

Typische Richtwerte für die Auslegung und die Kosten der verschiedenen Kollektoranlagen sind in Tabelle 3.5.1 zusammengestellt.

Solaranlage zur Trinkwarmwasserbereitung

Abb. 3.5.5 zeigt den schematischen Aufbau einer einfachen Anlage zur Warmwasserbereitung. Die Wärme vom Kollektor wird durch den Solarkreislauf und mittels Wärmetauscher in einen Trinkwasserspeicher gepumpt. Bei richtiger Auslegung kann die Solaranlage den Wärmebedarf für die Warmwasserbereitung im Jahresmittel zu 50 - 65% decken; im Sommerhalbjahr erreicht die Deckungsrate durchaus 60 - 80%. Wählt man eine gewisse Überdimensionierung von Kollektorfläche und Speichervolumen (die teurer und weniger wirtschaftlich ist), kann sie sogar auf nahezu 100% gesteigert werden. Auf jeden Fall ermöglicht es die Solaranlage, den Heizkessel in den Sommermonaten weitgehend abzuschalten, was neben der Energieeinsparung insbesondere bei manuell befeuerten Holzheizungen einen großen Komfortgewinn bringt. In der Heizperiode erwärmt der Heizkessel, egal ob mit Gas, Holz oder Pellets befeuert, bei Bedarf den oberen Teil des Warmwasserspeichers und stellt so die Warmwasserversorgung sicher.

Der Aufbau einer reinen Brauchwasser-Solaranlage ist relativ einfach und unkompliziert, insbesondere wenn aufeinander abgestimmte Systemkomponenten eines Herstellers verwendet werden. Sofern der Warmwasserspeicher bereits bei der Errichtung oder Sanierung der Heizungsanlage eingebaut wird, liegen die Investitionskosten für die Sonnenkollektoren und den Solarkreislauf einschließlich Montage für eine 6 - 8 m² große Anlage bei 5.000 - 7.000 €. Der Montageaufwand kann, je nach den Bedingungen vor Ort, sehr unterschiedlich ausfallen und ist nicht so sehr abhängig von der Anlagengröße. Größere Anlagen lassen sich daher zu einem spezifisch günstigeren Preis errichten als kleine Anlagen.

Als spezifische Energiekosten für Sonnenkollektorwärme wird in Tabelle 3.5.1 eine breite Spanne von 0,06 - 0,30 €/kWh angegeben. Werte im unteren Drittel sind nicht nur erstrebenswert, sondern auch realistisch. So kann eine 6 m² große Kollektoranlage durchaus $6 \cdot 380$ kWh/m² = 2.280 kWh/a Wärme liefern. Belaufen sich die Kosten auf $6 \cdot 500$ €/m² + 2.000 € (Montage) = 5.000 €, resultieren daraus bei einer An-

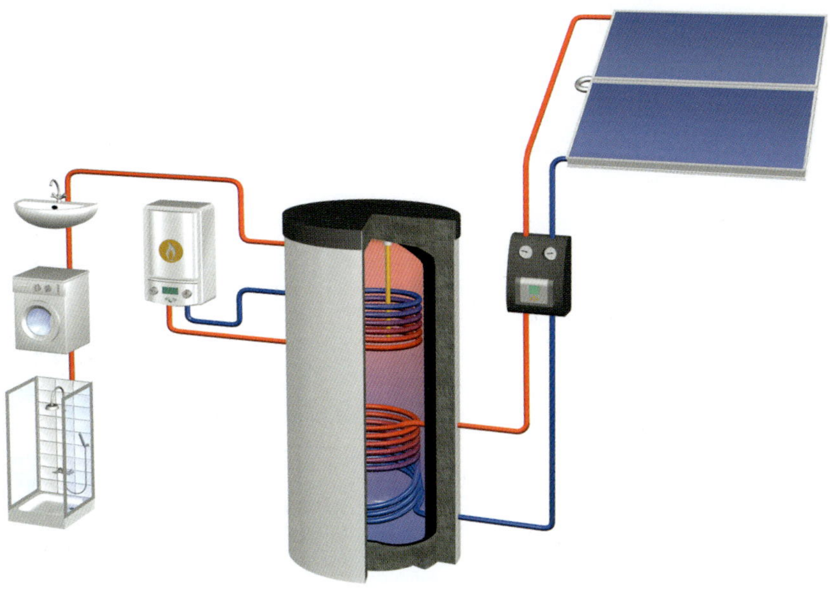

3.5.5:
Schema einer Solaranlage zur Warmwasserbereitung. Die Wärme vom Sonnenkollektor wird über einen Wärmetauscher unten in den Trinkwasserspeicher abgegeben. Der Heizkessel (hier ohne Anschluss der Heizungsseite dargestellt) erwärmt im Bedarfsfall nur das Wasser im oberen Teil des Speichers.
Quelle: Fa. Wagner Solar

nuität von 0,0611 (20 Jahre, 2% Zins) jährliche Kapitalkosten von 306 €/a und spezifische solare Wärmekosten von 0,13 €/m².

Im Vergleich zu diesem Wärmepreis können manche Gas-Brennwertthermen preiswertere Wärme liefern, allerdings nicht so schadstoffarm und CO_2-neutral wie die Solaranlage. Der höhere solare Wärmepreis führt dazu, dass Kombinationen aus Gas- + Solar-Heizung oder teilweise auch Pellet- + Solar-Heizung in der Wirtschaftlichkeitsrechnung weniger günstig abschneiden als Heizkessel ohne Solaranlage. Dies ist kein Argument gegen den Einbau einer Solaranlage, aber zu bedenken, wenn man manche Ergebnisse der Wirtschaftlichkeitsrechnung verstehen will.

Die Warmhaltung von Trinkwasser ist hygienisch problematisch. Um Legionellen zu vermeiden muss zumindest das Oberteil des Solarspeichers immer (oder gelegentlich) auf mehr als 55°C aufgeheizt werden. Hygienischer ist es, einen Wärmespeicher mit Heizungswasser zu verwenden und das Trinkwasser mit einem Frischwassermodul zu erhitzen (vgl. Kapitel 5.6).

Typische Merkmale und Auslegung von Solaranlagen			
	Trinkwarmwasserbereitung	**Raumheizungsunterstützung**	**Vollsolare Raumheizung**
Wärmebedarf	Unabhängig von der Jahreszeit! Richtwerte bei 30 - 40 l/(Pers.·d): 500 kWh/Pers·a	Antizyklisch zum Angebot: solare Beiträge zur Raumheizung vor allem im Frühjahr und Herbst. Richtwerte: 15 - 150 kWh/m² Wohnfläche	Der zum Angebot antizyklische Wärmebedarf erfordert ein optimal gedämmtes Gebäude mit Jahreszeiten-Wärmespeicher
Nutztemperatur	≈ 45°C	≈ 25 - 40°C	≈ 25 - 40°C
Dimensionierung Kollektorfläche	ca. 1,2 - 1,8 m²/Pers, aber > 4 m²	7 - 10 m² Kollektorfläche je 100 m² Wohnfläche	15 - 30 m² Kollektorfläche je 100 m² beheizte Fläche
Günstige Neigungswinkel des Kollektors	25 – 60°	35 – 90°	50 – 90°
Dimensionierung Speicher	50 - 70 l/Pers. oder 50 l/m² Kollektorfläche, aber > 200 l	Puffer-Kombispeicher: 50 - 80 l pro m² Kollektor	250 - 1.000 l pro m² Kollektorfläche
Speicherzeitraum	2 - 3 d	4 - 6 d	bis zu 180 d
Systemeinbindung Kollektor	Als zusätzliche Wärmequelle an den Trinkwasserspeicher angeschlossen	Als zusätzliche Wärmequelle an den Puffer-Kombispeicher angeschlossen	Hauptwärmequelle an einem großen Jahreszeitenspeicher
Nutzbarer jährlicher Solarertrag	Flachkoll.: 350 - 400 kWh/m² Koll. Röhrenkoll.: 450 - 500 kWh/m² Koll.	Flachkoll.: 250 - 300 kWh/m² Koll. Röhrenkoll.: 300 - 400 kWh/m² Koll.	150 - 400 kWh/m²a
Solare Deckungsrate	50 - 65% bzgl. TWW	20 - 40% bzgl. TWW + Hzg	>70% bzgl. TWW+Hzg
Anlagenkosten für EFH	Flachkoll.: 5 m²/300 l: 5.000-6.000 € Röhrenk.: 4 m²/300 l: 6.000-7.000 €	Flachkoll.: 10 m²/600l: 9.000-12.000 € Röhrenk. 8 m²/600l: 10.000-15.000 €	20.000 - 50.000 € komplett
Systemkosten ohne Installation	Flachkoll.: 300 – 1.400 €/m² Röhrenkoll.: 670 – 1.800 €/m²	Flachkoll.: 340 – 1.000 €/m² Röhrenkoll.: 860 – 1.600 € /m²	
Kosten Installation	1.000 - 3.000 € pro System 100 - 750 €/m² bei 4 - 10 m² KF	2.000 – 5.000 € pro System 100 - 625 €/m² bei 8-20 m² KF	
spezifische Energiekosten	Flachkoll.: 6 - 30 ct/kWh Röhrenkoll.: 10 - 27 ct/kWh	Flachkoll.: 11 - 30 ct/kWh Röhrenkoll.: 17 - 32 ct/kWh	keine gesicherten Werte
Amortisation: - energetisch - wirtschaftlich (ohne Förderung)	1 bis 2 Jahre 8 Jahre bis nicht mehr innerhalb der Nutzungsdauer	2 bis 4,3 Jahre 14 Jahre bis nicht mehr innerhalb der Nutzungsdauer	keine gesicherten Werte nicht innerhalb der Nutzungsdauer
vermiedene CO_2-Emissionen (Bezug: Öl-/ Gasheizung)	Flachk.: 90 kg/m²a Röhrenk.: 120 kg/m²a	Flachk.: 70 kg/m²a Röhrenk.: 90 kg/m²a	70 kg/m²a
Wartungs- und Betriebskosten	Stromverbrauch: 20 - 60 € pro Jahr; stromsparende Pumpen verlangen! Wartungsvertrag: ca. 30 € (anteilig zusammen mit Heizungswartung)		Keine gesicherten Werte

Tabelle 3.5.1: Richtwerte zur Dimensionierung von thermischen Solaranlagen. Quelle: nach Späte, Ladener: Solaranlagen.

Solaranlage zur Trinkwarmwasserbereitung und Raumheizungsunterstützung

Abb. 3.5.6 zeigt das Schema einer Solaranlage für Heizung und Warmwasserbereitung der Firma Solvis. Die Anlage besteht aus den Kollektoren und einem Pufferspeicher (700 - 900 Liter) mit außenliegendem Wärmetauscher (Frischwasserstation) zur hygienischen Trink-Warmwasserbereitung. Optional kann in den oberen Bereich des Speichers ein Brennwertkessel für Öl oder Gas, ein Holzpelletbrenner oder eine Wärmepumpe eingebaut werden. Die Sonnenwärme wird mit einem Schichtenlader (kleines Gefäß im Pufferspeicher) in den Schichten-Pufferspeicher eingespeist. Bei starker Sonneneinstrahlung entsteht sehr heißes Wasser in dem kleinen Gefäß, das durch eine Kunststoffröhre (Schichtenlader) mittels Schwerkraft nach oben steigt. Der Speicher wird dadurch von oben nach unten beladen, so dass eine stabile Temperaturschichtung, von oben nach unten abfallend, entsteht. Bei schwächerer Einstrahlung steigt das weniger erwärmte Wasser nicht ganz nach oben, sondern entweicht seitlich in der richtigen Höhe aus der Röhre. An den Speicher können auch noch andere Wärmeerzeuger angeschlossen werden. Die Anlage arbeitet durch den Schichtenlader und die Anordnung des Wärmeerzeugers im Speicher besonders effizient.

Wird warmes Wasser gezapft, fördert eine drehzahlgeregelte Pumpe heißes Wasser aus dem Oberteil des Speichers zum Wärmetauscher, der im Gegenstrom das gezapfte Trinkwasser erwärmt. Die Pumpe läuft umso schneller, je größer der gezapfte Wasserstrom ist. Solche Frischwassermodule haben sich auch in den Anlagen anderer Hersteller zunehmend durchgesetzt, da sie einerseits größere, mit Heizungswasser gefüllte Pufferspeicher ermöglichen und gleichzeitig die Einhaltung der Hygienevorschriften (Vermeidung einer Verkeimung des Trinkwassers durch Legionellen) sichergestellt ist. Bei einem großzügig dimensionierten Wärmetauscher reichen auf der Primärseite (Heizungswasser) weniger als 50°C aus, um Trinkwasser mit einer Temperatur von 45°C bereitzustellen.

In den letzten Jahren ging der Trend weg von Anlagen zur reinen Warmwasserbereitung und hin zu Anlagen mit Heizungsunterstützung. Waren 2004 noch 75% der installierten Anlagen TWW-Anlagen (TWW = Trink-Warmwasserbereitung), liegt der Anteil der Kombisysteme (TWW+Heizung) inzwischen bei 50%. Die installierten Flächen werden somit, bezogen auf den Wärmebedarf, größer.

Ursachen für diese Entwicklung sind:

- Der Trend zum Pufferspeicher mit Frischwasserstation: Anstelle von Trinkwasserspeichern werden aus hygienischen Gründen in zunehmendem Maß Pufferspeicher mit Durchlauferhitzer installiert. Im Pufferspeicher befindet sich Heizungswasser, so dass eine Mitnutzung durch die Heizung naheliegend ist.
- Die Förderpolitik des BAFA: Das BAFA fördert nur noch kombinierte TWW+Heizungs-Anlagen außer in MFH (Kap. 7).

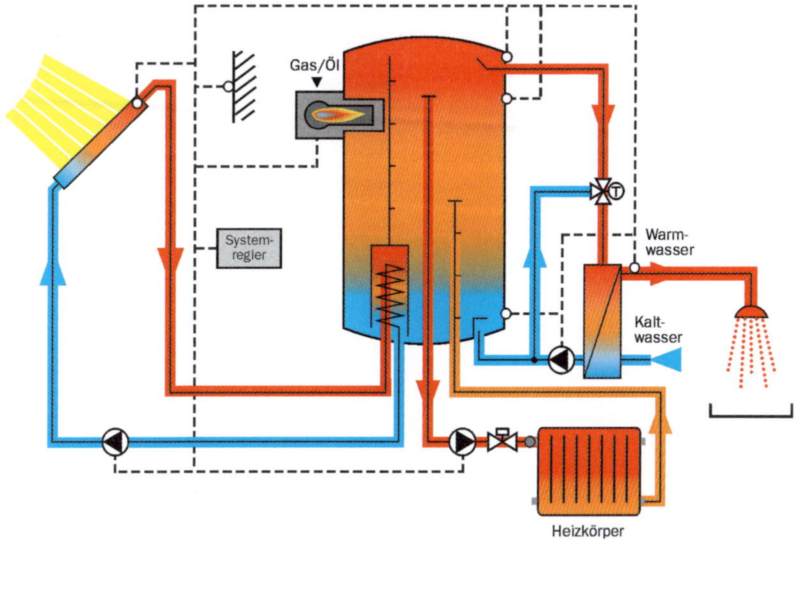

3.5.6
Schema einer Solaranlage für die Warmwasserbereitung und Heizungsunterstützung. Hier ist der Pufferspeicher mit Schichten-Ladetechnik und integrierter Gas-Brennwerttherme dargestellt, was zu einer kompakten Anlage mit geringen Wärmeverlusten führt.
Quelle: Fa. Solvis

- Das gestiegene Umweltbewusstsein und Sicherheitsbedürfnis der Menschen: Viele Menschen möchten möglichst viel Sonnenenergie nutzen, einerseits aus Klimaschutzgründen, andererseits aber auch, um unabhängiger von fossilen Brennstoffen zu werden.

Alternativ zu der in Abb. 3.5.6 gezeigten Anlage können Heizungsanlage und Speicher auch konventionell, d.h. aus separaten Komponenten, aufgebaut werden, was etwas kostengünstiger als die Kompaktanlage ist, aber mehr Platz erfordert.

Die Größe der Solaranlage ist nicht beliebig. Mit steigendem Pufferspeichervolumen steigen die Wärmeverluste spürbar an! Für ein Einfamilienhaus ist eine Kollektorfläche von 10 - 15 m^2 bei Röhren- und von 12 - 20 m^2 bei Flachkollektoren als obere Grenze anzusehen. Dazu gehört ein Speichervolumen von 700 - 1.500 Liter.

Kombinationen

Solarkollektoranlagen sind eine optimale Ergänzung zu allen anderen Wärmeerzeugern. Die einzige Ausnahme sind Blockheizkraftwerke, weil deren Laufzeit zu stark vermindert würde.

Annahmen
Zinssatz: 2%,
Nutzungsdauer: 20 Jahre
Annuität = 0,06118
Gaspreis: 0,065 €/kWh
Strombedarf: 2% v. Heizwärmebed.
Wärmebedarf Warmwasser: 12,5 kWh/m^2a
Einsparung durch Solaranlage: 20% des Heizwärmebedarfs
Wohnfläche: 30 m^2/Pers.
Kesselauslastung:
Eff-Haus 55: 1350 h/a
sonstige: 1752 h/a
Leistungszuschl. WW: 0,2 kW/Pers.
Einsparung d. Solaranlage: 20%

Legende
WF: beheizte Fläche in m^2
TWW: Wärmebedarf für Trink-Warmwasser in kWh/a
Heiz-W: Jahresheizwärmebedarf in kWh/a
Kess-L.: Kesselleistung in kW
Invest-K.: Investitionskosten
Kap-K/a: jährl. Kapitalkosten
Verbr-K/a: Verbrauchskosten Gas + Strom in €/a
Wart-K/a: Wartungskosten in €/a
Ges-K/a: jährl. Gesamtkosten in €/a
sp.E-K: spez. Energiekosten €/kWh

Kosten einer Gasheizung mit solarer Heizungsunterstützung

WF	TWW	Heiz-W	Kess-L.[1]	Invest.-K.[2]	Kap-K/a	Verbr-K/a	Wart-K/a	Ges-K/a	sp.E-K.
m^2	kWh/a	kWh/a	kW	€	€/a	€/a	€/a	€/a	€/kWh
Effizienzhaus 55 Q_{Heiz} = 40 $kWh/m^2 \cdot a$									
80	1.000	3.584	3,9	9.300	569	243	164	976	0,23
125	1.567	5.591	6,1	11.900	728	380	218	1.325	0,20
206	2.571	9.134	10,0	15.700	960	621	277	1.858	0,17
355	4.438	15.699	17,3	21.300	1.303	1.068	342	2.713	0,15
Effizienzhaus 100 Q_{Heiz} = 72 $kWh/m^2 \cdot a$									
80	1.000	6.912	5,0	12.200	746	420	223	1.388	0,19
125	1.567	10.663	7,8	15.600	954	649	275	1.878	0,16
206	2.571	17.230	12,7	20.400	1.246	1.050	333	2.631	0,14
355	4.438	29.307	21,6	27.500	1.682	1.790	397	3.869	0,12
Gebäude nach WSVO 1995 Q_{Heiz} = 120 $kWh/m^2 \cdot a$									
80	1.000	12.000	8,0	13.800	844	690	249	1.782	0,17
125	1.567	18.402	12,2	17.600	1.076	1.059	300	2.436	0,15
206	2.571	29.559	19,7	22.900	1.400	1.704	358	3.462	0,13
355	4.438	49.983	33,4	30.800	1.884	2.887	421	5.191	0,11

[1] Die genannte Kesselleistung ist eine rein rechnerische Größe. Die gewählten Wärmeerzeuger sind oft erheblich größer, sie verfügen über Nennleistungen zwischen 10 und 25 kW. Grund ist die Komfortsicherung für die Warmwasserbereitung und die vorhandene Produktpalette.

[2] Investitionskosten für BW-Kessel/Wandgerät, LAS-System, WW-Speicher, Flachkollektoranlage, Solar-Wärmetauscher und Montage.

Tabelle 3.5.2: Kostentabelle Gasheizung mit solarer Heizungsunterstützung.

Mängel an installierten Solarkollektoranlagen und Tipps für den Betrieb

Damit Wärmeerzeugungsanlagen wirklich energieeffizient arbeiten, ist sowohl bei der Planung als auch bei der praktischen Ausführung der Anlage besondere Sorgfalt notwendig. Wie die Erfahrungen aus gutachterlicher Tätigkeit zeigen, funktionieren relativ viele Anlagen nicht richtig oder überhaupt nicht. Ursache ist in den meisten Fällen eine mangelhafte Installation:

- Ein Hauptproblem ist, dass die Bewohner häufig nicht einmal erkennen können, dass die Solaranlage keine Erträge liefert, weil der Heizkessel im Standby mitläuft und die Solaranlage keinen Wärmemengenzähler hat. Da ein Wärmemengenzähler mindestens etwa 300 € kostet, wird diese Ausgabe häufig gespart. Doch eine Solaranlage ohne Wärmezähler ist wie ein Auto ohne Kilometerzähler. Regelmäßiges Ablesen des Zählers und ein laufender Vergleich der Erträge kann schnelle Hinweise auf Fehlfunktionen oder Störungen geben.
- Die Dämmung der Rohrleitungen und des Speichers wird oft lückenhaft und zu dünn ausgeführt (vgl. Abb. 3.5.7 bis 3.5.11). Oder die Rohrleitungen werden mit einem nicht-hitzebeständigen Material gedämmt, welches bei sommerlichen Übertemperaturen schmilzt und zu Schäden an der Dämmung führt.
- Bei großen heizungsunterstützenden Solaranlagen und ungenügender Dämmung der Komponenten kann es zu erheblichen Wärmeverlusten über das Solarsystem kommen. Nicht selten verbraucht ein Haus mit einer schlecht gedämmten Solaranlage mehr Energie als vorher ohne Solaranlage!
- Viele Speicher sind von Haus aus mangelhaft gedämmt. Die Dämmschicht wird von vielen Rohrleitungen und Blindstopfen durchbrochen. Nach unten haben sie oft gar keine Dämmung (s. Abb. 3.5.11).
- Der Temperatursensor am Kollektor wird oft nicht in den Kollektor geschoben, sondern in ein ungedämmtes Rohrende gesteckt (Abb. 3.5.9). Der Sensor misst dann eine falsche Temperatur, insbesondere bei kaltem windigem, aber sonnigem Wetter. Die Solaranlage könnte eigentlich Wärme liefern, wird aber wegen zu niedriger Kollektortemperatur nicht eingeschaltet.
- Wird im Hochsommer keine Wärme abgenommen (Urlaub oder Stromausfall), können in Flachkollektoren Temperaturen von 200°C, in Röhrenkollektoren sogar 250°C und mehr entstehen. Die Solarflüssigkeit verdampft dabei im Kollektor und dehnt sich stark aus. Diese Ausdehnung soll das Ausdehnungsgefäß (MAG) aufnehmen. Bei falscher Dimensionierung dieses Gefäßes oder des Überdruckventils kann es zum Auskochen der Wärmeträgerflüssigkeit (Frostschutzmittel) kommen. Anschließend fehlt Flüssigkeit im Kreislauf und die Anlage funkti-

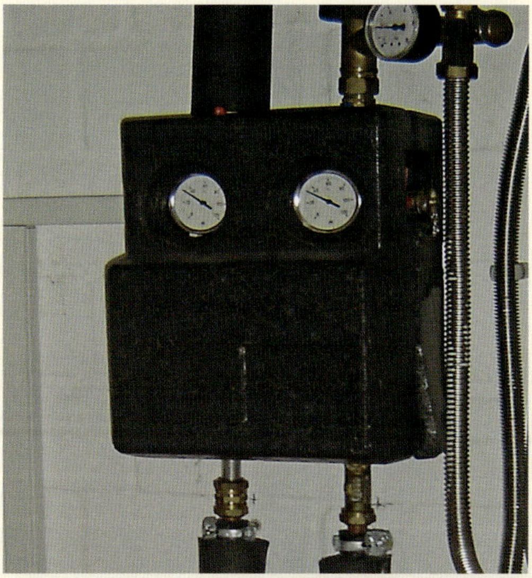

3.5.7 *(links oben)*
Lückenhafte Dämmung der Rohre an einer Solarstation.

3.5.8 *(links unten)*
Lückenhafte Rohrdämmung am Kollektoranschluss. Der Sensor steckt oft nicht tief genug im Kollektor und meldet falsche Temperaturen an den Regler.

3.5.9 *(rechts unten)*
Mangelhafte Durchführung einer Solarleitung durch die luftdichte Ebene (Dampfsperre) und lückenhafte Dämmung.

oniert nicht mehr richtig. „Schmort“ die Anlage einen oder gar mehrere Sommer lang, wird die organische Solarflüssigkeit so stark geschädigt, dass daraus eine aggressive Säure entsteht, welche schließlich das Kupfer angreift und die Kollektoren verstopft. Man sollte deshalb die Anlage regelmäßig beobachten und den Druck kontrollieren sowie die Anlagenflüssigkeit überprüfen lassen. Intakte Solarflüssigkeit ist klar und durchsichtig, während hitzegeschädigte Flüssigkeit braun und im Extremfall sogar klumpig ist.

- Im Solarkreis ist normalerweise ein Rückschlagventil eingebaut, um zu verhindern, dass die im Speicher erwärmte Solarflüssigkeit zum Dach hochsteigt, dort abkühlt und wieder zurück in den Speicher strömt. Ist das Rückschlagventil nicht vorhanden oder verschmutzt, können in der Nacht durch Schwerkraftumlauf beträchtliche Wärmemengen aus dem Speicher verloren gehen.
- Um ein Gefühl für die Leistungsfähigkeit einer Solaranlage zu bekommen, ist es empfehlenswert, das Heizgerät in den Sommermonaten ganz abzuschalten. Dann merkt man sofort, wenn die Anlage nicht funktioniert. In Mehrfamilienhäusern ist das Abschalten allerdings problematisch, weil zu jeder Zeit warmes Wasser verlangt wird. In diesem Fall sollte man den Gaszähler beobachten. Ein nennenswerter Verbrauch in den Sommermonaten deutet auf eine Fehlfunktion der Solaranlage hin.
- Wenn die Anlage in Betrieb ist, sollte der Solar-Vorlauf 10 - 15°C (abzulesen an der Solarstation, Abb. 3.5.7) wärmer als der Rücklauf und dieser wiederum höchstens 10 - 15°C wärmer als der Speicher sein.
- Einige Stunden nach Sonnenuntergang sollten die Temperaturanzeigen der Solarstation etwa die Raumtemperatur anzeigen. Gibt es eine Temperaturdifferenz, existiert ein unerwünschter Schwerkraftumlauf (s.o.).
- Im Hochsommer entstehen in der Regel Wärmeüberschüsse, so dass die Solaranlage abschaltet. Dann entstehen in den Kollektoren sehr hohe Temperaturen (Stagnations- oder Stillstandstemperatur). Zwar sind die Kollektoren dafür ausgelegt, doch leiden das Material und insbesondere die Solarflüssigkeit. Die Lebensdauer des Frostschutzmittels und der Kollektoren wird verlängert, wenn die Überschusswärme genutzt, die Kollektoren also gekühlt werden. Optimal ist es, wenn die überschüssige Wärme z.B. in einem Freibad verheizt werden kann. In Altbauten können solche Überschüsse z.B. auch zur Kellertrocknung eingesetzt werden. Steht der Speicher im Keller, genügt es oft schon, wenn man den wärmegedämmten Deckel des Speichers entfernt. Zumindest, wenn die Familie in den Sommerurlaub fährt, sollte das geschehen.

3.5.10 *(unten links)*
Speicheranschlüsse ohne (oben) und mit Konvektionsbremse (unten). Im oberen Bild gibt es eine Mikrozirkulation, die für erhebliche Verluste sorgt, insbesondere, wenn die Rohranschlüsse ungedämmt sind.
Quelle: Fa. Wagner Solar

3.5.11 *(unten Mitte und rechts)*
Wärmeverluste eines Solarspeichers mit 750 l Volumen. Rohrleitungen, Armaturen und Blindstopfen sind nicht oder unvollständig gedämmt. Der Heiligenschein unter dem Speicher zeigt, dass der Speicher nach unten ungedämmt ist.

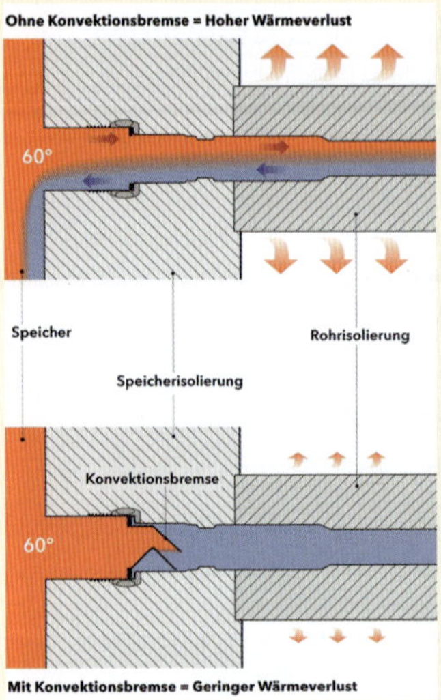

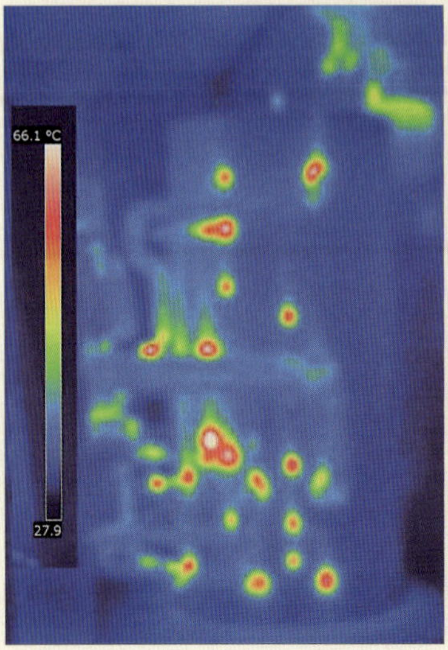

Solaranlagen mit Langzeitspeicher

Die bisher behandelten Solaranlagen mit Pufferspeichern bis ca. 1.000 l Volumen können die Sonnenwärme nur über wenige Schlechtwettertage speichern. Um die Sonnenwärme jedoch über Wochen und Monate zu speichern und Sommer-Sonnenenergie für die Heizung im Winter zu nutzen, sind sehr viel größere Wasservolumina von 10 - 100 m³ mit einer sehr guten Wärmedämmung nötig. Gleichzeitig muss auch das Gebäude sehr gut gedämmt sein, damit die gespeicherte Wärme über den Winter reicht.

Um die Speicherverluste möglichst nutzbar zu machen, werden die Speicher vielfach im Zentrum des Hauses, auf jeden Fall aber so angeordnet, dass die Wärmeverluste dem Gebäude zugute kommen (Abb. 3.5.12). Um einen so großen Speicher zu laden, sind Kollektorflächen von 30 - 100 m² zu installieren. Je nach Aufwand, d.h. je nach Speichervolumen, Kollektorgröße und Wärmeschutz des Gebäudes lassen sich solare Deckungsraten von mehr als 60 - 100% erreichen.

Aus Kostengründen wird bei solchen Häusern in der Regel keine solare 100%-Deckung angestrebt. Stattdessen wird der Restwärmebedarf meist über einem Holzofen mit Heizwasseranschluss gedeckt. Dies führt zu wesentlich geringeren Speichergrößen und Baukosten.

Es ist nämlich insbesondere das ungünstige Kosten-Nutzen-Verhältnis des Jahreszeitenspeichers, welches die vollsolare Raumheizung ökonomisch sehr unbefriedigend erscheinen lässt, wie folgende Überschlagsrechnung zeigt: Ein 50 m³-Wasserspeicher, auf 95°C aufgeladen und bis 30°C entladen, kann die Wärmemenge von Q_{JZSP} = 50.000 kg · 1,16 Wh/kg°C · 65°C = 3.770 kWh (entsprechend 377 l Heizöläquivalent) bevorraten. Wird der Jahreszeitenspeicher nur einmal pro Jahr be- und entladen, ist sein Wärmeumsatz, ohne Berücksichtigung der unvermeidlichen Wärmeverluste und gewisser Wärmegewinne in der Übergangszeit, auf etwa diesen Beitrag beschränkt. Bei angenommenen Speicherkosten von 400 €/m³ (20.000 € bei 50 m³) und einer Annuität von 0,0611 liegen die jährlichen Kapitalkosten für den Speicher bei 1.222 €, was umgerechnet auf die bereitgestellte Wärme zu einem Beitrag des Speichers an den spezifischen Wärmekosten von etwa 0,32 €/kWh führt. Dieser hohe Speicherkostenbeitrag kann vor allem durch Reduzierung des Speichervolumens und häufigeres Be- und Entladen wirksam reduziert werden, wenn das Ziel einer vollsolaren Wärmeversorgung aufgegeben wird.

Das unter der Leitung von Prof. Timo Leukefeld entwickelte *energieautarke Solarhaus* ist ein Einfamilienhaus mit 167 m² Wohnfläche, verfügt über einen guten Wärmeschutz (Effizienzhaus 55), hat eine Flachkollektorfläche von 46 m², einen Schichtenspeicher von 9,2 m³ sowie einen gemauerten Kaminofen (Naturzugholzvergaser) mit 25 kW wasserseitigem Anschluss (s. Abb. 3.5.14). Der Brennholzbedarf wird mit 2 Raummeter Buchenholz pro Jahr und die solare Deckungsrate mit 65% angegeben. Der Speicher ist schlank und hoch und bringt daher eine sehr gute Temperaturschichtung. Zum Haus gehört eine Pho-

3.5.12: Sonnenhaus mit Jahreszeitenspeicher
Quelle: Sonnenhaus-Institut

3.5.13: Einbau eines Ganzjahresspeichers in ein Sonnenhaus
Quelle: Frankenpost, 2.8.2010.

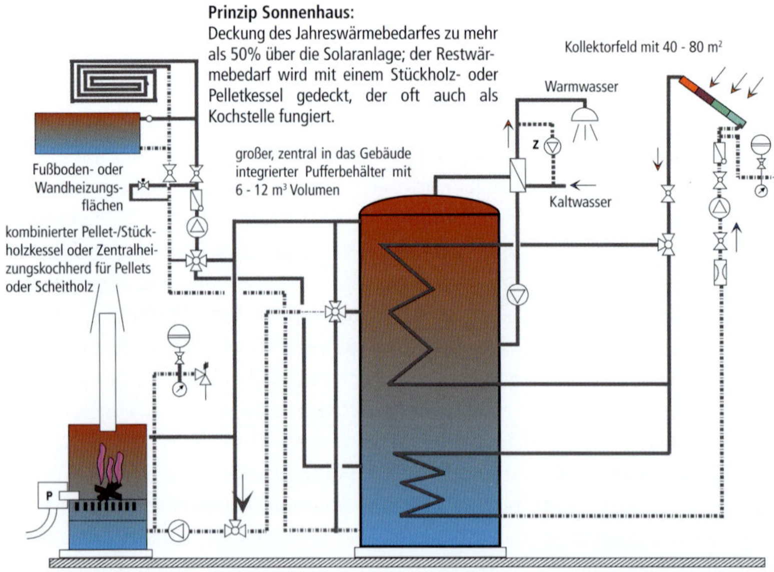

3.5.14
Hydraulisches Schaltbild einer Solaranlage in einem Sonnenhaus.

tovoltaikanlage mit 8,4 kW_p elektrischer Leistung, die eine Dachfläche von etwa 58 m² auf der Südseite beansprucht. Um das Haus unabhängig vom öffentlichen Stromnetz zu betreiben, muss ein stationärer Akku installiert werden. Damit die Kosten insbesondere auch für den Akku in Grenzen bleiben, ist ein sparsamer Stromverbrauch mit effizienter Beleuchtung und effizienten Haushaltsgeräten erforderlich.

Kombinationen

Solarkollektoranlagen sind eine optimale Ergänzung zu allen anderen Wärmeerzeugern., ausgenommen Blockheizkraftwerke, weil die Laufzeit durch die solaren Erträge zu stark vermindert würde.

Langzeitwärmespeicher für Siedlungen

Wärmeversorgungsanlagen mit großen Sonnenkollektorflächen und sehr großen Wärmespeichern, die Sommerwärme bis in den Winter hinein speichern können, wurden und werden seit etlichen Jahren an verschiedenen Orten in Deutschland gebaut und erprobt. Bekannte große Anlagen befinden sich in Hamburg-Bramfeld, Friedrichshafen-Wiggenhausen und Neckarsulm. Es handelt sich stets um Anlagen, die nicht einzelne Gebäude, sondern eine ganze Siedlung über ein Nahwärmenetz mit überwiegend solarer Wärme versorgen. Über die Erfahrungen mit dieser besonderen Form von Nahwärmeversorgung wird in Kap. 3.7.2 berichtet

3.5.2 Photovoltaik-Anlagen

Photovoltaik bedeutet direkte Umwandlung solarer Strahlungsenergie in elektrische Energie, also in eine sehr hochwertige Energieform. Damit ist die Photovoltaik (PV) eigentlich keine Technik zur Wärmeerzeugung, um die es in diesem Buch vorrangig geht. Da elektrischer Strom aber durchaus als Energieträger direkt oder indirekt zur Wärmeerzeugung genutzt wird und die PV-Anlage zusammen mit oder ergänzend zur Heizung installiert wird, verdient sie hier erwähnt zu werden. Die Stromerzeugung in PV-Anlagen (Abb. 3.5.15 und 16) erfolgt geräusch-, wartungs- und emissionsfrei, ohne dass fossile Brennstoffe verbraucht werden. Der modulare Anlagenaufbau erlaubt vielfältige Anlagengrößen und –leistungen und der Nutzungsgrad der Solarstrahlung ist mit 10 - 20% durchaus respektabel.

Es gibt zwei große Nachteile: Zum einen ist die Stromproduktion abhängig von der Sonneneinstrahlung am Standort. Tages- und jahreszeitliche Schwankungen sowie die Standortbedingungen bestimmen den Ertrag, wobei die Leistung im Tagesverlauf vorhersagbar ist. Zum anderen ist die Photovoltaik derzeit ohne Subventionen (kostendeckende Vergütung des eingespeisten Stroms) noch nicht wirtschaftlich. Das wird sich mit fallenden Modulpreisen und steigenden Stromkosten voraussichtlich bald ändern. Schon heute kann der Strom aus der PV-Anlage mit Netzstrom zum Endverbraucherpreis konkurrieren.

In Deutschland sind ca. 91% der installierten PV-Leistung netzgekoppelt, diese Anlagen liefern den erzeugten Strom ins öffentliche Versorgungsnetz. Weltweit betrachtet überwiegen dagegen autarke Anlagen, d.h. solche, die der Versorgung fernab von öffentlichen Netzen dienen.

Eine Photovoltaikanlage besteht aus dem PV-Generator, der sich wiederum aus einer größeren, im Prinzip unbegrenzten Anzahl von Modulen zusammensetzt, dem PV-Wechselrichter, der Wechselstrom-Verteilung und dem Zähler, der die Schnittstelle zwischen öffentlichem Netz und PV-Anlage bildet (Abb. 3.5.16).

3.5.15
Wohnhaus mit PV-Anlage und thermischer Anlage.
Foto: Almut Setje-Eilers

Photovoltaik-Module

Die Photovoltaik-Module (auch Solarmodule genannt), die eigentlichen Energiewandler von Strahlung in Elektrizität, werden zur Sonne hin ausgerichtet und liefern je nach Einstrahlung an den Anschlussklemmen Strom und Spannung, wobei das Produkt (Strom · Spannung = elektr. Leistung) etwa propor-

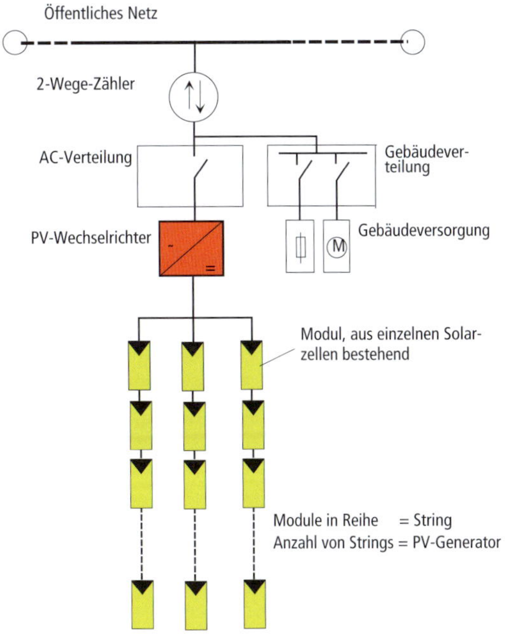

3.5.16
Schema einer netzgekoppelten Photovoltaikanlage. Nachdem durch die EEG-Novelle vom Frühjahr 2012 die Einspeisevergütung niedriger ist als die Strombezugskosten für Endverbraucher und der selbst erzeugte PV-Strom nicht mehr extra vergütet wird, ist es sinnvoll, den Photovoltaikstrom vorrangig selbst zu nutzen.

tional zur eingestrahlten Leistung ansteigt. Solarmodule müssen so gebaut sein, dass sie den extremen Witterungseinflüssen von Sonne, Wind und Wasser widerstehen und zudem die stromerzeugenden Zellen im Innern gegen Kriechströme und Spannungsüberschläge dauerhaft isolieren. Hinsichtlich der Zellentechnologie werden im Wesentlichen 3 Bauarten unterschieden:

- Bei *monokristallinen Modulen* werden die Zellen aus einkristallinen Siliziumscheiben hergestellt, wie sie auch für die Halbleiterherstellung verwendet werden. Sie erreichen einen Zellenwirkungsgrad von 20 - 24%, sind aber verhältnismäßig teuer.
- Bei den *polykristallinen Modulen* bestehen die Zellen aus Siliziumscheiben, bei denen viele Zonen mit unterschiedlicher Kristallorientierung erkennbar sind. Sie können durch preiswertere Verfahren (im Vergleich zum den monokristallinen Scheiben), z.B. durch Gießverfahren, hergestellt werden und erreichen einen Zellenwirkungsgrad bis zu 20%.
- *Dünnschicht-Module* bestehen aus dünnen, nichtkristallinen (amorphen) Siliziumschichten, die auf einen Träger wie Glas aufgetragen werden; sie werden daher auch als amorphe Module bezeichnet. Neben Silizium kommen auch die Materialien CdTe, GaAs, $Cu(In,Ga)(S,Se)_2$ und $CuInS_2$ zum Einsatz. Im Vergleich zu den (poly-)kristallinen Zellen können die Zellen durch Aufdampfen sehr materialsparend hergestellt werden und sind dadurch verhältnismäßig preiswert. Allerdings erreichen sie nur einen geringen Zellenwirkungsgrad von ca. 11%. Bei wenig Licht, Streulicht und bei hoher Betriebstemperatur bieten Sie jedoch Vorteile gegenüber den kristallinen Zellen. Umstritten sind allerdings CdTe-Zellen (Cadmium-Tellurit), weil Cadmium ein sehr giftiges Schwermetall ist. Es ist in den Zellen zwar chemisch fest gebunden und der Hersteller nimmt defekte Zellen zurück. Dennoch kann es z.B. bei Bränden frei gesetzt werden. Es ist auch fraglich, ob defekte und zerbrochene Zellen wirklich den Weg zum Hersteller zurück finden oder ob sie im normalen Hausmüll landen.

Alle drei Technologien werden derzeit parallel zueinander weiterentwickelt und entsprechende Solarmodule am Markt angeboten. Zu beachten ist der Unterschied zwischen Modul- und Zellwirkungsgrad, der teilweise verhältnismäßig groß und im Wesentlichen durch den Füllfaktor der Zellen und die notwendige Umhüllung (Rahmen, Glas etc.) begründet ist. Zellen auf monokristalliner Basis erreichen Modulwirkungsgrade bis zu 20%, Dünnschichtzellen bis zu 10%! Für Module mit polykristallinen Zellen liegen die Modulwirkungsgrade derzeit bei ca. 15%.

Die Zusammenhänge von Strom, Spannung und Leistung bei Solarzellen und –modulen sind relativ kompliziert und in erster Linie für Elektro-Planer solcher Anlagen von Bedeutung. Für das Verständnis einer PV-Anlage reicht es zu wissen, dass die elektrische Leistung eines Solarmoduls und analog auch die Leistung der ganzen PV-Anlage annähernd proportional zur Einstrahlung steigt. Bei einer maximalen Sonneneinstrahlung von 1.000 W/m² und 20% Wirkungsgrad erzeugt ein 1 m² großes Modul (Aperturfläche) z.B. 200 W elektrische Leistung, bei der halben Einstrahlungsintensität von 500 W/m² analog etwa 100 W.

Allerdings geht die Modulleistung (bei konstanter Einstrahlung) mit steigender Modultemperatur spürbar zurück, im Vergleich zu 0°C Modultemperatur (z.B. bei Frost) beträgt der Leistungsabfall bei 75°C schon gut 40%. Deshalb ist für die Solarmodule grundsätzlich eine Montageart zu wählen, bei der sie möglichst gut gekühlt werden; bei geneigten Dächern werden sie in der Regel hinterlüftet über den Ziegeln montiert.

Auch der Einfluss der Beschattung einzelner Zellen verdient Beachtung: Ist auch nur eine Zelle verschattet, wirkt sich das ähnlich aus als würden alle in Reihe geschalteten Zellen abgeschattet, wodurch die Leistung des verschatteten Moduls deutlich zurückgeht. Im ungünstigsten Fall können dadurch lokale Überhitzungen (Stichwort: hotspots) auftreten und zur Zerstörung einzelner Zellen und damit des ganzen Moduls führen. Moderne Module sind mit Bypassdioden gegen hotspots geschützt. Im Interesse einer guten Leistungsausbeute sind die Solarmodule also möglichst so einzubauen, dass die gesamte Modulfläche weitgehend unverschattet bleibt. Da sich der Schattenwurf z.B. durch einen Kamin, durch Gauben oder Bäume in der Praxis oft nicht vermeiden lässt, muss durch gezielte Verschaltung der Module dafür gesorgt werden, dass die Auswirkungen auf den Stromertrag so gering wie möglich bleiben.

Die Dachflächen können bei günstiger Ausrichtung (optimal in unseren Breiten: südliche Orientierung und 30° Dachneigung), stimmiger Dachstatik und Flächenhomogenität (keine Hindernisse wie Dachfenster, Gauben, Antennen, Schornsteine etc.) ganzflächig mit Modulen belegt werden.

Auf dem deutschen Markt sind mehr als 250 Modultypen mit Leistungen zwischen 30 und 315 W erhältlich. Um kostengünstiger fertigen zu können, gehen die Hersteller zunehmend zu größeren Modulen und zu rahmenlosen Modellen (Einsparung an Aluminium) über. Die Garantie auf Solarmodule ist mit 10 bis 26 Jahren relativ lang, wobei eine Leistungsminderung um 20% im Garantiezeitraum in der Regel als produktkonform und zulässig angesehen wird.

Die Dimensionierung des Photovoltaik-Generators erfolgt zumeist nach der verfügbaren Dachfläche. Dabei werden immer so viele Module in Reihe geschaltet, dass die resultierende Spannung des Solargenerators zum Eingangsspannungsbereich des Wechselrichters passt.

Wechselrichter

Die Wechselrichter erzeugen aus dem Gleichstrom des Solargenerators den für die Netzeinspeisung benötigten Wechselstrom. PV-Wechselrichter unterscheiden sich von den Wechselrichtern, die für Antriebsmotoren eingesetzt werden, durch das integrierte Strommanagement mit Maximum-Power-Tracker und Netzspannungssychronisation und den für Teillastbetrieb optimierten Wirkungsgrad, der ab 10% der Nennleistung über 90% liegen sollte und in der Spitze 98% erreichen kann.

Wechselrichter werden mit und ohne Transformator gebaut. Der trafolose Wechselrichter ist leichter, hat einen geringeren Eigenverbrauch, einen höheren Wirkungsgrad und hat sich aus diesen Gründen auch weitgehend durchgesetzt. Verwendet werden kann er aber nur, wenn die Eingangsspannung des PV-Generators auch bei hohen Modultemperaturen über dem Scheitelwert der Netzspannung liegt. Ein Nachteil des trafolosen Wechselrichters ist zudem die fehlende galvanische Trennung zwischen Solargenerator und Netz, die höhere Sicherheitsmaßnahmen hinsichtlich Berührungsschutz am Solargenerator erfordert.

Nach der Art der Steuerung unterscheidet man selbstgeführte und fremdgeführte Wechselrichter. Selbstgeführte Wechselrichter (Stichwort: Inselwechselrichter) arbeiten (auch) unabhängig vom Stromnetz. Fremdgeführte Wechselrichter (Stichwort: Einspeisewechselrichter) dienen der Erzeugung eines netzsynchronen Wechselstromes (gleiche Spannungshöhe, gleiche Frequenz und gleiche Phasenlage). Der Grund: Zum Einspeisen in das öffentliche Stromnetz muss die Gleichspannung, beispielsweise aus einer Photovoltaikanlage, erst in eine netzsynchrone Wechselspannung umgewandelt werden. Darüber hinaus verfügen fremdgeführte Wechselrichter über eine Abschaltung seinrichtung bei Netzstörungen. So wird Überspannung oder Spannung in abgeschalteten Netz-Abschnitten vermieden (vgl. Einrichtung zur Netzüberwachung mit zugeordneten Schaltorganen gemäß VDE-Norm 0126). Moderne Wechselrichter verfügen über einen oder mehrere MPP-Tracker, also einen intelligenten Spannungsregler, der die Belastung des Solargenerators fortlaufend variiert, um den bestmöglichen Arbeitspunkt mit der höchsten Leistungsangabe/entnahme zu ermitteln. Die Wechselrichter arbeiten gleichspannungsseitig (DC) in einem Systemspannungsbereich; sie starten bei einer Mindest-DC-Spannung von z.B. 180 V und sind für eine Maximal-DC-Spannung bis beispielsweise 800 V ausgelegt. Dieser Spannungsbereich ist wichtig bei der Festlegung der Modulzahl pro String. Die Spitzenspannung in der Modulkette tritt auf, wenn keine Last vorhanden ist und niedrige Außentemperaturen herrschen!

3.5.17
Typisches Solarmodul mit 6 x 10 polykristallinen Zellen und Wechselrichter.

PV-Wechselrichter gibt es in allen Leistungsklassen. Abgesehen von sogenannten Modulwechselrichtern, die an die Leistung eines Moduls angepasst sind (z.B. 250 - 300 Watt Nennleistung), werden für den Hausgebrauch Wechselrichter mit Leistungen zwischen 2 und ca. 20 kW in relativ großen Stückzahlen kostengünstig produziert. Darüber hinaus gibt es für Großanlagen auch große Zentralwechselrichter mit Leistungen von einigen zig kW bis in den Megawattbereich hinein. Bei Anlagen auf Wohngebäuden, aber auch bei größeren Anlagen auf Scheunendächern und solchen von gewerblichen Gebäuden werden PV-Generatoren mit größeren Leistungen vielfach in kleinere Gruppen aufgeteilt, für die dann die günstigen Wechselrichter im Standardleistungsbereich eingesetzt werden können. Die Bildung von Gruppen kann auch dann sinnvoll sein, wenn Anlagenteile unterschiedlich zur Sonne ausgerichtet sind und jeweils für sich im optimalen Arbeitspunkt betrieben werden sollen. Ein weiterer Aspekt ist die Sicherheit: Fällt bei einer Anlage mit Zentralwechselrichter selbiger aus, kann der erzeugte Strom nicht eingespeist werden. Bei modulintegrierten Wechselrichtern fällt nur das betreffende Modul für die Stromproduktion aus. Nachteilig bei dieser Variante sind die hohe und damit lebensdauermindernde Temperatur, der die Wechselrichter ausgesetzt sind, und die hohen Investitionskosten. Aus diesem Grund haben sie sich bisher auf dem Markt auch nicht durchsetzen können.

Kosten und Erträge

Planung, Auslegung und Bau von Photovoltaik-Anlagen sind – anders als bei den hier beschriebenen Heizungsanlagen – Aufgaben eines Elektroplaners und/oder -handwerkers. Auch wenn Dachdecker für die Arbeiten auf dem Dach oftmals die besseren Voraussetzungen (Schwindelfreiheit, Trittsicherheit) mitbringen und manche eben auch die Montage von PV-Anlagen anbieten, erfordert die fachgerechte und sichere Installation des Netzstromanschlusses auf jeden Fall die Mitwirkung einer Elektro-Fachkraft.

Da der erzeugte Strom, sofern er nicht selbst genutzt werden kann, ins Netz eingespeist wird, gibt es anders als bei den bisher betrachteten Wärmeversorgungsanlagen keine wirkliche Bedarfskenngröße für die Auslegung. Die Anlagenleistung wird nach der verfügbaren Dachfläche und/oder nach den verfügbaren Geldmitteln bemessen. Solange eine kostendeckende Vergütung des Stromes gezahlt wird, heißt das Prinzip: je größer die Anlage, umso größer der Stromertrag und umso höher die finanzielle Rendite (richtige Dimensionierung und zuverlässige Bauteile vorausgesetzt). Die folgenden Richtwerte beschreiben den Rahmen von Einsatz und Ertrag:

- Bei mono- und polykristallinen Modulen sind etwa 5 - 8 m^2 Modulfläche pro kW Nennleistung (= 1 kW_{peak} bei 1.000 W/m^2 Einstrahlung) nötig, die mit Montagezwischenraum etwa 6 - 9 m^2 Dachfläche belegen. Die Kosten für (mono- und poly-)kristalline PV-Module liegen bei 1.100 - 1.500 €/kW_{peak} (ohne Mwst).
- Bei Dünnschichtmodulen sind etwa 10 – 11 m^2 Modulfläche pro kW_{peak} erforderlich, die mit Montagezwischenraum etwa 11 - 12 m^2 Dachfläche belegen. Die Modulkosten liegen bei 900 -1.100 €/kW_{peak}.
- Aufgrund des internationalen Wettbewerbs und eines kaum überschaubaren Marktes ist mit weiteren Preissenkungen bei Solarmodulen zu rechnen.
- PV-Wechselrichter kosten je nach Nennleistung zwischen etwa 300 - 600 €/kW_{peak}, im Leistungsbereich 2 - 5 kW ist mit 1.200 - 2.000 € zu rechnen.
- Die Kosten für eine Gesamtanlage im Leistungsbereich 2 - 6 kW_{peak} werden derzeit (Oktober 2012) einschließlich Montagematerial und Montage (120 - 180 €/kW_{peak}) mit etwa 1.600 - 2.100 €/kW_{peak} angegeben und zeigen ebenfalls sinkende Tendenz.
- Der Stromertrag hängt (bei einer korrekt installierten Anlage) im Wesentlichen von der Einstrahlung ab; dabei sind lokale Unterschiede ebenso wie Ertragsschwankungen von Jahr zu Jahr festzustellen. Der durchschnittliche Jahresertrag liegt in Deutschland je nach Einstrahlung bei 900 - 1.100 kWh/kW_{peak}, im Norden ist eher mit dem unteren, in Süddeutschland eher mit dem oberen Wert zu rechnen.

Die Rückführung der Förderung (Subvention) durch weiter sinkende Einspeisevergütung und die Deckelung der zu installierenden Leistung im novellierten EEG könnten zu einer Änderung der derzeit noch komfortablen Situation führen, in der die Investition auf jeden Fall rentierlich ist und sogar eine Kapitalaufnahme lohnt. Unabhängig vom finanziellen Ertrag ist aber festzuhalten, dass die Photovoltaikanlage auf dem Dach Strom aus regenerativer Sonnenenergie ins Netz bringt und die Stromversorgung gesellschaftlich betrachtet etwas umweltfreundlicher macht. Außerdem trägt eine Photovoltaikanlage zur Aufwertung der gebäudebezogenen Energiebilanz bei, insbesondere wenn eine elektrische Wärmepumpe für die Heizung und/oder Warmwasserbereitung eingesetzt wird.

Stromspeicher

Im Jahre 2012 hat der Solarstrompreis die Schallmauer durchbrochen und ist nun preisgünstiger als Haushaltsstrom, ein großer Erfolg des EEG! Das erklärt auch das steigende Interesse, den PV-Strom selbst zu nutzen. Doch es gibt eine erhebliche Diskrepanz zwischen Bedarf und Angebot, wie Abb. 3.5.19 zeigt. Die Stromspitzen werden durch Kochen, den Betrieb von Haushaltgeräten und die Unterhaltungselektronik (am Abend) verursacht. Bedeutsam ist auch die nächtliche Grundlast von rund 300 Watt, die durch Kühlgeräte und Stand-by-Verbraucher verursacht wird.

Aus Abb. 3.5.20 ist zu ersehen, dass die Eigenverbrauchsquote von der Zahl der Personen und der Größe der Anlage abhängig ist. Beispiel: Der Strom einer Anlage mit 5 kW_p kann in einem 4-Personen-Haushalt (rote Linie) zu etwa 33% selbst verbraucht werden. Bei einer 20 kW-Anlage kann von der gleichen Familie nur rund 10% des produzierten Stroms selbst genutzt werden. Der Rest müsste verkauft werden, wobei dieser Stromüberschuss immer schlechter oder gar nicht mehr vergütet wird.

Einen Ausweg aus diesem Dilemma bietet eine gezielte Lastverschiebung: Möglichst viele energieintensive Haushaltsgeräte werden tagsüber betrieben, z.B. Waschmaschine, Geschirrspüler etc. Auch Gefriertruhen und Gefrierschränke können vorzugsweise tagsüber betrieben werden, wenn sie sehr gut gedämmt sind und in einem kühlen Raum stehen. Bei anderen Verbrauchern dürfte die Verlagerung schwierig werden. Insgesamt lässt sich der Eigenverbrauchsanteil durch solche Maßnahmen um einige Prozentpunkte steigern. Wesentlich höhere Eigenverbrauchsquoten sind dann nur noch mit Stromspeichern (Akkus) zu schaffen, die momentan wegen des starken Interesses von etlichen Firmen fieberhaft entwickelt werden. Erste Geräte sind auf dem Markt erhältlich, aber noch relativ teuer.

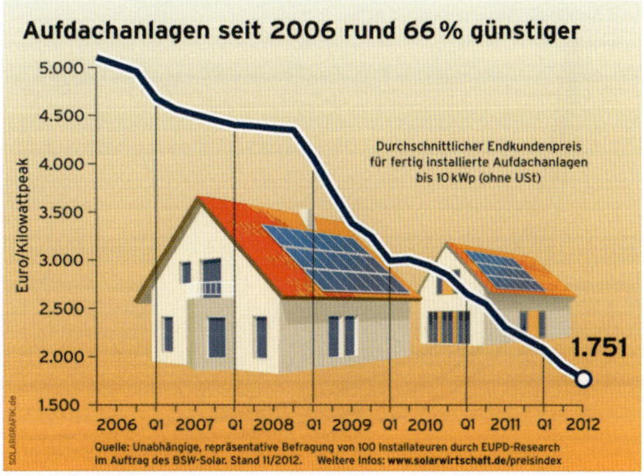

3.5.18
Preisentwicklung bei Solarstromanlagen.
Quelle: BSW-Solar, PV-Preisindex

Bei einer nächtlichen Grundlast von ca. 300 W und erhöhtem abendlichem Verbrauch müsste ein Akku eine Kapazität von 5 kWh haben, um die Nachtstunden (5.000 Wh / 300 W = 16,6 h) zu überbrücken. In den besonders dunklen Wintermonaten (Nov.-Feb.) ergeben sich vermutlich keine Überschüsse zum Laden des Akkus. In dieser Zeit wird der Akku fast gar nicht genutzt, es sei denn man hat eine sehr große PV-Anlage. Als Stromspeicher werden heute folgende Varianten angeboten:

- *Bleiakkus:* Sie sind erprobt und werden in großen Stückzahlen relativ preisgünstig produziert. Sie sind sehr schwer und voluminös, was aber bei stationären Anwendungen keine Rolle spielt. Die Preise von Bleiakkus liegen bei 150 - 300 €/kWh Kapazität je gespeicherter kWh. Die Lebensdauer ist relativ gering und von vielen Faktoren abhängig, wobei Aufbewahrungstemperatur und Entladetiefe die wichtigsten sind. Eine um 10°C erhöhte Temperatur halbiert die Lebensdauer! Deshalb sollten die Akkus kühl stehen.

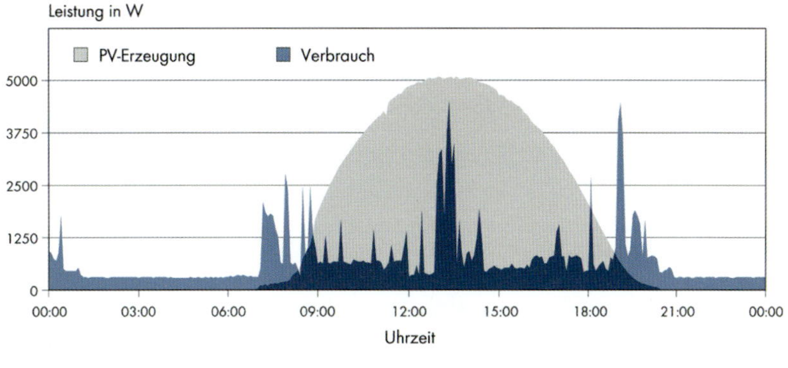

3.5.19
Erzeugung und Verbrauch an einem wolkenlosen Sommertag (4-Personen-Haushalt und Solarstromanlage mit 5 kW_p Spitzenleistung).
Quelle: Fa. SMA

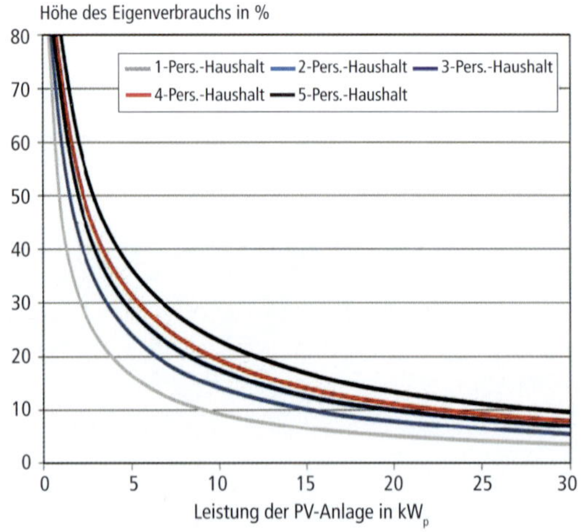

3.5.20
Die Eigenverbrauchsquote hängt ab von der Personenzahl im Haushalt und der Größe der PV-Anlage. Quelle: Firma SMA

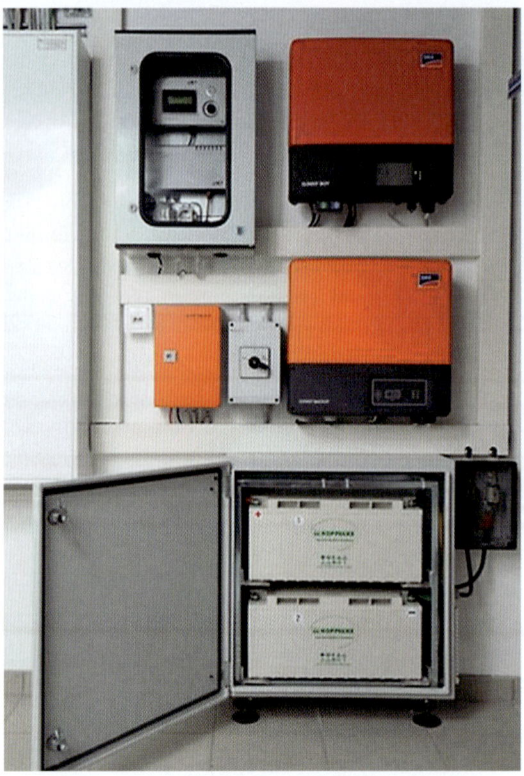

3.5.21
Komplettstation zur Speicherung und Einspeisung von Solarstrom. Die Anlage besteht aus einem PV-Wechselrichter, einem Akku-Wechselrichter, dem Akku (unten), einem Gleichspannungsschalter sowie dem Stromzähler. Das System ist notstromfähig. Quelle: Fa. SMA

- Bleiakkus haben eine Lebensdauer von 1.500 Entlade/Lade-Zyklen, wenn sie nur zu 50 % be- und entladen werden. Bei größerer Entladetiefe sinkt die Lebensdauer stark ab. Bei einem Einsatz an einer PV-Anlage werden 1.500 Zyklen etwa in 5 Jahren erreicht, d.h. alle 5 Jahre ist mit einem Ersatz des Akkus und Sondermüll/Bleirecycling zu rechnen!
- Eine doppelt so lange Lebensdauer wird mit den sog. Panzerplatten-Bleiakkus erreicht, die für industrielle und militärische Anwendungen entwickelt wurden. Die Preise liegen aber auch etwa doppelt so hoch wie bei den Standardakkus.
- *Lithium-Ionen-Akkus:* Sie sind bekannt aus dem Betrieb von Notebooks und Elektromobilen. Ihr Vorteil ist, dass sie relativ leicht sind und dass sie bis auf 20% der Kapazität entladen werden können, ohne dass die Lebensdauer merklich zurückgeht. Vorteilhaft ist zudem ihre geringe Selbstentladung in Höhe von 1% der Anfangskapazität pro Monat. Nachteilig ist, dass man mit diesen Akkus noch keine Langzeit-Erfahrungen hat. Auch muss das Laden und Entladen mit einer aufwändigen Elektronik sorgsam überwacht werden. Anderenfalls können sie explodieren, was schon häufiger der Grund für Rückrufaktionen bei Handys etc. war. Die Lebensdauer ist auch bei diesen Akkus stark abhängig von der Temperatur, weshalb sie ebenfalls kühl stehen sollten. Meist wird mit einer Lebensdauer von 5 (bei schlechter Produktion und Behandlung) bis 20 Jahren gerechnet. Die Zahl der Ladezyklen wird mit bis zu 20.000 angegeben. Danach sind sie als Sondermüll zu entsorgen. Die Kosten sind 2 - 4 mal so hoch wie die von Bleiakkus.

Die Preise für komplette Speichersysteme liegen z.B. nach Angaben der Firma IBC-Solar zwischen 6.500 € (Bleigel-Akku mit 6,3 kWh Kapazität) und 12.000 € (Li-Ion-Akku mit 8,6 kWh Kapazität). Einige Systeme können bei Netzausfall sogar die Notstromversorgung übernehmen. Abb. 3.5.21 zeigt ein solches System.
Eine weitere Möglichkeit, die Eigenverbrauchsquote beim PV-Strom zu erhöhen, liegt in der Elektromobilität. Man kann den Strom tagsüber tanken, am besten über eine Elektronik, die in einer Komplettstation enthalten sein könnte. Handelsübliche Elektromobile (z.B. Peugeot ION) benötigen etwa 15 kWh Strom je 100 km Fahrtstrecke.

3.6 Kraft-Wärme-Kopplung

Mengenmäßig würde die bei der Stromproduktion in großen Kraftwerken anfallende Abwärme ausreichen, um sämtliche Gebäude in Deutschland zu beheizen. Denn bei der herkömmlichen Stromerzeugung in großen Kohle- und Atomkraftwerken wird nur rund ein Drittel der eingesetzten Energie in Strom umgewandelt, der Rest wird als Abwärme über die Kühltürme oder durch Aufheizen der Flüsse in die Umwelt entsorgt.

Um die Abwärme der Stromproduktion nutzen zu können, muss der Strom dort erzeugt werden, wo die Wärme genutzt werden kann. Dies geschieht am effektivsten dezentral in kleinen Kraftwerken mit der sogenannten Kraft-Wärme-Kopplung (KWK), der gleichzeitigen Erzeugung und Nutzung von Strom und Wärme. Die Ausnutzung der Brennstoffenergie bzw. der Wirkungsgrad kann dadurch von 30 - 45% im Großkraftwerk auf bis zu 90% gesteigert werden. Gegenüber der Stromerzeugung in konventionellen Kraftwerken und der separaten Wärmeerzeugung in Heizkesseln lässt sich mit KWK eine Primärenergieeinsparung von mindestens 30% und eine CO_2-Reduktion um über 50% erreichen (Abb. 3.6.1), letzteres, wenn Kohle durch Erdgas ersetzt wird.

In Deutschland wurden im Jahre 2010 nur 15,8% des Stroms mit KWK erzeugt (Quelle: Umweltbundesamt), während der Anteil z.B. im Nachbarland Dänemark bereits 50% beträgt. Gemäß den Klimaschutzzielen der Bundesregierung sollen bis 2020 in Deutschland 25% des Stroms aus KWK stammen. Laut Enquete-Kommission der Bunderegierung „Nachhaltige Energieversorgung" lässt sich der Beitrag der KWK theoretisch sogar auf 70% der Stromproduktion steigern. Kleine Kraftwerke mit KWK (Blockheizkraftwerke, BHKW) können z.B. dann gestartet werden, wenn kein oder wenig Solar- und Windstrom eingespeist wird, um das Netz zu stabilisieren. Durch diese Technik, die obendrein den Neubau von Stromtrassen und Netzverluste mindern hilft, können in erheblichem Umfang Stromerzeugungskapazitäten erschlossen werden!

Eine wesentliche Ursache für die bisher geringe Verbreitung der Kraft-Wärme-Kopplung in Deutschland ist die unzureichende und komplizierte Förderung im Kraft-Wärme-Kopplungsgesetz (KWKG) und im Erneuerbare-Energien-Gesetz (EEG). Zeitweise gab es direkte Zuschüsse vom BAFA, dann wurde die Förderung wieder gestrichen. Derzeit können wieder Anträge gestellt werden, die Fördersumme wurde jüngst sogar erhöht (s. Kap. 7). Das Hin und Her bei der Förderung verunsichert aber potentielle Investoren.

Wertigkeit der Energie

Physikalisch gesehen ist Strom eine wesentlich wertvollere Energieform als Wärme. Die Edelenergie Strom (Exergie) eignet sich zum Antrieb von Maschinen, zur Beleuchtung, für elektronische Geräte usw. und wird durch die Nutzung ohnehin zu 100% in Wärme (Anergie) umgewandelt. Wärme lässt sich dagegen nur mit hohem technischem Aufwand und schlechtem Wirkungsgrad in mechanische Energie oder Strom umwandeln, wobei der Wirkungsgrad umso niedriger ist, je niedriger die Temperatur ist. Das heißt auch, dass Wärme hoher Temperatur höherwertiger ist und mehr Exergie enthält als Wärme niedriger Temperatur.

Um einen Brennstoff physikalisch optimal zu nutzen, sollte daher zunächst so viel Strom oder auch mechanische Energie wie möglich aus ihm herausgeholt werden. Mit der dabei anfallenden Wärme lassen sich dann immer noch Wohnungen beheizen. Großkraftwerke ohne Kraft-Wärme-Kopplung (KWK) entziehen dem Brennstoff nur den Strom und entsorgen die Wärme ungenutzt. Bei Heizkesseln ist es umgekehrt; sie erzeugen aus einem hochwertigen Energieträger nur (minderwertige) Wärme (Abb. 3.6.2).

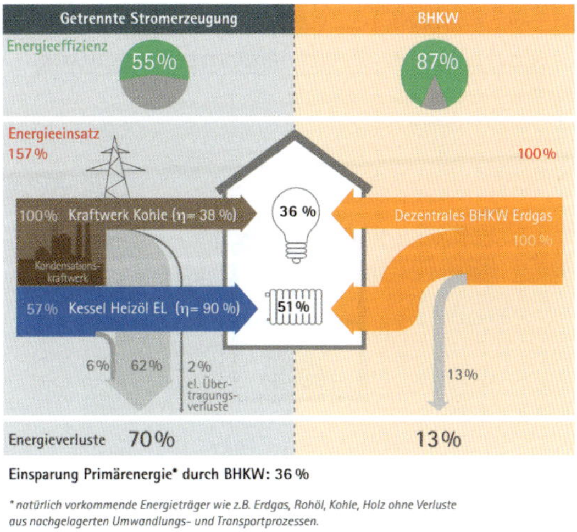

3.6.1
Energiebilanzen bei der zentralen und dezentralen Strom- und Wärmeerzeugung. Quelle: ASUE

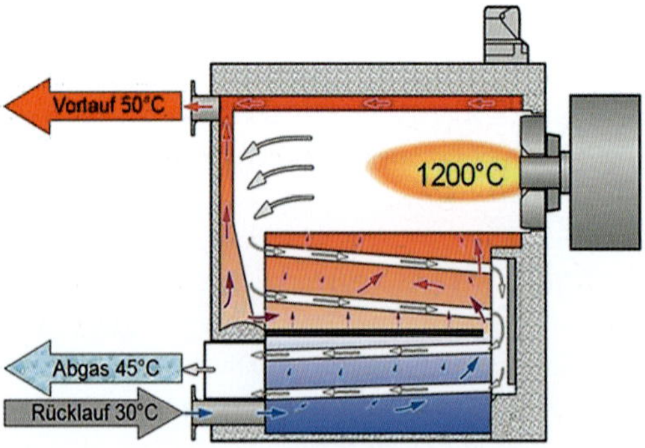

3.6.2
Der Gebläsekessel erzeugt aus einem hochwertigen Energieträger (Heizöl, Erdgas) minderwertige Wärme mit 50°C (Anergie). Auch wenn ein Brennwertkessel noch die im Abgas enthaltene Kondensationswärme nutzt, bleibt die Exergie im Brennstoff, d.h. die Fähigkeit Temperaturen von über 1.000°C zu erzeugen, weitgehend ungenutzt. Exergie wird verschwendet.
Quelle: Bosch Thermotechnik GmbH, Buderus Deutschland

Die alleinige Betrachtungsweise des Wirkungsgrades einer Anlage sagt über die energetische Effizienz nur die halbe Wahrheit: Ein Brennwertkessel kann zwar einen Wirkungsgrad nahe 100% (bezogen auf den Brennwert) erreichen. Dennoch nutzt er die Energie schlechter als ein (Block-)Heizkraftwerk, das einen Gesamtwirkungsgrad von beispielsweise 90% hat (30% Strom, 60% Nutzwärme). Denn man könnte den gewonnenen Strom z.B. in einer Wärmepumpe nutzen, um damit mehr Wärme aus der Umwelt in die Wohnung zu pumpen. Alternativ könnte die Wärmepumpe natürlich auch direkt an den Gasmotor gekoppelt werden. Eine Wärmepumpe kann so (bei einer Arbeitszahl von 4) aus den 30% Strom ca. 120% Heizwärme bereitstellen. Rechnet man die Abwärme des BHKW-Motors, also die ca. 60% hinzu, können aus 100% Erdgas 180% Nutzwärme erzeugt werden!
Fazit: Um einen Brennstoff möglichst optimal zu nutzen, muss man bestrebt sein, damit zunächst einen möglichst hohen Anteil der teuren Edelenergie Strom zu erzeugen.

3.6.1 BHKW

Dezentral wird das Prinzip der Kraft-Wärme-Kopplung in sogenannten Blockheizkraftwerken (BHKW) genutzt. Im BHKW treibt ein Gas-, Diesel- oder Stirlingmotor einen Generator an. Dieser produziert Strom, der im Haus verbraucht oder ins öffentliche Stromnetz eingespeist wird (s. Abb. 3.6.3). Die Abwärme des Motors (Kühlwasser und Abgas) wird für die Beheizung des Gebäudes genutzt. Auch Brennstoffzellen können als eine BHKW-Variante angesehen werden, da sie ebenfalls Strom und Wärme produzieren.

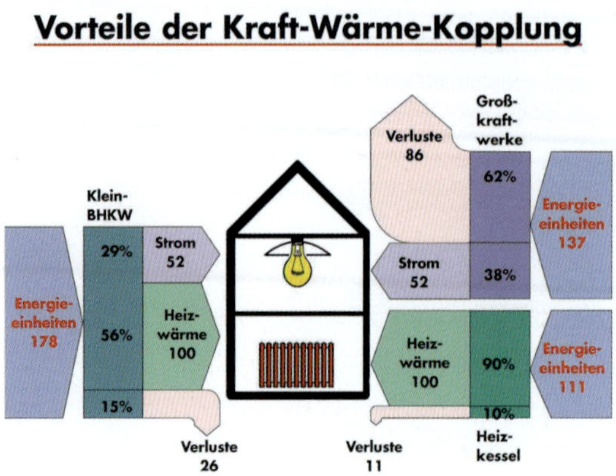

3.6.3
Vorteile der Kraft-Wärme-Kopplung. In der Praxis wird zur Deckung des Wärmebedarfs in Spitzenzeiten neben dem BHKW ein Gaskessel benötigt, der etwa 30 - 40% des Jahreswärmebedarfs liefert. Quelle: EnergieAgentur NRW

Bauformen

Kleine BHKW bis etwa 15 kW_{el} elektrische Leistung werden allgemein als Mikro-BHKW bezeichnet, was darauf hindeutet, dass diese Technik zunächst für größere Leistungen entwickelt worden ist (Industriebetriebe, Banken, Kaufhäuser). Gebräuchliche Bezeichnungen nennt Tabelle 3.6.1, wobei die Abgrenzung der Leistungsbereiche nicht genau definiert ist.
Bei den am Markt verfügbaren BHKW kommen verschiedene Technologien zum Einsatz. Am meisten verbreitet sind BHKW mit Erd- bzw. Biogas-Ottomotoren (s. Abb. 3.6.4). Nur noch selten findet man BHKW mit Dieselmotoren, die mit Heizöl oder Pflanzenöl betrieben werden, da diese Brennstoffe teurer und umweltbelastend sind. BHKW ab etwa 5 kW_{el} werden seit Jahren eingesetzt und gelten als ausgereift.

Für Mehrfamilienhäuser ab etwa 10 Wohneinheiten sind Mikro- oder Mini-BHKW eine gute Ergänzung zu herkömmlichen Heizungsanlagen. Da diese Gebäude wegen der Warmwasserbereitung auch im Sommer einen gesicherten Wärmebedarf haben, erreichen BHKW, ausgelegt für die Grundlast an Wärmebedarf, jährliche Laufzeiten von 5.000 Stunden und mehr. Als unterer Grenzwert für einen wirtschaftlichen Betrieb von BHKW gelten 3.500 – 4.000 h/a (ein Jahr hat 8.760 h).

Um die Einsatzbereiche für BHKW zu erweitern, wurden in den letzten Jahren Kleinst-BHKW (Nano-BHKW, oft auch als „stromerzeugende Heizung“ bezeichnet) entwickelt, die mit 1 - 2 kW_{el} leistungsmäßig auf den Einsatz in großen Ein- und Zweifamilienhäusern zielen (Abb. 3.6.5). Sie arbeiten meist mit Stirlingmotoren, bei denen der Kolben im Zylinder durch Wärmezu- und -abfuhr von außen bewegt wird. Vorteilhaft ist dabei der geringe Verschleiß und der leise Betrieb. Außerdem kann fast jede beliebige Wärmequelle zum Antrieb genutzt werden, z.B. direkte Sonnenwärme (in sonnenreichen Ländern) ebenso wie eine Holzpellet- oder Erdgasflamme. Technisch ausgereift sind derzeit allerdings nur die Stirling-Anlagen mit Erdgas-Antrieb.

Um kompakte Anlagen mit optimiertem Installationsaufwand anbieten zu können, besitzen die meisten Nano-BHKW bereits einen integrierten Nachbrenner, d.h. einen Brennwertkessel, der sich einschaltet, wenn mehr Wärmeleistung benötigt wird als das BHKW liefern kann. Die Stromkennzahl, das Verhältnis von Stromerzeugung zu Wärmeproduktion, muss daher für den Betrieb ohne und mit Nachbrenner betrachtet werden.

Einteilung von Blockheizkraftwerken nach Leistung

Bezeichnung	elektrische Leistung	thermische Leistung
Nano-BHKW	bis 2 kW	bis 15 kW
Mikro-BHKW	2 - 15 kW	4 - 30 kW
Mini-BHKW	15 - 50 kW	30 - 100 kW
BHKW	>50 kW	>100 kW

Tabelle 3.6.1
Einteilung der Blockheizkraftwerke nach ihrer Leistung.

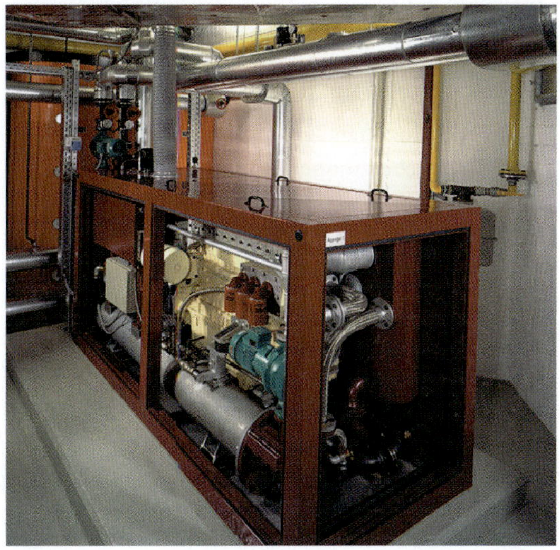

3.6.4
BHKW mit Gas-Otto-Motor mit 112 kW_{el} elektrischer Leistung. Quelle: Fa. Comuna-Metall

3.6.5
BHKW mit Gas-Stirlingmotor und Pufferspeicher mit 1 kW elektrischer Leistung.
Quelle:
BHKW-Forum.info (links) und Ulf Schreiner (rechts)

Betriebsweisen: wärmegeführt oder stromgeführt?

BHKW können strom- oder wärmegeführt betrieben werden. Ein wärmegeführtes BHKW wird immer dann eingeschaltet, wenn Wärme benötigt wird, während der produzierte Strom vorrangig selbst verbraucht und der Rest ins Netz verkauft wird. In größeren Betrieben laufen BHKW dagegen oft stromgeführt, d.h. sie werden zu Zeiten mit einem gewissen Mindeststromverbrauch eingeschaltet und helfen, Leistungsspitzen im Betrieb abzubauen, während die anfallende Wärme in einem Puffer gespeichert wird. Die Firma Lichtblick versucht zur Zeit, mit 100.000 BHKW ein virtuelles Großkraftwerk („Schwarmstrom-" oder „Zuhause-Kraftwerk") aufzubauen. Bei Strombedarf im öffentlichen Netz, z.B. bei Windflaute und schwacher Sonneneinstrahlung, können über ein Startsignal im Netz in kürzester Zeit viele kleine BHKW eingeschaltet werden, die helfen, das Stromnetz zu stabilisieren (Abb. 3.6.6). Die BHKW der Fa. Lichtblick arbeiten mit VW-Motoren und liefern 19 kW elektrische Leistung sowie 32 kW Wärmeleistung. Laut Fa. Lichtblick eignen sich diese BHKW für große Gebäude/Betriebe mit mindestens 45.000 kWh Gasverbrauch. Bei 5.000 Betriebsstunden im Jahr produziert das BHKW 95.000 kWh/a Strom. Da der Verkauf des Stroms durch Einspeisung ins Netz allein nur geringe Deckungsbeiträge liefert, sollte das zu versorgende Gebäude auch einen hohen Stromverbrauch haben (>30.000 kWh/a).

3.6.6
Der Strom aus den erneuerbaren Energien Sonne und Wind ist stark fluktuierend und erfordert einen Ausgleich der schwankenden Einspeisung. Da die konventionellen Großkraftwerke den Schwankungen nicht so schnell folgen können, müssen sie durch flinke Kraftwerke, zu denen auch die BHKW gehören, ersetzt werden. Quelle: Fa. Lichtblick

Die stromgeführte Betriebsweise ist nur sinnvoll, wenn die dabei produzierte Wärme in einem Pufferspeicher abgeladen und zeitnah, d.h. innerhalb eines Tages, verbraucht werden kann.

Wirkungsgrade

Bei einer Rücklauftemperatur von 50°C erreichen die meisten BHKW einen Gesamtwirkungsgrad von mehr als 80%. Durch einen nachgeschalteten Abgaswärmetauscher zur Brennwertnutzung kann, ähnlich wie bei Brennwertkesseln, ein Gesamtwirkungsgrad von fast 100% erreicht werden, wenn die angeschlossene Flächenheizung entsprechend niedrige Rücklauftemperaturen bringt.
Tabelle 3.6.2 stellt einige technische Daten und die Wirkungsgrade verschiedener BHKW-Maschinen vergleichend gegenüber. Der elektrische Wirkungsgrad von Otto-BHKW (ebenso Diesel-BHKW) ist weitaus höher als der von Stirling-BHKW. Besonders deutlich kommt das in der niedrigen Stromkennzahl der Stirling-Aggregate zum Ausdruck, die als Verhältnis aus elektrischer Leistung zu Nutzwärmeleistung definiert ist. Ursache dafür ist hauptsächlich der sehr hohe Entwicklungsstand der Ottomotoren, die seit mehr 100 Jahren in Massen produziert werden. Stirlingmotoren wurden bisher nur in kleinen Stückzahlen gebaut. Hier gibt es noch ein hohes Entwicklungspotential.
Die geringe Stromkennzahl des Stirling-BHKW ist physikalisch nachteilig (Exergieverlust). Wirtschaftlich ist sie aber nicht unbedingt von Nachteil, da überschüssiger Strom relativ schlecht vergütet wird (vgl. Tabelle 3.6.5). Bei beschränktem eigenem Stromverbrauch gibt es folglich wenig Anreiz, Überschüsse zu produzieren und einzuspeisen.
Sehr hohe elektrische Wirkungsgrade (40 - 45%) erreichen die großen Otto-BHKW (> 100 kW_{el}, Abb. 3.6.4), wie sie typischerweise bei Großverbrauchern stehen (Banken, Bäder, Kläranlagen etc.). Noch höher ist der elektrische Wirkungsgrad guter Brennstoffzellen (s. Kap. 3.6.2), die eine Stromkennzahl von etwa 100 erreichen! Hier wird der Brennstoff äußerst effizient, d.h. mit vergleichsweise mäßiger Wärmeentwicklung chemisch direkt umgewandelt. Der elektrische Wirkungsgrad von Brennstoffzellen kann allerdings im Laufe der Zeit durch Degradation (Veränderungen an Membranen und Elektrolyten) sinken. Brennstoffzellen gelten noch nicht als technisch ausgereift! Das spricht dafür, eher die erprobten Otto-BHKW zu installieren.

Tab. 3.6.3 zeigt die technischen Daten eines Otto- und eines Stirling-BHKW im Vergleich. Während das Gerät der Firma Vaillant bei reinem BHKW-Betrieb auf eine Stromkennzahl von 40% kommt, schafft das Gerät WhisperGen nur 18,2%.
Da der Otto-Motor deutlich weniger Wärme (2,5 kW) produziert als der Stirling-Motor (5,5 kW), muss häufiger der Brennwertkessel nachhelfen. Für die Anlage mit Stirlingmotor ist bei wärmegeführter Auslegung eigentlich ein höherer Grundlast-Wärmebedarf des Gebäudes Voraussetzung. Oder man sieht eine eher stromgeführte Auslegung vor, um einen höheren Anteil des eigenen Strombedarfs zu decken und nimmt dafür eine geringere Laufzeit und einen höheren Anteil an der Wärmeerzeugung in Kauf. In diesem Fall deckt die Stirling-Anlage einen wesentlich größeren Teil des Wärmebedarfs, so dass der Kessel seltener zugeschaltet werden muss.

Dimensionierung

Für die richtige Dimensionierung eines BHKW muss die sogenannte geordnete Jahresdauerlinie erstellt und betrachtet werden. Abb. 3.6.7 zeigt solch eine Jahresdauerlinie (rote Linie) für ein kleines Mehrfamilienhaus mit 6 Wohneinheiten (Neubau, Effizienzhaus 70), erstellt mit dem PC-Programm MiniBHKW-Plan. Für Gebäude mit einem anders strukturierten Leistungsbedarf kann die Kurve etwas anders verlaufen. Die Jahresdauerlinie macht die Verteilung der Leistung (für Heizung und Trinkwassererwärmung) auf der Zeitachse anschaulich. Es gibt nur wenige Stunden im Jahr (Tage mit z.B. -12°C Außentemperatur), an denen die maximale Heizleistung (die Auslegeleistung) benötigt wird. An den meisten Tagen ist die erforderliche Heizleistung sehr viel geringer, und in der Sommerzeit bleibt nur der Wärmebedarf für die Trinkwassererwärmung zu decken. Gemäß Abb. 3.6.7 liegt die erforderliche Heizleistung an 1.400 Std. im Jahr bei 40% der Auslegeleistung und darüber. An 5.000 Std. im Jahr wird eine Leistung von 10% der Maximalleistung oder mehr geordert.
Installiert man hier das Otto-BHKW (Vaillant Eco-Power 1.0) mit einer thermischen Nennleistung von knapp 20% der Maximalleistung, kann es fast 3.500 h/a mit voller Leistung laufen. Da das BHKW die Wärme in einem Pufferspeicher zwischenspeichern kann, lässt sich die Laufzeit im Taktbetrieb auf ca. 5.590 h/a verlängern (vgl. Tab. 3.6.3). Dieses BHKW liefert 54,7% des Jahreswärmebedarfs. Die Spitzenlast an Wärme muss ein Kessel beisteuern.
Anders sieht die Situation mit dem Stirling-BHKW aus: Aufgrund der größeren Wärmeleistung kann es im Jahr nur an 3.856 h/a im Taktbetrieb laufen und deckt dabei fast 79% des Wärmebedarfs (vgl. Tab. 3.6.3). Die Stromproduktion ist mit 3.856 kWh/a um

Technische Daten von Klein-BHKW mit verschiedenen Antriebstechniken				
Antrieb	Stirling-Motor	Otto-Motor	Linear-Motor	Brennstoffzellen
Gesamtwirkungsgrad	> 90%	> 90%	> 90%	bis 90%
Elektrischer Wirkungsgrad	10 - 15%	22 - 40%	10 - 15%	35 - 55%
Thermischer Wirkungsgrad	75 – 80%	50 - 70%	75 – 80%	45 - 55%
Stromkennzahl	10 - 15%	25 - 90%	ca. 12%	70 - 100%
Preis für BHKW plus Puffer	15.000 - 19.000 €	16.000 - 20.000 €		> 30.000 €
Emission NO_x	15 - 180 mg/m³	300 - 400 mg/m³	k.A.	15 - 180 mg/m³
Verhältnis: elektrische / thermische Leistung	ungünstig (ca. 1:5)	gut (ca. 1:3)	ungünstig (1:10 bis 1:7)	sehr gut (bis 1:1)
Wartungsaufwand	gering	mittel	gering	gering
Serienfertigung	ja	ja	nein	ab 2012 ???
Degradation	nein	nein	nein	ja
Anlagenaufwandszahl	0,59 - 0,65	0,52 - 0,64		
Lebensdauer	10 - 15 Jahre wenig Erfahrung	10 - 15 Jahre ausgereift	keine Erfahrung	wenig Erfahrung

Tabelle 3.6.2
Technische Daten von Klein-BHKW mit verschiedenen Antriebstechniken. Die Wirkungsgrade sind brennwertbezogen.

Tabelle 3.6.3
Zwei Nano-BHKW im Vergleich.

		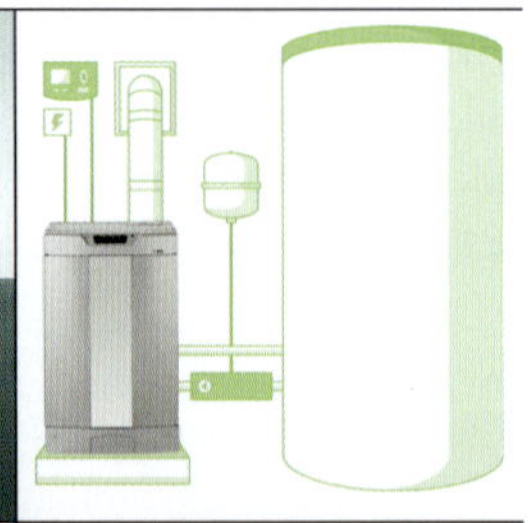
	Vaillant Eco-Power 1.0	**WhisperGen MK5 AC**
Motor (Erdgas)	4-Takt Otto	Stirling
Modulation	nein	ja
elektrische Leistung	1.000 W	300 - 1.000 W
Nennwärmeleistung BHKW/Kessel	2,5 / 25,8 kW	3,5-5,5 / 13 kW
Nenndrehzahl	1.950 Takte/min.	1.500 Takte/min.
elektrischer Wirkungsgrad	26,3%	7,2 / 4,2*%
thermischer Wirkungsgrad	65,7%	84,9 / 89,9*%
Stromkennzahl	40,0 / 3,9*%	18,2 / 7,6*%
Gesamtwirkungsgrad	92,0%	92,1 / 94,0*%
Gewicht (ohne Puffer)	395 kg	137 kg
Maße (ohne Puffer)	1.370 x 740 x 1.080 mm	490 x 555 x 850 mm
Beispiel: MFH mit 6 WE als Effizienzhaus 70 (s. auch Abb. 3.6.7)		
Strombedarf MFH	12.000 kWh/a	12.000 kWh/a
Wärmebedarf MFH	25.300 kWh/a	25.300 kWh/a
Stromproduktion BHKW	5.500 kWh/a	3.700 kWh/a
Wärmeproduktion BHKW	13.800 kWh/a	19.900 kWh/a
Anteil BHKW an Wärmeerzeugung	54,7%	78,7%
Betriebsstunden	5.590 h/a	3.856 h/a
Primärenergieeinsparung gegenüber Brennwertkessel	41,6%	28,1%
CO_2-Einsparung	3,5 t/a	2,8 t/a
* ohne bzw. mit Brennwertkessel oder Nachbrenner		

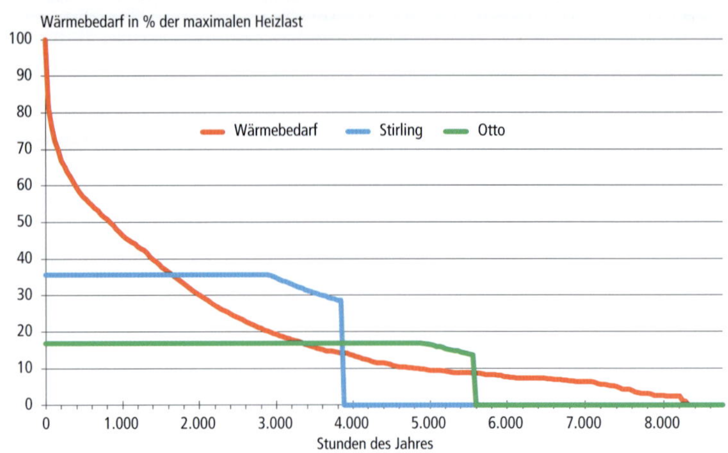

3.6.7
Jahresdauerlinie des Wärmebedarfs (rote Linie) für ein Mehrfamilienhaus (6 WE, Effizienzhaus 70) sowie Wärmeangebote von BHKW mit Stirling- und Otto-Motor wie in Tab. 3.6.3.

gut 30% geringer als beim BHKW mit Otto-Motor (5.590 kWh/a). Für die Rentierlichkeit der Anlage ist allerdings der Anteil des selbstgenutzten Stroms von vorrangiger Bedeutung.

Aus Abb. 3.6.7 kann man auch erkennen, dass die Auslastung des BHKW, d.h. die Betriebsstundenzahl, umso geringer ausfällt, je größer der Leistungsanteil des BHKW am Spitzenbedarf gewählt wird. Eine hohe Auslastung – sie sollte mindestens 4.000 h/a, besser aber 5.000 h/a oder mehr betragen – ist jedoch Grundvorrausetzung für den wirtschaftlichen Betrieb des BHKW.

Für die Grobplanung sollte die thermische Leistung des Otto-BHKW so gewählt werden, dass sie nicht mehr als 15 - 20% an der Gesamtheizlast des Gebäudes ausmacht. Strombedarf und Stromgewinn müssen bei genauerer Planung ebenfalls berücksichtigt werden.

Aus den voranstehenden Betrachtungen lassen sich noch zwei weitere Folgerungen für den Einsatz von BHKW-Anlagen ableiten:

- Ein BHKW kann in Wohngebäuden in der Regel nur in Verbindung mit einem weiteren Wärmeerzeuger eingesetzt werden, der die vom BHKW nicht gedeckten Spitzenleistungen erzeugt und (je nach Auslegung) etwa 40% der Jahresarbeit liefert. Mikro- und Nano-BHKW sind häufig als Kombination aus BHKW und Zweitwärmeerzeuger (Brennwertkessel) konstruiert (s. Tab. 3.6.3) und können dann die gesamte Heizwärme quasi aus einem Gerät liefern.
- Die Laufzeit ist wesentlich abhängig von der Zahl der Personen im Haus. Leben dort z.B. 5 Personen mit einem durchschnittlichen Wasserverbrauch, beträgt der tägliche Wärmebedarf für Warmwasser ca. 10 - 12 kWh/d, so dass man ein kleines Otto-BHKW (Tab. 3.6.3) damit etwa 4,5 Stunden täglich (= 1.600 h/a) und ein Stirling-BHKW 2 Stunden täglich (= 700 h/a) beschäftigen kann.
- Grundsätzlich sollte der Anteil der Stromproduktion möglichst hoch sein, sofern sich für den erzeugten Strom (z.B. durch hohen Eigenverbrauch) mehr erlösen lässt als für den eingesetzten Brennstoff aufzuwenden ist. Unter diesem Aspekt ist der Einsatz eines BHKW mit Ottomotor (Gasmotor) einem Stirling-BHKW vorzuziehen!

Stromvergütung

Wer ein BHKW betreiben will, sollte sich beim Finanzamt als Kleinunternehmen anmelden und die Berechtigung zum Vorsteuerabzug beantragen (wie bei einer Photovoltaikanlage), um beim Stromhandel für den eigesetzten Brennstoff sowie für Anschaffung und War-

Bemessungsbeispiel

Für eine überschlägige Bemessung eines Otto-BHKW ist das folgende vereinfachte Verfahren praktikabel.

1. Ermittlung BHKW-Laufzeit im Sommer

In der heizfreien Zeit kann die Wärme des BHKW nur für die Warmwasserbereitung genutzt werden, deren Wärmebedarf damit über die sommerliche Auslastung entscheidet. Wenn keine genauen Daten vorliegen, lässt sich der Wärmebedarf anhand der Nutzerzahl und des Durchschnittsverbrauchs grob abschätzen (Warmwasser-Wärmebedarf = 0,06 kWh/l). Die tägliche Laufzeit des BHKW ergibt sich durch einfache Division mit der thermischen Anlagenleistung.

Für ein Gebäude mit 8 Nutzern und einem Mikro-BHKW von 1 kW elektrischer und 5 kW thermischer Leistung ergibt sich beispielsweise:

Q_{ww} = 8 Pers. · 40 l/d · 0,06 kWh/l = 19,2 kWh/d N_{BHKW} = 19,2 kWh/d / 5 kW = 3,84 h/d

2. Ermittlung der jährlichen Betriebsstunden

Durch eine Aufteilung in Heiz- und Nichtheizperiode kann die Zahl der Vollbenutzungsstunden ermittelt werden. Die Heizperiode reicht im Allgemeinen von Oktober bis April, hier werden vereinfacht 4.000 Betriebsstunden angenommen.

Rechnet man die im Beispiel ermittelten täglichen Betriebsstunden in den Sommermonaten hinzu, erhält man die jährlichen Betriebsstunden des BHKW.

Betriebsstunden Heizung (vereinfachte Annahme)	= 4.000 h/a
Betriebsstunden WWB pro Jahr = 3,84 h/d x 365 d/a	= 1.402 h/a
Gesamtbetriebsstundenzahl pro Jahr	= 5.402 h/a

tung der Anlage die Mwst. erstattet zu bekommen. Im Hinblick darauf sind alle folgenden Kosten und Erträge ohne Mwst. als Netto-Beträge angegeben.
Die Vergütung für den produzierten Strom setzt sich aus den folgenden Komponenten zusammen:

- *Baseload-Preis:* Für die ins Versorgungsnetz eingespeiste Strommenge erhält der Anlagenbetreiber eine Vergütung auf Basis des sogenannten Baseload-Preises. Der Baseload-Preis (Grundlast-Preis) bemisst sich am Quartalswert der Handelspreise (üblicher Preis) an der Leipziger Strombörse (www.EEX.com/de). Im Durchschnitt liegt der Preis zwischen 4,0 und 5,5 ct/kWh. Den Preis der letzten Quartale findet man unter www.bkwk.de/infos/preis.
- *Selbst verbrauchter Strom:* Der Strom, der selbst verbraucht wird, muss nicht eingekauft werden und kann damit als Netto-Verbraucherpreis des EVU veranschlagt werden. Hier wird mit 21 ct/kWh (25 ct/kWh abzügl. 19% Mwst) gerechnet.
- *KWK-Bonus:* Innerhalb von 10 Jahren erhält der Betreiber für den erzeugten Strom einen Bonus von 5,11 ct/kWh für die Dauer von 10 Jahren, wenn die Anlage bis zum 31.12.2016 ihren Dauerbetrieb aufgenommen hat. Diese Vergütung ist unabhängig davon, ob der Strom zur Deckung des Eigenbedarfs genutzt oder ins Netz eingespeist wird.
- *Vermiedene Netznutzungsentgelte:* Weil das BHKW in das Niederspannungsnetz einspeist, das Hochspannungsnetz und die Transformatoren also nicht belastet, können vom örtlichen Netzbetreiber zwischen 0,5 und 1,5 ct/kWh vermiedene Netzentgelte vergütet werden (müssen aber nicht), wenn der Energieversorger die KWK-Anwendungen in seinem Netzgebiet fördern will. Weitere Informationen dazu sollten beim örtlichen Netzbetreiber oder auf dessen Homepage eingeholt werden.
- *Energiesteuer:* Wenn der Gesamtwirkungsgrad des BHKW über 70% liegt – das sollte immer der Fall sein – wird die Energiesteuer zurückerstattet. Das sind 0,55 ct/kWh bei Erdgas, 6,06 ct/kg Flüssiggas, 6,135 ct/l Heizöl oder ca. 8 ct/kWh Biomethan. Zuständig ist das regionale Hauptzollamt.
- *Erneuerbare-Energien-Gesetz (EEG):* Stammt der Brennstoff für das BHKW aus erneuerbaren Quellen (Biogas), gibt es eine Grundvergütung von 14,3 ct/kWh (Anlagen bis 150 kW_{el}) und noch einen weiteren Bonus, z.B. Güllebonus bei hohem Einsatz von Gülle anstelle von Mais, so dass die Vergütung insgesamt bis zu 18 ct/ kWh betragen kann. Weitere Informationen gibt es bei der zuständigen Landwirtschaftskammer.

Abziehen von der Vergütung aus den obigen Komponenten muss man die Kosten für die Wartung und Instandhaltung sowie die Kosten für den Brennstoff.

Brennstoffeinsatz und -kosten der Stromproduktion

	Energieanteil	Energieeinsatz netto	Energieeinsatz brutto	Kost.inkl. Verlust ct	spez. Kosten ct/kWh
Erdgaseinsatz	100%	10,0 kWh	10,0 kWh	55,0	5,5
Stromproduktion	25%	2,5 kWh	2,5 / 0,9 = 2,78 kWh	15,3	6,11
Wärmeproduktion	65%	6,5 kWh	6,5/ 0,9 = 7,22 kWh	39,7	6,11
Verluste	10%	1,0		0	
Summe	100%	10,0	55,0	55,0	

Tabelle 3.6.4
Berechnung der Kosten von Strom und Wärme aus dem Erdgaspreis (ohne Mwst). Verteilt man die Verluste produktionsanteilig auf die Wärme- und Stromerträge, sind die spezifischen Kosten für beide Energieformen unabhängig vom Stromanteil des BHKW.

Spez. Erlöse und Kosten der Stromproduktion in BHKW	**Stromeinspeisung ins Netz ct/kWh**	**Strom selbst genutzt ct/kWh**
Erlös Stromnutzung	4,0 – 5,5 (Base-Load-Preis)	21,0 (Strombezugskosten)
+ KWK-Bonus für 10 Jahre	5,11	5,11
+ Erstattung Energiesteuer Erdgas	0,55	0,55
+ Netznutzungsentgelte	0,0 – 1,5	0,0 – 1,5
– Brennstoffkosten s. Tab 3.6.4	- 6,11	- 6,11
– 50% Wartungskosten f. Strom	- 1,25	- 1,25
= Bilanz der Erlöse und Kosten	(9,66 bis 12,66) – 7,36 =	(26,66 bis 28,16) – 7,36 =
• Ertrag ohne Abschreibung	2,3 – 5,3 ct/kWh	19,3 – 20,8 ct/kWh
• Ertrag auch ohne KWK-Bonus	-2,81 – 0,19 ct/kWh	14,19 – 15,69 ct/kWh

Tabelle 3.6.5
Bilanz der Erlöse und Kosten für eingespeisten und selbst genutzten BHKW-Strom aus Erdgas. Wird der BHKW-Strom ins Netz eingespeist, ist ein positives Betriebsergebnis trotz BHKW-Bonus (und ohne Abschreibung der Anlage) sehr stark vom Gaspreis und seiner Relation zum Strompreis abhängig. Kann der Strom selbst genutzt werden, fällt die Bilanz um ein Vielfaches günstiger aus (alle Preise/Kosten ohne Mwst).

Die Wartungs- und Instandhaltungskosten liegen in der Regel bei 1,5 - 3 ct/kWh Strom (Vollwartung). Für Kleinanlagen werden meist 2,5 ct/kWh angesetzt. Wenn man die Wartungskosten hälftig auf Strom- und Wärmepreis umlegt, ergibt sich der in Tab. 3.6.5 bilanzierte Ertrag für den eingespeisten bzw. selbst genutzten Strom (ohne Abschreibung).
Der in Tab 3.6.5 eingesetzte Brennstoffkostenanteil ist in Tab. 3.6.4 berechnet. Die Verluste des Aggregats werden dabei anteilig dem Strom und der Wärme zugeschlagen. Die Tabelle 3.6.5 zeigt, dass die Margen bei der Einspeisung ins öffentliche Netz relativ gering sind und empfindlich von Schwankungen z.B. des Baseload-Preises abhängen. Es gibt bisher leider keine Belohnung, wenn das BHKW dann eingeschaltet wird, wenn Sonnen- und Windstrom knapp und Bedarfsspitzen zu decken sind. Das sollte sich in absehbarer Zeit ändern. Vorerst muss man bemüht sein, einen möglichst hohen Anteil des Stroms selbst zu nutzen.

Kosten und Wirtschaftlichkeit

Investitionen in BHKW unterstützen die KfW und das BAFA mit einem verbilligten Darlehen oder einem Zuschuss (Kap. 7). Beim BAFA müssen für die Gewährung der Förderung folgende Voraussetzungen erfüllt sein:

- Der Jahresnutzungsgrad muss mindestens 80% betragen.
- Der Pufferspeicher muss ein Volumen von mindestens 390 Liter haben.
- Der BHKW-Betrieb muss zu mindestens 10% Primärenergieeinsparung führen.
- Es muss ein integrierter Stromzähler vorhanden sein.
- Ein Vollwartungsvertrag ist nachzuweisen.
- In Gebieten mit bestehender Fernwärmeversorgung überwiegend aus KWK-Anlagen werden keine Fördermittel gewährt.

Bei der Wirtschaftlichkeitsrechnung zeigt sich, dass die Laufzeit des BHKW entscheidenden Einfluss darauf hat, ob die Überschüsse durch den Betrieb ausreichen, um die beträchtlichen Kapitalkosten für die Anlage zu decken und ggf. einen Gewinn einzufahren. Für das in Tabelle 3.6.3 beschriebene Nano-BHKW Vaillant Eco-Power 1.0 mit den dort genannten Leistungen und Wirkungsgraden wurden die Erträge und Kosten in Tabelle 3.6.6 (oberer Teil) zusammengestellt. Das Nano-BHKW muss mindestens 6.000 h/a laufen, damit die Erträge der Energieproduktion größer sind als die Kosten für Wartung und Abschreibung der Anlage, und das bei günstigen Annahmen (Strom wird komplett selbst verbraucht, Kosten des vermiedenen Spitzenkessels bei den Investitionskosten abgezogen). Die Kapitalkosten für die beträchtliche Investition zehren die in diesem niedrigen Leistungsbereich erzielbaren Erträge schnell auf. Bei größeren Anlagen (hier für das 5 kW_{el}-BHKW Dachs von Senertec) führt der gleiche Rechenansatz zu deutlich anderen Ergebnissen, wie der untere Teil der Tabelle 3.6.6 zeigt. Das fünfmal leistungsfähigere Gerät, der Dachs, liefert unter vergleichbaren Rahmenbedingungen bereits bei 3.000 h/a Betrieb einen erheblich höheren finanziellen Ertrag als ihn das kleine Gerät jemals erzielen kann. Allerdings werden derart große Strommengen kaum direkt vor Ort verbraucht werden können, außer in großen MFH, Hotels, Gewerbe etc. Bei einem kleinen Gebäude mit geringem Stromverbrauch ist es dann realistischer, mit dem Tarif für die Stromeinspeisung zu rechnen (Werte in Klammern).

Bei der Saldierung von Kosten und Einnahmen in Tabelle 3.6.6 sind folgende Positionen berücksichtigt:

- Gutschrift Wärmeerzeugung: Diese errechnet sich durch Multiplikation der vom BHKW erzeugten Wärme mit dem Wärmepreis einer Kesselanlage. Als Wärmepreis der Kesselanlage können die Kosten für den eingesetzten Brennstoff unter Berücksichtigung des Kesselwirkungsgrades angesetzt werden. Alternativ kann man aber auch mit einem Vollkosten-Wärmepreis unter Berücksichtigung von Betriebs- und Kapitalkosten rechnen (vgl. Kap. 3.2).
- Gutschrift für den selbst genutzten Strom mit 21 ct/kWh zzgl. 5,11 ct/kWh BHKW-Bonus für die Dauer von 10 Jahren.
- Gutschrift für den verkauften Strom mit 5,0 ct/kWh zuzügl. 5,11 ct/kWh BHKW-Bonus
- Brennstoffkosten (Betriebsstunden pro Jahr · Verbrauchsmenge pro Stunde · Brennstoffpreis)
- Wartungs- und Instandhaltungskosten: 1,5 – 3,0 ct/kWh; Kleinanlagen meist 2,5 ct/kWh
- Kapitalkosten (Bezug: 15 Jahre Nutzung)

Die in Tabelle 3.6.7 errechneten Kosten beziehen sich auf ein Stirling-BHKW mit 5,5 kW thermischer und 1 kW elektrischer Leistung. Als Investition für das BHKW-Aggregat, den Pufferspeicher, das Frischwassermodul, die Regelung und die Installationskosten wurden insgesamt 25.000 € veranschlagt. Abzüglich

einer Fördersumme von 1.500 € verbleiben 23.500 €. Netto-Investition. Der erzeugte Strom, so die Annahme, wird zu 50% selbst verbraucht und zu 50% eingespeist.
Obwohl das Stirling-BHKW seine thermische Leistung dem Bedarf anpassen kann, ergibt sich für gut gedämmte Gebäude mit entsprechend niedrigem Wärmebedarf oft nur eine Teilauslastung. Zum Beispiel errechnet sich für ein Effizienzhaus 55 mit einer Wohnfläche von 355 m² mit den angeführten Annahmen eine jährliche Laufzeit von lediglich 2.563 h! Das ist jedoch zu wenig, um die hohen Investitionskosten amortisieren zu können. Eine gute Orientierung für die Wirtschaftlichkeit ist der spezifische Wärmegestehungspreis: er beträgt bei reiner Stromheizung ca. 0,25 ct/kWh, bei einer Gasbrennwerttherme mit Solaranlage je nach Wärmebedarf und Größe der Anlage ca. 9 - 17 ct/kWh. Bei einem Wärmebedarf > 30.000 kWh/a erreicht das betrachtete Nano-BHKW eine Laufzeit von mehr als 4.000 h/a, bei einem Wärmebedarf von 50.000 kWh bereits 6.926 h.

Die Tabelle verdeutlicht:

- Nano-BHKW sind für kleine Gebäude mit guter Wärmedämmung und wenigen Bewohnern wegen des geringen Wärmebedarfs nicht geeignet. In großen Gebäuden mit vielen Personen, besser noch in Reihenhaussiedlungen, sind sie wirtschaftlich interessant, vor allem wenn man die Preisentwicklung für Strom und Gas berücksichtigt.

Energieerzeugung, Kosten und Erträge in Abhängigkeit von der Laufzeit für den Vaillant Eco-Power 1.0

Laufzeit	Wärmeproduktion	Stromerzeugung	Brennstoffeinsatz	Brennstoffkosten	Wärmegutschrift	Stromgutschrift	BHKW-Bonus	Erdgassteuer	Kapital-Kosten	Wartung	Gesamt-Kosten
h/a	kWh/a	kWh/a	kWh/a	€/a	€/a	€/a	€/a	€/a	€/a	€/a	€/a
3.000	7.500	3.000	11.413	741,85	675	630,00	153,30	62,77	1.191,20	75,00	486,97
4.000	10.000	4.000	15.217	989,13	900	840,00	204,40	83,70	1.191,20	100,00	252,23
5.000	12.500	5.000	19.022	1.236,41	1.125	1.050,00	255,50	104,62	1.191,20	125,00	17,49
6.000	15.000	6.000	22.826	1.483,70	1.350	1.260,00	306,60	125,54	1.191,20	150,00	-217,25
7.000	17.500	7.000	26.630	1.730,98	1.575	1.470,00	357,70	146,47	1.191,20	175,00	-451,99

η_{ges} = 0,92, L_{therm} = 2,5 kW. η_{therm} = 0,657, L_{elektr} =1 kW, η_{elektr} = 0,263, Brennstoffkosten 0,065 €/kWh, Stromgutschrift 0,21 €/kWh, Wartung 0,025 €/kWh, Wärmegutschrift 0,10 €/kWh, Investition = 26.000 – Gaskessel (6000) – Förderung (1500) - 19% Mwst= 15306 €; Zins, 2%, Abschreibung 15 a,

Energieerzeugung, Kosten und Erträge für den SenertecDachs LowNO$_x$ mit Brennwertnutzung

Laufzeit	Wärmeproduktion	Stromerzeugung	Brennstoffeinsatz	Brennstoffkosten	Wärmegutschr.	Stromgutschr	BHKW-Bonus	Erdgassteuer	Kapital-Kosten	Wartung	Gesamt-Kosten
h/a	kWh/a	kWh/a	kWh/a	€/a	€/a	€/a	€/a	€/a	€/a	€/a	€/a
3.000	43.800	15.000	58.800	3.822,00	3.942,00	3.150 (750)	766,50	323,40	1.751,07	375,00	-2.233,83 (166,17)
4.000	58.400	20.000	78.400	5.096,00	5.256,00	4.200 (1.000)	1022,00	431,20	1.751,07	500,00	-3562,13 (-362,13)
5.000	73.000	25.000	98.000	6.370,00	6.570,00	5250 (1.250)	1.277,50	539,00	1.751,07	625,00	-4.890,43 -890,43)
6.000	87.600	30.000	117.600	7.644,00	7.884,00	6300 (1.500)	1.533,00	646,80	1.751,07	750,00	-6.218,73 (-1.418,73)
7.000	102.200	35.000	137.200	8.918,00	9.198,00	7.350 (1.750)	1.788,50	754,60	1.751,07	875,00	-7.547,03 (-1.947,03)

η_{ges} = 1,00, L_{therm} = 14,6 kW. η_{therm} = 0,74, L_{elektr} = 5 kW, η_{elektr} = 0,26, Brennstoffkosten 0,065 €/kWh, Stromgutschrift 0,21 €/kWh, Stromgutschrift in () 0,05 €/kWh Base-Load-Preis, Wartung 0,025 €/kWh, Wärmegutschrift 0,10 €/kWh, Zins, 2%, Abschreibung 15 a Investition = 29.750 – Gaskessel (2.500) – Förderung (2.500) - 19% Mwst= 22.500 €

Tabelle 3.6.6: Energieerzeugung sowie Kosten und Erträge von zwei BHKW in Abhängigkeit von der Laufzeit (Alle Kosten netto ohne Mwst), oben für den Vaillant Eco-Power 1.0, unten für den SenertecDachs LowNO$_x$ mit Brennwertnutzung.

- Eine genaue Planung ist unumgänglich. Alle Daten zu Wärmebedarf, technischen Eigenschaften und finanziellen Rahmenbedingungen (Investitionssumme, Förderung, Vergütung durch KWK-Zulage, Energiesteuer und Einspeisung, Ersparnis durch Eigenverbrauch) sind zu erfassen und fachgerecht auszuwerten.
- Anzustreben sind eine hohe Auslastung, ein hoher Anteil der Stromproduktion und ein hoher Eigenverbrauch des erzeugten Stromes.
- Allgemein gilt: Je größer das BHKW, umso günstiger die spezifischen Investitionskosten und umso niedriger der spezifische Wärmegestehungspreis, gleiche Auslastung und Nutzungsbedingungen einmal angenommen. Bei hoher Stromkennziffer und guter Auslastung, z.B. in Reihenhaussiedlungen oder Hotels, arbeiten mittlere und größere BHKW in der Regel wirtschaftlicher als reine Gasbrennwertheizungen.
- Die Förderung von Mikro- und Nano-BHKW muss verbessert werden, sollen diese einen zunehmenden Marktanteil erreichen. Die komplexe Berechnung des Strompreises sowie das Bemühen um die verschiedenen Zuschüsse wirken sehr abschreckend und sind für Laien kaum nachvollziehbar. Das Verfahren muss entbürokratisiert werden.

Einsatzbereiche von BHKW

In Einfamilienhäusern auf Neubaustandard oder energieeffizienter ist ein wirtschaftlicher Einsatz von BHKW in der Regel nicht möglich (s. auch Punkt 1 der Schlussfolgerungen zur Kostentabelle). Zum einen erreicht ein BHKW in solchen Gebäuden mangels Wärmebedarf im Sommer keine hohe Auslastung, zum anderen sind die Investitionskosten für Kleinanlagen vergleichsweise sehr hoch. Man kann aber mehrere (z.B. 5 - 10) solcher Häuser über eine Nahwärmeleitung aus einem gemeinsamen BHKW mit etwas größerer Leistung vorteilhaft versorgen. Um das Takten zu vermeiden, sollte ein BHKW grundsätzlich mit einem Pufferspeicher (mindestens 390 Liter) ausgestattet werden.

Man kann mit folgenden Investitionskosten (ohne Mwst.) inkl. Montage rechnen: BHKW mit Stirlingmotor (stromerzeugende Heizung) 14.000 - 18.000 €;

Annahmen
Zinssatz: 2%,
Nutzungsdauer: 15 Jahre
Annuität = 0,07783
Gaspreis: 0,065 €/kWh
Strombezugspreis: 0,25 €/kWh
Base-Load-Preis: 0,040 €/kWh
Eigenverbrauch Strom 50%
Energiesteuer: 0,0055 €/kWh
KWK-Zuschlag: 0,0541 €/kWh
Wartungskosten: 0,03 €/kWh
Stromkennzahl 18%
therm. Wirkungsgrad BHKW: 80%
Wärmebedarf Warmwasser: 12,5 kWh/m²a
Leistungszuschl. WW: 0,2 kW/Pers.

Legende
WF: beheizte Fläche in m²
TWW: Wärmebedarf für Trink-Warmwasser in kWh/a
Heiz-W: Jahresheizwärmebedarf in kWh/a
WE-L.: therm. Leistung mit Boostfunktion in kW
Invest-K.: Investitionskosten
Kap-K/a: jährl. Kapitalkosten
Verbr-K/a: Verbrauchskosten Gas + Strom in €/a
Wart-K/a: Wartungskosten in €/a
Ges-K/a: jährl. Gesamtkosten in €/a
sp.E-K: spezifische Energiekosten in €/kWh

Kosten einer Heizung mit Stirling-Mini-BHKW in verschiedenen Haustypen

WF	TWW	Heiz-W	WE-L.[1]	Laufz.[2]	Invest-K[3]	Kap-K/a	Verbr-K/a	Wart-K/a	Ges-K/a	sp.E-K.
m²	kWh/a	kWh/a	kW	h/a	€	€/a	€/a	€/a	€/a	€/kWh
Effizienzhaus 55 Q_{Heiz} = 40 kWh/m²·a										
80	1.000	3.584	3,9	583	23.500	1.829	284	135	2.248	0,52
125	1.567	5.591	6,1	911	23.500	1.829	444	135	2.408	0,35
206	2.571	9.134	10,0	1.490	23.500	1.829	726	135	2.689	0,24
355	4.438	15.699	17,3	2.563	23.500	1.829	1.248	135	3.212	0,17
Effizienzhaus 100 Q_{Heiz} = 72 kWh/m²·a										
80	1.000	6.912	5,0	1.007	23.500	1.829	490	135	2.454	0,36
125	1.567	10.663	7,8	1.556	23.500	1.829	758	135	2.722	0,26
206	2.571	17.230	12,7	2.520	23.500	1.829	1.227	135	3.191	0,18
355	4.438	29.307	21,6	4.295	23.500	1.829	2.092	135	4.056	0,14
Gebäude nach WSVO 1995 Q_{Heiz} = 120 kWh/m²·a										
80	1.000	12.000	8,0	1.654	23.500	1.829	806	135	2.770	0,26
125	1.567	18.402	12,2	2.541	23.500	1.829	1.238	135	3.202	0,19
206	2.571	29.559	19,7	4.089	23.500	1.829	1.992	135	3.956	0,15
355	4.438	49.983	33,4	6.926	23.500	1.829	3.373	135	5.337	0,11

[1] Die Wärmeerzeugerleistung ist eine rein rechnerische Größe, abgeleitet aus Wärmebedarf und Auslastung. Das BHKW selbst hat eine thermische Leistung von 5,5 kW und eine elektrische von 1 kW.
[2] Die Laufzeit ist ein theoretischer Wert aufgrund der vereinfachenden Annahme eines BHKW-Beitrags von 70% am Gesamtwärmebedarf. Deckung der restlichen 30% durch integrierten Zusatzbrenner.
[3] Investitionskosten f. Gas-Mini-BHKW mit Boostfunktion, Pufferspeicher, Frischwassermodul u. Montage. 25.000 € - 1.500 € (Förderung) = 23.500 €

Tabelle 3.6.7: Anlagen- und Wärmekosten bei Einsatz eines Mini-BHKW (alle Preise als Bruttopreise).

BHKW mit Gasmotor (1 kW_{el}, Vaillant Ecopower 1.0) 24.000 - 28.000 €; BHKW mit Gasmotor, 3 - 5 kW_{el} 30.000 - 35.000 € (die Mwst. wird bei Anmeldung eines Kleinunternehmens vom Finanzamt zurückerstattet). Die gleichzeitige Produktion von Strom und Wärme ist sinnvoll, wenn die Wärme vollständig und vom erzeugten Strom ein möglichst hoher Anteil für den Eigenbedarf genutzt werden kann. Der selbst genutzte Strom sollte mindestens einen Anteil von 50% am erzeugten Strom haben.

Kombinationen

Die Kombination von BHKW mit Solaranlagen zur Warmwasserbereitung ist kontraproduktiv, da die Laufzeit des BHKW durch solarthermische Erträge gemindert wird! Dagegen ist eine Kombination mit konventionellen Kesseln oder Holzkesseln in der Regel notwendig, um die Wärmebedarfsspitze zu decken. Auch die Kombination mit einer Photovoltaikanlage ist sinnvoll, da BHKW und PV-Anlage zu unterschiedlichen Zeiten Strom produzieren.

3.6.2 Brennstoffzelle

Eine Sonderform des BHKW ist die Brennstoffzelle. Sie arbeitet mit der Umkehrung der Elektrolyse, d.h. Wasserstoff und Sauerstoff verbinden sich in Anwesenheit eines Katalysators (Reaktionsbeschleunigers) durch sogenannte kalte Verbrennung wieder zu Wasser. Bei der Umwandlung in der Brennstoffzelle entstehen Strom und Wärme, wie im BHKW. Da die vorherige Umwandlung des Brennstoffes in einer Wärmekraftmaschine (Motor) entfällt, ist der Umwandlungsprozess erheblich effizienter.

Die Brennstoffzelle besitzt Elektroden, die durch eine Membran oder einen Elektrolyten (Ionenleiter) voneinander getrennt sind (vgl. Abb. 3.6.8). Die Elektrodenplatten (Bipolarplatten) bestehen meist aus Metall oder Kohlenstoffnanoröhren und sind mit einem Katalysator (Palladium, Platin) beschichtet. Als Elektrolyten werden gelöste Laugen oder Säuren, Alkalicarbonatschmelzen, Keramiken oder Membranen verwendet.

Die Energie wird durch Reaktion von Sauerstoff mit dem Brennstoff freigesetzt, der aus vielen organischen Verbindungen stammen kann. Der optimale Brennstoff wäre Wasserstoff, der durch Elektrolyse aus überschüssigem Sonnen- und Windstrom produziert wird. Bei der Verbrennung in der Brennstoffzelle entsteht wieder reines Wasser! Solange regenerativ erzeugter Wasserstoff nicht zur Verfügung steht, muss auf (fossiles) Erdgas (Methan, CH_4) zurückgegriffen werden. Die Reaktionspartner Brennstoff und Luft werden über die Elektroden kontinuierlich zugeführt. Theoretisch liegt die gelieferte Spannung bei 1,23 V für die Wasserstoff-Sauerstoff-Zelle bei einer Temperatur von

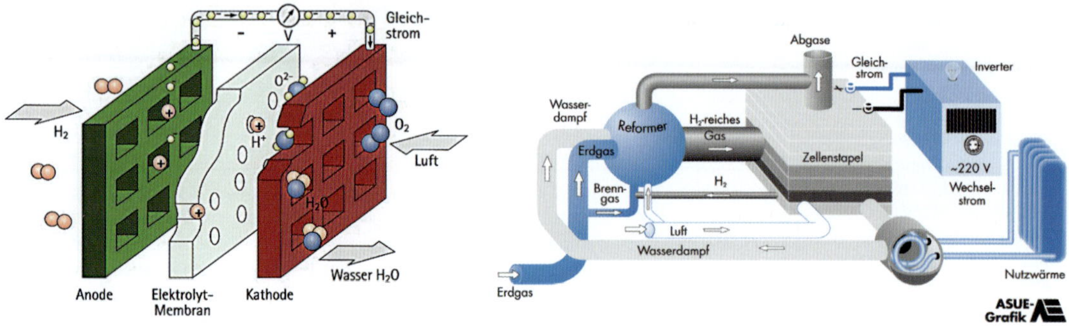

3.6.8: Brennstoffzellen als Heizsystem der Zukunft. Quellen: links EnergieAgentur NRW, rechts ASUE

25°C. In der Praxis werden jedoch nur Spannungen von 0,5 - 1 V (experimentell auch darüber) erreicht. Die Spannung ist vom Brennstoff, von der Qualität der Zelle und von der Temperatur abhängig. Um höhere Spannungen zu erzeugen, werden mehrere Zellen in Reihe geschaltet. Unter Last bewirken die chemischen und elektrischen Prozesse ein Absinken der Spannung (nicht bei der Hochtemperatur-Schmelzkarbonat-Brennstoffzelle MCFC).
Die Reaktionstemperaturen liegen, je nach Typ der Brennstoffzelle, zwischen 70°C und 900°C. Die Kosten für größere Brennstoffzellen (ab 200 kW) liegen bei 5.000 - 20.000 €/kW (Quelle: Forschungszentrum Jülich). Für großindustrielle Zwecke, im portablen Bereich (Laptops) und im Kraftfahrzeugbau sind Brennstoffzellen mit Wasserstoff im Erprobungsstadium.
Brennstoffzellen als Heizgeräte werden inzwischen in kleinen Serien gebaut und an das Erdgasnetz angeschlossen. Ein vorgeschalteter Reformer wandelt das Erdgas in wasserstoffreiches Gas um. Dieses so genannte Reformat reagiert im Brennstoffzellen-Stapel mit Luftsauerstoff, wodurch elektrische Energie und Wärme entstehen. Ein Wechselrichter wandelt den Gleichstrom in haushaltsüblichen Wechselstrom um, die erzeugte Wärme wird in den Heizkreis gespeist.
Wie Tabelle 3.6.2 zeigt, ist das Verhältnis von Strom- zu Wärmeerzeugung sehr viel günstiger als bei den üblichen Motor-BHKW, d.h. es wird ein hoher elektrischer Wirkungsgrad (>50%) sowohl im Voll- als auch im Teillastbetrieb erreicht. Brennstoffzellen arbeiten nahezu geräuschlos und ohne Schadstoffemissionen (Wasser als sauberes Reaktionsprodukt). Da keine bewegten Teile vorhanden sind, erfordern sie grundsätzlich nur wenig Wartung. Jedoch ist die Entwicklung von optimalen Materialien für Membran und Elektroden noch nicht abgeschlossen, so dass zu deren Lebensdauer noch keine verlässlichen Aussagen gemacht werden. Neben den teuren Katalysatoren, Elektrolyten und Membranen verursacht auch die bisherige Kleinserienfertigung hohe Kosten und die Geräte sind noch zu störanfällig.

Seit einiger Zeit ist das Brennstoffzellen-BHKW BlueGen auf dem Markt (Abb. 3.6.10), das in einer Kleinserie hergestellt wird und nicht größer als eine Waschmaschine ist. Die technischen Daten nennt Tabelle 3.6.8. Die Stromausbeute ist demnach größer als die Wärmeproduktion und letztere ist so gering, dass selbst in sehr gut gedämmten Wohnhäusern ein zusätzliches Heizgerät (Brennwertkessel, Holzofen oder Wärmepumpe) installiert werden muss. Dadurch kann das Gerät auch im Sommer laufen, um Strom zu produzieren.

Kosten und Nutzen des BlueGen

Die Kosten des Gerätes sind mit rund 29.000 € noch sehr hoch. Für die Montage müssen weitere 3.000 - 4.000 € einkalkuliert werden. Eine Vollwartung mit

3.6.10: Erdgas-Brennstoffzellen-BHKW BlueGen der Fa. Ceramic Fuel Cells Limited

Tabelle 3.6.8: Technische Daten des Brennstoffzellen-BHKW BlueGEN MG 2.0

Brennstoffzellen-BHKW BlueGEN MG 2.0	
Anwendungsbereich	Ein-/Mehrfamilienhaus, Kleingewerbe bis 45.000 kWh Wärmebedarf/Jahr
Brennstoff	Erdgas
Brennstoffverbrauch	3,5 kW
Geräuschniveau	< 45 dBA
Brennstoffzelle	Solid Oxide Fuel Cell (SOFC)
elektrische Leistung (Strom)	von 0,5-1,5 kW (optimal ist Dauerbetrieb bei 1,5 kW)
thermische Leistung (Wärme)	0,3 - 1,0 kW
Wirkungsgrad elektrisch	bis zu 60% (bei 1,5 kW_{el})
Wirkungsgrad thermisch	bis zu 25%
Gesamtwirkungsgrad	bis zu 85%
Anlaufzeit Brennstoffzelle	20 Stunden
Abmessungen (BxHxT)	60 x 97 x 66 cm
Gewicht	ca. 200 kg
Stromanschluss	netzparallel, 220 - 240 V Wechselstrom. 50 Hz

10 Jahren Laufzeit wird mit 1.150 € pro Jahr angegeben. Die Förderung des BAFA (s. Kap. 7) liegt zurzeit nur bei 1.650 € und ist für einen wirtschaftlichen Betrieb nicht ausreichend. Einige Energieversorger übernehmen jedoch bis zu 50% der Investitionskosten! Es wird erwartet, dass das Gerät mit zunehmender Stückzahl wesentlich preiswerter angeboten werden kann. Läuft das Gerät ganzjährig im Dauerbetrieb mit höchster Leistung, produziert es 8.760 kWh Wärme, 13.140 kWh Strom und verbraucht dabei 30.660 kWh Erdgas. Optimal ist es, wenn der Strom weitgehend oder gar zu 100% selbst verbraucht werden kann, d.h. das Gebäude eine relativ hohe (>1,5 kW) Strom-Grundlast hat. Dies ist jedoch in einem EFH nicht der Fall – typischerweise liegt der Stromverbrauch in einem 4-Personen-Haushalt bei 4.000 - 5.000 kWh/a. Interessant ist das Gerät daher eher in Mehrfamilienhäusern sowie in Gewerbe und Landwirtschaft, vorausgesetzt der Energieversorger beteiligt sich an den Investitionskosten.

3.7 Wärmeversorgung aus dem Netz

3.7.1 Fernwärme und Nahwärme

Als Fernwärme bezeichnet man Wärme, die durch mehr oder weniger lange wärmegedämmte, erdverlegte oder überirdische Rohrleitungen von großen (Ab-) Wärmeerzeugern zu den Verbrauchern, meist zur Gebäudeheizung und Warmwasserbereitung, geliefert wird. Unter Fernheizung wird im Allgemeinen die Versorgung ganzer Stadtteile oder Städte aus einem zentralen Wärmeerzeuger verstanden. Der Wärmeerzeuger kann ein Heizwerk (ohne Stromproduktion), ein Heizkraftwerk (KWK mit Stromproduktion) oder ein Industriebetrieb sein, der seine Abwärme verteilt und verkauft.

3.7.1: Nahwärmeleitung von der Rolle (Vor- und Rücklauf) zur Verlegung im Erdreich. Quelle: Fa. Uponor

Heizwerke sind allerdings nur dann sinnvoll, wenn dort Holzhackschnitzel oder Altholz verfeuert wird. Das zentrale Verheizen von Öl, Gas oder Kohle ohne Stromerzeugung ist sinnlos, weil durch die Verteilung zu hohe Verluste entstehen. In diesem Fall ist eine dezentrale Versorgung mit Brennwertkesseln effizienter und ökologisch vorteilhafter.

Nahwärmenetze werden häufig zur Versorgung kleiner Siedlungen installiert, um eine größere Anzahl Häuser aus einer gemeinsamen Heizzentrale zu versorgen. In der Heizzentrale kann z.B. ein Erdgas- oder Biogas-BHKW oder ein großer Solarspeicher stehen.

Der Wärmetransport im Fern- oder Nahwärmenetz vom Erzeuger zu den Verbrauchern erfolgt durch einen Wasserkreislauf mit Vorlauf und Rücklauf (wie in Heizungsanlagen), bei dem die wasserführenden Rohre gut wärmegedämmt in einem meist erdverlegten Hüllrohr geführt werden (Abb. 3.7.1). Wichtig ist eine gute Wärmedämmung sowohl nach außen, als auch zwischen den Leitungen.

Zur Versorgung der Gebäude werden Vor- und Rücklauf des Fernwärmekreislaufes angezapft und Stichleitungen zu gebäudeinternen Wärmeübergabestationen geführt. Dabei wird zwischen direkter und indirekter Wärmeübergabe unterschieden. Bei der direkten Wärmeübergabe fließt das Heizungswasser der Fernleitung auch in den Heizkörpern und im Warmwasserbereiter der Gebäude (keine stoffliche Trennung). Da dies mit erheblichen Nachteilen verbunden ist, wird überwiegend die indirekte Wärmeübergabe praktiziert, bei der der Fernwärmekreislauf und die einzel-

nen Hausheizungskreisläufe stofflich getrennt sind. Dazu enthält die sogenannte Übergabestation, auch HAST (HausAnschlussSTation) genannt, alle erforderlichen Bauteile (Abb. 3.7.2). Mit Hilfe eines Wärmetauschers werden die Wasserkreisläufe der Fernwärmeverteilung von denen im Gebäude getrennt, um Auswirkungen von Lecks in der Heizungsanlage eines Gebäudes oder Druckschwankungen im Netz auf andere Verbraucher zu vermeiden. Außerdem gehören Absperrvorrichtungen sowie eine Messeinrichtung für die gelieferte Wärme (Wärmemengenzähler) und die Pumpen für die Heizungsanlage im Gebäude zur Grundausstattung solcher Übergabestationen. Für Einfamilien- und kleinere Mehrfamilienhäuser finden alle Komponenten auf einer Installationswand in der Größe eines Besenschranks Platz, ausgenommen der Warmwasserspeicher.
Bei Wohngebäuden ist die Leistung der Übergabestation nicht primär nach dem Heizwärmebedarf, sondern nach dem Wärmebedarf für die Warmwasserbereitung zu bemessen. Grund sind die hohen Spitzenlasten, die durch zeitgleiche Warmwasserentnahmen

3.7.2
Übergabe- oder Hausanschlussstation mit Plattenwärmetauscher, Wärmemengenzähler, Heizungs- und Trinkwarmwasserpumpe
Quelle: Fa. Yados

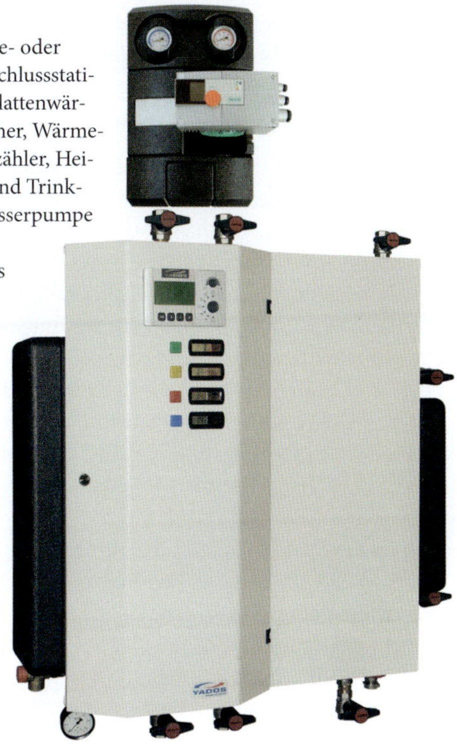

Schema Fernwärme- Anschlussstation für eine witterungsgeführte Vorlauftemperaturregelung mit gleitender Rücklauftemperaturbegrenzung und Trinkwassererwärmung im Speichersystem

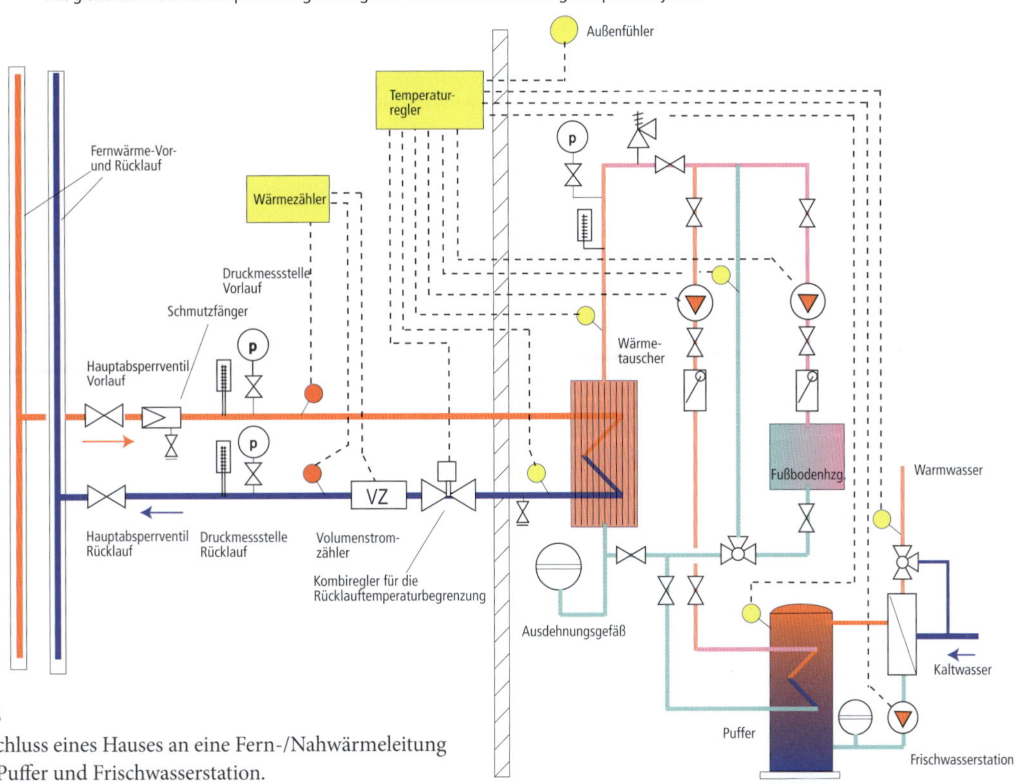

3.7.3
Anschluss eines Hauses an eine Fern-/Nahwärmeleitung mit Puffer und Frischwasserstation.

entstehen können. Folgende Anschlussvarianten sind möglich, wobei die dritte Variante am komfortabelsten und hygienischsten ist:

- Beim *Durchflusssystem* wird das Warmwasser direkt in einem gesonderten Trinkwasser-Wärmetauscher an der Übergabestation erwärmt, der sehr leistungsfähig (>20 kW) sein muss.
- Beim *Speichersystem* wird das Trinkwasser in einem stehenden oder liegenden Speicher mittels Wärmetauscher erwärmt. Die Anschlussleistung der Fernwärmestation kann wesentlich kleiner als im ersten Fall bemessen werden. Nachteilig sind der für den Speicher notwendige Platz und die Verweilzeiten des Trinkwassers im Speicher (Legionellengefahr). Die Temperatur des Rücklaufs zum Fernheizungswärmetauscher steigt mit zunehmender Beladung des Speichers an, so dass die mittlere Temperaturdifferenz zwischen Fernheizungs-Vorlauf und -Rücklauf abnimmt. Solche Speicher sollten nicht mehr eingebaut werden.
- Das *Speicher-Lade-System* ist eine Kombination aus Durchfluss- und Speichersystem. Es beinhaltet einen Wärmeübertrager für den durchschnittlichen Warmwasser- und Heizwärmebedarf und einen (kleiner ausgelegten) Pufferspeicher für den Spitzenbedarf (Abb. 3.7.3). Der Speicher sollte ein Schichtenladespeicher sein, in dem sich Heizungswasser befindet. Die Trinkwassererwärmung erfolgt mit einem Frischwassermodul.

Die Grenze zwischen Lieferant und Abnehmer

Anders als bei der gebäudeeinzelnen Heizung erfordert die Trennung von Wärmelieferant (Versorger) und Wärmeabnehmer (Hauseigentümer) bei der Nah- und Fernwärmeversorgung klare Regelungen, sowohl hinsichtlich der garantierten Versorgung, aber auch für die Liefer- und Leistungsgrenzen und für die technischen Anforderungen an die angeschlossenen Heizungen.

Als Grenze zwischen Lieferant und Abnehmer werden meist die ersten Absperrarmaturen in den Fernleitungsabzweigen der Hausanschlussstation festgelegt. Zwischen dem Lieferanten und dem Abnehmer ist ein Liefervertrag mit explizit formulierten technischen Anschlussbedingungen (TAB) abzuschließen.

Die meisten Wärmelieferanten verlangen vom Kunden vor dem Anschluss eine Reihe von technischen Unterlagen und Angaben, beispielsweise folgende:

- Strangschema mit Druckverlustberechnung und Einstellwerten für Thermostatventile;
- Wärmebedarfsberechnung nach DIN 4701;
- Liste der installierten Heizflächenleistungen;
- Wärmebedarfsrechnung für die raumlufttechnische Anlagen (DIN 1946);
- Wärmebedarf für Warmwasser (DIN 4708);
- Wärmebedarf für sonstige Verbraucher;
- Systemtemperaturen der jeweiligen Verbraucher;
- Schaltschema der Heizungsanlage mit Leistungsangaben, Nennweiten, Nenndrücken und Messstellen,
- Lageplan;
- Gebäudenutzung (z.B. Wohngebäude, Bürogebäude);
- Anzahl der Wohnungen;
- beheizte Wohn- bzw. Nutzflächen in m^2 und dazugehöriger umbauter Raum in m^3;
- Höhenangabe (meist bezogen auf Normalnull NN) für die Oberkante Kellerfußboden;
- Höhenangabe (ebenfalls bezogen auf Normalnull NN) für den höchsten Punkt der Heizungsanlage.

Diese Angaben muss entweder das beauftragte Heizungsbauunternehmen oder ggf. ein Fach-Ingenieurbüro zusammenstellen und berechnen.

Eignung von Fern- und Nahwärme

Fern- bzw. Nahwärme ist auf den ersten Blick für viele Anwendungsfälle gut geeignet, wenn vorhandene Abwärme sinnvoll genutzt oder neue Baugebiete mit einer umweltfreundlichen Wärmeversorgung erschlossen werden sollen. Wünschenswert für einen wirtschaftlichen Betrieb des Nah-/Fernwärmesystems sind eine dichte Bebauung, eine ausreichend hohe Wärmeabnahme und möglichst ein niedriges Temperaturniveau (Flächenheizungen) zur Vermeidung hoher Wärmetransportverluste. Sehr gut gedämmte Gebäude (Effizienzhaus 55 und besser) können die Wirtschaftlichkeit einer Fernwärmeversorgung in Frage stellen, die Wirtschaftlichkeit einer Nahwärmeversorgung jedoch eher nicht, es sei denn, die Abstände der Häuser sind zu groß.

Die Vorteile und Nachteile lassen sich etwa folgendermaßen zusammenfassen:

+ Kraft-Wärme-Kopplung wird möglich, der energetische Wirkungsgrad einer Kraftwerksanlage kann durch die Wärmenutzung immens steigen, die Energieausnutzung der Brennstoffe (Kohle, Erdgas, Holz, Biogas usw.) wird verbessert.

+ Die Wärmeerzeuger befinden sich nicht am Ort des Verbrauchs: Emissionen werden dadurch zwar nicht vermieden, aber anderenorts produziert und können zentral meist besser gefiltert werden als dezentral.
+ Die Versorgungssicherheit ist hoch. Technische Probleme werden professionell gelöst, der Abnehmer muss sich um Betrieb, Wartung und Kontrollmessungen einer eigenen Heizungsanlage nicht kümmern.
+ Schornsteinfegergebühren entfallen.
+ Im Haus entfallen Heizkessel und Brennstofflager, so dass der Platz für andere Nutzungen zur Verfügung steht.
- Die Wärmeverluste des Verteilnetzes müssen von allen mitbezahlt werden: Entscheidend für die Minimierung der Wärmeverluste sind die Isolierung der Leitungen und das Temperaturniveau.
- Reibungsverluste: Je ausgedehnter das Leitungsnetz, umso höher sind die Strömungswiderstände und umso größer ist der energetische Aufwand für den Transport des Wärmeträgers (Pumpenergie).
- Oberirdische Fernleitungsnetze benötigen Platz, unterirdische Fernleitungsnetze sind in Bau und Wartung kostenintensiv.

Zusammenfassend lässt sich feststellen, dass Nahwärmenetze ein Baustein für eine effiziente Wärmeversorgung und daher sehr empfehlenswert sind, wenn umweltfreundliche Technologien und/oder erneuerbare Energien eingesetzt werden und die Kommunen/Stadtwerke Betreiber des Netzes sind.

Die Anlagenaufwandszahl (für den EnEV-Nachweis) bei Wärmebezug aus Nah-/Fernwärmeversorgungsanlagen hängt stark von der Art der Wärmeerzeugung ab; sie beträgt:

- 1,0 - 1,1 bei Einsatz fossiler Energieträger (Erdgas, Heizöl, Kohle) im Heizwerk,
- 0,6 - 0,9 bei Einsatz fossiler Energieträger im Heiz-Kraft-Werk (Abwärme aus Stromproduktion),
- 0,1 – 0,2 bei Einsatz regenerativer Energieträger (Biomasse: Biogas, Holz).

Kosten und Preise

Natürlich spielen die Kosten und der erzielbare Preis für die gelieferte Wärme eine wichtige Rolle. In ausgedehnten Fernleitungssystemen muss das Wasser auch bei minimaler Wärmeabnahme im gesamten Netz umgewälzt werden; die Wärmeverluste steigen proportional zur Leitungslänge und -oberfläche der Rohrleitungen, die Pumpen benötigen Strom usw. Der Preis für Fernwärme lag 2010 im Bundesdurchschnitt zwar nur bei 6,8 ct/kWh. Es sind aber viele Fälle bekannt, in denen die Kosten bei 12 ct/kWh und darüber liegen. In Neubausiedlungen, in denen durchweg der Effizienzhaus70-Standard oder besser verwirklicht ist, kann der Energiepreis sogar bis 20 ct/kWh reichen und dennoch bei Vollkostenrechnung im Vergleich zu einer Einzelheizung wirtschaftlich sein.

Der Wärmepreis muss für jedes Versorgungsgebiet aufgrund der örtlichen Rahmenbedingungen (Art der Wärmeerzeugung, Größe, Leistungs- und Energiedichte des Versorgungsgebietes, vorherrschende Baustandards etc.) individuell errechnet werden. Es ist naheliegend, dass die spezifischen Energiekosten für Nah-/Fernwärme ebenso steigen wie bei anderen Heizungstechniken, wenn bei wenig verändertem technischem Aufwand die verkaufte Wärmemenge zurückgeht, z.B. aufgrund verbesserter Gebäudeenergiestandards und eines niedrigeren Energieverbrauchs. Insofern können in benachbarten Nahwärmeversorgungsgebieten durchaus unterschiedliche Wärmepreise gelten und gerechtfertigt sein. Auch deshalb ist es hier nicht sinnvoll und auch nicht möglich, eine Kostentabelle für Gebäude verschiedener Standards aufzustellen.

Zudem ist bei Kostenvergleichen zu bedenken, dass dem Wärmepreis für Nah- und/Fernwärme die vermiedenen Kosten für einen individuellen Wärmeerzeuger und für dessen Wartung gegenüber zu stellen sind. Der Nah-/Fernwärmepreis ist daher nicht mit dem reinen Gas- oder Ölpreis vergleichbar, sondern muss stets mit den Vollkosten (incl. Kapitaldienst und Wartung) anderer Wärmeversorgungstechniken verglichen werden.

Kombination

Die Kombination mit weiteren Wärmeerzeugern ist begrenzt möglich. Solarthermische Anlagen auf den Dächern der versorgten Gebäude können durch Einspeisung von Überschüssen ihren Wirkungsgrad verbessern. Eine Kombination mit Wärmeerzeugern, die fossile Brennstoffe verbrauchen, wird in der Regel durch einen Anschluss- und Benutzungszwang ausgeschlossen.

3.7.2 Solarwärme aus dem Langzeitwärmespeicher

Nahwärme-Versorgungsanlagen mit Sonnenkollektoren und Langzeit-Wärmespeicher zur Speicherung von Sommerwärme bis in den Winter sind bereits seit etlichen Jahren in der Erprobung. Bekannte große Anlagen befinden sich in Hamburg-Bramfeld, Friedrichshafen-Wiggenhausen und Neckarsulm. Meist wird eine solare Deckungsrate von 50 - 60% am Gesamtwärmebedarf für Raumheizung und Trinkwassererwärmung angestrebt bzw. erreicht.
Erprobt wurden bis heute vier Langzeit-Speichertypen, die in Abhängigkeit von den jeweiligen geologischen Verhältnisse definiert sind. In den Anlagen in Hamburg und Friedrichshafen sind es Heißwasserspeicher, in Neckarsulm wird ein Erdsondenspeicher genutzt, in Steinfurt und Chemnitz wird die Sonnenwärme in Kies und Wasser gespeichert. In Rostock wird seit Ende 1999 ein Grundwasser-Wärmespeicher (Aquifer-Speicher) betrieben. Zwei Anlagen sollen im Folgenden beispielgebend beschrieben werden.

Der Langzeitspeicher in Hamburg-Bramfeld

Der Langzeitspeicher in Hamburg-Bramfeld (Abb. 3.7.4 und 3.7.5) speichert die solare Wärme der Dächer von 124 Reihen-Einfamilienhäusern. Die von 2.940 m² Kollektorfläche vor allem im Sommer produzierte Wärme gelangt über ein Sammelnetz mit einem Wasser-Glykol-Gemisch zur Heizzentrale. Dort wird sie über einen Wärmetauscher in den Speicherladekreis übertragen.
In der Heizsaison wird das Wasser für das Nahwärmeverteilnetz mit Hilfe der eingespeicherten Solarenergie wieder über einen Wärmetauscher erwärmt. Reicht die Temperatur im Speicher nicht aus, wird mit einem Gasbrennwertkessel bzw. mit einem Mini-Blockheizkraftwerk nachgeheizt. Die Wärme aus dem Nahwärmeverteilnetz wird an einer Hausübergabestation pro Wohnblock an das Hausnetz und damit an das Niedertemperatur-Heiznetz abgegeben. Für die 2 x 2 Leitungen des Kollektorsammelkreislaufs und des Nahwärmeverteilnetzes wurden kunststoffummantelte Stahlrohre mit Dämmung in der Erde verlegt.
Das Speicherwasser bildet ein geschlossenes System und wird von den Solarkollektoren auf Temperaturen von 30 - 80°C erwärmt. Der Speicher ist als Erdbeckenwärmespeicher mit einem Volumen von 4.500 m³ ausgeführt. Er besteht aus einer Ortbeton-Ringwand, die außen mit 200 mm Mineralwolle isoliert ist. Die tragende Betondecke ruht auf Stützen und ist mit 300 mm Mineralwolle isoliert. Die Innenabdichtung erfolgte mit einem 1,25 mm dicken Edelstahlblech. Die Gesamtkosten für den Speicher sind mit 930.000 € aus-

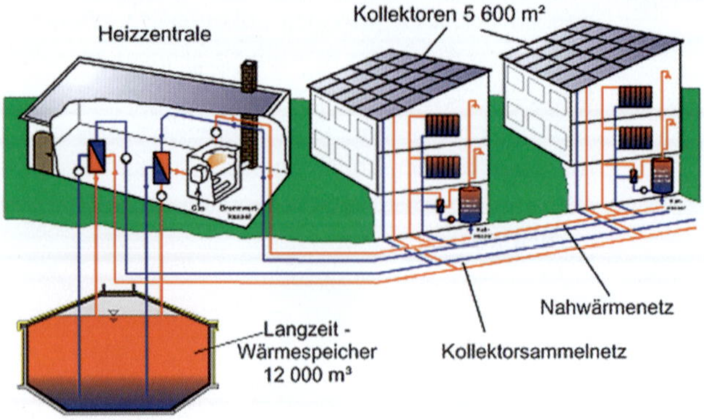

3.7.4
Schema der solaren Nahwärmeversorgung in Hamburg-Bramfeld. Quelle: ITW/TU Braunschweig bzw. Steinbeis Transferzentrum

3.7.5
Der Langzeitspeicher in Hamburg-Bramfeld. Quelle: ITW, TU Braunschweig

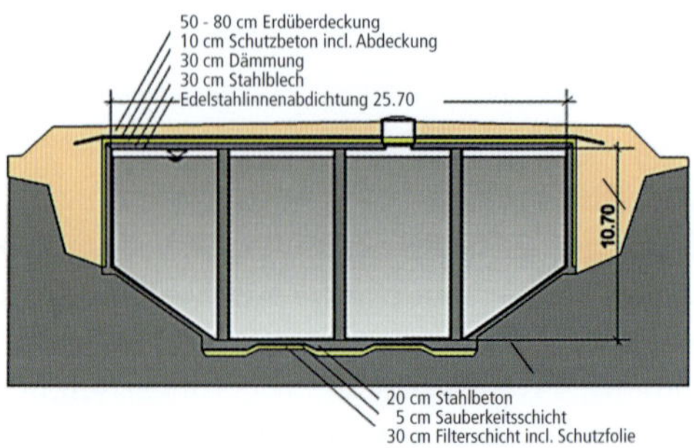

gewiesen. Das entspricht gut 200 €/m³ und einem Anteil pro Einfamilienhaus von 7.500 € bzw. einem Preis pro m² Wohnfläche von 62,50 €.
Die Gesamtkosten für die Wärmeversorgung (mit Kollektoranlage, Heizzentrale, BHKW und Verteilung) betrugen 3.504.000 €, das sind 28.258 € pro Haus. Der Wärmepreis wird mit 230 €/MWh angegeben, entsprechend 23 ct/kWh! Hierbei ist zu berücksichtigen, dass es sich quasi um ein Forschungsobjekt handelt.

Der Langzeitspeicher in Attenkirchen/Bayern

Aus den vier Grundformen sind natürlich auch Hybriden entstanden, z.B. wurde in Attenkirchen/Bayern erstmalig ein System aus Erdwärmesonden und Erdbecken-Speicher errichtet, die thermisch gekoppelt sind (Abb. 3.7.6). Zentrales Element ist der mit einem Volumen von 500 m³ vorgespannte Erdbeckenspeicher aus Beton mit einem Durchmesser von 9 m und einer Tiefe von 8,50 m. Er dient als Kurzzeit- oder Pufferspeicher und wird von einem Erdwärmesondenfeld als Langzeitspeicher umgeben. Diese Kombination ermöglicht eine einfachere und günstigere Bauweise des Erdbeckenspeichers. Dabei wird auf eine wasser- und dampfdiffusionsdichte Innenauskleidung sowie eine Wärmedämmung am Boden und der Seitenwand verzichtet. In Attenkirchen wurde lediglich die Speicheroberseite mit 20 cm dicken Platten aus extrudiertem Polystyrolschaum gedämmt. Wärmeverluste an den Seiten und dem Boden durch Wärmeleitung und Dampfdiffusion finden sich als Wärmegewinne im Erdwärmesonden-Speicher wieder. Der Erdwärmesonden-Speicher besteht aus 90 Sonden von 30 m Tiefe bei einem Abstand von 2 m, die in drei Ringen um den Erdbeckenspeicher verlegt wurden. Hydraulisch sind dabei immer drei Sonden in Serie und die 30 Dreiergruppen parallel geschaltet.

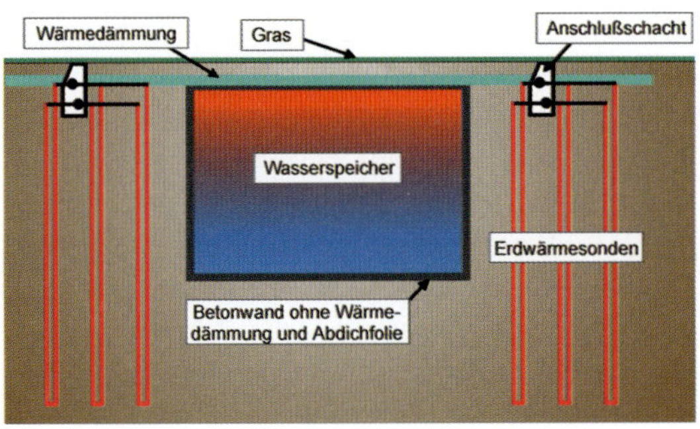

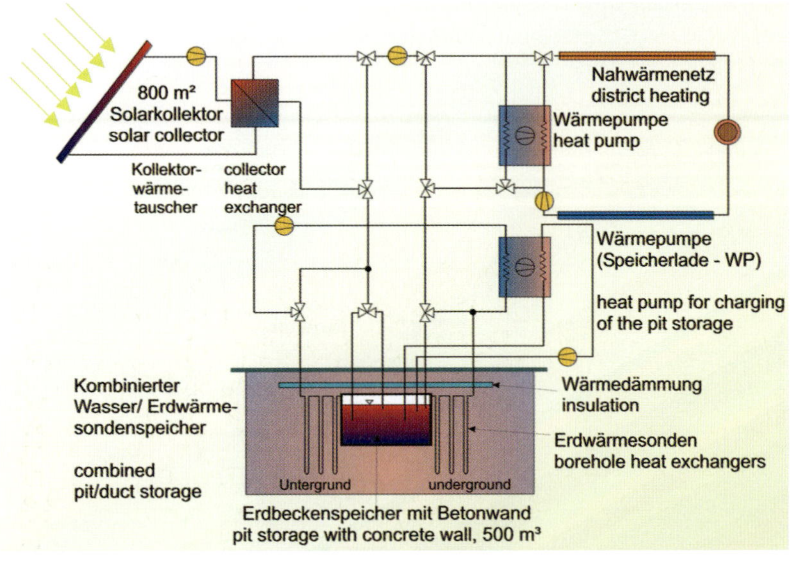

3.7.6 *(oben links)*
Langzeitspeicher in Attenkirchen.
Quelle: ZAE

3.7.7 *(oben rechts)*
Bau des Langzeitspeichers in Attenkirchen.
Quelle: ZAE

3.7.8
Systemschaltbild Anlage Attenkirchen.
Quelle: ZAE

Damit wird ein Speichervolumen von 10.500 m³ erschlossen. Mit einer durchschnittlichen Wärmekapazität des dortigen Untergrundes von 2,7 MJ/m³·K (= 0,75 kWh/m³·K), entspricht dieses Speichervolumen einem Wasseräquivalent von 6.800 m³. Insgesamt erhält man somit ein Speichervolumen von 7.300 m³ Wasser (Quelle: Bayerisches Zentrum für Angewandte Energieforschung).

Die spezifischen Systemkosten (Kollektorkreis einschließlich Wärmeübertrager) für die Solaranlage betrugen 276 €/m², bezogen auf die gesamte Kollektorfläche von 836 m². Da das Kollektorfeld ein vollwertiger Ersatz für das Dach ist, dessen Kosten sich auf ca. 75 €/m² belaufen hätten, kann man diese Kosten vom Systempreis abziehen und kommt zu spezifischen Systemkosten von etwa 200 €/m², bezogen auf die gesamte Kollektorfläche. Die Kosten für den Erdbeckenspeicher belaufen sich auf 406,40 €/m³, die für den Erdwärmesondenspeicher auf 46 €/m Sonde bzw. 18,30 € pro m³ Wasseräquivalent. Die Kosten des Gesamtspeichers betragen somit 45 €/m³-Wasseräquivalent.

Eine aussagekräftige Darstellung zu den Investitionskosten von Langzeitspeichern in Abhängigkeit von Bauart und Größe liefert Abb. 3.7.9. Je größer ein Langzeitspeicher, desto günstiger wird das Verhältnis Oberfläche zu Volumen (A/V). Die Wärmeverluste je m³ Speichervolumen nehmen mit zunehmender Größe ab. Dem steht entgegen, dass mit zunehmender Größe auch das Verteilnetz größer wird und schließlich den Charakter eines Fernwärmenetzes annimmt. Das bedeutet, dass mit zunehmender Größe des Speichers die Verluste im Netz größer werden, wobei dieser Nachteil den Vorteil des günstigeren A/V-Verhältnisses überwiegt. Es gibt somit natürliche Grenzen für große Speichersysteme.

Im Zuge begleitender Untersuchungen bei diesen Pilotvorhaben wurden häufig Mängel an der konventionellen Haustechnik festgestellt. So schränken hydraulisch nicht abgeglichene Trinkwasser- und Raumheizungssysteme, Platten-Wärmeübertrager mit zu geringer Übertragungsleistung und Regelungsprobleme in außentemperaturgeführten Heizsystemen die effiziente Energienutzung ein. Hierauf hat der Betreiber einer Nahwärmeversorgung wenig Einfluss, denn das Nahwärmesystem endet an der Hausübergabestation. Um die effiziente Wärmenutzung von Langzeitspeichern zu verbessern, bieten sich folgende Maßnahmen an:

- Versorgung bei möglichst niedrigen Vor- und Rücklauftemperaturen durch Flächenheizsysteme in allen Gebäuden (z.B. 50/30°C),
- guter Dämmstandard der zu versorgenden Gebäude,
- gleitende Vorlauftemperatur und
- zyklische Anhebung der Fernwärme-Vorlauftemperatur für die Warmwasserbereitung im Speicher.

Die Erprobungs- und Entwicklungsphase für die beschriebenen Systeme wird in absehbarer Zeit noch nicht abgeschlossen sein. In den vergangenen Jahren wurden die Grundkonzepte bestätigt, Schwachstellen analysiert und Wege zur Effizienzsteigerung aufgezeigt. Die hohen Investitionskosten bleiben ein Hindernis für Betreiber und Wohnungswirtschaft. Ohne staatliche Förderung bewegen sich in absehbarer Zeit nur Nahwärmesysteme mit Kurzzeitspeichern in die Nähe der Wirtschaftlichkeit. Für die Langzeitspeicher-Systeme bleibt das Ziel, Preise zu erreichen, die ohne Förderung höchstens doppelt so hoch sind wie jene der Wärme aus Erdgas oder Öl.

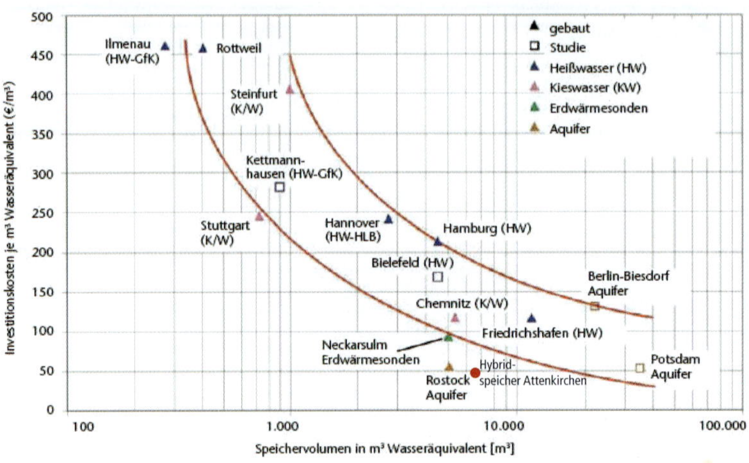

3.7.9
Investitionskosten von Langzeitspeichern.
Quelle: Heidemann, W.; Dötsch, C.; Müller-Steinhagen, H.: Solare Nahwärme und saisonale Speicherung. in Wärme und Kälte – Energie aus Sonne und Erde, FVS-LZW Jahrestagung, Köln 2005; ergänzt um Hybridspeicher Attenkirchen

3.8 Vergleich der Wärmeerzeuger

Wie die vorhergehenden Abschnitte über Wärmeerzeugungsanlagen zeigen, steht für die Beheizung von Häusern eine Vielzahl verschiedener Heizsysteme zur Verfügung, die sich obendrein noch abwandeln und kombinieren lassen. In der Praxis werden manche Anlagen ausscheiden, weil z.B. in einem Wasserschutzgebiet kein Öltank aufgestellt werden darf, anderenorts ein Erdgasnetz nicht vorhanden ist, für ein Holzpelletlager der Platz fehlt, eine Stückholzheizung zu unbequem ist usw.

Aufgabe der Planung wird es sein, aus den vielfältigen Möglichkeiten und Varianten ein System auszuwählen, das zum Gebäude passt und den Anforderungen und Wünschen der Nutzer entspricht.

Wenig Platz benötigen Anlagen, bei denen der Brennstoff nicht bevorratet werden muss; dazu gehören Gasheizungen, Wärmepumpen und Anlagen zur Nutzung von Nah- bzw. Fernwärme. Diese Wärmeerzeuger lassen sich in der Regel problemlos innerhalb der gedämmten Gebäudehülle anordnen und können raumluftunabhängig betrieben werden.

Erdgas-Brennwertkessel sind derzeit die am häufigsten installierten Heizgeräte. Doch das kann sich schnell ändern, wenn dieser fossile Brennstoff knapper und teurer wird oder die Verbrennung von Erdgas aus Klimaschutzgründen eingeschränkt werden muss. Wenn es allerdings gelingt, Erdgas in großtechnischem Maßstab aus erneuerbaren Quellen (Biogas, Windgas, Zumischung von Wasserstoff) bereitzustellen, dürften Gasheizungen oder besser noch Gas-BHKW für Jahrzehnte eine gesicherte Zukunft haben. Momentan steckt die Entwicklung zur Herstellung von Windgas und Wasserstoff noch in den Kinderschuhen, während das Potential zur Biogaserzeugung und dessen Einspeisung in das Gasnetz schon weitgehend ausgenutzt ist.

Besonders zukunftsträchtig sind die Heizsysteme, die einen möglichst hohen Anteil an regenerativen Energien nutzen. Dazu zählen Holzheizungen, Solaranlagen sowie die Nah- bzw. Fernwärme aus Biomasse-Feuerungen und Wärme-Kraft-Kopplung. Wärmepumpen stehen quasi zwischen den fossilen und erneuerbaren Quellen. Da der Strom in Deutschland zunehmend aus erneuerbaren Quellen stammt (1. Halbjahr 2012 ca. 25%; für 2050 wird ca. 100% angestrebt), wird der Antriebsstrom für die Wärmepumpen mit der Zeit immer sauberer. Folglich werden die Bedeutung und der Marktanteil von Wärmepumpen weiter zunehmen, vorausgesetzt die Häuser sind durch konsequent guten Wärmeschutz und Flächenheizungen an dieses Heizsystem gut angepasst.

Im Folgenden werden die verschiedenen Heizsysteme für zwei beispielhafte Einsatzbereiche miteinander verglichen: für einen gut gedämmten Neubau sowie für einen sanierten Altbau. Die Liste der möglichen Systeme ist nicht vollständig, da u.a. nur solche Heizsysteme berücksichtigt sind und sinnvoll miteinander verglichen werden können, die als ausgereift gelten und deren Eigenschaften in den einschlägigen DIN-Normen und der EnEV beschrieben sind.

Bekanntlich eilt die Technik den Normen immer einige Jahre voraus, und es gibt neue vielversprechende Systeme wie Stirlingmotoren (mit Brennwertkessel oder Holzpelletkessel), Solaranlagen und Wärmepumpen mit Eisspeichern, Latentwärmespeicher, Brennstoffzellen, Gas-Wärmepumpen usw. Diese Heizsysteme sind nicht in den Systemvergleich einbezogen, weil dazu noch zu wenig praktische Erfahrungen vorliegen, Daten fehlen, die Anlagen noch nicht ausgereift sind oder sie erst in kleinen Stückzahlen erprobt werden. Wer sich heute für diese Exoten entscheidet, muss Pioniergeist und Bereitschaft zum Risiko mitbringen und in der Regel auch tiefer in die Tasche greifen. Doch solche Pioniere werden unbedingt gebraucht, um neuen Technologien zum Durchbruch zu verhelfen.

Beispiel 1: Gut gedämmter Neubau

Im ersten Vergleich wird ein sehr gut gedämmtes Einfamilienhaus (Neubau mit einer EnEV-Nutzfläche $A_n = 150\ m^2$) zugrunde gelegt. Die Maße des Gebäudes, die Wärmedurchgangskoeffizienten (U-Werte) und weitere technische Daten sind in der Fußzeile von Tabelle 3.8.1 aufgeführt. Die Tabelle zeigt im oberen Teil die Höchstwerte des Primärenergiebedarfs und des Transmissionswärmeverlustes, die nach EnEV 2009 und den Effizienzkategorien der KfW nicht überschritten werden dürfen. Für den Bau von Effizienzhäusern 70, 55 und 40 sind Fördermittel von der KfW erhältlich (s. Kap. 7), wobei die Konditionen umso attraktiver sind, je energieeffizienter das Haus ist.

Für das Beispielhaus ist eine hervorragende Wärmedämmung vorgesehen, so dass ein Transmissionswärmeverlust der Hülle $H'_T = 0{,}199\ W/m^2K$ erreicht wird. Dieser ist notwendig, um eine der beiden Anforderungen an das Effizienzhaus 40 zu erfüllen; zur Er-

Effizienz-haus	Primärenergie Q_p kWh/m²a	Transmission H'_T W/m²K	Bemerkungen
100	108	0,364	Neubau-Pflicht
70	76	0,310	Fördermittel der KfW
55	60	0,255	Fördermittel der KfW
40	43	0,200	Fördermittel der KfW

Neubau: Volumen V_e = 469 m³, Hüllfläche A = 552 m², Nutzfläche 150 m², Heizwärmebedarf: 6.000 kWh/a, H'_T = 0,199 W/m²K, U-Werte (W/m²K): Wände: 0,15; Böden 0,15; Dach: 0,13; Fenster: 0,95; Türen 1,30; wärmebrückenfreie Konstruktion, Flächenheizung 35/28°C, Lüftungsanlage mit Wärmerückgewinnung (80%), Luftwechselrate: 0,4 h^{-1}, Luftdichtheitstest, Heizungsanlage in thermischer Hülle, Zirkulationsleitung

Tabelle 3.8.1: Höchstwerte des Primärenergiebedarfs Q_p und des Transmissionswärmeverlustes H'_T nach EnEV2009 und KfW.

füllung der EnEV 2009 wäre im Neubau nur H'_T = 0,364 W/m²K erforderlich. Um in diesem Haus verschiedene Heizungstechniken miteinander zu vergleichen, soll der Transmissionswärmeverlust in allen Berechnungen gleich bleiben (H'_T=0,199 W/m²K). Im Vordergrund steht die Frage, mit welchen der Heizsysteme auch die Anforderung an den Primärenergieverbrauch des Effizienzhauses 40 eingehalten werden kann. Bei einem schlechteren Wärmeschutz ließen sich die Anforderungen an das Effizienzhaus 40 mit keinem Heizsystem erfüllen.

Das Gebäude wurde mit einer Energieberater-Software nach DIN 4108-6/4701-10 berechnet. Die Anlagenaufwandszahlen der Heizgeräte wurden nach dem detaillierten Verfahren (s. Kap. 2) mit den in den Normen hinterlegten Daten ermittelt. In der Regel lassen sich bessere Ergebnisse erzielen, wenn alternativ zu den DIN-Werten mit den Aufwandszahlen der Heizungshersteller gerechnet wird, womit man sich allerdings auf den Hersteller festlegt. Bei der thermischen Solaranlage für Trink-Warmwasserbereitung und Heizung (TWW+Hzg) wird ebenfalls mit den in den Normen hinterlegten Pauschalen gerechnet, d.h. die Solaranlage soll pauschal ohne Nachweis 10% des Heizwä-

Nr.	Wärmeerzeuger	Investitionskosten	Kosten der Nutzwärme	Endenergiebedarf	Anlagen-Aufwandszahl	CO_2-Emission	ENEV Primärenergiebedarf	EnEV 2009 erfüllt?	Anforderungen Effizienzhaus erfüllt?		
		€	ct/kWh	kWh/a		kg/a	kWh/m²a		70	55	40
1	Elektroheizung, direkt	7.200	32	8.098	2,66	5.531	140,37	nein	nein	nein	nein
2	Brennwertkessel-Heizöl	16.500	26	9.949	1,50	3.321	79,05	ja	nein	nein	nein
3	BWK-Heizöl + Solar TWW	23.200	34	7.113	1,20	2.761	63,11	ja	ja	nein	nein
4	Brennwertkessel-Erdgas	6.700	14	9.949	1,50	2.706	79,05	ja	nein	nein	nein
5	BWK-Erdgas + Solar TWW	13.500	20	7.744	1,20	2.188	63,11	ja	ja	nein	nein
6	BWK-Erdgas, Solar TWW+Hzg	14.800	23	7.220	1,12	2.053	59,13	ja	ja	ja	nein
7	Pelletkessel	16.200	21	12.602	0,58	1.076	30,37	ja	ja	ja	ja
8	Pelletkessel, Solar TWW+Hzg	23.600	31	8.960	0,49	940	26,04	ja	ja	ja	ja
9	Stückholz-Vergaserkessel	13.500	18	16.189	0,58	448	30,50	ja	ja	ja	ja
10	Stückholz-V., Solar TWW+Hzg	21.500	27	11.511	0,48	459	25,25	ja	ja	ja	ja
11	Luft-Wasser-WP, Strommix D	16.400	21	2.778	1,08	2.235	56,73	ja	ja	ja	nein
12	Luft-Wasser-WP, Sol.TWW+Hzg	24.800	26	1.975	0,83	1.727	43,83	ja	ja	ja	nein
13	Sole-Wasser-WP (Sonde)	19.100	20	2.279	0,98	2.044	51,86	ja	ja	ja	nein
14	Sole-Wasser-WP, Sol.TWW+Hzg	27.100	30	1.574	0,76	1.574	39,94	ja	ja	ja	ja
15	KWK-Nahwärme, fossil		9-18	10.346	1,05	2.739	55,31	ja	ja	ja	nein
16	KWK-Nahwärme, Biogas		8-18	9.792	0,18	-2.845	9,61	ja	ja	ja	ja

Tabelle 3.8.2:
Vergleich verschiedener Heizsysteme an einem sehr gut gedämmten Neubau ohne Berücksichtigung von Fördermitteln.

rmebedarfs decken. Bei allen Varianten wird davon ausgegangen, dass eine Lüftungsanlage mit Wärmerückgewinnung (80%) eingebaut ist.
Entscheidende Zahlenwerte zu den unterschiedlichen Systemen sind in Tabelle 3.8.1 und Abb. 3.8.2 zusammengestellt. Auffällig (in Tab. 3.8.2) ist zunächst, dass der Endenergiebedarf der Biomasse-Heizungen deutlich höher ist als der von Brennwertkesseln. Ursache dafür sind die schlechtere Verbrennung bzw. der geringere Wirkungsgrad sowie auch die erhöhten Wärmeverluste über Pufferspeicher, die es bei Öl-/Gas-Brennwertkesseln nicht gibt. Dennoch schneiden Biomasse-Kessel in der ökologischen Bilanz, sichtbar gemacht an der Anlagenaufwandszahl und den CO_2-Emissionen, deutlich besser ab, als die konventionellen Kessel. Zu den Kosten der Nutzwärme ist zu sagen, dass Fördermittel bei diesen Berechnungen nicht berücksichtigt wurden. Wählt man einen einfachen Gas-Brennwertkessel, liefert dieser zwar die billigste Wärme (außer Nahwärme), doch Fördermittel der KfW gehen verloren. Damit relativieren sich die Kosten der Nutzwärme. Nahwärme aus BHKW-Abwärme wird teilweise sehr günstig angeboten, weil diese Geräte oft überwiegend vom Stromverkauf „leben“. Leider steht Nahwärme nur selten zur Verfügung.
Zu den Heizsystemen im Einzelnen:

Nr. 1: Elektroheizung direkt

Mit einer Elektroheizung sind trotz des hervorragenden Wärmeschutzes weder die Anforderungen der EnEV noch die für Effizienzhäuser zu erreichen, da der Primärenergiebedarf zu hoch ist. Alle anderen Heizsysteme unterschreiten dagegen den zulässigen Primärenergiebedarf für den EnEV-Neubau-Standard.

Nr. 2 und Nr. 4: Brennwertkessel Heizöl/Erdgas

Mit einem Gas- oder Öl-Brennwertkessel ist die EnEV erfüllt. Zwar verlangt das EEWärmeG auch die Nutzung der erneuerbaren Energien, aber wenn sowohl die Transmissionsverluste als auch der Primärenergiebedarf mindestens jeweils 15% unter den EnEV-Höchstwerten liegen, gilt das EEWärmeG als erfüllt. Ein solches Haus dürfte gebaut werden, erhielte aber keinerlei Fördermittel der KfW, weil der Primärenergieverbrauch nicht die Vorgaben für förderfähige Effizienzhäuser erreicht. Ist kein Erdgasnetz verfügbar, könnte man einen Flüssiggastank installieren. Das ist aber wegen höherer Kosten weniger empfehlenswert, günstiger ist dann eine Holz- oder Wärmepumpenheizung.

Nr. 3 und Nr. 5: Brennwertkessel Heizöl/Erdgas + Solar TWW

Mit einer kleinen thermischen Solaranlage für die Trink-Warmwasserbereitung (TWW, etwa 6 m^2 Kollektorfläche/300 Liter Speicher) lassen sich die Anforderungen des KfW-Effizienzhaus 70 erfüllen, so dass (geringe) Fördermittel der KfW genutzt werden können.

Nr. 6: Brennwertkessel Erdgas + Solar TWW+Hzg

Eine größere Solaranlage vermindert den Endenergiebedarf und die CO_2-Emissionen soweit, dass das Effizienzhaus 55-Niveau erreicht wird.

Nr. 7: Pelletkessel

Durch den Einsatz von Holzpellets als regenerative Energiequelle kann der (fossile) Primärenergiebedarf erheblich gesenkt werden. Durch den verbleibenden geringen Primärenergiebedarf kann sogar das Niveau Effizienzhaus 40 deutlich unterschritten wird. Im Allgemeinen ist eine Pelletheizung ohne thermische Solaranlage nicht zu empfehlen, weil beim gelegentlichen Anfahren im Sommer besonders hohe Verluste auftreten und der Wirkungsgrad des Pelletkessels dadurch relativ gering ist.

Nr. 8: Pelletkessel + Solar TWW+Hzg

Der Primärenergiebedarf kann durch eine zusätzliche thermische Solaranlage weiter vermindert werden, weil Sonnenenergie (Primärenergiefaktor 0,0) von der EnEV noch günstiger bewertet wird als Pellets (0,2).

Nr. 9 und Nr. 10: Stückholz-Vergaserkessel, ggf. Solar TWW+Hzg

Noch etwas günstigere Ergebnisse als mit Pellets werden mit Stückholz erreicht. Von der Variante Nr. 9 wird dennoch abgeraten, weil die Anlage im Sommer einen sehr schlechten Wirkungsgrad hat. In der Förderliste des BAFA über förderfähige handbeschickte Stückholzvergaser-Kessel haben die kleinsten Kessel eine Nennleistung von 15 kW. Diese benötigen einen Pufferspeicher von mindestens 825 Liter, der gleichzeitig auch als Solarspeicher genutzt werden kann, wenn er noch etwas vergrößert wird. Für sehr gut gedämmte Häuser sind diese Heizungsanlagen überdimensioniert. Dennoch können sie mit sehr großen Speichern und großzügig dimensionierter Solaranlage in ländlicher Umgebung akzeptabel sein. Im vorliegenden Fall wäre ein raumluftunabhängiger Kaminofen mit Wassertasche, Speicher und Solaranlage leistungsmäßig angepasster und daher die bessere Variante.

Nr. 11 und Nr. 13: Luft-Wasser- bzw. Sole-Wasser-Wärmepumpe

Egal ob Luft oder Erdreich als Wärmequelle genutzt wird, mit einer Wärmepumpe ist der Effizienzhaus 55-Standard, nicht aber der Effizienzhaus 40-Standard erreichbar. Die Energiekosten sind aufgrund der hohen Investitionskosten und des geringen Verbrauchs höher als bei Nr. 4, 5 und 9.

Nr. 12: Luft-Wasser-Wärmepumpe + Solar TWW+Hzg

Mit einer Luft-Wärmepumpe und thermischer Solaranlage werden die Grenzwerte für das Effizienzhaus 40 nicht erreicht. Da es allerdings nur sehr knapp verfehlt wird, würde es sich hier lohnen, die Erträge der thermischen Solaranlage mit einem Simulationsprogramm zu errechnen. Wenn sich durch die Simulation nachweisen lässt, dass die Solaranlage mehr als 10%, das ist die in der EnEV hinterlegte Pauschale, des Heizwärmebedarfs abdeckt, wird das Effizienzhaus 40 erreicht. Möglicherweise muss die Solaranlage etwas größer ausgelegt werden. Das Effizienzhaus 40 erreicht man vielleicht auch, wenn man mit der (Hersteller-) Aufwandszahl einer guten Wärmepumpe rechnet.

Nr. 14: Sole-Wasser-Wärmepumpe+ Solar TWW+Hzg

Das Effizienzhaus 40 wird problemlos erreicht.

Nr. 15: KWK Nahwärme fossil

Wird das Gebäude aus einem mit Erdgas befeuerten BHKW mit Nahwärme versorgt, lassen sich die Effizienzhaus 55-Anforderungen einhalten, nicht aber das Niveau 40 (KWK = Kraft-Wärme-Kopplung). Es ist allerdings nicht sinnvoll, ein einzelnes Haus mit einem BHKW zu versorgen, sondern das BHKW müsste mindestens 5 Wohneinheiten oder gleich eine ganze Siedlung über ein Nahwärmenetz versorgen.

Nr. 16: KWK Nahwärme mit Biogas

Wird das BHKW mit Biogas betrieben, ist der Primärenergiebedarf äußerst gering. Die Anlagenaufwandszahl geht gegen Null. Interessant ist auch, dass die CO_2-

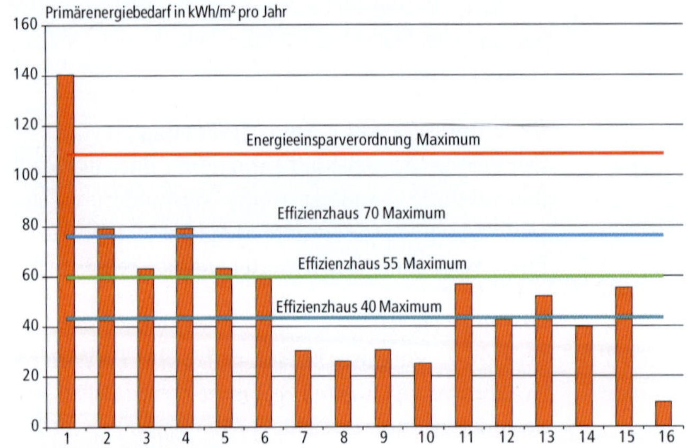

3.8.1
Primärenergiebedarf eines sehr gut gedämmten Einfamilienhauses mit verschiedenen Heizsystemen. Die Zahlen an der waagerechten Achse stehen für die in Tabelle 3.8.2 genannten Heizsysteme.

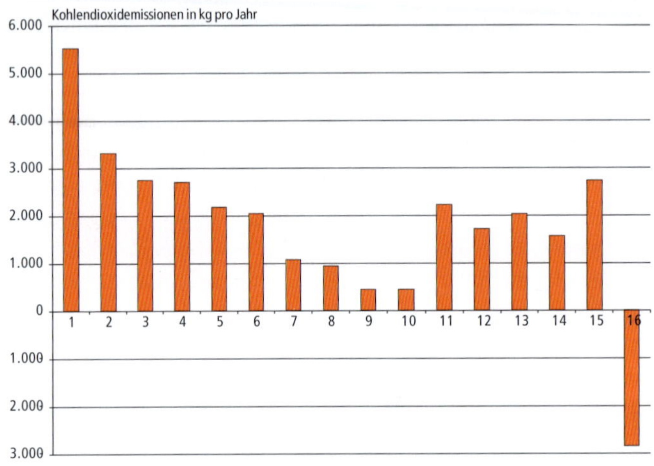

3.8.2
Kohlendioxidemissionen eines sehr gut gedämmten Einfamilienhauses mit verschiedenen Heizsystemen. Die Zahlen an der waagerechten Achse stehen für die in Tabelle 3.8.2 genannten Heizsysteme.

Emissionen (Abb. 3.8.2) sogar negativ sind: Wenn das BHKW Strom produziert, muss ein (Kohle-)Großkraftwerk ein Stück weit heruntergefahren werden. Die dadurch eingesparten Emissionen werden dem BHKW gut geschrieben. Die EnEV bewertet Biogasanlagen ökologisch sehr positiv. Auch hier müsste das BHKW mehrere Häuser oder einen landwirtschaftlichen Betrieb versorgen.

Die preiswerteste Nutzwärme liefern ein Brennwert-Gaskessel und ein Stückholz-Vergaserkessel; ersterer ist von den Anlagenkosten her die günstigste Variante, letzterer kann – abgesehen von der Nahwärmelösung – mit der günstigsten CO_2-Bilanz aufwarten. Kostenmäßig ungünstiger folgen auf den Rängen 3 und 4 die Wärmepumpen, wobei der Abstand in den Gesamtkosten zu den ersten beiden Lösungen nicht allzu groß ist. Kombilösungen mit thermischer Solaranlage liefern die Nutzwärme durchweg zu etwas höheren Kosten als rein monovalente Anlagen. Dies sollte den Herstellern solarthermischer Anlagen ein Anreiz sein, die Bemühungen um weitere Kostensenkungen fortzusetzen.

Kostengesichtspunkte spielen aber nicht immer die wichtigste Rolle: Entscheidet man sich z.B. für einen einfachen Brennwertkessel, entgehen einem vielleicht die Fördermittel des BAFA und der KfW. In einigen Baugebieten ist der Bau von Effizienzhäusern vorgeschrieben. Für viele Menschen dürften auch die CO_2-Emissionen eine bedeutende Rolle spielen (Abb. 3.8.2).

Beispiel 2: Gut sanierter Altbau

Analog zum Neubau sollen dieselben Heiztechniken auch für einen Altbau mit 150 m² Nutzfläche (A_N) verglichen werden.

Die Maße des Gebäudes, die Wärmedurchgangskoeffizienten (U-Werte) und weitere technische Daten sind wieder in der Fußzeile von Tabelle 3.8.3 genannt. Die Tabelle zeigt auch die Höchstwerte des Primärenergiebedarfs und des Transmissionswärmeverlusts verschiedener Effizienzhaus-Niveaus. Für die Effizienzhäuser 115, 100, 85, 70 und 55 sind Fördermittel von der KfW (s. Kap. 7) erhältlich.

Im Beispiel-Haus wird nach der Sanierung ein Transmissionswärmeverlust von H'_T = 0,33 W/m²K erreicht, für einen Altbau ein relativ guter Wert. Erreicht wird dies durch eine 14 cm dicke Dämmung der Außenwände, eine Dachdämmung mit 22 cm zwischen und 6 cm auf den Sparren, eine Dämmung der Böden zum Erdreich oder Keller mit 10 cm sowie Fenster mit Zweifach-Wärmeschutzverglasung. Um in den Genuss der KfW-Förderung für Effizienzhäuser zu kommen, dürfen bestimmte Transmissionswärmeverluste H'_T nicht überschritten werden (Tabelle 3.8.3), gleichzeitig muss auch der Primärenergiebedarf bestimmte Grenzwerte unterschreiten. Bei dem vorgegebenen Haus sind wegen des Transmissionswärmeverlustes H'_T = 0,33 W/m²K nur die Effizienzhaus-Niveaus 115, 100 und 85 erreichbar.

Das Gebäude wurde ebenfalls mit einer Energieberater-Software nach DIN 4108-6/4701-10 berechnet. Die Anlagenaufwandszahlen der Heizgeräte sind nach dem detaillierten Verfahren (s. Kap. 2) mit den in den Normen hinterlegten Daten ermittelt. Auch hier lassen sich bessere Ergebnisse mit den Aufwandszahlen der Hersteller erzielen. Bei der thermischen Solaranlage für Trink-Warmwasserbereitung und Heizung (TWW+Hzg) wurde ebenfalls mit den in den Normen hinterlegten Pauschalen gerechnet, d.h. es wird angenommen, dass die Solaranlage pauschal ohne Nachweis 10% des Heizwärmebedarfs deckt. Bei allen Varianten wird von einer Fensterlüftung ausgegangen.

Tabelle 3.8.3 und Abb. 3.8.4 zeigen die Ergebnisse für die verschiedenen Heizungsanlagen.

Effizienzhaus	Primärenergie kWh/m²a	Transmission H'_T W/m²K	KfW-Zuschuss Programm 430
115	125	0,474	10,0%
100	108	0,419	12,5%
85	92	0,364	15,0%
70	76	0,310	17,5%
55	60	0,255	20,0%

Altbau: Volumen V_e = 469 m³, Nutzfläche A_n = 150 m², Hüllfläche A = 552 m²; Heizwärmebedarf: 11.700 kWh/a, H'_T = 0,33 W/m²·K; U-Werte (W/m²K): Wände: 0,21; Böden 0,30; Dach: 0,17; Fenster: 1,40; Türen 1,50; Wärmebrücken pauschal 0,05 W/m²K mit Nachweis; Luftwechselrate 0,7 h⁻¹, kein Luftdichtheitstest; Fensterlüftung, Radiatorenheizung 55/40°C; Heizung außerhalb thermischer Hülle, Zirkulationsleitung

Tabelle 3.8.3: Höchstwerte des Primärenergiebedarfs Q_p und des Transmissionswärmeverlusts H'_T nach EnEV und KfW in einem Altbau.

Nr. 1: Elektroheizung

Mit einer Elektroheizung ist kein Effizienzhausniveau erreichbar.

Nr. 2 und Nr. 4: Brennwertkessel Heizöl/Erdgas

Mit einem Gas- oder Öl-Brennwertkessel allein ist der Effizienzhaus 115-Standard kaum zu erreichen. Folgende Maßnahmen kommen in Frage, um dennoch zum Ziel zu kommen: Luftdichtheitstest und Einbau einer Lüftungsanlage mit Wärmerückgewinnung, Einbau der Heizungsanlage mit allen (warmen) Rohrleitungen in die thermische Hülle, Verzicht auf die Warmwasserzirkulation (die Zapfstellen sollten daher in der Nähe des Warmwasserspeichers liegen).

Nr. 3 und Nr. 5: Brennwertkessel Heizöl/Erdgas + Solar TWW

Mit einer kleinen thermischen Solaranlage für die Trink-Warmwasserbereitung (TWW, etwa 6 m² Kollektorfläche/300 Liter Speicher) schafft das Haus das KfW-Niveau Effizienzhaus 115 und erhält (geringe) Fördermittel der KfW.

Nr. 6: Brennwertkessel Erdgas + Solar TWW+Hzg

Mit einer größeren Solaranlage für Heizung und Warmwasser werden die Anforderungen für das Effizienzhaus 100 knapp verfehlt. In diesem Fall können evtl. eine Simulationsrechnung mit den Anlagenaufwandszahlen der Hersteller und/oder ein Bestehen des Luftdichtheitstests zum Ziel verhelfen.

Nr. 7 bis Nr. 10: Pelletkessel

Nach Abb. 3.8.3 wird bei diesen Varianten sogar der Primärenergiebedarf des Effizienzhauses 55 unterschritten. Tatsächlich werden aber die Effizienzhaus 55-Anforderungen nicht erfüllt, wie ein Blick in Tabelle 3.8.4 zeigt. Denn nach den Förderrichtlinien der KfW darf auch die Transmission (H'_T) einen Maximal-Wert nicht überschreiten (Tabelle 3.8.3). Der Wärmeschutz müsste also deutlich verbessert werden, z.B. durch höhere Dämmstärken, Verminderung von Wärmebrücken und Verbesserung der Luftdichtheit. Auch an einer Lüftungsanlage mit Wärmerückgewinnung führt bei solchen Häusern kein Weg vorbei.

Wärmeerzeuger		Investitionskosten	Kosten der Nutzwärme	Endenergiebedarf	Anlagen-Aufwandszahl	CO_2-Emission	ENEV Primärenergiebedarf	Anforderungen Effizienzhaus erfüllt?				
Nr.		€	ct/kWh	kWh/a		kg/a	kWh/m²·a	115	100	85	70	55
1	Elektroheizung, direkt	12.250	32	13.776	2,64	9.409	239	nein	nein	nein	nein	nein
2	Brennwertkessel, Heizöl	23.500	20	17.477	1,52	5.814	138	nein	nein	nein	nein	nein
3	BWK-Heizöl Solar TWW	30.200	25	15.048	1,33	5.072	120	ja	nein	nein	nein	nein
4	Brennwertkessel, Erdgas	9.500	11	17.477	1,52	4.696	138	nein	nein	nein	nein	nein
5	BWK-Erdgas + Solar TWW	17.500	15	15.048	1,33	4.109	120	ja	nein	nein	nein	nein
6	BWK-Erdgas, Solar TWW + Hzg-Unterstützung	19.500	17	14.350	1,22	3.781	111	ja	nein	nein	nein	nein
7	Pelletkessel	22.300	17	25.700	0,50	1.524	45	ja	ja	ja	nein	nein
8	Pelletkessel, Solar TWW +Hzg-Unterstützung	32.300	22	20.324	0,42	1.315	38	ja	ja	ja	nein	nein
9	Stückholz-Vergaserkessel	16.200	11	30.357	0,52	426	47	ja	ja	ja	nein	nein
10	Stückholz-Vergaserkessel, Solar TWW+Hzg-Unterst.	26.200	15	24.007	0,43	427	39	ja	ja	ja	nein	nein
11	Luft-Wasser-WP, Strommix Deutschland	26.600	13	5.781	1,17	4.179	106	ja	ja	nein	nein	nein
12	Luft-Wasser-WP, Solar TWW +Hzg-Unterstütz.	36.600	23	4.634	0,96	3.437	87	ja	ja	ja	nein	nein
13	Sole-Wasser-WP (Sonde)	24.100	11	4.609	0,99	3.528	90	ja	ja	ja	nein	nein
14	Sole-Wasser-WP, Solar TWW+Hzg-Unterstütz.	34.100	20	3.635	0,81	2.876	73	ja	ja	ja	nein	nein
15	KWK-Nahwärme, fossil		9-18	17.650	0,99	4.525	89	ja	ja	ja	nein	nein
16	KWK-Nahwärme, Biogas		8-18	18.048	0,08	-5539	7	ja	ja	ja	nein	nein

Grundsätzlich ist eine Holzheizung oder Pelletheizung ohne thermische Solaranlage nicht empfehlenswert, weil der Wirkungsgrad der Anlage im Sommer eher gering und die Verbrennung schlecht ist.

Nr. 11 bis Nr. 14: Wärmepumpe, ggf. mit Solar TWW+Hzg

Mit einer Luft-Wärmepumpe ist das Effizienzhaus 100 rechnerisch zu schaffen. Da es bei diesem Haus allerdings eine Radiatorenheizung gibt, ist diese Variante jedoch nicht empfehlenswert. Zur Entlastung der Wärmepumpe bei Minusgraden im Winter sollte es mindestens noch einen Kaminofen geben.

Mit einer erdgekoppelten Wärmepumpe mit großzügiger Solaranlage ist sogar das Effizienzhaus 70 zu schaffen, wenn der Wärmeschutz noch verbessert und eine Lüftungsanlage mit Wärmerückgewinnung eingebaut wird.

Nr. 15: KWK Nahwärme fossil

Wird der sanierte Altbau aus einem mit Erdgas befeuerten BHKW mit Nahwärme versorgt, erreicht das Gebäude das Effizienzniveau 85. Allerdings ist es nicht sinnvoll, ein einzelnes Haus mit einem BHKW zu versorgen; es sollten mindestens 10 Wohneinheiten oder gleich eine ganze Siedlung vom BHKW über ein Nahwärmenetz versorgt werden.

Nr. 16: KWK Nahwärme Biogas

In einem Biogas betriebenen BHKW ist der Primärenergiebedarf äußerst gering. Die Anlagenaufwandszahl bewegt sich gegen Null. Die CO_2-Emissionen (Abb. 3.8.4) sind sogar negativ: Wenn das BHKW Strom produziert, muss ein (Kohle-)Großkraftwerk ein Stück weit heruntergefahren werden. Die dadurch eingesparten Emissionen werden dem BHKW gutgeschrieben. Die EnEV bewertet Biogasanlagen ökologisch sehr positiv. Auch hier müsste das BHKW mehrere Häuser oder einen landwirtschaftlichen Betrieb versorgen.

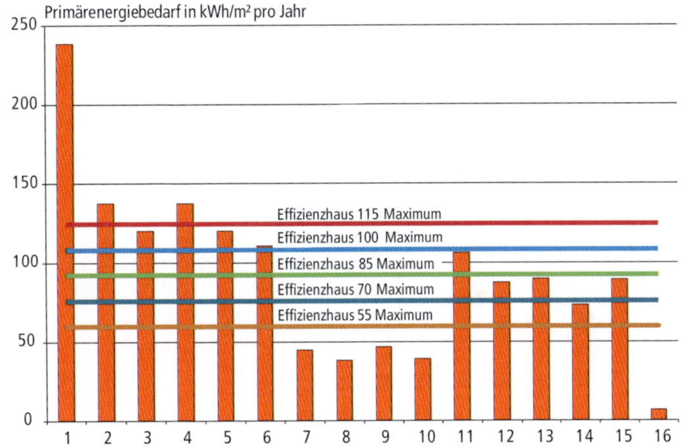

3.8.3
Primärenergiebedarf eines relativ gut sanierten Altbau-Einfamilienhauses mit verschiedenen Heizsystemen. Die Zahlen an der waagerechten Achse stehen für die in Tabelle 3.8.4 genannten Heizsysteme.

3.8.4
Kohlendioxidemissionen eines sehr gut gedämmten Einfamilienhauses mit verschiedenen Heizsystemen. Die Zahlen an der waagerechten Achse stehen für die in Tabelle 3.8.4 genannten Heizsysteme.

Tabelle 3.8.4 *(linke Seite)*
Vergleich verschiedener Heizsysteme an einem gut gedämmten Altbau (Effizienzhaus 130) ohne Berücksichtigung von Fördermitteln.

3.9 Wirtschaftliche Aspekte neuer Heizungssysteme

Im Allgemeinen versteht man unter Wirtschaftlichkeit den Vergleich von Ertrag zu Aufwand. Die Definition scheint klar und die bekannten Berechnungsmethoden, wie z.B. Amortisations-, Rentabilitäts- und die Gewinnvergleichsrechnung sind in der Praxis einfach anwendbar.

Allerdings führt der Versuch, Aufwand und Nutzen einer Bau- oder Sanierungsmaßnahme zu bestimmen oder den von Heizungsanlagen zu vergleichen, schnell zu schwierigen Fragen. Soll man z.B. nur den unmittelbaren, für die Erstellung und den Betrieb erforderlichen finanziellen Aufwand oder auch jenen für die Entsorgung einer Anlage berücksichtigen? Wann ist die Anlage zu entsorgen? Kann eine Anlage tatsächlich über den Zeitraum der erwarteten Lebensdauer eingesetzt werden, oder muss sie auf Grund neuer Entwicklungen möglicherweise schon vorher aus dem Verkehr gezogen, stillgelegt und entsorgt werden? Welche nicht absehbaren Kosten sind eventuell noch hinzuzurechnen? Atomkraftwerke sind ein (mittlerweile) beredtes Beispiel für die Relativität des Begriffes Wirtschaftlichkeit. Betriebswirtschaftlich waren sie wahre Gelddruckmaschinen für die Konzerne, weil externe Kosten ausgeblendet werden konnten. Volkswirtschaftlich sind sie dagegen eher eine Katastrophe (Atommüll-Entsorgung, Unfälle etc.).

Insofern sollen hier schon wegen der vielen Unwägbarkeiten in komplex angelegten Kosten-Nutzen-Vergleichen nur die absehbaren Investitions- und Betriebskosten für bestimmte Systeme verglichen werden. Externe Kosten (Schadstoffemissionen, Klimawirksamkeit, Entsorgung) bleiben bei dieser Betrachtung unberücksichtigt.

3.9.1 Luft- oder Erdwärmepumpe?

Das EEWärmeG verlangt, dass in Neubauten, in manchen Bundesländern auch in Altbauten, ein bestimmter Anteil des Wärme- und Kältebedarfs aus erneuerbarer Energie abgedeckt wird. Da Wärmepumpen auch erneuerbare Energie in Form von Umweltwärme nutzen, wird mancher Bauherr bzw. manche Baufrau geneigt sein, sich für eine Wärmepumpe zu entscheiden.

Wird die Entscheidung zwischen Luft- und Erdwärmepumpe auf der Grundlage der scheinbar klar auf der Hand liegenden Preis- und Platzvorteile getroffen, geht sie fast immer zugunsten der Luftwärmepumpe aus. Wer sich in der Entscheidung unsicher fühlt, kann sich z.B. bei der unabhängigen Energieberatung der Verbraucherzentrale (www.verbraucherzentrale-energieberatung.de) beraten lassen. Tatsächlich sind Luftwärmepumpen in der Anschaffung erheblich günstiger als Erdwärmepumpen (s. Tab. 3.9.1), sind schneller zu installieren und aufwändige Erdarbeiten im Garten entfallen.

Aber sie können auch störenden Lärm verbreiten und arbeiten energetisch oft nicht optimal. Insofern ist die Frage berechtigt, ob die Entscheidung für eine Luftwärmepumpe aufgrund der fraglos gegebenen Preisvorteile wirklich hinreichend begründet, weitsichtig und wirtschaftlich gerechtfertigt ist. Wurden die Nachteile von Luft-Wärmepumpen hinreichend bedacht, insbesondere im Vergleich zur Erdwärmepumpe? Für die umfassende Beurteilung sind neben dem reinen Kostenvergleich auch die Bedingungen zu berücksichtigen, unter denen das jeweilige System betrieben wird.

Die Effizienz einer Wärmepumpe wird durch die Leistungszahl beschrieben, die auf Testständen im Labor

Anlagekosten WP	Luft/Wasser	Erde/Wasser	Wasser/Wasser
Wärmepumpe	4.000 - 10.000 €	4.000 - 8.000 €	5.000 - 9.000 €
Wärmequellen-erschließung	250 - 500 €	Erdsonde: 5.000 - 7.000 € Erdkollektor: 4.000 - 7.000 €	Brunnen 6.000 - 8.000 €
Speicher	1.000 - 2.500 €	1.000 - 2.500 €	1.000 - 2.500 €
Gesamt	5.250 - 13.000 €	Erdsonde 10.000 - 17.500 € Erdkollektor 9.000 - 17.500 €	12.000 - 19.500 €

Tabelle 3.9.1
Investitionskosten von Wärmepumpen-Anlagen (Bezug: Effizienzhaus 55 mit 160 m² Wohnfläche)

ermittelt und auf den Datenblättern der Hersteller angegeben wird. Tabelle 3.9.2 zeigt, dass diese Leistungszahlen (COP coeffizient of performance) keine konstante Größen sind, sondern abgesehen vom Wärmepumpentyp auch von der Wärmequellentemperatur und der Heizungs-Vorlauftemperatur abhängen. Der schlechter werdende COP bei steigender Vorlauftemperatur ist der Grund, warum Wärmepumpen unbedingt an Flächenheizungen betrieben werden sollten. Trotzdem wird die Wärmepumpe bei der Warmwasserbereitung stets besonders gefordert, wobei der COP dann ungünstige Werte annimmt.

Zur Beurteilung der Produktivität im Jahresverlauf ist die Jahresarbeitszahl JAZ gegenüber der Leistungszahl COP das bessere Kriterium, weil sie ein Maß für die über alle Betriebszustände gemittelte Effektivität liefert. Die JAZ sollte aus Gründen der Energieeffizienz deutlich größer als 3 sein. Das BAFA fördert erdgekoppelte Elektro-Wärmepumpen mit Recht nur, wenn sie eine JAZ ≥ 3,8 (bzw. ≥ 4,0 in Nichtwohngebäuden) erreichen, bei Luft-Wärmepumpen nur solche mit einer JAZ ≥ 3,5.

Nun zeugt eine hohe Jahresarbeitszahl zwar von Effizienz, das muss aber nicht gleichbedeutend sein mit einem wirtschaftlicheren und kostengünstigeren Betrieb. Eine relativ preiswerte Luft-WP mit einer JAZ von 3,0 kann wirtschaftlicher sein als eine erdgekoppelte WP mit einer JAZ von 4,0 oder mehr, wenn deren Investitionskosten deutlich höher ausfallen.

Zur Ermittlung der Gesamtkosten eines Systems je Zeiteinheit werden nach der Bestimmung von Energieerzeugung, Energieverbrauch und Wirkungs-/Nutzungsgraden die daraus abgeleiteten verbrauchsabhängigen Kosten sowie die kapitalgebundenen und betrieblichen Kosten veranschlagt. Der Schwachpunkt solcher Rechnungen besteht in der Notwendigkeit, Annahmen über die technischen und energetischen Randbedingungen des Betriebs zu treffen. Wie hoch z.B. die Jahresarbeitszahl einer Wärmepumpe in der Praxis sein wird, hängt von vielen Faktoren ab, die in einer vorausschauenden Kostenrechnung nicht ohne Weiteres berücksichtigt werden können.

In einer Untersuchung des Fraunhofer-Instituts hat sich gezeigt, dass Luft-Wärmepumpen im praktischen Betrieb eine JAZ von durchschnittlich 2,88 erreichten (vgl. Abb. 3.9.1). Die besten Anlagen erreichten 3,4 und die schlechtesten nur 2,3. Bei den schlechtesten Anlagen kann man davon ausgehen, dass sie mangelhaft geplant oder installiert wurden oder die notwendigen Voraussetzungen nicht gegeben waren (z.B. keine Flächenheizungen). Andererseits hätten selbst die besten untersuchten Anlagen die Voraussetzungen für die BAFA-Förderung (JAZ ≥ 3,5) nicht erfüllt.

Wärmequelle	Temperatur Wärmequelle °C	Temperatur Heizungsvorlauf °C	COP Coeffizient of Performance
Luft	2	35	3,0 - 3,2
	2	50	2,3 - 2,7
	-15	50	1,4 - 1,7
Erde	0	35	4,3 - 4,5
	0	50	2,7 - 3,2
Grundwasser	10	35	5,1 - 5,8
	10	50	3,8 - 4,1

Tabelle 3.9.2
Typische Leistungszahlen COP von Wärmepumpen in Abhängigkeit von Wärmequellen- und Heizungsvorlauftemperatur (nach Firmenangaben).

Für einen orientierenden Vergleich sind in Tabelle 3.9.3 die Kosten von Luft-Wärmepumpen mit verschiedenen JAZ denen der Erdreich- und Grundwasser-Wärmepumpen gegenübergestellt. Die Luft-Wärmepumpe mit der schlechten JAZ von 2,3 führt zu ca. 250 € höheren jährlichen Betriebs- und Gesamtkosten gegenüber der besten Anlage der Untersuchung (gleiche Investitionskosten unterstellt) mit der JAZ = 2,88. Bei einer JAZ = 3,5 gehen die Kosten der Luftwärmepumpe nochmals um 150 €/a zurück.

Beim Vergleich der jährlichen Gesamtkosten (Kapital- + Verbrauchskosten) sind die Wasser- und Sole-Wärmepumpen durchweg teurer als alle Varianten der Luftwärmepumpe, zeichnen sich dafür aber durch deutlich geringere jährliche Verbrauchskosten aus. Insofern ist die Antwort auf die Frage „Luft- oder Wasser-/Sole-Wärmepumpe – welche ist wirtschaftlicher?“ immer noch davon abhängig, ob die Erschließung der Umweltwärme mittels Flächenkollektor, Brunnen oder Erdsonden tatsächlich so teuer sein muss wie veranschlagt oder unter anderen örtlichen Bedingungen zu günstigeren Kosten möglich ist. Die günstigeren Verbrauchskosten haben sie allemal.

Bei Berücksichtigung aller Vergleichsaspekte lässt sich feststellen: Für Niedrigenergiehäuser kann eine Luft-Wärmepumpe mit kleiner Leistung durchaus wirtschaftlicher sein als eine Erd-WP, weil sie den Nachteil der schlechteren JAZ und des entsprechend höheren Stromverbrauchs durch die geringeren Investitionskosten ausgleichen kann. Bei größeren Gebäuden bzw. solchen mit höherem Wärmebedarf und/oder notwendigen höheren Vorlauftemperaturen sind diese Vorteile der Luft-WP nicht mehr gegeben. Das liegt zum einen daran, dass die Investitionskosten von Luft-Wärmepumpen mit zunehmender Leistung stärker steigen als bei Erd-Wärmepumpen, vor allem aber am höheren Strombedarf und den daraus resultierenden höheren Verbrauchskosten. Erdwärmepumpen sind bei normalem und höherem Wärmebedarf, d.h. ab ca. 6.000 kWh/a, vor allem aber bei erhöhtem Warmwasserbedarf in der Regel wirtschaftlich günstiger.

Luftwärmepumpen kommen in Betracht,

- wenn der Wärme- und Warmwasserbedarf vergleichsweise gering ist; bei höherem Warmwasserbedarf ist die zusätzliche Installation einer thermischen Solaranlage sinnvoll;
- wenn eine Wärmequelle für Gelegenheitsheizungen benötigt wird, z.B. in Wochenendhäusern oder saisonal genutzten Gebäuden;
- wenn der Platz für einen Bodenkollektor nicht vorhanden ist bzw. nicht ausreicht und auch keine Erdsonde installiert werden darf;
- wenn die Verwendung von Glykol- oder Salzmischungen z.B. in Wasserschutzgebieten nicht gestattet ist;
- wenn die WP als Wärmeerzeuger für die Grundlast dient und durch einen Stückholzofen oder Pelletofen ergänzt wird.

Beim Einsatz von Wärmepumpen sind folgende Punkte zu beachten:

- Heizflächen auf möglichst niedrige Vorlauftemperaturen auslegen, d.h. max. 35°C.

Nr.	Bezeichnung der Position		Luft-WP 1	Luft-WP 2	Luft-WP 3	Sole-WP Flächenkoll.	Wass.-WP m. Brunnen	Sole-WP m. EWS
1	Jahresheizwärmebedarf	kWh/a	12.000	12.000	12.000	12.000	12.000	12.000
	Heizwärmebed. ges. b. 5% Verlust	kWh/a	12.600	12.600	12.600	12.600	12.600	12.600
2	Wärmebedarf Warmwasser	kWh/a	2.450	2.450	2.450	2.450	2.450	2.450
	Wärmebed. WW b.15% Verlust	kWh/a	2.818	2.818	2.818	2.818	2.818	2.818
3	Wärmebedarf Heizung + WW	kWh/a	15.418	15.418	15.418	15.418	15.418	15.418
4	JAZ, bezogen auf Wärmeproduktion		**2,88**	**3,5**	**2,3**	**3,5**	**4,0**	**4,2**
5	Stromkost. Heiz.+WW b. 0,18ct/kWh	€/a	964	793	1.207	793	694	661
6	Hilfsenergie f. Pumpen u. Ventilator.	€/a	49	49	49	80	120	80
	für Regelelektronik	€/a	19	19	19	19	19	19
7	Investitionskosten	€						
	Wärmeerzeuger		8.200	8.200	8.200	7.500	7.500	7.500
	Montagekosten		2.000	2.000	2.000	4.500	5.500	4.500
	Brunnen plus Pumpsystem						8.500	
	EWS, 3 Bohrungen							8.000
	Flächenkollektor					7.000		
	Sicherheitsbaugruppe mit AG		250	250	250	250	250	250
	Regelung, witterungsgeführt		800	800	800	800	800	800
	Zählerkosten		30	30	30	30	30	30
	WW-Speicher, 300 l		1.500	1.500	1.500	1.500	1.500	1.500
	WW-Zirkulation+Pumpe+Uhr		500	500	500	500	500	500
	Investitionskosten gesamt	€	13.280	13.280	13.280	22.080	24.580	23.080
8	Annuität bei 20 a Nutzung, 2% Zins	€/a	812	812	812	1.350	1.503	1.411
9	Wartung, Reinigung etc. pro Jahr	€/a	140	140	140	140	200	140
10	Verbrauchsgebundene Kosten	€/a	1.032	861	1.275	892	833	760
11	Betriebsgebundene Kosten	€/a	140	140	140	140	200	140
12	Gesamtkosten pro Jahr	€/a	1.984	1.813	2.227	2.382	2.536	2.311
13	**Spezifische Kosten**	**€/kWh**	**0,14**	**0,13**	**0,15**	**0,16**	**0,18**	**0,16**

Tabelle 3.9.3: Luftwärmepumpen mit unterschiedlichen JAZ im Vergleich zu Erdreich-Wärmepumpen mit den Wärmequellen Grundwasser, Erdkollektor und Erdwärmesonde (EWS).

- Warmwasserverbrauch niedrig halten (für die Warmwasserbereitung ist mindestens 45 - 50°C warmes Wasser erforderlich); optimal sind ein Pufferspeicher mit Frischwassermodul und eine thermische Solaranlage als Ergänzung.
- Nach Möglichkeit sollten Luft-Wärmepumpen nur oberhalb einer Außentemperatur von 3°C betrieben werden (bivalenter Betrieb); daher sollte es möglichst einen zweiten Wärmeerzeuger für die Spitzenlast geben, mindestens einen Kaminofen.

Wenn möglich, sollte Ökostrom bezogen oder selbst erzeugter PV-Strom verbraucht werden. Ökostrom, d.h. Strom aus erneuerbaren Energiequellen, wird teilweise ähnlich preisgünstig angeboten wie herkömmlicher Strom. Noch günstiger verhält es sich, wenn selbsterzeugter Strom aus Photovoltaik auf dem kürzesten aller möglichen Leitungswege selbst verbraucht wird und das Netz entlastet. Der Kerngedanke einer wirklich ökologischen Energieversorgung, die dezentrale Grundstruktur, wird damit umgesetzt.

3.9.1
Arbeitszahlen von Luftwärmepumpen.
Quelle: Fraunhofer-Institut ISE

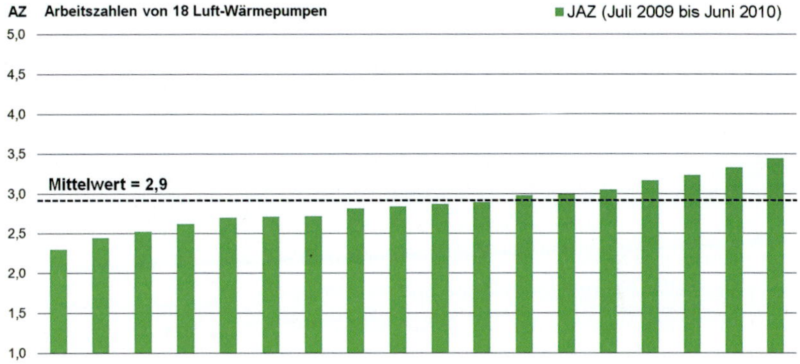

3.9.2
Arbeitszahlen von Erdreich-Wärmepumpen.
Quelle: Fraunhofer-Institut ISE

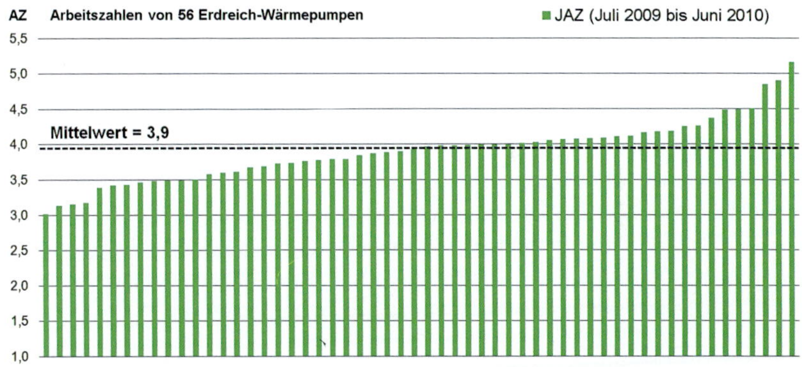

3.9.3
Arbeitszahlen von Wasser-Wärmepumpen.
Quelle: Fraunhofer-Institut ISE

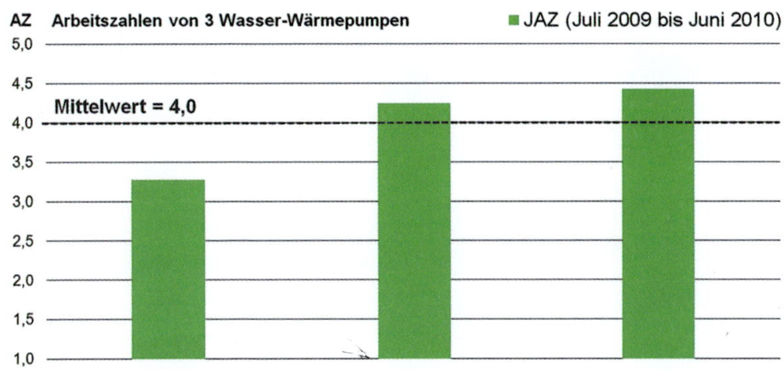

Beispiel: Effizienzhaus Plus

Soll ein Gebäude übers Jahr gerechnet mehr Energie erwirtschaften als verbrauchen, muss das Gebäude kompakt gebaut sein und über einen hervorragenden Wärmeschutz verfügen. Außerdem sollte es mit einer sehr effizienten Haustechnik ausgestattet sein, was nicht nur für die Heizung, Warmwasserbereitung und Lüftung gilt, sondern auch für die Beleuchtung und die Haushaltsgeräte.

Da der Energieüberschuss von Plusenergiehäusern in der Regel elektrisch durch eine entsprechend große Photovoltaikanlage erwirtschaftet wird, liegt es nahe, den verhältnismäßig geringen Heizenergiebedarf eines solchen Hauses ebenfalls elektrisch mittels Wärmepumpe und thermischer Solarenergie zu decken, so dass auf einen Gasanschluss o.ä. verzichtet werden kann. Die beträchtlichen Überschüsse an selbst erzeugtem Strom im Sommer können zur Versorgung von Elektrofahrzeugen sinnvoll genutzt werden. Wegen potentieller Energieüberschüsse im Sommer und der Defizite im Winter muss das öffentliche Stromnetz in der Regel als Speicher genutzt werden, solange dezentrale Stromspeicher noch wenig ausgereift und teuer sind. Die rein elektrische Energieversorgung des Hauses macht obendrein die Energiebilanzierung einfach und transparent.

In Bremen entsteht z.Zt. ein sogenanntes Solar-Plus-Haus, ein freistehendes Gebäude mit zwei Wohneinheiten mit zusammen etwa 160 m² Wohnfläche. Es wird von der DENA im Rahmen des Modellvorhabens „Auf dem Weg zum Effizienzhaus Plus" gefördert.

Bei der Planung wurde besonderer Wert auf einen guten Wärmeschutz und eine wärmebrückenfreie Konstruktion gelegt. Ohne Berücksichtigung der Solarstromanlage ist das Haus ein Effizienzhaus 40, unterschreitet die Anforderungen der EnEV also um 60%. Folgende technische Komponenten sollen eingebaut werden:

- Solarstrom-Module: auf dem Süddach Hochleistungszellen mit jeweils 8,6 kW_p und 4,3 kW_p; auf dem Norddach Dünnschichtzellen mit 4,2 kW_p;
- Kontrollierte Lüftung mit Wärmerückgewinnung,
- Solarkollektoranlage für Heizung und Warmwasser (10 m² Fläche mit 500 l Speicher),
- als Heizung eine Wärmepumpe mit Erdsonde,
- in den Wohnräumen Flächenheizungen (Wand- u. Fußbodenheizung, max. 35/28°C Vor-/Rücklauf),
- aktiver Sonnenschutz von außen,
- passive Kühlung über Flächenheizung mit Erdkälte,
- Leuchtmittel weitgehend mit LED,
- effiziente Haushaltsgeräte,
- Wasch- und Geschirrspülmaschinen mit Warmwasseranschluss,
- Regenwassernutzung für WC-Spülung,
- Steckdosen für Elektromobilität je Wohneinheit.

Abb. B1.2 zeigt die Strombilanz über ein Jahr. In den Monaten Februar bis Oktober ist die Stromproduktion vom Dach wesentlich größer als der Strombedarf. Im Dezember und Januar reicht die Stromproduktion allerdings nicht aus, um den Bedarf zu decken, so dass Strom aus dem öffentlichen Netz hinzugekauft werden muss.

Für die Beheizung, Warmwasserbereitung und Lüftung werden nur 1.566 kWh Strom benötigt (s. Abb. B1.3). Der Strombedarf in den beiden Haushalten für Beleuchtung und Haushaltsgeräte liegt zusammen bei etwa 5.000 kWh pro Jahr. Andererseits werden von den Solarstromanlagen auf der Nord- und Südseite

B1.1
Das Solar-Plus-Haus soll jährlich mehr Energie erzeugen als verbrauchen. Die thermische Solaranlage befindet sich links (blau) (Grafik: Büro Architype).

etwa 14.000 kWh/a Strom produziert, so dass mehr als 7.000 kWh Strom zum Verkauf und/oder für den Betrieb von Elektrofahrzeugen zur Verfügung stehen. Ein sparsames Elektroauto benötigt etwa 15 kWh Strom pro 100 km und könnte mit dieser Strommenge mehr als 40.000 km fahren. Somit reduziert das Energie-Plus-Haus mit Elektroautos die Kohlendioxid-Emissionen gegenüber einem Standardhaus mit Mittelklassefahrzeugen jährlich um etwa 12 Tonnen.
Die Energieanlagen des Gebäudes kosten insgesamt etwa 92.400 € (Tab. B1.2). Nicht enthalten sind die Kosten für die Fußbodenheizung, die aber ohnehin geplant war. Die Baufamilie hat sich für dieses Haus mit dem Versorgungskonzept entschieden, weil sie unabhängig von fossilen Energieträgern werden und eine krisensichere und umweltfreundliche Versorgung realisieren wollte. Hinzu kamen ein Interesse an innovativer Technik und der Wunsch nach einer sicheren Geldanlage bei gleichzeitiger Altersvorsorge; bei knapper Rente sollte es hilfreich sein, keine Energiekosten bezahlen zu müssen.
Tabelle B1.1 gibt einen Überblick über die Betriebskosten, auch im Vergleich zu einem Standard-Neubau gleicher Größe. Der Standard-Neubau mit Gas-Brennwertkessel, nach EnEV 2009 gebaut, käme bei einem Wärmebedarf für Heizung und Warmwasser von etwa 100 kWh/m²·a WF und 160 m² Wohnfläche auf 16.000 kWh/a Gasbedarf entsprechend 1.040 € Heizkosten. Demgegenüber benötigt das Solar-Plus-Haus nur 1.566 kWh/a, allerdings hochwertigen Strom im Wert von 392 €. Hier wurde davon ausgegangen, dass im Standardhaus auch der Haushaltsstromverbrauch gegenüber dem Plus-Haus erhöht ist, weil weniger auf sparsame Geräte und Beleuchtung geachtet wird. Wenn das Standardhaus außerdem mit zwei durchschnittlichen Autos ausgestattet ist, ergeben sich Benzinkosten von 3.360 € im Jahr, wenn die Autos zusammen 40.000 km im Jahr zurücklegen. Zwei Elektroautos mit gleicher Fahrleistung benötigen dagegen nur Strom im Wert von nur 1.500 €. Dieser Strom wird jedoch überwiegend selbst produziert, ebenso wie der Strom für die Haushalte, Heizung, Warmwasserbereitung und Lüftung.
Gegenüber dem Standardhaus ergibt sich somit ein Preisvorteil von rund 6.000 €/a, der sich bei steigenden Energiepreisen und anhaltender Inflation weiter vergrößern wird. Das Plus-Haus mit Elektroautos reduziert die Kohlendioxid-Emissionen gegenüber dem Standardhaus einschließlich der Mittelklassefahrzeuge jährlich um etwa 12 Tonnen.

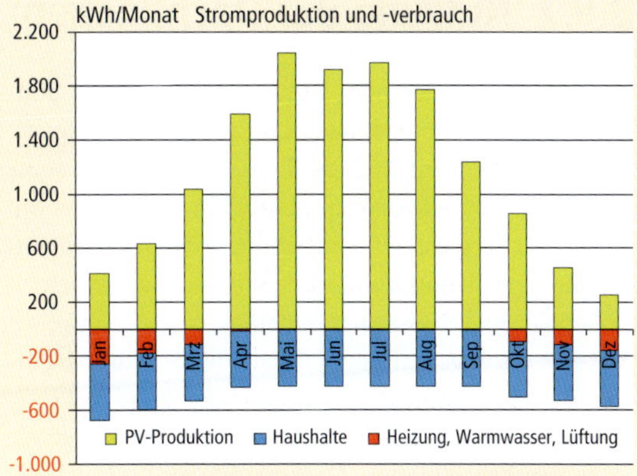

B1.2: Strombedarf des Hauses und Stromproduktion.

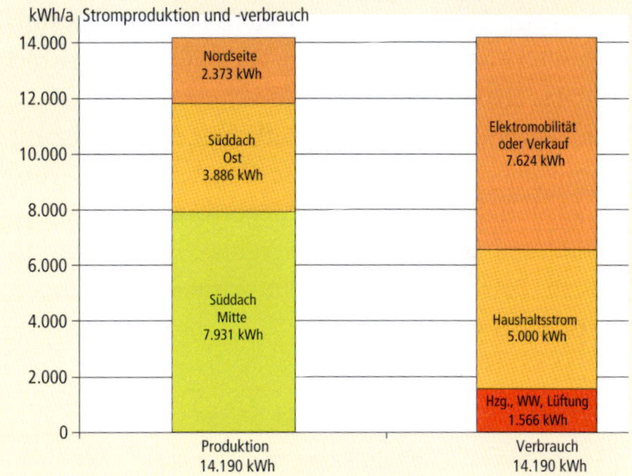

B1.3: Stromproduktion und Strombedarf.

	Standardhaus + Standardautos		Solar-Plus-Haus + Elektroautos	
	kWh/a	€	kWh/a	€
Heizung, Warmwasser	16.000	1.040	1.566	(392)
Haushaltsstrom	7.000	1.750	5.000	(1.250)
Fahrzeuge (5 l Benzin* bzw. 15 kWh Strom je 100 km)	20.000	3.200	6.000	(1.500)
Summe Energiekosten		5.990		0

* 1 Liter Benzin: ca. 10 kWh; Preis: 1,60 €/l

Tabelle B1.1: Verbrauchskostenbilanz eines Standardhauses nach EnEV 2009 und des Solar-Plus-Hauses.

Photovoltaikanlagen	29.800 €
Wärmepumpe, Erdsonde	22.907 €
Solarthermische Anlage mit Speicher	13.090 €
Lüftungsanlage (2 WE)	17.850 €
Summe (netto)	77.647 €
MWST	14.753 €
Summe (brutto)	92.400 €

Tabelle B1.2: Investitionskosten der wesentlichen Komponenten inkl. Montage.

3.9.2 Nutzung der Dachflächen: Solarthermie oder Photovoltaik?

Angesichts stagnierender Preise für thermische Sonnenkollektoren und sinkender Preise für Photovoltaik-Anlagen drängt sich die Frage auf, wie man seine Dachfläche am effektivsten nutzt. Um nicht Äpfel mit Birnen zu vergleichen, sind ein paar wichtige Eigenschaften und Unterschiede der beiden Energieformen in Tabelle 3.9.4 zusammengestellt.

Mit den darin genannten Zahlen soll für einen 4-Personen-Durchschnittshaushalt, der die Wahl hat zwischen der Kombination Gasheizung + Solarthermie oder der Kombination Gasheizung + Photovoltaik, ein Kostenvergleich angestellt werden. Dem Haushalt stehen für die eine wie die andere Lösung Investitionsmittel in gleicher Höhe zur Verfügung, im Beispiel sind das 20.000 €.

Das Ergebnis zeigt einen deutlichen Vorteil für die photovoltaische Variante. Dieses Ergebnis ist im Grunde naheliegend; denn solange der Strom aus Photovoltaikanlagen kostendeckend vergütet wird, kann aus diesem Betriebszweig ein Einnahmeüberschuss erwirtschaftet werden.

Den Schluss, solarthermische Anlagen seien unwirtschaftlich, kann man aber aus der Beispielrechnung in Tabelle 3.8.5 nicht grundsätzlich ableiten; entscheidend ist immer das individuelle Zusammenspiel der vielfältigen Rahmenbedingungen! Wenn z.B. die Vergütung für Solarstrom sinkt, nimmt die Wirtschaftlichkeit photovoltaischer Anlagen ab. Ist ein hoher Warmwasserbedarf zu decken, kann auch unter heutigen Bedingungen der Solarförderung die solarthermische Anlage günstiger sein. Bei Erweiterung der Kollektorfläche auf 20 m², Anrechnung von Fördermitteln und unter der Annahme, die Gaskosten wären auf 9 ct/kWh gestiegen und mit der Solarthermieanlage könnten 85% des Warmwasser- und 30% des Heizungswärmebedarfes gedeckt werden, wird das Solarthermiesystem fast konkurrenzfähig. Für die Kombination mit der Photovoltaik-Anlage ergibt sich weiterhin ein kleiner werdender Kostenvorteil gegenüber den anderen Varianten.

Nicht berücksichtigt wurden hier allerdings die Inflation und die Energiepreissteigerung: Infolge der Infla-

Merkmal	Solarthermische Anlage	PV-Anlage
Dimensionierung bedarfsorientiert	Als Faustregel gilt: Solaranlage für Warmwasser: 1,0 -1,5 m² pro Person. Solaranlage für Warmwasser und Heizungsunterstützung: 0,8 - 1,0 m² Kollektorfläche je 10 m² Wohnfläche	Eine PV-Anlage mit 4 bis 6 kW_p reicht aus, um die Strommenge, die ein durchschnittlicher 4-Personenhaushalt benötigt, zu produzieren. Bei 6 bis 8 m² pro kW_p mit mono- oder polykristallinen Modulen ist eine Fläche von ca. 25 bis 50 m² erforderlich. Im Sommer entstehen Überschüsse, im Winter liefert die Anlage zu wenig Strom. Das öffentliche Stromnetz dient als Speicher.
Dimensionierung gewinnorientiert	Eine zu große Solaranlage erhöht zwar den solaren Deckungsanteil, produziert im Sommer aber zu große Überschüsse, die allenfalls mit einem Jahreszeitenspeicher genutzt werden können. Eine solarthermische Anlage kann nur nach Bedarf dimensioniert werden!	Allgemein gilt: je größer die PV-Solaranlage, desto besser. Bis 30 kW_p beträgt die Einspeisevergütung 18,36 ct/kWh (10.2012) für den eingespeisten Strom. Für den Eigenverbrauchsanteil wird keine zusätzliche Vergütung mehr bezahlt.
Investitionskosten	Solarthermieanlage für TWW: ca. 700 - 900 €/m², das entspricht bei einem 4-Personenhaushalt ca. 4.000 - 6.000 € Solarthermieanlage für TWW und Heizungsunterstützung: ca. 800 - 1.000 €/m², das entspricht bei einem Haus mit 100 m² Wohnfläche 8.000 - 10.000 €	Spezifisch: 1.800 - 2.200 €/kW_p Gesamtsummen sind relativ, sie beziehen sich immer auf eine spezielle Anlage. Bei einem 4-Personenhaushalt wären zur (Bilanz-) Strombedarfsdeckung ca. 5.600 - 13.200 € anzusetzen.
Förderung	TWW+Hzg: mind. 1.500 € im EFH, bis 180 €/m² im MFH; TWW im MFH: 90 €/m²	Erhöhte Stromvergütung nach EEG
Betriebskosten	1 - 1,5%/a der Investitionskosten	1 - 1,5%/a der Invest. (Zählermiete, Versicherung etc.)
Wartungskosten	1 - 1,5%/a der Investitionskosten	1 - 1,5%/a der Investitionskosten
Lebensdauer	Kollektoren: > 20 a, Steuerung, Pumpen: 10 a	PV-Module: > 20 a, Wechselrichter: 10 a

Tabelle 3.9.4: Vergleich von Solarstrom und Solarwärme (Kostenangaben Stand Juli 2012).

tion wird der monetäre Ertrag aus dem Verkauf von überschüssigem Strom immer weniger wert sein. Der Ertrag durch Eigenverbrauch wird dagegen mit dem Strompreis weiter steigen. Bei der thermischen Anlage sind die monetären Erträge bei niedrigen Energiepreisen anfangs gering. Mit zunehmender Verteuerung der fossilen Energie werden die Erträge jedoch immer wertvoller.

Vergleich Solarthermie gegenüber Photovoltaik		Heutige Rahmenbedingungen			Geänderte Rahmenbedingungen		
Nr.	Bezeichnung	Gas-heizung	Solarth. + Gasheiz.	Photov. + Gasheiz.	Gas-heizung	Solarth. + Gasheiz.	Photov. + Gasheiz.
1	Jahresheizwärmebedarf kWh/a	12.000	12.000	12.000	12.000	12.000	12.000
	Verluste %	10	10	10	10	10	10
	Gewinne %	0	20	0	0	30	0
	Wärmebedarf Heizung gesamt kWh/a	13.200	10.800	13.200	13.200	9.600	13.200
2	Wärmebedarf Warmwasser kWh/a	4.000	4.000	4.000	4.800	4.800	4.800
	Verluste %	25	35	25	25	25	25
	Gewinne %	0	60	0	0	85	0
	Wärmebedarf Warmwasser gesamt kWh/a	5.000	3.000	5.000	6.000	1.920	6.000
3	Wärmebedarf Heizung + WW kWh/a	18.200	13.800	18.200	19.200	11.520	19.200
4	spezifische Brennstoffkosten ct/kWh	6,5	6,5	6,5	9,0	9,0	9,0
5	Brennstoffkosten Heizung+WW €/a	1.183	897	1.183	1.728	1.037	1.728
6	Hilfsenergie f. Umwälzpumpe/n o. Ventilator €/a	49	80	49	49	80	49
	für Regelelektronik €/a	19	30	50	19	30	50
7	Investitionskosten €						
7.1	Gaskessel, mit Montage	2.900	2.900	2.900	5.500	2.900	2.900
	Flachkollektor, 14,7 bzw. 20 m², 1000 l Speicher, Frischwasserstation, AG, Wärmetaucher etc., Aufdachmont., Ertrag 350 kWh/m² Kollektorfl.		13.200			15.000	
	Sicherheitsbaugruppe mit AG	250	250	250	250	250	250
	Regelung, witterungsgeführt	800	800	800	800	800	800
	Abgassystem bzw. Schornstein	650	650	650	650	650	650
	Hausanschlusskosten	1.700	1.700	1.700	1.700	1.700	1.700
7.2	WW-Speicher, 300 l €	1.500		1.500			1.500
	WW-Zirkulationsleitung + Pumpe + Uhr	500	500	500	500	500	500
7.3	Photovoltaikmodule, m. Wechselrichter, Verkabelung u. Aufdachmontage,30 m², 45°, Süd, 18%, HH, 5600 kWh Ertrag €			11.700			11.700
7.4	Förderung 90 €/m²					-1.800	
7.5	Investitionskosten gesamt €	8.300	20.000	20.000	9.400	20.000	20.000
8	Annuität bei 20 a Nutzung, 2% Zins €/a	508	1.223	1.223	575	1.223	1.223
9	Wartung, Reinigung, Zähler, 2% d.Invest. €/a	170	400	400	170	400	400
10	Stromproduktion in kWh/a			5.600			5.600
	Einspeisung		50%	2.800		70%	3.920
	Eigenverbrauch		50%	2.800		30%	1.680
11	Vergüt. Stromeinspeisung €/a		18,93 ct /kWh	530		12,85 ct/kWh	504
	vermiedene Stromkosten €/a		25,0 ct/kWh	700		25,0 ct/kWh	420
	Gewinn aus Stromerzeugung €/a			-1.230			-924
12	Verbrauchsgebundene Kosten €/a	1.251	1.007	1.282	1.796	1.178	1.827
13	Gesamtkosten pro Jahr €/a	1.929	2.630	1.675	2.541	2.780	2.526
14	**spezifische Wärmekosten €/kWh**	**0,12**	**0,16**	**0,10**	**0,15**	**0,17**	**0,15**

Tabelle 3.9.5: Wirtschaftlichkeitsvergleich Solarthermie ./. Photovoltaik unter aktuellen und geänderten Rahmenbedingungen.

Fazit: Unter den derzeit geltenden Bedingungen ist eine Nutzung der Dachflächen für Photovoltaik vorzuziehen. Das gilt umso mehr, je geringer der Bedarf an Warmwasser und/oder Raumheizungswärme ist. Trotzdem muss eine geplante Anlage unter den Aspekten spezifischer Nutzeranforderungen und aktueller wie zukünftiger Rahmenbedingungen betrachtet werden.

Folgende Punkte sind von Belang:

- Solarthermische Wärme kann direkt auf den End- und Primärenergieverbrauch angerechnet werden, was zu einer verbesserten Anlagenaufwandszahl führt. Sowohl bei Sanierungsvorhaben wie bei Neubauten kann eine bestimmte Effizienzhausklasse – ausreichende Dämmung vorausgesetzt – über eine entsprechend große Fläche solarthermischer Kollektoren mit passendem Speichervolumen erreicht werden.
- Strom aus einer Photovoltaikanlage kann gemäß §5 EnEV bei der energetischen Bewertung eines Gebäudes ebenfalls berücksichtigt werden, allerdings nur der (sehr kleine) Teil, der im Gebäude zum Betrieb der Heizung oder Lüftung selbst genutzt wird.
- Die Vergütung für eingespeisten Strom ist degressiv und wird voraussichtlich weiter abnehmen. Andererseits werden PV-Anlagen immer preisgünstiger.
- Die Öl- und Gaspreise werden langfristig wahrscheinlich kräftig steigen. Seit dem Jahre 2001 hat sich der Ölpreis um ca. 250% verteuert, und vermutlich wird er in den nächsten Jahren auf hohem Niveau verbleiben oder weiter steigen.
- Bei einem hohen Warmwasserverbrauch, z.B. in Häusern mit Einliegerwohnung oder mehreren Ferienwohnungen, nimmt die Wirtschaftlichkeit der solarthermischen Anlage zu.
- Ist eine Gesamterneuerung der Heizungs- und Warmwasseranlage geplant, können Fördermittel der BAfA, der KfW und kommunaler Institutionen in Anspruch genommen werden.
- Die Wirtschaftlichkeit einer thermischen Anlage wird verbessert, wenn Wasch- und Geschirrspülmaschinen an das Warmwassernetz angeschlossen werden.
- Die thermische Solaranlage sollte im Ein- und Zweifamilienhaus in der Regel nicht größer als 15 - 20 m^2 sein, um große Wärmeüberschüsse in den Sommermonaten zu vermeiden. Größere Kollektoranlagen sind nur dann angebracht, wenn das Haus über einen Jahreszeitenspeicher (>10 m^3) verfügt.
- Die Photovoltaikanlage kann/sollte am besten die gesamte restliche Dachfläche in Anspruch nehmen. Denn mit steigender Fläche steigt auch der Stromertrag.

3.9.3 Ersatz des Ölkessels durch Stückholz- oder Pellet-Kessel?

Ähnlich gelagert wie die Frage nach der besten Dachflächennutzung ist die Frage nach dem „richtigen“ Ersatz für den alten Ölkessel. Bei der einfachen Gegenüberstellung der Kosten für die Varianten Öl, Holz und Pellets fällt die Entscheidung eindeutig zugunsten der Holzvergaseranlage aus (Tabelle 3.9.6). Gegenüber einer Erneuerung der Ölheizung ist auch die Pelletheizung günstiger.

Allerdings zeigt dieser Kosten-Nutzen-Vergleich zwischen den Holzheizungen nur die halbe Wahrheit, da etliche Sonderleistungen unberücksichtigt bleiben. Der Holzvergaser-Kessel verlangt einiges mehr an körperlichem Einsatz und Platz. Auch Platz kostet Geld (das hier nicht veranschlagt wurde), man muss nämlich im Besitz der entsprechenden Flächen sein. Um diese Fragen zu erörtern, sind in Tabelle 3.9.7 die Vor- und Nachteile von Stückholz- und Pelletkesseln der Leistungsklasse bis 50 kW gegenübergestellt.

Wie die angeführten Merkmale zeigen, sind die Systeme recht verschiedenartig, vor allem im Hinblick auf Platzbedarf und Arbeitsaufwand. Wer keine Möglichkeit zur Lagerung und Trocknung größerer Mengen Holz in der Nähe des Holzvergasers hat, kann keine Stückholzheizung betreiben. Wer körperlich nicht in der Lage ist, die Holzmenge für einen Stückholzkessel zu stapeln und zu transportieren, dem bleibt nur die Pelletheizung (oder ein anderes automatisches Heizungssystem).

Die Einrechnung von Eigenleistung bei der Holzheizung würde in der Kostenrechnung zu einem verän-

Tabelle 3.9.6
Kostenvergleich einer Ölheizung mit zwei Holzheizungen.

Kostenvergleich Ölheizung mit zwei Holzheizungen					
Nr.	Bezeichnung der Position		Ölkessel	Holz-Kessel	Pelletkessel
1	Jahresheizwärmebedarf Verluste	kWh/a %	12.000 12	12.000 20	12.000 20
	Wärmebedarf Heizung ges.	kWh/a	13.440	14.400	14.400
2	Wärmebedarf Warmwasser Verluste	kWh/a %	2.450 27	2.450 35	2.450 35
	Wärmebedarf Warmwasser ges.	kWh/a	3.112	3.308	3.308
3	Wärmebedarf Heizung + WW	kWh/a	16.552	17.708	17.708
4	Brennstoffpreis	ct/kWh	9,0	3,8	4,6
5	Brennstoffkosten. Heizung+WW	€/a	1.490	673	809
6	1% Zinsausfallkosten f. gelagerte Brennst.	€/a	15	9	10
7	Hilfsenergie f. Umwälzpumpe o. Ventilator für Regelelektronik	€/a €/a	49 19	80 19	120 19
8	Investitionskosten (mit Montage)	€			
	Wärmeerzeuger		4.500	6.000	8.000
	Pelletaustragung				2.500
	Sicherheitsbaugruppe mit AG		250	350	250
	Regelung, witterungsgeführt		800	800	800
	Abgassystem bzw. Schornstein		650	2.000	2.000
	Zählerkosten		30	30	30
	Baukosten Heizöl- bzw. Pellet-/Holzlager		2.000	1.000	3.000
	Tanks, 3000 l/Unterstand/Pelletlager, 5 t		1.400		2.000
	WW-Speicher, 120 l, für Nachtstrom				
	WW-Speicher, 300 l		1.500	1500	1.500
	WW-Zirkulationsleitung + Pumpe + Uhr		500	500	500
	Investitionskosten gesamt	€	11.630	12.180	20.580
9	Annuität bei 20 a Nutzung u. 2% Zins	€	711	745	1.259
10	Wartung, Reinigung, TÜV etc. pro Jahr	€	260	140	150
11	Verbrauchsgebundene Kosten	€/a	1.558	772	948
12	Gesamtkosten pro Jahr	€/a	2.529	1.657	2.357
13	**Spezifische Kosten pro kWh**	**€/kWh**	**0,18**	**0,11**	**0,16**

derten Bild führen. Wer z.B. seine Arbeitsstunde mit 30 € ansetzt und den zeitlichen Aufwand für das Holzmachen einbezieht, landet schnell bei Zusatzkosten, welche die Stückholzheizung kaum noch wirtschaftlich erscheinen lassen. Eine Stückholzheizung mit einem Holzvergaser ist umso wirtschaftlicher, je höher die eigene, nicht in die Kosten eingerechnete Arbeitsleistung bei der Brennstoffbeschaffung ist. Anders formuliert heißt das auch, dass bei Erfassung und Bewertung aller Kosten die Pelletheizung zumindest in dem betrachteten Leistungsbereich eindeutig wirtschaftlicher ist als die Stückholzheizung.

Vergleich der Eigenschaften von Stückholzkesseln und Pelletkesseln		
Kriterium	**Stückholzkessel**	**Pelletkessel**
Investitionskosten	Große Preispanne von 3.000 - 12.000 €. Empfehlenswert sind nur Stückholzkessel mit hohem Wirkungsgrad, s. BAFA-Förderliste.	Große Preisspanne von 5.000 - 15.000 € Empfehlenswert sind nur Pelletkessel mit hohem Wirkungsgrad, s. BAFA-Förderliste.
Abmessungen / Platzbedarf Kessel	mittlere Abmessungen, mittlerer Platzbedarf Richtwert: 3 - 5 m²	größere Abmessungen, erhöhter Platzbedarf Richtwert: 4 - 6 m²
Platzbedarf Vorratslager	Sehr hoch: das Holz muss ca. 2 - 3 Jahre im Freien regensicher gelagert werden, um den erforderlichen Restfeuchtegehalt zu erreichen! Der Platzbedarf hängt von der Stapelhöhe und –fähigkeit des Holzes ab. Für ein Effizienzhaus 100 werden ca. 10 - 15 rm pro Jahr benötigt, was eine Lagerfläche von ca. 20 - 30 m² erfordert!	Geringer Platzbedarf Faustformel: Benötigter Pellet-Lagerraum in m³ = Heizlast in kW Für ein Effizienzhaus 100 wird ein Raum mit ca. 6. - 8 m² Grundfläche benötigt.
Anforderungen Vorratslager	Geringe Anforderungen: Überdachung oder Schutzplane reichen i.d.R.; Mindestabstand zu Gebäuden/ Anlagen sind zu beachten!	Statische und brandschutztechnische Anforderungen: Tragfähigkeit für das Gewicht der Pellets; Schrägböden mit ca. 45°, so dass die Pellets zur Entnahmeschnecke rutschen, müssen glatt und stabil sein (1 m³ Pellets wiegt ca. 650 kg); Pelletslager sollten eine Außenwand für den Einfüllstutzen haben; Tür zum Pelletslager mit umlaufender Staubdichtung; keine E-Kabel, Beleuchtung etc. oder in ex-geschützter Ausführung, da Brandgefahr!
Bauart	Relativ preiswert und robust (wenig Elektronik, Gebläse)	Komplizierter, manchmal störanfälliger mechanischer Aufbau (Förderschnecken, Saugschlauch, Brandschott)
Kesselwirkungs-grad	Naturzugkessel: ca. 85% Saugzugkessel : > 90%	85 - 95%
Verhalten im Teillastbetrieb	Der Kesselwirkungsgrad fällt bis auf 50%! Gefahr von Schwelbrand, Teer, Ruß; Folge: ein monovalenter Betrieb ist kaum zu realisieren; für die WW-Bereitung im Sommer und in der Übergangszeit ist die Solarthermieanlage sehr empfehlenswert.	Durch Modulation werden Verschlechterungen des Kesselwirkungsgrades im Teillastbetrieb vermieden! Folge: monovalenter Betrieb ganzjährig möglich. thermische Solaranlage empfehlenswert!
Brenndauer	2-12 h (Einfluss haben Holzart, Füllraumgöße, Steuerung der Luftzufuhr)	Unbegrenzt; abhängig lediglich von der Größe des Vorrats.
Peripherie	Puffer erforderlich (pro kW Kesseleistung sind 50 - 55 l Puffervolumen erforderlich)	Kann theoretisch ohne Puffer betrieben werden, was jedoch nicht empfehlenswert ist!
Arbeits-aufwand	Hoch (Holzbeschaffung, Lagerung, Transport, Kesselstart, Beschickung, Ascheentfernung)	Gering (Kontrolle; Ascheentsorgung)
Wartung	Kessel- und Schornsteinreinigung	Kaum Reinigungs- und Wartungsaufwand
Gefahren	Bei Stromausfall und versagendem Stadtwassernetz: extreme Brandgefahr!	Keine
Zuverlässigkeit	Hoch	Kann schlecht sein, da hoher Anteil anfälliger Mechanik
Betriebskosten	Steigende Preise für Stückholz: ca. 70 €/rm für Eiche u. Buche ungetrocknet in 2011 Kosten in 2011: 3,8 - 4,5 ct/kWh	Relativ konstante Preise für Pellets; Kosten in 2011: ca. 5 ct/kWh

Tabelle 3.9.7: Vergleich wichtiger Eigenschaften von Stückholzkesseln und Pelletkesseln.

Beispiel: Vom Altbau zum Effizienzhaus 55

In der Nähe von Oldenburg hat eine junge Familie ein ehemals landwirtschaftlich genutztes Bauernhaus in ein Effizienzhaus umgebaut. Der Charakter des Hauses sollte dabei von außen möglichst nicht verändert werden. Ursprünglich war vorgesehen, durch Dämmmaßnahmen und Heizung das Effizienzhaus 70-Niveau zu erreichen, da das Haus zwar vollständig entkernt, die Bodenplatte aber (mit ihren Wärmebrücken) zunächst erhalten werden sollte. Beim Entkernen des Gebäudes stellte sich jedoch heraus, dass die Platte auf moorigem Untergrund teilweise gebrochen und die Fundamente marode waren. Also wurde auch die alte Betonplatte entfernt und eine neue Platte gegossen. Dadurch konnte eine nahezu wärmebrückenfreie Konstruktion mit verbesserter Dämmung zum Boden geschaffen und das Effizienzhaus 55-Niveau erreicht werden.

Zur Dämmung der Außenwände wurde auf der Innenseite eine Holzständerkonstruktion mit einer 20 cm dicken Dämmschicht und Dampfbremse errichtet. Zwischen dem Ziegelmauerwerk und der Dämmschicht verbleibt eine Luftschicht, so dass das Mauerwerk praktisch nur noch als Regenschutz fungiert.

Die neue Bodenplatte erhielt eine 12 cm starke Dämmschicht unter dem Estrich und der Fußbodenheizung. Die Dachschrägen wurden 26 cm stark und die obere Geschossdecke 30 cm stark gedämmt.

Die alten Nachtspeicheröfen und Durchlauferhitzer wurden komplett entfernt. Für die Heizung und die Warmwasserbereitung ist nun ein Pelletkessel eingebaut, der sich mit wenigen Handgriffen zu einem Stückholzkessel umbauen lässt und umgekehrt. Der Kessel arbeitet an einem 1.000 Liter Schichtenlade-Pufferspeicher mit Frischwassermodul, in den auch die 12 m² große thermische Solaranlage ihre Wärme abgibt. Die Heizungswahl resultierte aus dem Wunsch der Hausbesitzer, das Haus unabhängig von fossilen Energieträgern klimaneutral beheizen zu können, zumal (Abfall-)Holz auf dem eigenen Grundstück wächst. Zudem erschien die staatliche Förderung sehr attraktiv. Problematisch war, dass es raumluftunabhängige Stückholzkessel, die sich einfach in Pelletkessel umwandeln lassen, nicht gibt. Der Kessel musste deshalb im Nebengebäude (außerhalb der thermischen Hülle) untergebracht werden. Der Speicher und die Rohrleitungen liegen (überwiegend) innerhalb der thermischen Hülle. Der Heizraum ist per Schiebkarre zugänglich.

Um das Effizienzhaus 55-Niveau zu erreichen, wurde außerdem eine Lüftungsanlage mit Wärmerückgewinnung installiert. Die vergrößerte Wohnfläche erstreckt sich nun über das gesamte Erdgeschoss, das Dachgeschoss ist nicht ausgebaut. Die neuen Fenster haben 3-fach-Verglasung und wärmegedämmte Rahmen. Die große Holztür auf der Giebelseite (Groot Dör) ist durch eine Fenstertür ersetzt.

Unter normierten Randbedingungen lag der Energiebedarf des Hauses vor der Sanierung bei fast 42.000 kWh/a Strom, der tatsächliche Verbrauch dürfte durch sparsames Nutzerverhalten etwa bei 25.000 kWh/a Strom gelegen haben. Nach der Sanierung liegt der Energiebedarf noch bei etwa 13.000 kWh/a Endenergie, was dem Energieinhalt von 6 rm Buchenholz entspricht. Hinzu kommen 1.050 kWh/a an Strom zum Antrieb der Lüftungsanlage und der Heizung.

Baujahr	um 1900
Volumen EnEV (Ve)	609 m³
Nutzfläche (EnEV) An	195 m³
Hüllfläche A	561 m³
A/V-Verhältnis	0,92 m⁻¹
U-Wert Böden	0,26 W/m²K
U-Werte Wände	0,24 W/m²K
U-Wert Dachschrägen	0,19 W/m²K
U-Wert Obere Geschossdecke	0,14 W/m²K
U_W-Werte Fenster	1,0 W/m²K
U_D-Wert Tür	1,5 W/m²K
Wärmebrücken mit Nachweis	nahezu Null
Maximale Heizlast	4,5 kW

Tabelle B2.1: Die Daten des Gebäudes.

	vor d. Sanierung	nach d. Sanierung
Heizung	Strom-Nacht-speicherheizung	Stückholz und Sonne
Trinkwasser-erwärmung	Strom-Durchlauferhitzer	Stückholz und Sonne
Lüftung	Fenster	Lüftungsanlage mit Wärmerückgewinnung
Endenergiebedarf normiert	41.631 kWh	12.900 kWh = 6 rm Holz
Energiekosten	8.043 €	(360 €)
CO_2-Emission	25.686 kg	648 kg

Tabelle B2.2: Heizsystem und Energiebedarf vor und nach der Sanierung.

Tabelle B2.3: Anforderungen der KfW und sanierter Altbau mit Brennwert- und Holzkessel.

	Primärenergiebedarf Q_p kWh/m²·a	Transmissionsverlust H'_T W/m²K
Effizienzhaus 100	86	0,327
Effizienzhaus 85	73	0,284
Effizienzhaus 70	60	0,242
Effizienzhaus 55	47	0,199
Altbau m. Gas-BwK ohne Solaranl.	71	0,196
Altbau m. Gas-BwK + Solaranlage	52	0,196
Altbau m. Holzkessel + Solaranl.	26	0,196

B 2.2
Pelletkessel zur Versorgung des Hauses. Das Gerät kann zum Stückholzkessel umgebaut werden und umgekehrt.
Fa. Janfire Combiflame

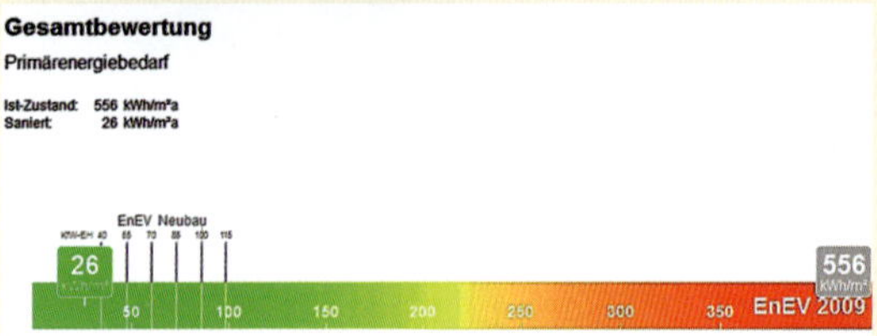

B2.3
Energiebedarfsausweis vor und nach der Sanierung.

Mit einem Gas-Brennwertkessel innerhalb der thermischen Hülle, aber ohne Solaranlage, wäre nur das Effizienzhaus 85-Niveau erreichbar gewesen, wie Tabelle B2.3 zeigt. Mit thermischer Solaranlage ist das Effizienzhaus 70 und mit Holzkessel sogar das Effizienzhaus 55 zu schaffen. In letztem Fall sinkt der Primärenergiebedarf auf 26,2 kWh/m²·a und liegt damit weit unter dem Grenzwert der KfW (47,2 kWh/m²·a). Die Kosten der Heizungsanlage einschließlich Solaranlagen belaufen sich auf rund 25.000 €. Das BAFA gewährt für einen Holzpelletkessel mit Pufferspeicher, der auch für die Solaranlage nutzbar ist, einen Zuschuss von 2.900 € (vgl. Tab. 7.1.1) und für eine thermische Solaranlage weitere 1.500 €, zusammen also 4.400 €. Da der Transmissionswärmeverlust dieses Hauses um mehr als 30% unter dem EnEV-Grenzwert für Neubauten liegt, wird zusätzlich ein Effizienzbonus gewährt; dadurch erhöht sich die Basisförderung um 50%, so dass für die Anlagenkombination Holzpelletkessel/Solaranlage 6.600 € Zuschüsse gezahlt werden. Da auch noch zwei Erneuerbare Energiequellen verknüpft werden, gibt es zusätzlich den Kombinationsbonus (500 €), insgesamt also 7.100 €.

Für einen reinen Gas-Brennwertkessel hätte es hingegen keine BAFA-Fördermittel gegeben, für einen Brennwertkessel mit Solaranlage nur 1.500 € + 750 € Effizienzbonus = 2.250 €. Von der KfW wird zusätzlich ein Tilgungszuschuss gewährt (Tab. 7.1.2), der zwischen 5.625 € beim Effizienzhaus 85 und 9.375 € beim Effizienzhaus 55 liegt, wenn der maximale Kredit (75.000 €) gewählt wird.

Zusammengefasst konnte das Haus je nach Heizsystem folgende Fördermittel erhalten:

- Brennwertkessel: nur Tilgungszuschuss (Effizienzhaus 85) = 5.625 €
- Brennwertkessel + thermische Solaranlage (Effizienz-Haus 70): 2.250 € + 7.500 € = 9.750 €
- Holzpelletkessel + Solaranlage (Effizienzhaus 55): 7.100 € + 9.375 € = 16.475 €

Die Kosten für einen Brennwertkessel mit Warmwasserbereitung und Gasanschluss liegen bei 8.000 €, die für einen Holzpelletkessel mit thermischer Solaranlage bei 25.000 €. Somit werden die Mehrkosten von rund 17.000 € gegenüber einem einfachen Gas-Brennwertkessel mit Hausanschluss (8.000 €) durch die verbesserte Förderung auf rund 7.000 € reduziert. Andererseits wird durch die Holzheizung der Primärenergiebedarf gegenüber dem Ausgangszustand um 95% verringert.

3.9.4 Kostenvergleich verschiedener Heizsysteme

Das Institut für Energiewirtschaft und Rationelle Energieanwendung (IER) der Universität Stuttgart publiziert in regelmäßigen Abständen vergleichende Studien zu den Heizkosten auf der Basis der VDI 2067 für Neubauten (Effizienzhaus 100 und Effizienzhaus 70 gemäß EnEV 2009), energetisch sanierte (Effizienzhaus 130) und unsanierte Altbauten. Im Folgenden sind ausgewählte Ergebnisse für das Effizienzhaus 100 und den sanierten Altbau (Effizienzhaus 130) wiedergegeben. Die Gebäude haben eine Wohnfläche von 150 m², Fördermittel von KfW und BAFA wurden beim Altbau berücksichtigt, nicht aber beim Neubau (s. Kap. 7).

Beim Neubau entstehen demnach die geringsten Kosten, wenn man einen Brennwertkessel installiert und diesen mit Bioerdgas20 betreibt. Bei diesem Brennstoff wird dem Erdgas 20% Biogas beigemischt (Bezug z.B. bei Naturstrom AG). Damit sind die Anforderungen des EEWärmeG erfüllt.

Beim sanierten Altbau mit etwas höherem Verbrauch als beim Neubau (Abb. 3.9.5) verursacht ein Brennwertkessel, der mit Erdgas befeuert wird, die geringsten Gesamtkosten.

Bei der Deutung dieser Kostenvergleiche gilt es zu bedenken, dass eine ganze Reihe von Vorgaben bzw. Annahmen einfließen, bei denen es regionale Unterschiede gibt oder die sich mit der Zeit u.U. schnell verändern, ja die sogar von Gebäude zu Gebäude unterschiedlich beurteilt werden.

- Beispiel 1: In den Berechnungen des ISE arbeiten Wärmepumpen an Flächenheizungen, Brennwertkessel jedoch an konventionellen Heizkörpern. Durch den Zuschlag für die Flächenheizung werden die Investitionskosten bei den Wärmepumpen kräftig erhöht. Viele Bauherren und -frauen entscheiden sich aber unabhängig vom Wärmeerzeuger für Flächenheizungen, weil sie komfortabler sind (z.B. keine Staubfänger im Raum). Die Differenz der Gesamtkosten ändert sich dadurch erheblich.
- Beispiel 2: Es wird mit einem Effektivzins von 3,64% gerechnet. Die KfW vergibt in ihren Programmen (151 und 152) „Energieeffizient Sanieren“ Darlehen ab 1% Effektivzins und dazu noch Tilgungszuschüsse. Die kapitalgebundenen Kosten werden durch den niedrigeren Zins bei den kapitalintensiven Anlagen spürbar reduziert.
- Beispiel 3: In die Berechnungen des ISE für den sanierten Altbau gehen Fördermittel (z.B. für Pelletkessel 4.333 €) ein, die regional sehr unterschiedlich sein können. Neben der Bundesförderung gibt es (manchmal) Fördermittel vom Land und/oder vom Energieversorger. Beim Neubau hat das ISE keine Fördermittel berücksichtigt.

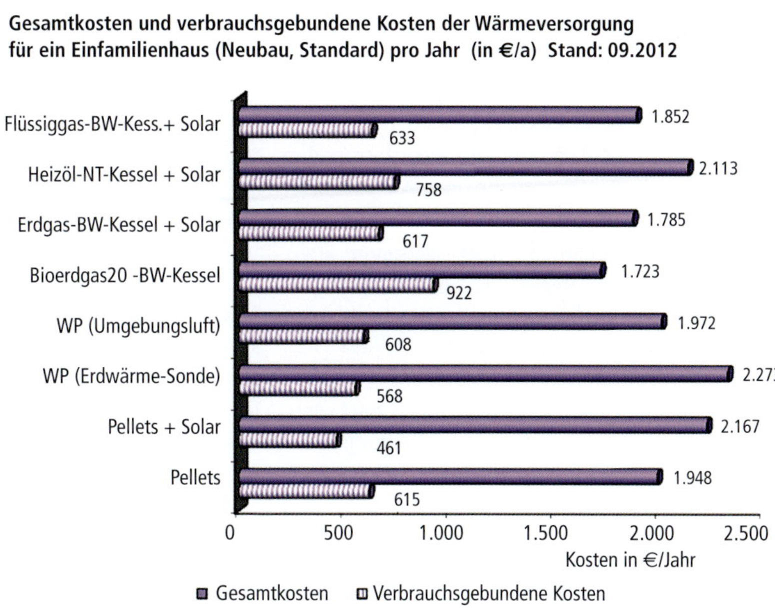

3.9.4
Kosten der Wärmeversorgung in einem Neubau (Effizienzhaus 100).
Quelle: IER Uni Stuttgart

Rahmenbedingungen:
Nutzfläche: 150 m², Wärmebedarf Heizung: 55 kWh/m²·a, Wärmebedarf Warmwasser 12,5 kWh/m²·a, Jahreswärmebedarf Heiz. + WW 10 MWh/a, 20 Jahre Nutzungsdauer, ohne Fördermittel, 3,09% Zins (Mittel aus KfW-Wohneigentumsprogramm), Energiepreise:
Strom 25,5 ct/kWh,
Wärmepumpenstr. 17,8 ct/kWh,
Heizöl 8,7 ct/kWh,
Pellets 4,7 ct/kWh,
Erdgas 7,6 ct/kWh,
Bioerdgas 8,2 ct/kWh,
Flüssiggas 8,1 ct/kWh

Gesamtkosten und verbrauchsgebundene Kosten der Wärmeversorgung für ein Einfamilienhaus (Altbau, energetisch saniert) pro Jahr (in €/a) Stand: 09.2012

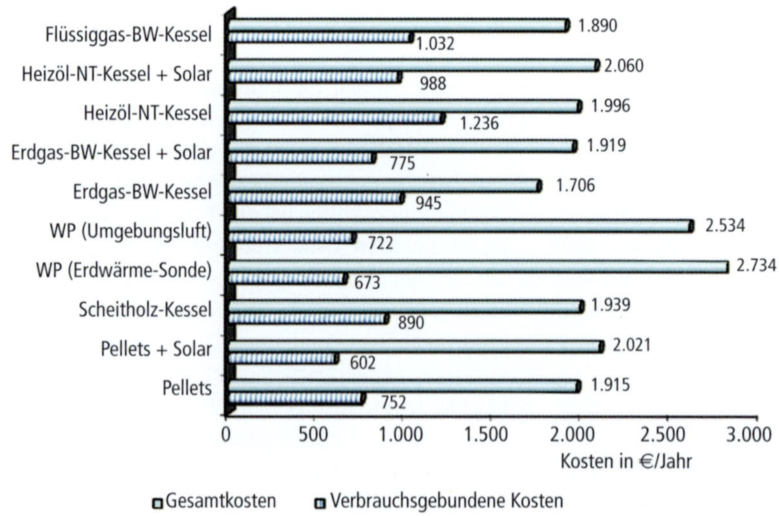

3.9.5
Kosten der Wärmeversorgung in einem Altbau (Effizienzhaus 130).
Quelle: IER Uni Stuttgart

Rahmenbedingungen:
wie Neubau, jedoch Wärmebedarf Heizung: 70,0 kWh/m²·a
Jahreswärmeb. Heizung + WW: 12,0 MWh/a; Zins: 3,64 %
Scheitholz ofenfert.: 5,6 ct/kWh
Fördermittel: Marktanreizprogr.
- Pellets: 2.900 €
- Pellets+Solar: 4.950 €
- Scheitholz: 1.400 €
- WP mit Erdsonde: 2.800 €
- WP-Luft: 1.300 €
- Erdgas-BWK: keine Förderung
- Erdgas-BWK + Solar: 2.050 €
- Heizöl-NT-Kessel: keine Förd.
- Heizöl-NT-Kessel+Sol.: 1.550 €
- Flüssiggas-BWK: keine Förd.

- Beispiel 4: Die Energiepreisentwicklung ist nicht vorhersehbar. Manchmal schießen die Ölpreise, z.B. aufgrund einer Krise im Nahen Osten, in die Höhe und stürzen auch wieder ab (Wirtschaftskrise), oder auch nicht. Wer weiß es? Der Erdgaspreis folgte dem Heizölpreis meist nach einiger Zeit, was aber für die Zukunft nicht so bleiben muss. Auf längere Sicht ist die Versorgung mit fossilen Energieträgern ebenso wie ihr Preis sehr unsicher.

Fazit

Bei der Interpretation der Wirtschaftlichkeitsberechnungen und der standardisierten Kostenvergleiche von Heizsystemen ist eine gewisse Vorsicht angebracht. Die Ergebnisse sind nur zutreffend unter den speziellen Annahmen (Kosten, Erträge, Wirkungsgrade), die genannt sein sollten und ggf. auf ihre Richtigkeit und Übertragbarkeit auf den Einzelfall überprüft werden müssen, wobei die Energiekosten derzeit sicherlich den größten zeitlichen Schwankungen unterliegen. Außerdem bleiben externe Kosten (Klima, Atommüll, Öltankerunfälle usw.) unberücksichtigt. Die Arbeit mit solchen Kostentabellen zeigt auch, dass man durch veränderte Rahmenbedingungen sowie durch eine Variation von Kosten, Preissteigerungsraten und Zinsen u.U. zu deutlich anderen Ergebnissen kommen kann. Manche Experten und Expertinnen sehen in derartigen Kosten- und Wirtschaftlichkeitsrechnungen daher eher eine moderne Form der Kaffeesatzleserei als praktischen Nutzen. Andererseits bleibt der Kosten-Nutzen-Vergleich für die Planenden ein wichtiges Instrument zur Beurteilung ihrer Planungsarbeit. Bauinteressenten schätzen ihn, weil sie ihr Geld natürlich in die Anlage mit dem bestmöglichen Nutzen investieren wollen und Anlagenverkäufer nutzen ihn gern, oft in verkürzter Form, um mit dem Preisargument für ihr spezielles Produkt zu werben.
Jenseits der Kostendiskussion bleibt folgende allgemeine und strategische Empfehlung richtig: Wer ein zukunftsorientiertes Haus haben möchte, sorge dafür, dass es möglichst wenig Energie verbraucht und baue dann auf eine weitgehende Nutzung erneuerbarer Energiequellen. Damit hat man auch einen guten Grundstein für die Altersvorsorge gelegt, denn eingesparte Energie und Sonnenenergie wird auch in einigen Jahrzehnten keine Kosten verursachen, während fossile Energie dann – bei knappen Renten – vielleicht nicht mehr bezahlbar sein wird.

4 Wärmeverteilung: Heizflächen und Rohrnetze

Die klassische Aufgabe einer Heizung besteht darin, im Winter und in den Übergangszeiten Wohnräume zu heizen. Bis vor wenigen Jahrzehnten gab es allerdings kaum genaue Kriterien für das Leistungsprofil einer Heizungsanlage. Wichtig war, dass man nicht fror. Der Begriff der Behaglichkeit existierte zwar, jedoch wurden ihm erst in der neueren Zeit exakte technische Parameter zugeordnet. Heute wird die Behaglichkeit in einem Raum im Wesentlichen durch fünf Faktoren beschrieben:

1. Lufttemperatur
2. mittlere Wandtemperatur (genauer: Oberflächentemperatur der inneren Hüllfläche)
3. Luftfeuchte
4. Luftbewegung
5. Kleidung und Aktivität der Personen

Sicherlich kann es noch weitere Faktoren geben, denn Behaglichkeit ist eine subjektive Größe. Aus eben diesem Grund sind für die genannten fünf Punkte heute keine festen Werte, sondern Wertebereiche definiert.

Die ersten beiden Parameter, Luft- und Oberflächentemperatur, können in einem Diagramm in Form einer thermischen Behaglichkeitszone anschaulich dargestellt werden (Abb. 4.1). Die Empfindungstemperatur entspricht (in Grenzen) etwa dem Mittelwert zwischen Luft- und mittlerer Wandtemperatur und sollte zwischen 20 und 22°C liegen. Es dürfte jedoch klar sein, dass auch die unter den Punkten 3 bis 5 genannten Parameter für die tatsächlich empfundene Temperatur und somit für die thermische Behaglichkeit eine Rolle spielen.

Wesentlich für die thermische Behaglichkeit ist auch die Wärmeverteilung in den zu beheizenden Räumen. Bei der heute verbreiteten Warmwasserheizung erfolgt die Verteilung der Wärme über ein wasserdurchflossenes Rohrnetz, die Wärmeübertragung an die Räume über Heizflächen (Heizkörper). In diesem Kapitel soll gezeigt werden, welche Punkte bei der Auslegung des Rohrnetzes und der Auswahl der Heizflächen zu beachten sind.

4.1 Wärmeverteilung durch Heizflächen

Wärme wird physikalisch, z.B. von einem Heizkörper an einen Wohnraum, auf drei Arten übertragen:

- **Wärmeleitung:** Die Wärme wird durch Wärmeleitung zunächst vom Heizungswasser auf den Heizkörper übertragen. Berührt der Heizkörper die Mauer, den Fußboden oder ein Möbelstück, so findet auch dort Wärmeleitung statt. Wenn eine Heizrohrleitung ungedämmt in einem Fußboden oder einer Wand liegt, entstehen durch Wärmeleitung unerwünschte Verluste. Die Materialien, die ein Heizkörper in einer Wohnung berührt, sind in der Regel schlechte Wärmeleiter, so dass dieser Effekt bei der Beheizung von Wohnungen nur eine unwesentliche Rolle spielt.

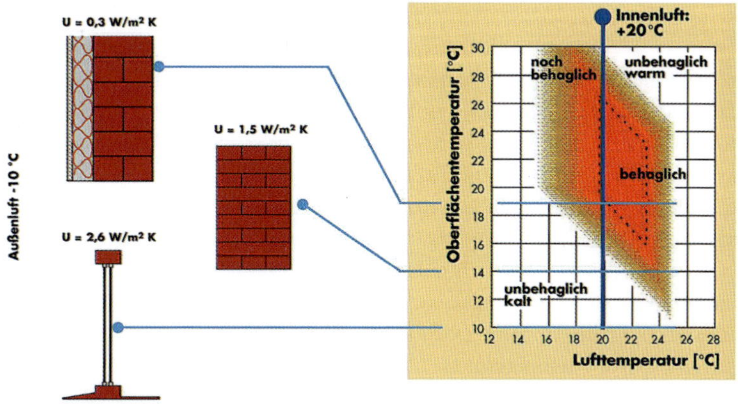

4.1
In einem Raum mit mangelhaft gedämmter Außenhülle fühlt man sich nicht behaglich, auch wenn die Lufttemperatur hoch ist, z.B. Wintergarten mit alter Verglasung (U= 2,6 W/m²K) im Winter. In einem Raum mit guter Dämmung (U = 0,3 W/m²K) fühlt man sich dagegen wohl, auch wenn die Lufttemperatur niedrig ist.
Quelle: EnergieAgenturNRW

- **Wärmekonvektion:** Ein Heizkörper gibt seine Wärme an die ihn umgebende Luft ab und heizt diese auf. Auf Grund des Dichteunterschiedes steigt die erwärmte Luft an der Heizfläche auf, während kalte Luft von unten nachströmt. Ist der Heizkörper im Winter auf sehr hohe Temperaturen aufgeheizt, weil das Gebäude z.B. einen schlechten Dämmstandard hat, kann diese Konvektion sehr ausgeprägt sein, so dass eine Walzenströmung im Raum entsteht, die auch Staub mitführt. Je stärker die Luftumwälzung, umso unangenehmer wird sie empfunden, insbesondere wenn der mitgeführte Staub am Heizkörper verschwelt und für unangenehme Gerüche sorgt. Außerdem sind solche Räume häufig fußkalt.
- **Wärmestrahlung:** Die Wärmestrahlung eines Gegenstandes oder einer Fläche nimmt mit zunehmender Temperatur stark zu ($\sim T^4$). Die Sonne ist beispielswese ein starker Wärmestrahler. Strahlungswärme wird als sehr angenehm empfunden.

Üblich ist in der Heizungstechnik eine Einteilung der Heizflächen in

- freie Heizflächen (Flach-, Gliederheizkörper, Radiatoren, Konvektoren etc.),
- Flächenheizungen (auch integrierte Heizungen genannt: Wand-, Decken- und Fußbodenheizungen),
- Luftheizungen,
- kombinierte Heizungen.

Alle Heizflächen geben sowohl Strahlungswärme als auch Konvektionswärme ab. Eine Flächenheizung hat einen hohen Anteil Strahlungs- und einen geringeren Anteil Konvektionswärme, während es bei freien Heizflächen (Heizkörpern) umgekehrt ist. Durch die unterschiedlichen Anteile von Strahlung und Konvektion der verschiedenen Heizflächenarten ist die Heizkörperleistung keine lineare Funktion der Heizkörpertemperatur bzw. der Übertemperatur (= Heizkörpertemperatur – Raumtemperatur), sondern für alle Heizkörperheizungen eine Exponentialfunktion, vereinfachend ausgedrückt durch den Heizkörperexponenten n. Konvektoren haben Heizkörperexponenten von etwa $n = 1{,}4$. Für Wand- und Fußbodenheizungen sind Werte um etwa $n = 1{,}1$ anzusetzen. Der Heizkörperexponent ist ein Maß dafür, wie stark die Wärmeabgabe des Heizkörpers mit steigender Übertemperatur zunimmt. Je näher der Exponent an 1,0 liegt, desto linearer hängt die Wärmeabgabe der Heizfläche von der Heizkörperübertemperatur ab.

Bestimmung der erforderlichen Heizleistung

Um einen Raum zu beheizen, muss die Wärmeabgabe des Heizkörpers ebenso groß sein wie der Wärmeverlust des Raumes durch die Außenflächen und die Lüftung. Die Leistungsbemessung der Heizflächen erfolgt nach der Berechnung der Normheizlast, seit dem Jahr 2004 nach der DIN EN 12831. Im Wesentlichen wird dazu für jeden Raum der Transmissionswärmeverlust durch die Hüllflächen des Raumes berechnet (auch durch Innenflächen, wenn sich eine Temperaturdifferenz zu Nachbarräumen ergibt). Hinzuzuzählen ist auch noch der Lüftungswärmeverlust.

Zur Festlegung der Heizkörperleistungen für alle zu beheizenden Räume eines Gebäudes sind also ebenso viele Wärmebedarfsberechnungen auszuführen, die dann für alle diese Räume in einer Liste zusammengestellt werden.

Die Spreizung, d.h. die Temperaturdifferenz zwischen Vor- und Rücklauftemperatur am Heizkörper, ist frei wählbar. Üblich sind Spreizungen für freie Heizkörper von 50/40°C bis 70/50°C. Bei Flächenheizungen, d.h. bei Fuß- und Wandheizungsflächen, ist die zulässige Oberflächentemperatur entscheidend für die Vor- und Rücklauftemperatur (s. Abschnitt Flächenheizungen). Allgemein gilt für alle Heizflächen: je niedriger die Vorlauftemperatur ist, desto kleiner ist die Leistung eines Heizkörpers.

Durch verbesserten Wärmeschutz der Häuser konnten die Vorlauftemperaturen in den letzten Jahrzehnten immer weiter abgesenkt werden. Dadurch ist die Behaglichkeit in den Häusern deutlich gestiegen. Staubverschwelungen und Kaltluftströmungen sollte es in gut gedämmten Häusern nicht geben. Gleichzeitig wirkt sich die Absenkung der Vorlauftemperaturen sehr positiv auf den Wirkungsgrad moderner Wärmeerzeuger aus. Brennwertkessel, Wärmepumpen, thermische Solaranlagen arbeiten effizienter, wenn die Vorlauf- (und Rücklauftemperatur) abgesenkt wird.

Die Heizkörpernormleistungen werden durch anerkannte Prüfstellen ermittelt und sind in einschlägiger Literatur oder in Herstellerunterlagen dokumentiert. Nach DIN EN 442 werden Heizkörpernormleistungen bei einer Spreizung von 75/65°C und 20°C Raumtemperatur angegeben. Frühere Leistungsangaben beziehen sich oft auf andere Temperaturen, z.B. 90/70°C. In solchen Fällen und bei Anwendung einer anderen Spreizung ist eine Umrechnung nach folgender Formel nötig, für die es selbstverständlich PC-Programme gibt:

$$\dot{Q}_{Betrieb} = \dot{Q}_{Norm} \times \left[\frac{\dfrac{t_{V,Betrieb} - t_{R,Betrieb}}{\ln\left(\dfrac{t_{V,Betrieb} - t_{L,Betrieb}}{t_{R,Betrieb} - t_{L,Betrieb}}\right)}}{\dfrac{75°C - 65°C}{\ln\left(\dfrac{75°C - 20°C}{65°C - 20°C}\right)}}\right]^n = \dot{Q}_{Norm} \times \left(\frac{\Delta t_{ln,Betrieb}}{49{,}8\,K}\right)^n$$

Die Leistung einer Heizfläche wird aber auch stark beeinflusst von der Einbausituation. Nischen, Verkleidungen, breite Fensterbretter oder auch Fensterfronten direkt hinter dem Heizkörper, Teppiche und Möbel auf Fußbodenheizungsflächen wirken leistungsmindernd. Bei der Altbausanierung sollten die Heizkörper deshalb möglichst aus den Nischen herausgeholt werden, zumal die Wände dort auch noch dünner sind. als im benachbarten Mauerwerk

	Spreizung $\Delta t = t_v - t_r$			
tv	**5 K**	**10 K**	**15 K**	**20 K**
90°C	1,530	1,448	1,365	1,281
80°C	1,222	1,145	1,066	0,987
70°C	0,935	0,863	0,789	0,714
60°C	0,671	0,605	0,536	0,466
50°C	0,434	0,374	0,311	0,244
45°C	0,327	0,271	0,211	0,143
40°C	0,229	0,176	0,118	
35°C	0,142	0,093		

Tabelle 4.1.1
Abminderungsfaktoren für die Änderung der Heizleistung von Heizkörpern (n = 1,4) bei von 75°C abweichender Vorlauftemperatur und anderer Spreizung als 10 K. Beim Übergang zu niedrigeren Vorlauf-/Rücklauftemperaturen muss die Heizfläche um den Reziprokwert des Faktors vergrößert werden, wenn sie gleiche Heizleistung bringen soll.

4.2 Freie Heizflächen

Plattenheizkörper

Flach- oder Plattenheizkörper werden aus Stahlblechen gefertigt, die in Hochdruckpressen profiliert und per Widerstandsschweißverfahren verbunden werden. Sie sind mit Heizmitteltemperaturen bis max. 120°C betreibbar; die Druckstufe ist im allgemeinen ND 10 (Nenndruck 10 bar). Übliche Bauformen sind

- Plattenheizkörper mit glatten oder profilierten Platten und
- Plattenheizkörper mit oder ohne Konvektorbleche.

Konvektorbleche sind senkrechte Leitbleche aus Stahlblech oder ggf. Aluminium (Lamellen) und jeweils an einer Seite einer Platte angebracht. Sie dienen der Erhöhung der Wärmeabgabe durch Konvektion. Die Rückseite wirkt als Konvektionsheizfläche, während die Vorderseite Wärme überwiegend in Form von Strahlung abgibt.

Die wichtigsten Eigenschaften von Plattenheizkörpern lassen sich etwa so zusammenfassen:

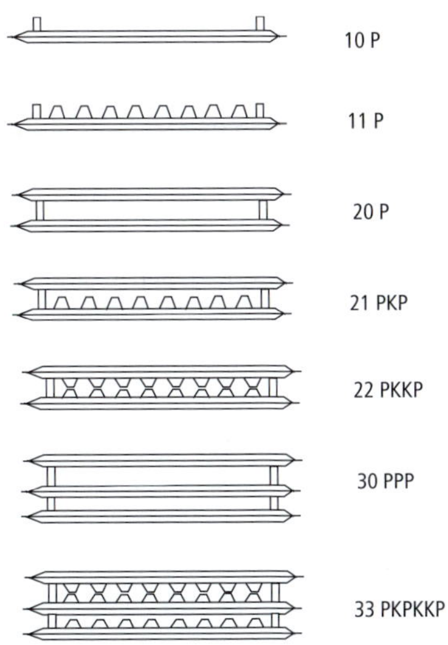

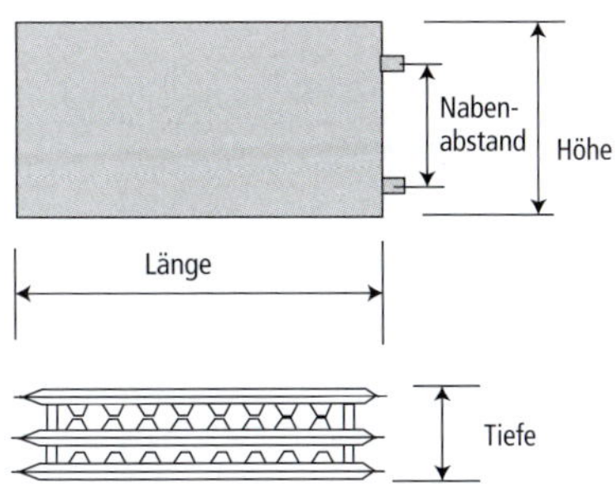

Typbezeichnung von Plattenheizkörpern:
die Anzahl der Platten wird mit der ersten Zahl oder mit einem P, die Anzahl der Konvektorbleche mit der zweiten Zahl oder mit einem K angegeben.

4.2.1
Typbezeichnung von Plattenheizkörpern.

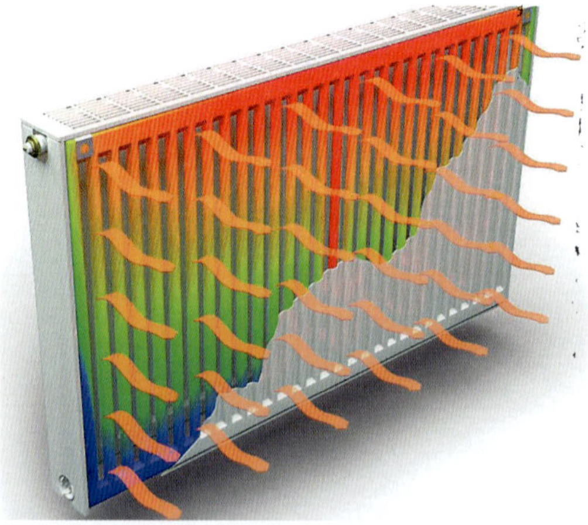

4.2.2
Prinzip eines Heizkörpers mit erhöhter Strahlungsleistung.
Quelle: Fa. Stelrad

+ geringer Platzbedarf in der Tiefe (daher der Name Platten- oder Flachheizkörper),
+ geringer Wasserinhalt,
+ gute flächenspezifische Heizleistung,
+ preiswert,
- keine allzu hohe Lebensdauer (häufig Korrosionsprobleme),
- Gefahr der Staubansammlung zwischen den Konvektorblechen,
- eingeschränkte Reinigungsmöglichkeiten.

Plattenheizkörper werden ein- oder mehrreihig hergestellt. Die Anzahl der wasserdurchströmten Platten sowie die Ausstattung mit zusätzlichen Konvektorblechen wird in der Typbezeichnung zum Ausdruck gebracht. Für die Anzahl der Platten steht die erste Ziffer bzw. alternativ ein „P" (s. Abb. 4.2.1), für die Anzahl der Konvektorbleche die zweite Ziffer bzw. ein „K".
In neuerer Zeit wurden Plattenheizkörper entwickelt (z.B. Firmen Stelrad, Kermi), bei denen zunächst die vordere und anschließend die hintere Platte durchströmt wird (serielle Anordnung der Platten). Dadurch werden ein höherer Anteil der sehr angenehmen Strahlungswärme insgesamt und eine prozentual höhere Abgabe der vorderen, zum Raum gerichteten Platte erreicht. Das hat zur Folge, dass auch weniger Wärme an die Wand abgestrahlt wird, da die hintere Platte deutlich kälter ist.

4.2.3: Handtuchradiator. Quelle: Fa. Zehnder Group

Guss- und Stahlradiatoren

Die ersten Heizkörper wurden als „Radiatoren" bezeichnet, also (Wärme-) Strahler, was sie auf Grund ihres hohen konvektiven Anteils gar nicht sind. Ihre Bedeutung hat stark nachgelassen. Sie werden aus gusseisernen Einzelgliedern gleicher Größe mit Nippeln zu Einheiten der gewünschten Größe und Leistung verbunden.
Heute werden Gussradiatoren kaum noch gefertigt; Stahlradiatoren haben sich auf Grund der preiswerteren Fertigung, der höheren mechanischen Belastbarkeit und des geringeren Gewichts durchgesetzt. Sie bestehen aus senkrecht oder waagerecht (Handtuchheizkörper) angeordneten Rohren, die oben und unten bzw. links und rechts mit einem Sammler verschweißt sind. Es gibt Ausführungen mit glatten Rohren und solche mit aufgeschweißten Blechlamellen, welche die Heizfläche und damit die Leistung vergrößern.
Sonderbauformen aus Aluminium und Kunststoff werden für Nischenanwendungen hergestellt. Die Abmessungen und Leistungen der Guss- und Stahlradiatoren sind in DIN 4703-1 genormt.

Rohrheizkörper

Rohrheizkörper wurden früher aus Gusseisen gefertigt und mit Blechrippen versehen. Heute dominiert der Werkstoff Stahl. Sie stellen die einfachste Form eines Heizkörpers dar. Rippenrohre haben eine höhere spezifische Heizleistung als glatte Rohre und damit ein besseres Preis-Leistungsverhältnis. Die Lamellen neigen jedoch zu Verschmutzung, vor allem bei geringem Lamellenabstand. Bei den Bauarten unterscheidet man Bandrippenrohre, bei denen die Rippen auf das Rohr schraubenförmig aufgewickelt sind (mit und ohne Wellung), und Scheibenrippenrohre, bei denen auf dem Rohr einzelne Scheiben befestigt sind. Rohrheizkörper sind universell integrierbar, sie lassen sich selbst in Fensterrahmen ein- (sog. Gärtnerheizung) oder vor Fensterfronten aufbauen (Sockelheizkörper), was jedoch nach EnEV im Wohnungsbau nicht mehr zulässig ist.

Konvektoren

Konvektoren geben ihre Wärme überwiegend durch Konvektion ab. Die Leistungsregulierung erfolgt wasserseitig (Massenstromveränderung), in älteren bestehenden Anlagen selten noch durch Luftregulierklappen. Konvektoren gibt es in verschiedenen Formen, allen gemeinsam sind wasserführende Rohre und Lamellen, die in einem Gehäuse oder einer Mauernische platziert werden (insofern ist der Konvektor nichts weiter als ein umbauter Röhrenheizkörper). Die Rohre können rund oder oval sein, auch Vierkanthohlprofile sind möglich. Die Lamellen, oft aus Aluminium, sind auf Kupfer- oder Stahlrohr aufgepresst oder geschweißt. Sie werden in ein- oder mehrrohrigen Ausführungen hergestellt.

Der Konvektor selbst befindet sich in einem Gehäuse, in einer Mauernische, in Bodenkanälen o.ä. Die kalte Luft tritt unten in den Heizkörper ein, erwärmt sich und tritt oben wieder aus. Das Gehäuse oder die spezifische Einbausituation bewirken einen Kamineffekt und damit eine Leistungssteigerung.

Man findet Konvektoren häufig noch in alten Häusern in Form von Unterflurkonvektoren vor Fenstern; dort sind sie in Nischen im Boden eingebaut und ein unschöner Staubfänger. Damit eine wirksame Konvektionsströmung entsteht, müssen sie mit hoher Vorlauftemperatur betrieben werden, was zu Staubverschwelung führt und einen ungünstigeren Wirkungsgrad des Wärmeerzeugers zur Folge hat. Oftmals sind die Nischen auch noch schlecht wärmegedämmt, ebenso wie die Rohrleitungen, die vielfach nahezu ungedämmt im Boden verlegt wurden.

Es ist empfehlenswert, solche Konvektoren durch oberirdische Flachheizkörper zu ersetzen. Wenn man die alten Fenster durch neue mit Dreifachverglasung ersetzt, wird der Warmluftschleier, den die alten Heizkörper vor den kalten Fenstern erzeugen sollten, nicht mehr benötigt. Deshalb kann man die neuen Flachheizkörper ggf. auch anderswo im Raum anordnen, z.B. an einer Innenwand.

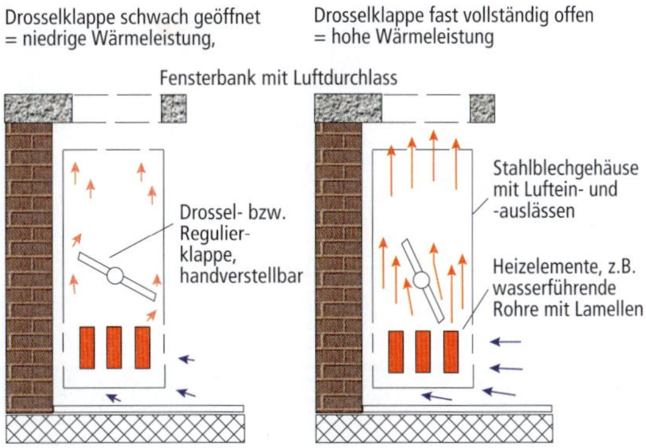

4.2.4: Konvektor mit Regulierklappe (Schnitt).

Gebläsekonvektoren

Weil die herkömmlichen Konvektoren bei niedrigen Vorlauftemperaturen nur eine geringe Leistung haben, werden Konvektoren manchmal mit einem elektrischen Gebläse versehen. Dadurch entsteht ein besserer Wärmeübergang zwischen Rohr und Luft, so dass der Heizkörper eine größere Leistung erreicht. Allerdings entstehen durch die erhöhte Luftgeschwindigkeit auch Geräusche und Staubbelastungen im Raum. Manchmal werden sie auch heute noch eingebaut, wenn z.B. in Altbauten ein Heizkessel durch eine Wärmepumpe ersetzt und die erforderliche Vorlauftemperatur abgesenkt werden soll. Empfehlenswert ist diese Notlösung aber nicht. Besser ist es, die Wärmedämmung des Gebäudes zu verbessern und/oder die Heizkörper zu vergrößern.

4.2.5: Gebläsekonvektor. Quelle: Fa. Rotex.

Deckenstrahlplatten

Deckenheizungen geben ca. 70% der Wärme in Form von Wärmestrahlung ab, sie gehören daher zu den Strahlungsheizungen. Es gibt verschiedene Bauformen, nämlich

- Strahlplattenheizung,
- Rohrdeckenheizung (nahtlose Rohre in der Betondecke),
- Hohlraumdeckenheizung,
- Kapillarrohrdeckenheizung.

Auf Grund der hier praktizierten Einteilung in freie und integrierte Heizflächen, sollen an dieser Stelle nur die Strahlplatten behandelt werden.
Strahlplatten kommen vor allem in Industriehallen, Sportbauten und größeren Werkstätten zum Einsatz. Sie bestehen aus großflächigen, an der Oberseite gedämmten Blechplatten mit aufgeschweißten oder angeschellten wasserführenden Rohren, die frei im Raum aufgehängt werden. Auf Grund des hohen Strahlungsanteils werden Strahlplatten gern in hohen Hallen (h > 5 m) installiert, um die Temperaturschichtung zu vermeiden, die bei konvektiven Heizflächen auftritt.
Professionelle Auslegungsprogramme dimensionieren Deckenstrahlsysteme vor allem unter körperphysiologischen Aspekten, indem z.B. die Wärmeaufnahme im Kopfbereich ermittelt wird.
Die Heizmitteltemperaturen liegen zwischen 30 und 90°C. Ein Einsatz als Kühlfläche ist möglich.

4.2.6: Deckenstrahlplatte der Firma Zehnder.
Quelle: Fa. Zehnder Group

4.3 Flächenheizungen (integrierte Heizflächen)

4.3.1 Fußbodenheizungen

Eine Fußbodenheizung gibt die Wärme zu ca. zwei Dritteln als Strahlung und zu einem Drittel über Konvektion ab. Sie wird aus diesem Grund zu den Strahlungsheizungen gezählt. Ihr prinzipieller Aufbau ist einfach: Heizschlangen im Beton oder Estrich (Nassverlegung), in Hohlräumen oder in der Dämmung des Fußbodens (Trockenverlegung) werden von Heizungswasser niedriger Temperatur durchströmt.
Bei der *Nassverlegung* werden die Rohre, welche auf Noppenmatten oder Trägerrosten liegen und mit Rohrclips oder Schellen befestigt sind, mit Estrich (Zement- oder Anhydritestrich) übergossen. Der Estrich muss die Rohre vollständig umschließen. Die unmittelbare Berührung zwischen Rohr und Estrich garantiert einen guten Wärmeübergang. Werden dem Estrich Zusatzmittel beigefügt, wird er als Heizestrich bezeichnet. Es handelt sich dabei vor allem um Kunstharzmischungen, die anmachwasserreduzierend wirken, die also die benötigte Wassermenge für den Flüssigestrich verkleinern und damit die Trocknungszeit verkürzen. Daneben gibt es spezielle Mittel für eine schnellere Aushärtung, für eine Plastifizierung, zur Erhöhung der Schlagzähigkeit oder der chemischen Widerstandsfähigkeit der Estrich-Schicht. Die Dicke des Estrichs liegt bei 40 - 70 mm.
Bei der *Trockenverlegung* erfolgt die Rohrverlegung ebenfalls auf Noppenmatten, in Rillen von Wärmedämmplatten o.ä., es wird aber kein Heizestrich über die Rohre gegossen, sondern die verlegten Rohrschleifen werden mit Trockenbauplatten wie Gipsfaserplatten oder Holzspanplatten u.a. abgedeckt. Dabei können sich die Rohre relativ ungehindert ausdehnen und

die Montage der Fußbodenheizung geht sauberer und schneller vonstatten.
Eine zweite Form der Trockenverlegung ist die Montage fertig verrohrter Fußbodenplatten, die entweder eine eigene Dämmschicht haben oder auf eine Fußbodendämmschicht aufgelegt werden.

Elektrische Fußbodenheizung

Bei der elektrischen Fußbodenheizung werden Widerstandskabel oder -folien mit eingearbeiteten Heizleitern unter, im oder auf dem Estrich verlegt. Der Aufbau ist dadurch, abgesehen von der unumgänglichen Wärmedämmschicht, sehr niedrig. So überholt und umstritten Stromheizungen sind, eröffnen sich im Passivhausbau auf Grund der geringen Investitionskosten und der einfachen Regelung neue Möglichkeiten für Stromheizungen, vor allem, wenn der Strom aus Erneuerbaren Quellen stammt. Werden elektrische Fußbodenheizungen in schlecht gedämmte Altbauten eingebaut, holt man sich jedoch einen großen Stromfresser ins Haus.

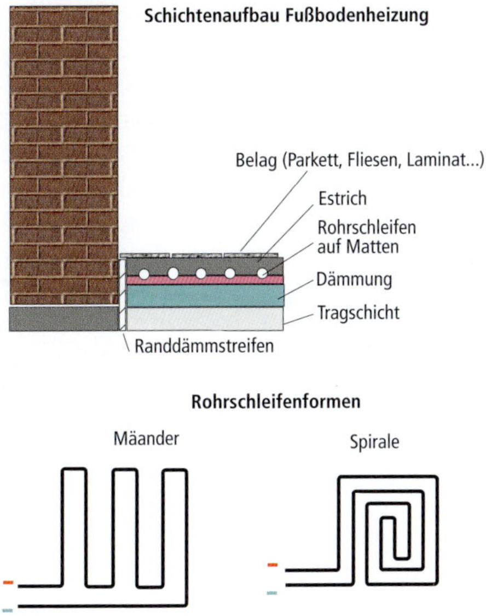

4.3.1
Fußbodenheizung bei Nassverlegung (Schnitt) und Verlegeformen der Rohrschlangen.

Planung von Warmwasser-Fußbodenheizungen

Wenn der Wärmebedarf jedes Raumes berechnet ist, werden mit Hilfe eines PC-Programms die Längen der Rohrleitung und die Rohrabstände berechnet. Der Rohrabstand sollte nicht zu groß gewählt werden, um eine Temperatur-Welligkeit zu vermeiden. Ein guter Wärmeschutz unter der Rohrleitung sollte selbstverständlich sein (mindestens 10 cm Dämmstoff der Wärmleitfähigkeit $\lambda = 0{,}035$ W/mK).
Bei der Planung ist zu beachten, dass die spezifische Leistung der Fußbodenheizung hauptsächlich aus körperphysiologischen Gründen begrenzt ist. Die Oberflächentemperatur darf in Daueraufenthaltsbereichen maximal 29°C, in Bädern 33°C und in Randzonen maximal 35°C betragen (s. EN 1264). Durch eine gute Wärmedämmung kann man aber deutlich unter diesen Grenzen bleiben. Bei den genannten Oberflächentemperaturen kann in Aufenthaltsbereichen eine spezifische Heizleistung von max. 100 W/m^2 eingebracht werden, in Randzonen max. 175 W/m^2, jeweils bei 20°C Raumtemperatur. Bei Trockenverlegung, vor allem in Hohlräumen, sinkt die spezifische Heizleistung allerdings unter 100 W/m^2.
Bei Passivhäusern und hochgedämmten Effizienzhäusern liegt der spezifische Wärmebedarf mit 10 - 20 W/m^2 Fußbodenfläche deutlich niedriger als die spezifische Heizleistung, so dass bereits Vorlauftemperaturen von ca. 25°C ausreichen, um genügend Wärme in die Räume zu transportieren. Die Fußbodenoberflächen (Fliesen) sind dann nur ca. 23°C warm und fühlen sich barfuß nicht so angenehm warm an, wie man es von Fußbodenheizungen in normalen Häusern gewöhnt ist. Bei ausgeschalteter Heizung (was relativ häufig vorkommt) fühlen sich die Böden sogar noch etwas kälter an. Das spricht für die Wahl eines fußwarmen Bodenbelags in hochgedämmten Gebäuden, z.B. Holzparkett, Holzdielen oder Teppichboden anstelle von Fliesen zumindest in den Wohnräumen. Denn ein Steinfußboden wird als deutlich kälter empfunden als ein Teppichboden gleicher Oberflächentemperatur, weil die Wärme des Fußes vom Stein schneller abgeleitet wird als von einem Wollteppich.
Um die Temperatur in einem Raum mit Fußbodenheizung stabil zu halten, ist eine empfindliche elektronische Regelung (Temperatursensor und Regelung mit einer *Hysterese* < 0,5 K) erforderlich. Zusätzlich regelt sich die Fußbodenheizung aber auch selbst. Steigt die Lufttemperatur durch interne Gewinne (Sonnenlicht, Personen) z.B. auf 23°C, gibt die Fußbodenheizung keine Wärme mehr ab, weil der Boden genauso warm ist wie die Luft.
Werden Metallrohre in die Fußbodenheizung eingebettet, müssen die Rohrbögen zur Kompensation der

Ausdehnung elastisch in den Estrich oder Beton gebettet werden, anderenfalls besteht die Gefahr von Rohrbrüchen. Bei größeren Räumen sind außerdem Dehnungsfugen innerhalb des Raumes in den Estrich einzuarbeiten; zwischen Wand und Fußboden sind Dämmstreifen zur thermischen Entkopplung von Wand und Fußboden und zur Aufnahme der Estrich-Dehnung vorzusehen. Vor dem Gießen des Estrichs ist eine Dichtheitsprüfung der Heizkreise durchzuführen und zu protokollieren!

Die Druckverluste in den Fußbodenheizkreisen sollten nicht zu groß werden. Daher haben sich für einzelne Rohrdurchmesser Richtwerte für die maximal mögliche Länge des jeweiligen Heizkreises durchgesetzt, sie betragen beim typischen Rohr (14 x 2 mm) maximal 100 m, bei größeren Rohrdurchmessern max. 120 m.

Kunststoffrohre müssen diffusionsdicht gegen Sauerstoff sein, d.h. sie müssen ein Zertifikat für die Prüfung nach DIN 4726 besitzen. Andernfalls muss ein Wärmetauscher zur Systemtrennung eingebaut werden. Fließt nämlich mit Sauerstoff angereichertes Heizwasser durch den Wärmeerzeuger, wird der Stahl des Kesselraumes angegriffen. Der dadurch entstehende Schlamm und Rost kann in die Fußbodenkreise gelangen und u.U. die Rohre verstopfen bzw. den Wärmeerzeuger durch Korrosion zerstören. Mit einem Wärmetauscher werden der Fußbodenkreis und der Wärmeerzeugerkreis getrennt. Alle Materialien im Fußbodenkreis müssen aus Edelstahl, Messing oder Kunststoff sein. In dem Fußbodenkreis darf es selbstverständlich auch keine Stahlheizkörper geben. Zu beachten ist auch, dass selbst Kupfer angegriffen wird und oxidiert.

Vor der Verlegung von Bodenbelägen wie Teppich, Parkett, Laminat usw. muss der Zementestrich kontrolliert aufgeheizt werden. Dies kann frühestens 21 Tage (bei Anhydritestrich 7 Tage) nach Estrichverlegung erfolgen. Die Vorlauftemperatur der Heizkreise muss dabei 3 Tage lang um die 25°C liegen und danach für 4 Tage die maximale Vorlauftemperatur halten. Bei Parkettböden sind die speziellen Richtwerte der Hersteller zu beachten.

Die kontrollierte Aufheizung ersetzt nicht den Heizbetrieb zur Austrocknung des Estrichs. Mit Wasser angemischte Estriche benötigen Trocknungszeiten von bis zu 8 Wochen, je nach Luftfeuchte oder Heizungswärme. Bevor der Estrich mit einem Bodenbelag bedeckt werden kann, muss daher die Restfeuchte geprüft werden. Dies geschieht durch die sogenannte CM-Messung mit einem Calciumcarbid-Messgerät (CM). Die zulässige Restfeuchte sollte z.B. bei Zementestrichen unter 2% und bei Calciumsulfatestrichen oder Anhydritestrichen unter 0,5% liegen. Der Estrichbauer hat pro Raum ein bis zwei Messstellen für den CM-Wert festzulegen und vor Montage des Bodenbelags ein entsprechendes Protokoll zu liefern.

Fußbodenheizungsflächen können auch zur Kühlung eingesetzt werden. Dabei sollte eine Temperatur von 18 - 20°C nicht unterschritten werden, um die Gefahr von Kondensatbildung zu vermeiden.

Bodenbelag	Dicke mm	Wärmeleitfähigkeit λ W/mK	Wärmedurchlasswiderstand $R_{\lambda B}$ m^2K/W
Keramische Fliesen	13	1,05	0,0120
Marmor	12	2,1	0,0057
Natursteinplatten	12	1,2	0,0100
Betonwerkstein	12	2,1	0,0057
Teppichböden			0,0700 - 0,1700
Nadelvlies	6,5	0,54	0,1200
Linoleum	2,5	0,17	0,0150
Kunststoffbelag	3,0	0,23	0,0300
PVC-Beläge	2,0	0,20	0,0100
Mosaik-Parkett Eiche	8,0	0,21	0,0380
Stab-Parkett Eiche	16,0	0,21	0,0800
Mehrschichtparkett	11 - 14	0,09 - 0,12	0,0300 - 0,1500
Laminat	9	0,17	0,0500

Tabelle 4.3.1: Planungsrichtwerte für vollflächig verklebte Bodenbeläge auf Fußbodenheizungen. Quelle: Bundesverband Flächenheizungen, Richtlinie Nr. 9

4.3.2
Etikett an textilen oder hölzernen Bodenbelägen, die für Fußbodenheizungen geeignet sind.

Bodenbeläge

Grundsätzlich sind alle Bodenbeläge für Fußbodenheizungen geeignet. Allerdings wird die Wärmeabgabe durch dicke Teppichböden u.U. stark eingeschränkt. Für die Wärmeabgabe von Bedeutung ist die Wärmeleitfähigkeit λ sowie die Dicke des Belags (s. Tab. 4.3.1). Der daraus errechnete Wärmedurchlasswiderstand ($R_{\lambda B}$) darf inklusive der zum Bodenbelag gehörenden Unterlage den Wert $R_{\lambda B} = 0{,}15\ m^2K/W$ nicht überschreiten (DIN EN 1264). Je höher der Widerstand, desto enger müssen die Rohre verlegt werden. Alternativ kann man auch eine höhere Heizungsvorlauftemperatur einstellen, was aber den Wirkungsgrad des Wärmeerzeugers und den Wohnkomfort gleichermaßen mindert. Fliesen sind als Bodenbelag optimal (s. Tab. 4.3.1 und Abb. 4.3.3), da sie über den geringsten Wärmewiderstand verfügen, sie fühlen sich in hochgedämmten Häusern allerdings kalt an (s.o.)

Sind andere Bodenbeläge geplant, sollten die Heizungsrohre von vorn herein so dicht verlegt werden, wie es für einen Wärmedurchlasswiderstand von $R_{\lambda B} = 0{,}10\ m^2K/W$ notwendig ist. Damit ist eine ausreichend hohe Kühl- und Wärmeleistung sichergestellt, auch wenn später ein anderer Bodenbelag installiert wird.

Die Vor- und Nachteile der Fußbodenheizung lassen sich so zusammenfassen:

+ niedrige Vorlauftemperaturen, hoher Strahlungsanteil; daher gute Eignung für Wärmepumpensysteme, Brennwerttechnik, solare Heizungsunterstützung;
+ geringe Staubentwicklung;
+ kaum Luftbewegungen;
+ bessere Temperaturverteilung im Raum;
+ hohe Energieeffizienz des Wärmeerzeugers;
+ unsichtbare Heizflächen;

- hohe Trägheit auf Grund der großen Masse des Fußbodenkerns, daher schlechtere Regelfähigkeit;
- die einzelnen Stränge haben oft sehr unterschiedliche Druckverluste, die hydraulisch abgeglichen werden müssen:
- in Neubauten leicht erhöhte, in Altbauten stark erhöhte Investitionskosten.

Dimensionierung

Die Dimensionierung einer Fußbodenheizung erfolgt auf der Grundlage der DIN EN 1264, Teil 2 und 3. Voraussetzung für die Auslegung ist die Ermittlung der exakten Norm-Heizlast des Raumes. Auf einen Auslegungszuschlag, wie ihn die DIN 4701 Teil 3 forderte, kann verzichtet werden, denn durch vorübergehende Anhebung der Heizmitteltemperatur ist eine Steigerung der Wärmeleistung möglich. Ob die erforderliche Wärmestromdichte, gegeben durch das Verhältnis von Wärmebedarf zu Heizfläche, erreicht wird, ist von der Leistungsabgabe des Fußbodens abhängig, die im Wesentlichen durch die Differenz zwischen Fußbodenoberflächentemperatur und Raumtemperatur beeinflusst wird (sog. Basiskennlinie der Heizflächenübertemperatur).

Bei Anwendung der Methode Basiskennlinie lautet die Formel für die Wärmestromdichte

$$\dot{q} = 8{,}92\ (\vartheta_{Fm} - \vartheta_i)^{1,1}$$

mit $\dot{q}$ = Wärmestromdichte in W/m^2,
ϑ_{Fm} = mittlere Fußbodenoberflächentemperatur in °C
und ϑ_i = Raum-Innentemperatur in °C

Bei der Auslegung ist darauf zu achten, dass die mittlere Fußbodenoberflächentemperatur die bereits genannten Maximalwerte (in Daueraufenthaltsräumen 29°C, in Bädern 33°C und in Randzonen maximal

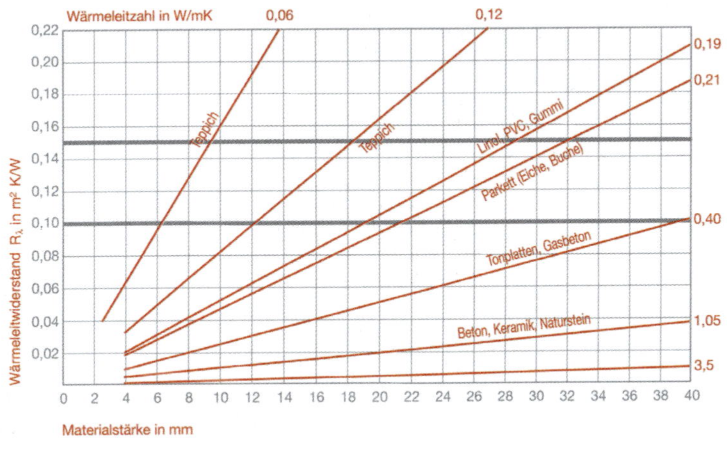

4.3.3
Wärmeleitwiderstand verschiedener Bodenbeläge.
Quelle: Fa. KME

35°C) nicht überschreiten darf, um die maximal erforderliche Heizleistung einzubringen. Da die sich real einstellende Fußbodenoberflächentemperatur nicht bekannt ist, bleibt nur die Möglichkeit, die Wärmestromdichte anhand der logarithmischen Heizmittelübertemperatur (s. Kap. 4.1) und entsprechender Korrekturfaktoren, die den Einfluss des Bodenaufbaus und der Art der Fußbodenheizungsrohre berücksichtigen, zu ermitteln:

$$\dot{q} = B \cdot \Pi_i \cdot \Delta\vartheta_H$$

wobei B = ein systemabhängiger Koeffizient ist, der sich aus den Rohreigenschaften ableitet,
Π_i = ein Faktor für die spezifischen Eigenschaften des Fußbodenaufbaus in Abhängigkeit von der gewählten Rohrteilung und
$\Delta\vartheta_H$ die logarithmische Heizmittelübertemperatur ist, die gegeben ist durch:

$$\Delta\vartheta_H = (\vartheta_V - \vartheta_R) \,/\, \ln((\vartheta_V - \vartheta_i)/(\vartheta_R - \vartheta_i))$$

mit ϑ_V = Vorlauftemperatur, ϑ_R = Rücklauftemperatur und ϑ_i = Raum-Innentemperatur, alle in °C.

Die Hersteller von Fußbodenheizungssystemen liefern zu ihren Systemen Leistungsdiagramme oder Rechenprogramme, mit denen der Einfluss verschiedener Bodenbeläge und Heizmittelübertemperaturen berücksichtigt werden kann. Sie sind unverzichtbar für die Ermittlung der Wärmestromdichte und der Verlegeabstände sowie für die Dimensionierung der Anschlussleitungen. Übliche Verlegeabstände sind 5 bis 30 cm. Abstände über 25 cm sollten vermieden werden, um fühlbare Kaltbereiche (Temperaturwelligkeit) zu vermeiden.

4.3.2 Wand- und Deckenheizungen

Die Anteile an Strahlungs- und Konvektionswärme verhalten sich bei Wand- und Deckenheizungen wie bei der Fußbodenheizung, also ca. 2/3 zu 1/3. Bedingt durch die großen Strahlungsflächen werden Wand- und Deckenheizungen als sehr behaglich empfunden. Das zeigt sich auch daran, dass bei gleichem Wärmeempfinden eine 2 - 3°C niedrigere Raumlufttemperatur möglich ist.

Die Wandheizung kann auf der Innenseite von Außenwänden installiert werden (Abb. 4.3.4), wobei der U-Wert der Wand möglichst deutlich kleiner als 0,3 W/m²K sein sollte, damit die Wärmeverluste nach außen nicht zu groß sind. Man kann die Wandheizung auch auf einer Innendämmschicht (z.B. Holzweichfaser- oder Holzwolle-Leichtbauplatte) montieren. Bei der Installation von Wandheizungen auf Innenwänden spielt der U-Wert dagegen nur eine Rolle, wenn es sich um Wände zu unbeheizten Neben- oder Abstellräumen handelt.

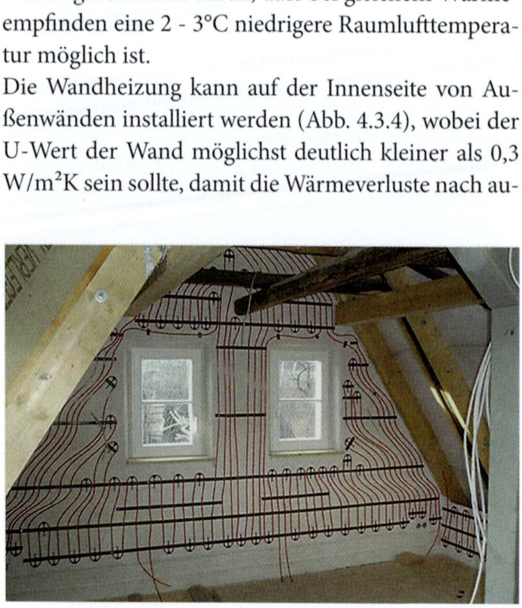

4.3.4: Wandheizung im Altbau-Dachgeschoss.
Foto: Samuel Jenichen

Bei den Wand- und Deckenheizungen werden Rohre aus Kupfer, Stahl oder Kunststoff verlegt und nass oder im Trockenbau in den Putz eingebettet. Nach der Montage der Rohre auf der Mauer oder auf einer Holzwolle-Leichtbauplatte (Heraklith), also vor dem Putzen, muss eine Druckprobe durchgeführt werden. Anschließend kann man die Rohre einputzen. Beim Verputzen sollte über den Heizrohren ein Armierungsgewebe aus Glasfaser oder Jute eingearbeitet werden, wobei die Putzstärke (einschließlich Rohre) insgesamt 30 - 35 mm beträgt. Verzichtet man auf das Armierungsgewebe, reicht eine Putz-Überdeckung von 1 cm über dem Rohrscheitel aus, wobei die Gefahr der Rissbildung größer ist. Gips-, Kalk- und vor allem Lehmputze vertragen sich gut mit einer Wandheizung; von Zementputzen ist abzuraten, da sie wenig elastisch sind und sich beim Erwärmen der Heizrohre zu wenig mitdehnen.

Kapillarrohrmatten (Abb. 4.3.5) bestehen aus dünnen Röhrchen mit ca. 3 - 5 mm Außendurchmesser, die zunächst an der unverputzten Wand (auch Holzwolleleichtbau- oder Heraklithplatte) befestigt werden. Die Verteilerrohre, die wie eine Fußbodenheizung mit dem Vor- und Rücklauf eines Heizkreisverteilers verbunden sind, werden in der Regel bodennah angeordnet. Da die Matten nur ca. 5 mm Aufbauhöhe haben, genügt schon die normale Putzstärke von ca. 10 mm, um sie zu überdecken. Beim Putzen wie auch bei den weiteren Montagearbeiten sollten die Kapillarrohrmatten mit einem Wasserdruck von 10 bar belastet werden. Dadurch wird sichergestellt, dass Beschädigungen beim Putzen sofort bemerkt werden und das Kapillarrohrsystem ggf. umgehend repariert werden kann.

Kapillarrohrmatten in Wänden und Decken können ebenso wie alle anderen Wand- und Deckenheizungen sowohl zum Heizen als auch zum Kühlen genutzt werden. Zum Heizen werden die Matten mit Heizungswasser von 26 - 35°C durchströmt, so dass eine Oberflächentemperatur von 25 - 30°C erreicht wird. Somit wird die Entwärmung des menschlichen Kopfes nicht behindert und es findet keine als unangenehm empfundene Aufwärmung statt.

Zum Kühlen wird gekühltes Heizungswasser mit einer Temperatur von ca. 16°C (Vorlauf) durch die Röhrchen und Rohre gepumpt, wobei das Heizungswasser optimal und energiesparend über Erdwärmetauscher bzw. Grundwasser-Wärmetauscher einer Wärmepumpenanlage passiv gekühlt werden kann (s. Kap 3.4.2 - 3.4.4). Beim Kühlen sollte die Oberflächentemperatur von Decken und Wänden nicht unter 17 - 19°C liegen. Je nach Einbausituation können dadurch bis zu 85 W/m² Kühlleistung eingebracht werden.

Auf dem Markt sind folgende Trockenbausysteme erhältlich, die sich auch für die Montage an Dachschrägen oder Decken eignen:

1 Gipskartonplatten mit integrierten Kapillarrohrmatten oder Kupferrohren (Abb. 4.3.6 und 4.3.7)
2 Verbundplatten aus Gipskarton und Polystyrol-Hartschaum mit integrierten Wärmeleitlamellen und Kunststoffrohr
3 Holzweichfaserplatten mit integrierten Kapillarrohrmatten (Abb. 4.3.8).
4 Lehmbauplatten mit integriertem Rohrsystem oder Heizungsrohren.

Mit solchen Trockenbausystemen lassen sich die Montagezeiten erheblich verkürzen. Bei der Auswahl des Systems sollte man auch an das spätere Recycling denken: Die zweite Variante dürfte wesentlich schwieriger zu recyceln sein als die übrigen Varianten.

4.3.5: Wandheizung mit Kapillarrohrmatten.
Quelle: Fa. Uponor

Im Deckenbereich werden die Kapillarrohrsysteme entweder eingeputzt (geputzte Decke) oder liegen bei abgehängten Decken auf oder in den Deckenplatten. Für den nachträglichen Einbau bei der Altbausanierung bieten sich beispielsweise abgehängte Decken aus Gipskartonplatten an. Die Kapillarrohrmatten

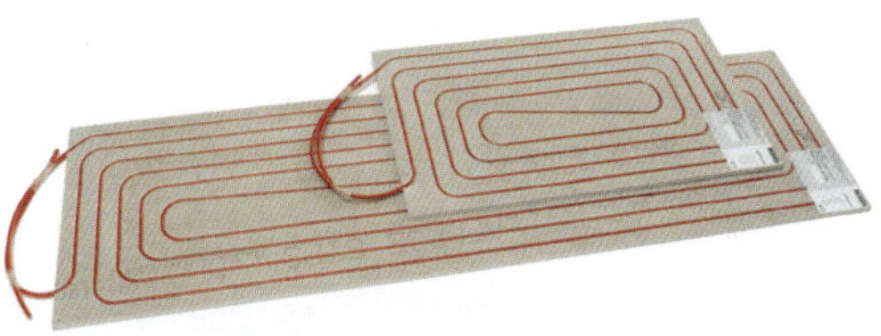

4.3.6 *(oben)*
Wandelement aus Gips, mit Heiz-/Kühlrohren 10,1 x 1,1.
Quelle: Fa. Rehau

4.3.7 *(unten)*
Kupferheizkörper zwischen zwei Gipsplatten, Dicke gesamt 20 mm. Quelle: Fa. Abakus

4.3.8
Fußbodenheizung mit Wärmeleitblechen. Die Wärmeleitbleche verteilen die Wärme schnell und gleichmäßig über die gesamte Fläche und reduzieren so die Aufheizzeiten.

werden im Deckenzwischenraum montiert und liegen von hinten auf den Gipskartonplatten auf. Die Gipskartondecken werden auf der raumzugewandten Fläche verspachtelt und gestrichen und können sogar mit Stuck verziert werden. Die Verrohrung der Kapillarrohrmatten erfolgt ausschließlich im Zwischendeckenraum, die Verteilerregister und die Übergabestation können z.B. hinter einer Revisionsklappe in der Zwischendecke im Flur untergebracht werden.
Anders als bei der Fußbodenheizung gibt es mehrere Möglichkeiten der Verrohrung der Heizflächen:

4.3.9
Heizkreisverteiler mit Stellmotoren (unten) und Durchflussbegrenzern (Tacosetter, oben). An den Durchflussbegrenzern ist gleichzeitig die Durchflussmenge sichtbar.

Bei der Installation von Kapillarrohrregistern werden die parallel liegenden, verhältnismäßig kurzen Stränge an untenliegende Vor- und Rücklauf-Verteiler bzw. Sammlerrohre angeschlossen (in Abb. 4.3.5 sind unten dicke Sammelrohrleitungen zu erkennen). Dadurch und durch die geringe Masse an Putz auf den Registern reagiert die Wandheizung deutlich schneller als eine Fußbodenheizung. Bei Endlosrohrsystemen werden, ähnlich den Rohrschlangen in Fußbodenheizungen, große Einzellängen eingebaut, die bis zu 100 m lang sein können.
Um eine Überwärmung im Kopfbereich zu vermeiden, darf die von der Decke übertragene Heizleistung nicht größer sein als 40 W/m². Untersuchungen haben gezeigt, dass bis zu einer Leistung von ca. 40 W/m² keine Komforteinbußen beim Heizen über die Raumdecke zu erwarten sind. Bei Wandflächen sind Leistungen bis über 100 W/m² möglich und zulässig. Sollten höhere Leistungen erforderlich werden, kann dies durch Erhöhung der Vorlauftemperatur oder besser durch zusätzliche Matten in Wand- oder Bodenflächen erreicht werden.

Heizkreisverteiler und Regelung für Flächenheizungen

Die Rohrleitungen der Flächenheizungen werden an einem oder mehreren Heizkreisverteilern zusammengeführt (Abb. 4.3.9). Hierbei wird je nach Außentemperatur in der Regel mit einer Vorlauftemperatur von 25 - 35°C gearbeitet.
Jeder Raum muss nach Energieeinsparverordnung mit einem Raumregler ausgestattet werden, der in Abhängigkeit von der Raumtemperatur den Wasserkreislauf öffnet oder schließt. Bei den elektronischen Raumreglern gibt es erhebliche Qualitätsunterschiede, vor allem bei der Schalthysterese; schlechte Regler mit großer Hysterese (2 K) schalten z.B. bei 20°C ein und bei 22°C ab, wenn für den Raum 21°C vorgegeben ist. Die Schwankung der Temperatur im Raum ist deutlich spürbar. Gute Regler haben eine Schalthysterese von 0,5 K oder weniger und sind dadurch komfortabler und indirekt auch energiesparender.
Die Raumregler senden ihre Informationen per Kabel oder per Funk an die Stellmotoren am Heizkreisverteiler. Nach Möglichkeit sollten Kabelverbindungen bevorzugt werden, um Batteriewechsel und Elektrosmog zu vermeiden.
Außer den Stellmotoren für das Öffnen und Schließen des Heizkreises sind die Heizkreisverteiler in der Re-

gel mit sogenannten Tacosettern ausgestattet, an denen der Durchfluss jedes Heizkreises separat einreguliert und kontrolliert werden kann.

Kosten von Heizflächen

Bei den einzelnen Heizflächenarten ist mit den in Tab. 4.3.2 angegebenen Preisen zu rechnen (die Flächen beziehen sich auf Wohnflächen, die mit entsprechenden Heizungsflächen beheizt werden).

Fußbodenheizung komplett mit Estrich, Verteilerschrank, Dämmung etc. und Montage	
Tackersystem	ca. 50 €/m²
Noppensystem	ca. 55 €/m²
Trockensystem	ca. 85 €/m²
Wandheizkörper komplett mit Halterung, Thermostatventil, Verrohrung und Montage	
Flachheizkörper, Neubau	ca. 40 €/m²
Flachheizkörper, Altbau	ca. 50 €/m²
Radiatoren, Neubau	ca. 90 €/m²
Radiatoren, Altbau	ca. 120 €/m²

Tabelle 4.3.2: Kosten verschiedener Heizsysteme.

4.4 Warmluftheizungen

Der Begriff „Luftheizung" ist unscharf, denn im weitesten Sinn ist jede Heizung eine Luftheizung, da letztendlich immer die Raumluft erwärmt wird. Selbst bei einer Fußbodenheizung oder einer Deckenstrahlplatte mit einem hohen Strahlungs- und geringem Konvektionswärmeanteil ist das der Fall.

Genauer und besser ist daher der Begriff „Warmluftheizung", der deutlich macht, dass mit warmer Luft geheizt wird, also Luft anstelle von Wasser als Trägermedium dient. Die am Wärmeerzeuger aufgeheizte Luft wird durch thermischen Auftrieb oder durch Gebläse gestützt über Kanäle in die zu beheizenden Räume geführt.

Die antike Hypokaustenheizung (griech. hypokauston = von unten heizen) ist eine sehr alte Form der Warmluftheizung, die in der römischen Antike zu einer ersten Blüte kam. Sie bestand aus einer Feuerkammer, einem Heizraum und Abzugskanälen unter Stein- oder Marmorböden; die heißen Abgase wurden durch die Abzugskanäle ins Freie geführt und erwärmten dabei die Fußbodenflächen (Abb. 4.4.1). Ähnlich funktionierte die Murokausten-Heizung (von murus = Mauer), bei der die heißen Rauchgase durch Wandkanäle geleitet wurden.

Bei der klassischen Warmluftheizung aus dem 19. und 20. Jahrhundert wurde die Luft vom Wärmeerzeuger (mit Kohle, Gas, Heizöl oder Strom betrieben und im Keller, in der Etage oder auf dem Dach aufgestellt) erwärmt und über ein Kanalnetz, meist aus Stahlblechkanälen oder flexiblen Spiralrohren, in die zu beheizenden Räume geleitet. Kleinere Anlagen für Einfamilienhäuser konnten z.T. für den Schwerkraftbetrieb ausgelegt werden, größere Anlagen benötigten neben speziellen Warmluft-Heizgeräten auch Ventilatoren für die Luftumwälzung.

Da die Wärmekapazität der Luft ca. 3.500 mal kleiner ist als die von Wasser, müssen bei mäßiger bis schlechter Wärmedämmung der Gebäudehülle sehr große Luftmengen umgewälzt werden. Damit werden auch beträchtliche Mengen an Staub und Schmutz aufgewirbelt; nachteilige Folgen sind außerdem Zugluft, Schallübertragung, schlechte Regelbarkeit und ein hoher Anteil an konvektiver Wärme. Solche Warmluftheizungen werden heute nicht mehr gebaut.

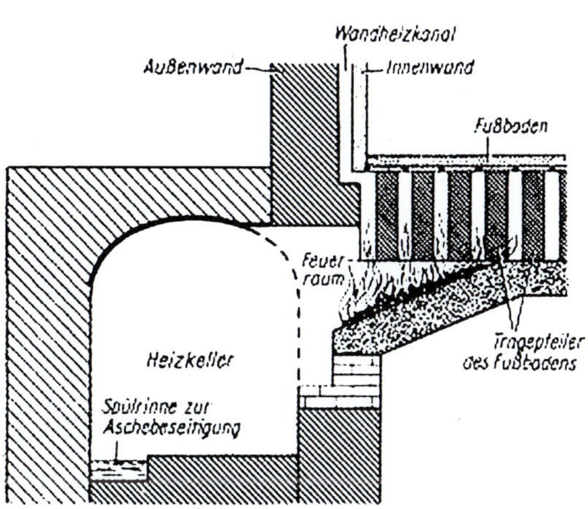

4.4.1: Antike Hypokaustenheizung.
Quelle: H. Brunner, K. Fessel, F, Hiller, Hrsg.: Lexikon Alte Kulturen 2.

Bei Passivhäusern hat man die Warmluftheizung allerdings wieder entdeckt. Durch den geringen Restwärmebedarf dieser Gebäude müssen nur noch geringe Luftmengen erwärmt und umgewälzt werden. Die Heizlast des Passivhauses liegt definitionsgemäß nur bei 10 W/m² (bei -12°C Außentemperatur), so dass für ein Haus mit 150 m² Wohnfläche 1,5 kW Heizleistung ausreicht. Diese Wärmeleistung kann den Räumen über einen Wärmetauscher in der Zuluft zugeführt werden, wie folgendes Rechenbeispiel zeigt:
Ein Haus mit 150 m² Wohnfläche und 2,5 m Raumhöhe hat ein Luftvolumen von 375 m³. Um dem Raum genügend Frischluft zuzuführen, müssen bei 0,5 h^{-1} Luftwechselrate stündlich 187,5 m³ Luft ersetzt werden. Um dem Haus bei -12°C genügend Wärme zuzuführen, lässt sich die erforderliche Temperaturerhöhung der Zuluft mit Hilfe der folgenden Formel leicht errechnen:

$$Q = V \cdot \rho \cdot c_p \cdot \Delta T,$$

mit ρ = 1,2041 kg/m³ spez. Dichte, c_p = 1,005 kJ/kg/K spez. Wärmekapazität

$$\Delta T = Q / (V \cdot \rho \cdot c_p) =$$
$$= 1500\ W/(187{,}5\ m^3/h \cdot 1{,}204\ kg/m^3 \cdot 1{,}005\ kWs/kg/K)$$
$$= 23{,}8\ K$$

Um die Wärmeverluste am kältesten Tag des Jahres allein mit Hilfe der Lüftungsanlage abzudecken, muss die Zuluft also mit etwa 45°C in die Wohn- und Schlafräume geblasen werden. Diese Lufttemperatur ist akzeptabel und noch nicht zu hoch, so dass auf die übliche Warmwasserheizung verzichtet werden kann.
Bei schlechter gedämmten Häusern muss die Luft entsprechend stärker aufgeheizt werden, so dass es u.U. zur Staubverschwelung kommen kann. Alternativ könnte auch die Luftmenge vergrößert werden, z.B. durch Umluftbetrieb, was aber auch schnell zu wenig komfortablen Bedingungen führt.
Als Fazit kann festgestellt werden, dass eine Warmluftheizung in sehr gut gedämmten Gebäuden sinnvoll und vom Wärmekomfort her akzeptabel ist, so dass man auf die wesentlich aufwendigere Wasserheizung verzichten kann. In schlechter gedämmten Gebäuden sollten Luftheizungen nicht eingebaut werden.

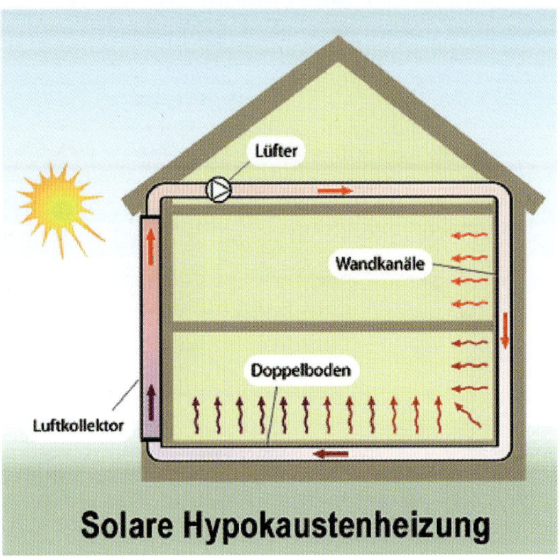

4.4.2
Luftkollektor in Verbindung mit Hypo- und Murokaustenheizung. Quelle: www.energiesparen-im-haushalt

Eine andere, moderne Variante der Luftheizung greift das Prinzip der Murokaustenheizung auf und erwärmt die Wandflächen indirekt durch Luftkanäle in den Wänden, wobei die Sonnenenergienutzung mittels Luftkollektoren einen spürbaren Heizbeitrag liefern kann (s. Kap. 4.4.2). Luft wird in Luftkollektoren auf der Südseite erwärmt und über Ventilatoren in Wandkanäle der Nordseite und Kanäle im Fußboden geblasen, wo die Wärme z.T. gespeichert wird. Die Aufwärmung der Räume über die Wand- und Bodenkanäle geht sehr langsam vonstatten und reicht je nach Witterung nicht aus, um das Haus konstant auf Wohnraumtemperatur zu halten. Daher muss die Solar-Luftheizung in der Regel durch ein zweites, sonnenunabhängiges Heizsystem ergänzt werden, das die umgewälzte Luft bei Bedarf beheizt oder die per Lüftungsanlage zugeführte Raumluft erwärmt.

4.5 Auslegung von Heizkörpern nach Kriterien der VDI 6030

Die Auslegung von Heizkörpern richtete sich bisher nach den Vorgaben der DIN 4701, Teil 3. Grundlage der Norm ist die Auslege-Heizleistung auf Basis der Heizlastberechnung gemäß DIN EN 12831. Die Wahl der Örtlichkeiten für die Aufstellung der Heizkörper, die Größe der Untertemperatur von Umfassungsflächen und die Festlegung der Heizmitteltemperaturen spielten dabei keine Rolle. Diese Faktoren können aber entscheidend sein für die empfundene Behaglichkeit eines Raumes/Gebäudes.

Die VDI 6030 versucht nun erstmals, die weniger scharfen Kriterien bei der Auslegung von Heizkörpern zu berücksichtigen und ein Instrument nicht nur für die Sicherung der Raumtemperatur, sondern auch zum Erreichen einer möglichst großen Behaglichkeit zur Verfügung zu stellen.

Wie Abb. 4.5.1 zeigt, sind die Einflussfaktoren auf die Behaglichkeit zahlreich, um nicht zu sagen unendlich. Von den technischen Kriterien sind vor allem folgende Faktoren für die thermische Behaglichkeit ausschlaggebend:

- Raumlufttemperatur (der Behaglichkeitsbereich liegt zwischen 18 und 24°C, Abb. 4.1);
- Mittlere innere Temperatur der Raumumschließungsflächen (Die Differenz zwischen der tiefsten und höchsten Oberflächentemperatur der Hüllfläche sollte nicht größer als 4 K sein. Ansonsten wird sie als unangenehm empfunden.);
- Wärmeableitung von Fußbodenoberflächen (Teppich, Fliesen, Parkett etc.);
- Luftgeschwindigkeit (einige Menschen fühlen sich bereits durch minimale Luftbewegungen gestört);
- Relative Feuchte im Raum (als behaglich gelten 40 - 60% r.F.).

Ziel der VDI 6030 ist es, die Raumheizflächen so auszulegen, dass die Behaglichkeitsdefizite (z. B. Strahlungsdefizite und Fallluftströmung an Außenflächen) beseitigt werden. Dabei müssen die Anordnung, Abmessungen und Temperaturen der Heizkörper so gewählt werden, dass die Kriterien der thermischen Behaglichkeit möglichst erfüllt werden.

Für die *Heizkörperauswahl* und deren *Größe* nach VDI 6030 ist nicht nur die Spreizung zwischen Vor- und Rücklauftemperatur ausschlaggebend, sondern auch die Abstimmung der Heizkörper auf vorhandene Fensterbreiten und Brüstungshöhen, um Kaltluftwirkungen zu unterbinden.

Die Übertemperatur der Heizkörper wird auch durch die Strahlungsbilanz beeinflusst, wobei der Strahlungsentzug kalter Außenflächen durch die Strahlungslieferung des Heizkörpers kompensiert werden sollte. Aus der geforderten Übertemperatur ergeben sich für jeden Raum andere Rücklauftemperaturen, während die Vorlauftemperatur innerhalb einer Bandbreite als festgelegt betrachtet werden muss. Die Bautiefe des Heizkörpers wird nach der Raumheizlast festgelegt.

Außerdem werden *Anforderungszonen* formuliert: Nicht der Gesamtraum eines Zimmers wird als Beheizungsziel angesehen, sondern eine Anforderungszone, in der sich die Personen aufhalten. In diesem Bereich sollen die Anforderungen, hier besonders die Behaglichkeit, erfüllt werden, so dass in diesem Bereich keine Defizite auftreten. Größe und Lage der freien Raumheizflächen sind so auszulegen, dass in dieser Zone die Behaglichkeitsanforderungen erfüllt sind. Die Heizfläche kann auch eine Fußboden-, Wand- oder Deckenheizung oder auch ein Kachelofen sein.

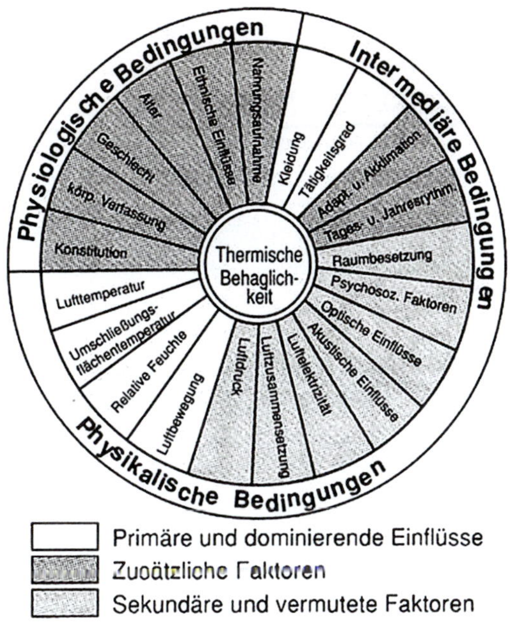

4.5.1
Faktoren für die Behaglichkeit, die nicht allein durch technische Anlagen beeinflusst werden können.
Quelle: Lexikon Maschinenbau, H.M. Hiersig, 1995

Der anzustrebende Grad thermischer Behaglichkeit wird in drei Anforderungsstufen festgelegt:

- In Anforderungsstufe 1 genügt es, wenn die Normheizlast gedeckt ist. Es werden keine besonderen Anforderungen an die Heizkörperanordnung, die Abmessungen und die Wassertemperaturen gestellt.
- Bei Anforderungsstufe 2 muss zusätzlich ein Teil der Behaglichkeitsdefizite beseitigt werden. Das kann z.B. das Strahlungsdefizit einer kalten Fensterfläche sein. Die Heizfläche muss so gestaltet sein, dass die Temperatur der kalten Umfassungsfläche sich nicht von der Auslegungs-Innentemperatur unterscheidet. Da als Wärmequelle nur das Heizungswasser mit gegebener Vorlauftemperatur zur Verfügung steht, die aber niedriger als in Stufe 1 ist, lässt sich eine Aufheizreserve herstellen. Zu Aufheizzwecken kann die Vorlauftemperatur und/oder der Wasserstrom für eine begrenzte Zeit angehoben werden.
- In Anforderungsstufe 3 werden alle Funktionen gefordert, die helfen, etwaige Behaglichkeitsdefizite in der Anforderungszone zu beseitigen.

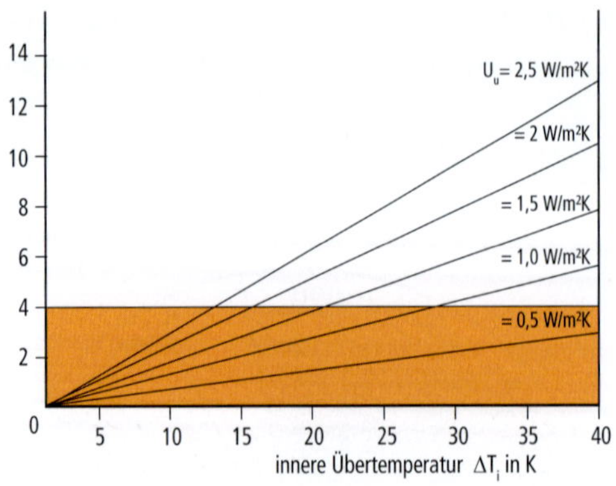

4.5.2
Untertemperatur einer Umfassungsfläche in Abhängigkeit von der inneren Übertemperatur. Quelle: VDI 6030

Damit richtig geplant werden kann, wird von der VDI 6030 ein Pflichtenheft gefordert. Denn nur mit einem solchen Instrument können Planungsvarianten und Angebote verglichen werden. Außerdem lassen sich nach der Errichtung der Heizungsanlage die Vollständigkeit und die Erfüllung der Funktionen überprüfen.

Die praktischen Auswirkungen der VDI 6030 lassen sich konkret benennen: Bei hochgedämmten Gebäuden z.B. müssen die Fenster sehr niedrige U-Werte aufweisen, um nicht das Behaglichkeitskriterium von maximal 4 K Temperaturdifferenz zwischen den Umschließungsflächen zu verletzen. Bei einer inneren Übertemperatur von z.B. 25 K (innen 20°C, außen 5°C) darf das Fenster einen maximalen U-Wert von ca. 1,3 $W/m^2 \cdot K$ haben, um im 4 K-Behaglichkeitbereich zu bleiben (Abb. 4.5.2). Bei tieferen Außentemperaturen fällt der maximal mögliche U-Grenzwert für Fenster auf unter 1,0 $W/m^2 \cdot K$!
Inwieweit sich durch den neuartigen Ansatz bei der Heizkörperbemessung für die Praxis ein realer Vorteil ergibt, bleibt abzuwarten. Kritiker monieren bereits jetzt die Verkomplizierung der Auslegung und die zunehmende Unübersichtlichkeit durch die Einführung von Anforderungszonen, bei der mehr oder weniger gerechtfertigt für Teile des Raumes geringere Anforderungen angesetzt werden. Da der Wärmeschutz der Gebäude tendenziell immer besser wird, werden die unterschiedlichen Zonen in den Räumen automatisch verschwinden.

4.6 Rohrnetze

Für Ein- und Zweifamilienhäuser waren bis in die 60er Jahre des 20. Jahrhunderts *Schwerkraftheizungen* üblich. Warmes Wasser aus dem Kesselvorlauf stieg vom Keller über das Rohrnetz zu den Heizkörpern in den Etagen auf, kühlte sich ab und fiel über den Rücklauf wieder in Richtung Wärmeerzeuger zurück. Da die Auftriebskraft relativ schwach ist, mussten die (Stahl-) Rohrleitungen sehr dick sein und sorgfältig und lückenlos gedämmt werden (Mineralwolle mit Gips ummantelt). Die dicken Leitungen und das Schwerkraftprinzip machten das Heizsystem sehr träge, und man musste mit sehr hohen Temperaturen (90/70°C) arbeiten.

In diese Anlagen wurden in den folgenden Jahrzehnten Pumpen eingebaut, so dass man heute fast keine Schwerkraftheizungen mehr antrifft. Allerdings wurden die alten dicken Rohrleitungen bei der Umrüstung häufig beibehalten, so dass die Anlagen nach wie vor sehr träge reagieren, weil viel zu viel Wasser in Umlauf ist. Auch die Dämmstärke der Rohrleitungen ist nach heutigen Maßstäben zu dünn.

Durch Einsatz elektrischer Heizungspumpen können bei Neuanlagen Rohrleitungen mit sehr viel geringerem Durchmesser installiert werden, so dass die Heizung flinker reagiert, geringere Verteilungsverluste hat und mit weniger Material auskommt. Die nachfolgenden Ausführungen beschränken sich auf Rohrnetze mit Pumpen und deren Auslegung. Man unterscheidet zwei Arten der Rohrführung, das Einrohr- und das Zweirohrsystem.

4.6.1 Einrohrsystem

Das Einrohrsystem ist einfach zu installieren und obendrein material- und kostensparend. Das Heizungswasser durchströmt, angetrieben durch die Heizungspumpe, nacheinander eine Reihe von Heizkörpern, die hintereinander geschaltet sind. Die Einrohrheizung ist im Bestand immer noch zu finden, wird aber wegen der systembedingten Nachteile heute praktisch nicht mehr gebaut. Die Zahl der Anlagen in Deutschland, die zwischen 1975 und 1985 gebaut wurden, wird auf ca. 1,5 Mio. geschätzt.

Aus Abb. 4.6.1 wird bereits ein entscheidender Nachteil deutlich: die Heizungsmitteltemperaturen werden mit jedem durchströmten Heizkörper geringer.

Damit nimmt auch die Leistung der Heizkörper ab, denn es gilt:

$$P_{Hk} = A \cdot U \cdot \Delta\vartheta$$

Dabei bedeuten:

P_{Hk} = Heizkörperleistung in W,
A = Fläche des Heizkörpers in m^2,
U = Wärmedurchgangskoeffizient in $W/m^2 \cdot K$,
$\Delta\vartheta$ = mittlere Übertemperatur des Heizkörpers zur Raumtemperatur in K.

Die mittlere Übertemperatur $\Delta\vartheta$ wird dabei wieder durch die logarithmische Funktion beschrieben:

$$\Delta\vartheta = (\vartheta_V - \vartheta_R) / \ln((\vartheta_V - \vartheta_i) / (\vartheta_R - \vartheta_i))$$

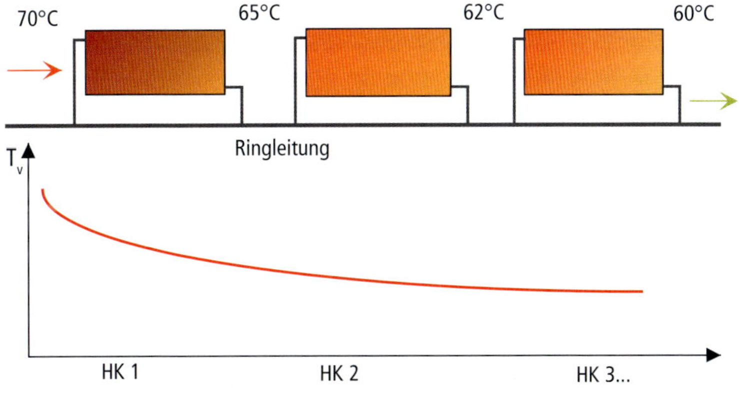

4.6.1
Prinzipdarstellung Einrohrheizung mit Temperaturverlauf.

Für kleinere Spreizungen reicht die arithmetische Rechnung (der Unterschied zwischen logarithmischer und arithmetischer Rechnung wächst mit der Spreizung und sollte daher nur bei kleinen Spreizungen angewandt werden):

$\Delta\vartheta = \vartheta_m - \vartheta_L$ mit

ϑ_m = mittlere Heizkörpertemperatur =
$= (\vartheta_{VL} + \vartheta_{RL})/2$ = (Vorlauf- + Rücklauftemp.)/2 und

ϑ_L = Lufttemperatur im Raum.

Für den ersten Heizkörper ergibt sich bei einer Fläche von 1 m², einem U-Wert von 13 W/m²·K und einer Raumtemperatur von 20°C eine Leistung von

$$P_{Hk} = 1\ m^2 \cdot 13\ W/m^2K \cdot ((70°C + 65°C)/2 - 20°C) = 1 \cdot 13 \cdot 47{,}5\ W = 617{,}5\ W$$

Der zweite Heizkörper hat eine Leistung von

$$P_{Hk} = 1\ m^2 \cdot 13\ W/m^2K \cdot ((65°C + 62°C)/2 - 20°C) = 1 \cdot 13 \cdot 43{,}5\ W = 565{,}5\ W$$

Sollen beide Heizkörper gleiche Leistung erbringen, ist der zweite bereits um ca. 10% in der Fläche zu vergrößern.

Eine Methode, den Abfall der Leistung zu minimieren, ist die Wahl einer kleineren Spreizung: statt, wie üblich, eine Temperaturdifferenz von 20 K zwischen Vor- und Rücklauf für den Auslegungsfall (= tiefste Außentemperatur) anzusetzen, wählt man z.B. eine Spreizung von 10 K. Die Vergrößerung der Fläche fällt dadurch geringer aus.

Eine Verbesserung der Reguliermöglichkeiten an den einzelnen Heizkörpern wird mit dem Nebenschlussprinzip (s. Abb. 4.6.2) erreicht: Die Heizkörper werden in Abzweige der Hauptverteilleitungen gelegt und reitend angeordnet. Dazu erhält jeder Heizkörper ein Regulierventil. Um den höheren Druckverlust des einzelnen Heizkörpers auszugleichen, gibt es verschiedene Mittel (hier nicht dargestellt). Möglich ist der Einbau einer „Saugverschraubung“, die wie eine Blende für die Rohrleitung wirkt, also den Druckverlust der Rohrleitung erhöht. Üblich sind aber auch Steigrohr-, Lanzen- oder Dreiwegeventile, die eine Aufteilung der Volumenströme auf Heizkörper und Rohrleitung bewirken. Das Verhältnis von Teilstrom Heizkörper zum Teilstrom der Ringleitung liegt bei etwa 1 zu 2 bis 1 zu 3.

Analog zur waagerechten Einrohrheizung gibt es auch den Typ „senkrechte Einrohrheizung“, der in den sechziger bis achtziger Jahren des 20. Jahrhunderts vor allem in Hochhäusern zum Einsatz kam.

Die Vor- und Nachteile der Einrohrheizung lassen sich so zusammenfassen:

+ einfache, preiswerte, materialsparende Installation,
+ geschossweise (bei der waagerechten ERH) bzw.

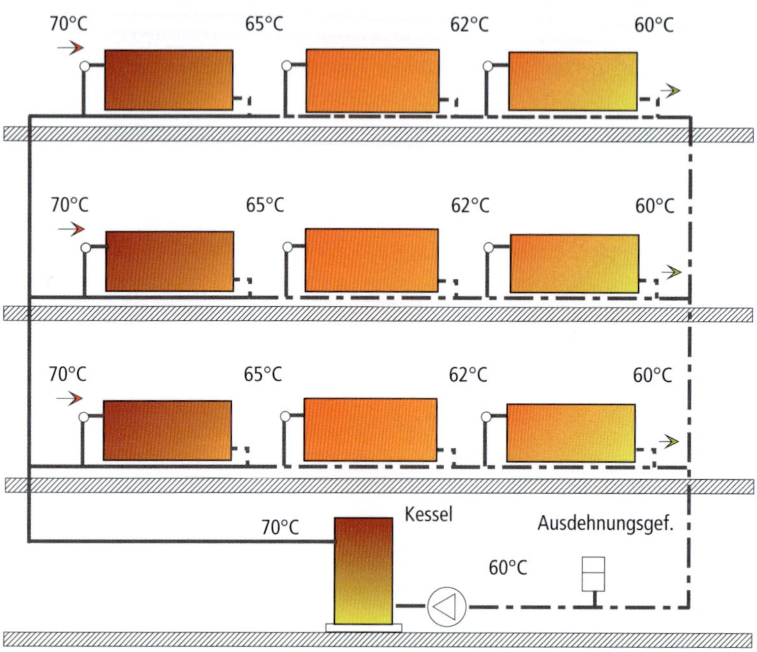

4.6.2
Einrohrheizung mit geschossweiser Verteilung, sogenannte waagerechte Einrohrheizung; die Heizkörper sind reitend in eine waagerechte Ringleitung eingebunden und mit einem Regulierventil ausgestattet.

strangweise (bei der senkrechten ERH) Absperrung möglich,
+ einfache Zonenbildung.
+ Das Heizungssystem kann bei baulichen Erweiterungen wie z.B. Aufstockungen oder Anbauten, auf einfache Art erweitert werden.
- Die Wärmeentnahme und damit die Leistung eines Heizkörpers beeinflusst die der anderen. Wird ein Heizkörper abgestellt, erhöht sich die Leistung der anderen und umgekehrt.
- Vergrößerung der Heizflächen notwendig
- Die Pumpe läuft immer mit voller Leistung, auch wenn ein Teil oder die Mehrzahl der Heizkörper abgestellt ist, was auf 96% der Heizperiode zutrifft.
- Es ist eine relativ hohe Pumpenleistung erforderlich.
- Es ist eine hohe Vorlauftemperatur notwendig, womit der Anlagenwirkungsgrad abnimmt. Der Betrieb von Wärmepumpen an Einrohrheizungen ist nicht möglich.

Bei der Modernisierung wird die Einrohrheizung oft entfernt und durch eine Zweirohrheizung ersetzt, was grundsätzlich die empfehlenswerteste Lösung ist, zumal die Rohrleitungen oft schlecht gedämmt in Außenwänden liegen, zu dick sind oder die Heizkörper in mangelhaft gedämmten Fensternischen angeordnet sind. Erscheint eine solche Totalsanierung zu aufwändig, sollte mindestens ein hydraulischer Abgleich durchgeführt werden, damit der Wärmeerzeuger einen guten Wirkungsgrad erreicht, die Heizkörper gut geregelt werden können, Pumpenstrom eingespart wird und Strömungsgeräusche vermieden werden. In den letzten Jahren haben mehrere Firmen Lösungsmöglichkeiten für den hydraulischen Abgleich von Einrohrheizungen entwickelt (z.B. Oventrop, Danfoss, Kermi).

Bei dem System der Firma Danfoss (Abb. 4.6.3) werden Volumenstromregler in jeden Strang eingebaut: Die strangweise lastabhängige Volumenstrombegrenzung erlaubt es, die einzelnen Einrohrstränge auf einen theoretischen Volllastfall abzugleichen. Über einen Temperaturfühler im Rücklauf am Strangende kann die Wärmeabnahme oder Auslastung des Strangs erfasst werden. Beim Überschreiten einer vorgegebenen Rücklauftemperatur wird mittels eines auf das Ventil montierten Stellantriebs der Strangvolumenstrom auf einen reduzierten Wert eingestellt. So wird vermieden, dass der Rücklauf durch einen einzelnen Strang zu sehr angehoben wird. Das Regelverhalten der Thermostatventile wird deutlich verbessert. Vor allem aber

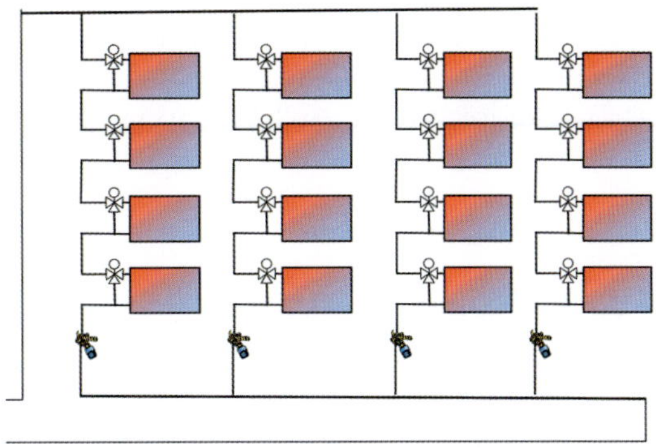

4.6.3: Hydraulischer Abgleich der Einrohrstränge.
Quelle: Fa. Danfoss

wird so ein besserer Wirkungsgrad der Anlage (insbesondere auch eines Brennwertkessels) erreicht.

Bei dem System von Firma Kermi (Abb. 4.6.4) werden die Anschlussverschraubungen der Heizkörper gegen sog. Einrohrhahnblöcke mit links- oder rechtsseitigem Ventil und variablem Bypass ausgetauscht. Die vorhandene Umwälzpumpe bleibt bestehen. Über den Einrohrhahnblock wird der Heizkörper in jedem Betriebspunkt mit der passenden Heizwassermenge versorgt. Um dies für alle Heizkörper eines Strangs sicherzustellen, wird am Vor- und Rücklauf jeweils ein Temperaturfühler angebracht sowie ein Regelventil mit Stellantrieb installiert. Aus der Temperaturdifferenz wird der jeweilige Betriebszustand des Systems errechnet. Bei Korrekturbedarf stellt die Regeleinheit

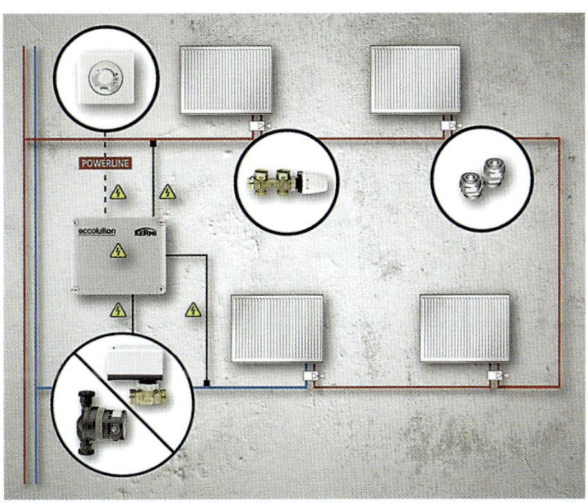

4.6.4: Hydraulischer Abgleich von Einrohrheizungen.
Quelle: Fa. Kermi

den bestmöglichen Zustand – bedarfsgerechte Versorgung aller Heizkörper und Einhaltung der Temperaturspreizung – durch Anpassung des Massenstroms mit dem Regelventil sicher. Nach Untersuchungen der Fachhochschule Aachen sind mit diesem System Einsparungen von bis zu 18% der Heizenergie und bis 80% des Pumpenstroms möglich. Das System ist auch für Teilsanierungen von sehr großen MFH geeignet.

4.6.2 Zweirohrheizung

Die Zweirohrheizung hat sich durchgesetzt: Sie hat den Vorteil, dass jeder Heizkörper Wasser annähernd gleicher Temperatur erhält, da er direkt an die Vor- und Rücklaufleitung angeschlossen wird. Die verschiedenen Bauformen unterscheiden sich durch die Art der Verteilung. Man unterscheidet zwischen unterer und oberer Verteilung.
Die untere Verteilung ist die am weitesten verbreitete Form. Die Verteilungsstränge sind meist unter der Kellerdecke verlegt. Bei schlechter Isolierung kommt

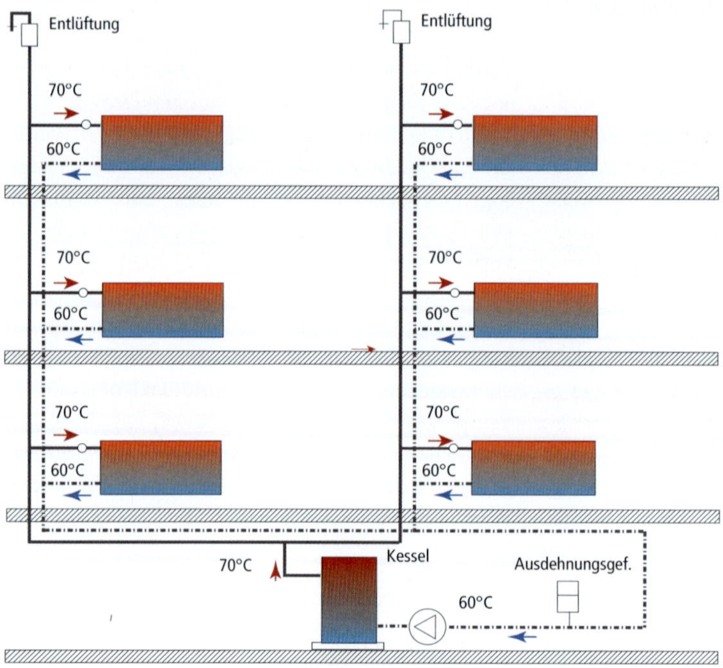

4.6.5
Zweirohrheizung mit unterer Verteilung.

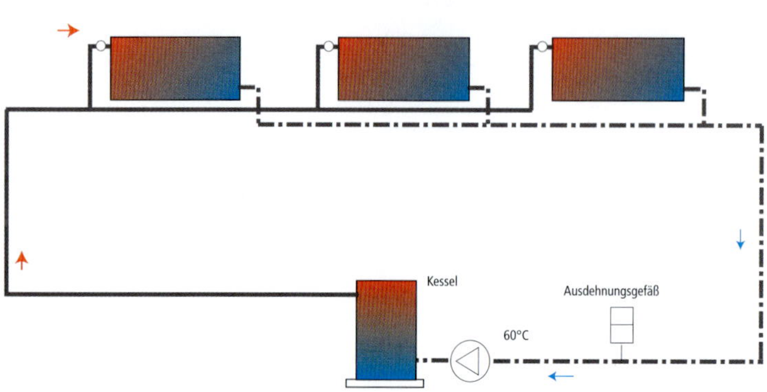

4.6.6
Heizkörper-Verlegung nach Tichelmann.

es zu erhöhten Wärmeverlusten und warmen Kellerräumen.
Die obere Verteilung mit Verteilleitungen im ungedämmten Dachgeschoss bringt neben den Wärmeverlusten auch noch die Gefahr des Einfrierens bei fehlender Zirkulation mit sich. Für beide Arten der Verteilung ist daher wichtig:

- Isolierung der Leitungen nach EnEV,
- Verlegung möglichst nicht in frostgefährdeten Bereichen,
- Verlegung möglichst innerhalb der gedämmten Gebäudehülle.

Eine Sonderform der Zweirohrheizung ist die Verlegung im Tichelmannsystem. Dabei wird jeder Heizkörper so an die Verteilleitungen angeschlossen, dass Vor- und Rücklaufleitungen zusammen stets gleich lang sind (Abb. 4.6.6). Damit sind die rohrleitungsseitigen Druckverluste für alle Heizkörper gleich groß, so dass eine Feineinstellung der einzelnen Heizkörper im Rahmen des hydraulischen Abgleichs sehr viel einfacher wird (Abb. 4.6.15).

4.6.3 Rohrnetzberechnung

Das im Rohrnetz transportierte Wasser ist das Hilfsmittel, um die Wärme vom Wärmeerzeuger zu den Verbrauchern, d.h. in die Wohnräume, zu bringen. Die Auslegung des Rohrnetzes zielt daher auf die Bemessung der Wasserströme und Rohrdimensionen und hat in folgenden Schritten zu erfolgen:

- Berechnung des Wärmebedarfs für jeden Raum nach DIN EN 12831 aus seinen Hüllflächen, U-Werten und den Normtemperaturen und Bestimmung der Heizlast,
- Festlegung der Temperaturen (Vor- und Rücklauf), der zulässigen Drücke und der maximalen Geschwindigkeiten in den Leitungen,
- Auslegung der Heizflächen,
- Auswahl der Regel- und Stellorgane,
- Berücksichtigung von Gleichzeitigkeiten.

Sind diese Daten erfasst und die Eckwerte definiert, können die Rohrleitungen auf der Basis von Rechenprogrammen oder Druckverlustdiagrammen ausgelegt werden. Der Gesamtdruckverlust, der von der Pumpe aufzubringen ist, ergibt sich aus der Summe der Einzeldruckverluste von Verteilungsleitungen, Vor- und Rücklaufleitungen, Thermostatventilen, Strangregulierventilen, Wärmeerzeuger und sonstigen Rohrleitungswiderständen wie Wärmemengenzähler, Blenden etc. Will man einen Raum nicht beheizen, sondern kühlen, gilt die gleiche Vorgehensweise.
Der Druckverlust der Rohrleitungen selbst spielt eine eher untergeordnete Rolle, er macht ca. 20 - 50% des Gesamtdruckverlustes im Heizungsrohrnetz aus. Er ist (für eine bestimmte Flüssigkeit wie in diesem Fall Wasser) abhängig von der Rauigkeit der Rohrwandungen, der Rohrlänge und von der Strömungsgeschwindigkeit.
Ohne die Details der Strömungslehre zu vertiefen, kann der Druckverlust von Rohrleitungen in Abhängigkeit von Strömungsgeschwindigkeit und Rohrweite für ein bestimmtes Material aus Druckverlustdiagrammen, wie z.B. für Kupfer in Abb. 4.6.7 dargestellt, entnommen werden. Der Druckverlust gilt immer für ein bestimmtes Material, da die Rauhigkeitswerte der Materialien und damit die Druckverluste je m Rohrleitung stark voneinander abweichen.
Sind die Mengen bekannt, kann mit Hilfe des Druckverlustdiagramms der Rohrdurchmesser festgelegt bzw. die Druckverluste und Geschwindigkeiten vorhandener Leitungen können ermittelt werden.
Um Fließgeräusche bei hohen Strömungsgeschwindigkeiten zu vermeiden, sollten die Strömungsgeschwindigkeiten und Druckverluste in folgenden Bereichen liegen:

- 0,3 - 1,5 m/s Fließgeschwindigkeit,
- 100 - 200 Pa/m = 1 - 2 mbar/m Druckverlust.

Nach der Dimensionierung der Rohrleitungen und der Errechnung ihres Gesamtdruckverlustes folgt die Ermittlung der Druckverluste sonstiger Einbauten. Bei Armaturen ist in der Regel der Durchlasswert (k_v-Wert) nach Produktdatenblatt auszuwählen; er gibt das Durchlassvermögen in m^3/h bei 100 kPa (1 bar) Druckabfall an. Die Druckverluste der Heizkörper liefert der Hersteller.

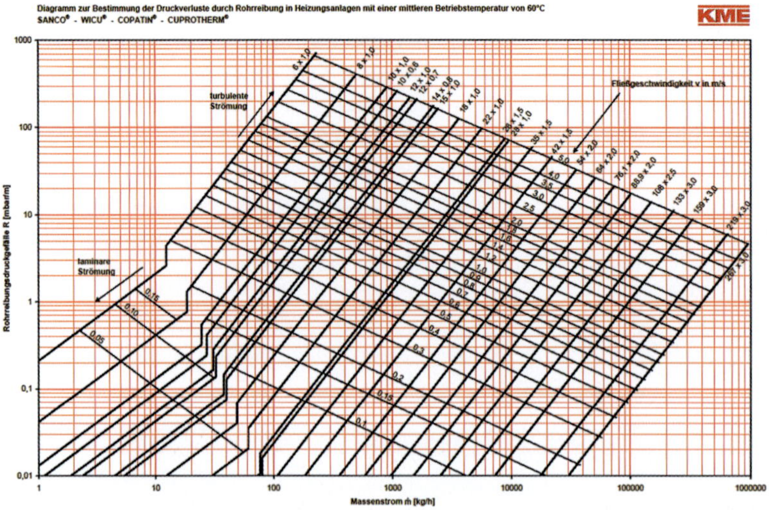

4.6.7
Druckverlustdiagramm für Kupferrohr.
Quelle: Fa. KME

Die Ventilautorität

Für die Regelfähigkeit von Armaturen ist ein bestimmter anteiliger Druckverlust am Gesamtdruckverlust unumgänglich, um eine gute Regelcharakteristik sicherzustellen!

Ein Beispiel

Die Summe der Druckverluste aller Heizkörper, Rohre, Strangabsperrventile und des Kessels wurde mit 20 kPa ermittelt. Bei genauer Auslegung eines Thermostatventiles in einem Wohnzimmer wäre am Heizkörper ein 3/8-Zoll-Ventil mit einem k_v-Wert von 700 l/h einzubauen gewesen. Dieses hätte bei dem realen Druckverlust über den Heizkörper, der bei ca. 50 kPa liegt, einen Volumenstrom von 160 l/h erlaubt, das entspricht bei 15 K Temperaturdifferenz einer Wärmeleistung von 2,8 kW.

Weil die Heizungsfirma von einem früheren Bauvorhaben noch einige ½-Zoll-Thermostatventile auf Lager hatte und nutzen wollte, entschied der Chef, man solle auch den erwähnten Wohnzimmerheizkörper mit einem solchen ausrüsten. Das Ergebnis war ein ständiges Takten des Thermostatventiles. Warum?

Zum Verständnis hilft es, die Vorgänge am Thermostatventil genauer zu betrachten: Das eingebaute größere Thermostatventil besitzt einen entsprechend größeren k_v-Wert, er beträgt 1.800 l/h bei einem Druckverlust von 100 kPa (1 bar) und immer noch 240 l/h bei 5 kPa (50 mbar). In Offenstellung lässt es somit eine viel zu große Wassermenge durch. Das führt nun nicht zu einer größeren Leistung des Heizkörpers, denn durch den schnelleren Durchfluss wird nur noch eine Abkühlung um 10,5 K erreicht; lediglich die umlaufende Wassermenge, die Fließgeschwindigkeit, der Stromverbrauch der Umwälzpumpe und die Geräuschentwicklung nehmen zu.

Etwas anderes passiert: Weil 2 K dem Stellbereich des Thermostatventiles (Proportionalbereich des 2K-Ventils) entsprechen (Abb. 4.6.8), beginnt es bereits bei wenig mehr als 20°C Raumtemperatur zu schließen. Trotz der sich zunehmend vermindernden Öffnungsweite des Ventiles strömt immer noch soviel Wasser durch, dass sich der Raum auf ca. 22°C (+ 2 K) aufheizt. Jetzt erst schließt das Ventil vollständig, der Heizkörper kühlt ab. Die Raumtemperatur steigt noch ein wenig, sie überschwingt; dann beginnt sie zu fallen. Bei einer Raumtemperatur unter 22°C öffnet das Thermostatventil wieder und auf Grund des großen k_v-Wertes strömt nach ganz kurzer Zeit bereits wieder mehr Heizwasser durch den Heizkörper, als für den Wärmebedarf des Raumes notwendig. Die Raumtemperatur beginnt wieder zu steigen usw. In kurzen Zeitabständen wiederholt sich nun das Spiel, das Thermostatventil schließt, öffnet, schließt… Es regelt nicht kontinuierlich, es taktet.

Abhilfe schaffen die voreinstellbaren Thermostatventile. Damit lässt sich der Grunddruckverlust bzw. der sogenannte k_{vs}-Wert einstellen. In unserem Beispiel konnte das lästige Takten nach Einstellung aller Ventile auf errechnete Voreinstellwerte im Rahmen des hydraulischen Abgleichs unterbunden werden. Die Voreinstellung schaffte innerhalb des einzelnen Thermostatventiles einen zusätzlichen Druckverlust, der das Ventil insgesamt wieder in den Regelbereich brachte.

Eine Aussage zum anteiligen Druckverlust eines Regelventiles am Gesamtdruckverlust eines Netzes oder Netzteiles liefert die Ventilautorität. Sie wird in Prozent des Gesamtdurchflusswiderstands angegeben und sollte zwischen 30 und 50% liegen. Liegt sie höher, reagiert ein Regelsystem entsprechend empfindlicher; liegt sie niedriger, sind kaum kontinuierliche Regelungen möglich, es kommt zum Takten.
Auf dem Markt sind leider immer noch 2K-Ventile (Abb. 4.6.8) erhältlich, so dass die Raumtemperatur zwischen 20 und 22°C schwankt. Das ist weder komfortabel noch energiesparend. Besser sind die Ventile mit dem Proportionalbereich 1 K, mit denen die Raumtemperatur auf 1°C genau geregelt werden kann. Das bringt immerhin eine Energieeinsparung von etwa 5%.

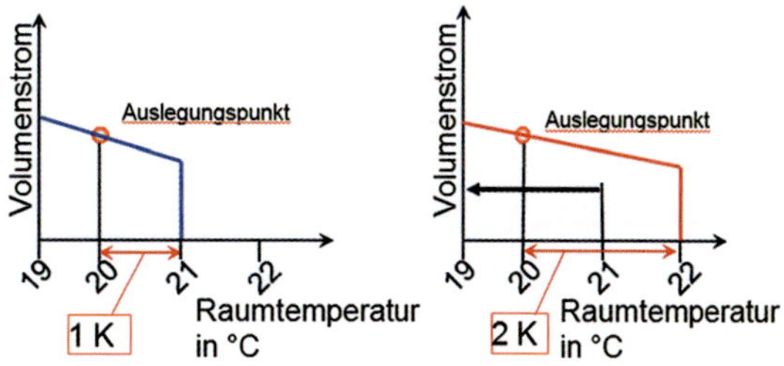

4.6.8: Ventile mit 1K und 2K-Proportionalbereich. Quelle: Fa. Bosch Thermotechnik GmbH, Buderus

Beispiel zur Rohrnetzberechnung

Für das in Abb. 4.6.9 gezeigte Heizungsrohrsystem soll Kupferrohr verwendet werden. Die Geschwindigkeit in den Kellerverteilungsleitungen darf maximal 0,5 m/s betragen. Jeder der drei Heizkörper hat eine Leistung von 3.000 W. Die Spreizung beträgt 15 K. Die Leitungslängen sind weitgehend in Abb. 4.6.9 eingetragen; die Kesselvorlaufleitung im Keller hat eine Länge von 4 m, die Kesselrücklaufleitung von 10 m. Die Summe aller Widerstandsbeiwerte (ζ-Werte, s. Tab 4.6.1) für den ungünstigsten Heizkörper ist 20.

Gesucht sind die Dimensionen der Kessel-, Strang- und Anschlussleitungen; der Gesamtdruckverlust des Rohrsystems einschließlich Kessel, Formstücken und Armaturen; der Druckverlust der Thermostatventile; die Pumpendaten.

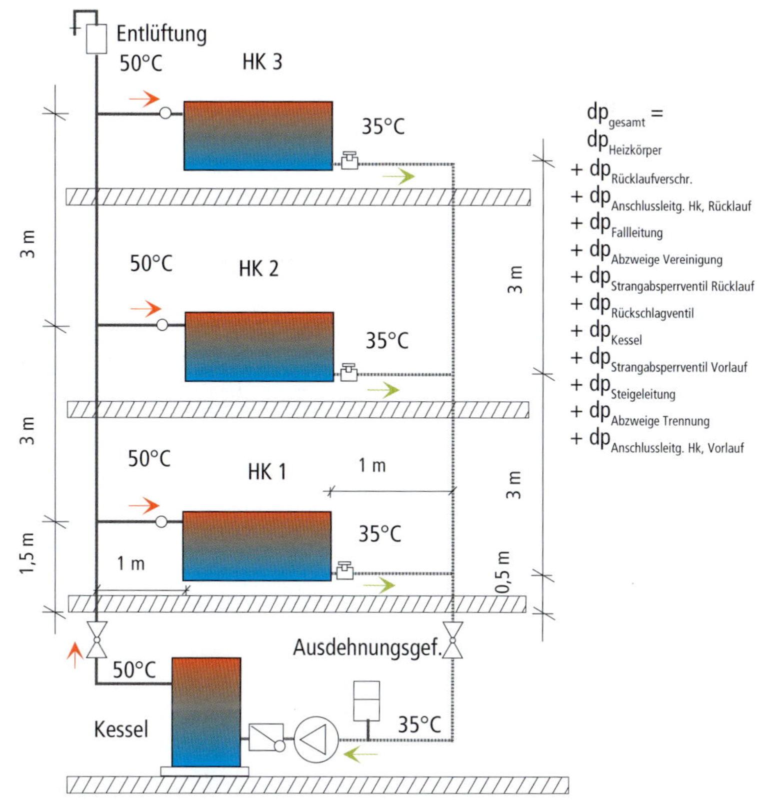

4.6.9
Schematische Darstellung einer einfachen Heizungsanlage mit Einzeldruckverlusten. Die Druckverluste können mit Hilfe des angegebenen Beispiels errechnet werden. Sie hängen ab von Rohrdurchmessern, Leitungslängen, Massenströmen etc.

1. Ermittlung des Gesamtmassestromes:

$\dot{m} = Q/(c \cdot \Delta t) = (3 \cdot 2.000\ W)/\ (4{,}18\ KJ/kg\ K \cdot 15\ K) = 0{,}0952\ kg/s$

Nach Umrechnung des Massestromes von kg/s in kg/h (durch Multiplikation des Ergebnisses mit 3.600 s/h) ergibt sich: $\dot{m} = 342{,}9\ kg/h$.

2. Ermittlung der Teilmasseströme für jeden Heizkörper:

$\dot{m}_{Hk} = \dot{m} \cdot 1/3 = 342{,}9\ /\ 3\ kg/h = 114{,}3\ kg/h$

3. Dimensionierung der Kessel-, Strang- und Heizkörper-Anschlussleitungen

- Kesselleitungen

Bei einem Massestrom von ca. 350 kg/h ergibt sich aus dem Diagramm für Cu-Leitungen (Abb. 4.6.5) bei 0,5 m/s eine Rohrdimension 18 x 1 mm mit einem Druckverlust von 2,2 mbar/m = 220 Pa/m.

- Steigestränge

Gleicher Massestrom wie Kesselleitungen bis zum Abzweig Hk 1, daher gleiche Rohrdimension.
Nach Hk 1 verringert sich der Massestrom der Vor- und Rückläufe Steigestränge um jeweils 115 kg/h.

Formstück	Ausführung	Widerstandsbeiwert ζ
Bogen, 90 °, glatt	r/d = 0,5	1,0
	= 1,0	0,35
	= 2,0	0,2
	= 3,0	0,15
Abzweigung 90°, scharfkantig	w_2/w_1 = 0,5	4,5
	= 1,0	1,5
	= 2,0	0,74
	= 3,0	0,62
Verengung, stetig, Winkel b = 20 - 90°	A_2/A_1 = 0,2	0,08
	= 0,4	0,08
	= 0,6	0,06
	= 0,8	0,02
T-Stück, Stromtrennung		4,5
T-Stück, Stromvereinigung		6,5
Verschraubung, flachdichtend		1,0
Reduzierstück		2,0
Heizkessel		2,5
Radiator		2,5
Plattenheizkörper		3,0

Tabelle 4.6.1
Widerstandsbeiwerte (ζ-Werte) ausgewählter Heizungskomponenten. Quelle: Recknagel/Sprenger/Schameck: Heizungs- u. Klimatechnik, R. Oldenbourg Industrieverlag

Daher: Steigestrang nach Hk1: $\dot{m}$ = 230 kg/h, gewählt 15 x 1,0 mm mit R = 2,8 mbar/m = 280 Pa/m.
Nach Hk 2 ist der Massestrom der Vor- und Rückläufe Steigestränge gleich dem Massestrom von Hk3.
Daher: Steigestrang nach Hk2: $\dot{m}$ = 115 kg/h, gewählt 10 x 0,6 mm mit 4,7 mbar = 470 Pa/m.

- Heizkörperanschlüsse

Bei einem Massestrom von ca. 115 kg/h ergibt sich aus dem Diagramm für eine Cu-Leitung 10 x 0,6 ein Druckverlust von ca. 4,7 mbar = 470 Pa/m.

Aus den Rohrleitungslängen lässt sich jetzt der Leitungs-Druckverlust des ungünstigsten Heizkörpers, das ist Hk 3, bestimmen:

$\Delta p_{Hk\,3,\,Rohr} = (4+10)\ m \cdot 220\ Pa/m + (1{,}5+0{,}5)\ m \cdot 220\ Pa/m + (3+3)\ m \cdot 280\ Pa/m + (3+1+1+3)m \cdot 470\ Pa/m = 8.960\ Pa.$

4. Ermittlung der Druckverluste von Heizkörpern, Strangabsperrungen und Abzweigen

für den ungünstigsten Heizkörper aus der Summe der Widerstände (ζ-Werte).
Die ζ-Werte für Kessel und Armaturen werden von den Herstellern angegeben. Die ζ-Werte für Rohrleitungen und Formstücke sind aus der Fachliteratur zu entnehmen (vgl. Tab. 4.6.1).
Im Beispiel sei eine Summe der Widerstandsbeiwerte aller Formstücke und Armaturen (ζ-Werte) von $\Sigma\zeta$ = 20 vorgegeben. Um den Druckverlust über die ζ-Werte zu errechnen, muss die durchschnittliche Dichte des Wassers aus den Dichten bei Vor- und Rücklauftemperatur gemittelt werden.

$\Delta p_{Kessel+Formstücke+Armaturen} = \Sigma\zeta \cdot \rho \cdot w^2/2 =$
$20 \cdot (986 + 978)/2\ kg/m^3 \cdot (0{,}5\ m/s)^2 \cdot 0{,}5 = 2.452\ Pa$

5. Gesamtbilanz

$\Delta p_{Gesamt} = \Delta p_{Hk\,3,\,Rohr} + \Delta p_{Kessel+Formstücke+Armaturen} + \Delta p_{Thermostatventil}$
$\Delta p_{Gesamt} = 8.960\ Pa + 2.452\ Pa + \Delta p_{Thermostatventil}$
$\Delta p_{Gesamt} = 11.412\ Pa + \Delta p_{Thermostatventil}$

Bei einer Ventilautorität von 0,5 entsteht ein Druckverlust für das Thermostatventil von
11.412 Pa · 0,5 = 5.706 Pa

Damit ergibt sich für den ungünstigsten Heizkörper ein Gesamtdruckverlust von
$\Delta p_{Gesamt} = 11.412\ Pa + 5.706\ Pa = 17.118\ Pa.$

6. Pumpendaten

Massestrom: 0,35 m^3/kg, Förderhöhe: 1,8 m.

Rohrnetz- und Pumpenkennlinie

Es ist ein alter Trugschluss, dass ein Bauteil im Warmwasserkreislauf wie auch das gesamte Rohrnetz einen festen Druckverlust hat. Der Druckverlust ist vielmehr ein Wert, der sich aus gegebenen unveränderlichen Größen wie dem freien Leitungsquerschnitt und der Rohrrauigkeit und aus betriebsabhängigen Veränderlichen wie dem Massestrom, der Temperatur und der Dichte des Fluids ergibt. Aus diesem Grund lassen sich für jedes Rohrnetz unendlich viele Rohrnetzkennlinien zeichnen.

In Abb. 4.6.10 ist die Rohrnetzkennlinie ohne Berücksichtigung der Druckverluste des Thermostatventiles blau-gestrichelt dargestellt. Durch den zusätzlichen Druckverlust des Thermostatventiles ergibt sich eine neue Rohrnetzkennlinie, sie ist als durchgehende blaue Linie gezeichnet. Der Schnittpunkt mit der Pumpenkennlinie (grüner Kreis) wird als Arbeitspunkt bezeichnet. Das Thermostatventil soll in Offenstellung die Nenndurchflussmenge erlauben.

Vermindert das Thermostatventil auf Grund steigender Raumtemperatur seinen freien Öffnungsquerschnitt, d.h. drosselt es die Durchflussmenge, verändert das Rohrnetz seine Kennlinie, es stellt sich der neue Arbeitspunkt 2 ein (Abb. 4.6.11).

Verfügt die Heizungspumpe über eine feste Drehzahl, verändert sich der Stromverbrauch nur unwesentlich, selbst wenn der Volumenstrom gegen Null tendiert. Besitzt sie mehrere Stufen, kann die Anlage manuell an den abnehmenden Bedarf angepasst werden. Abb. 4.6.12 zeigt die Kennlinien einer Pumpe mit zwei Drehzahlen.

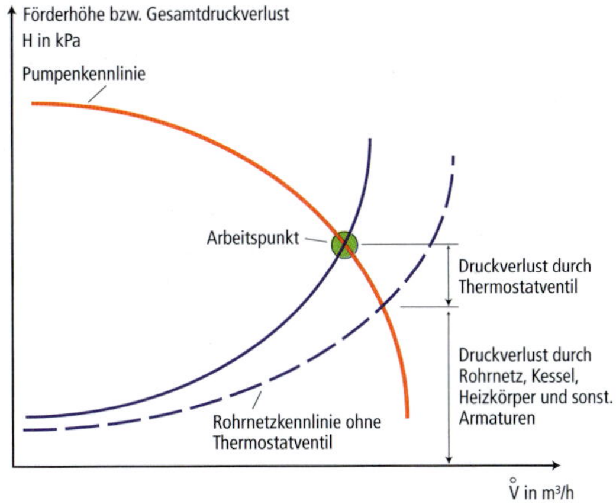

4.6.10: Rohrnetz- und Pumpenkennlinie

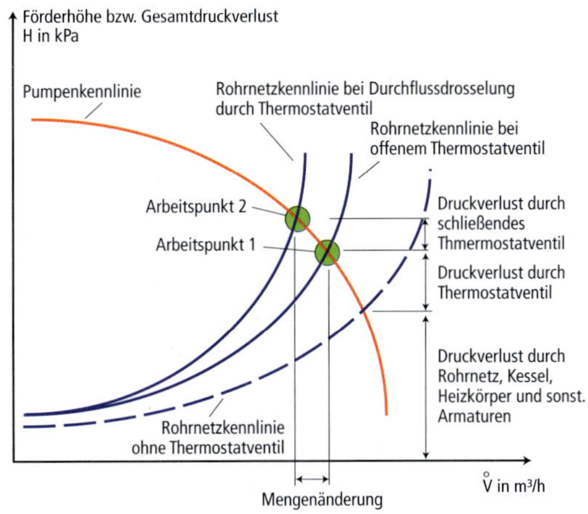

4.6.11: Veränderung der Rohrnetzkennlinie beim Schließen des Thermostatventiles

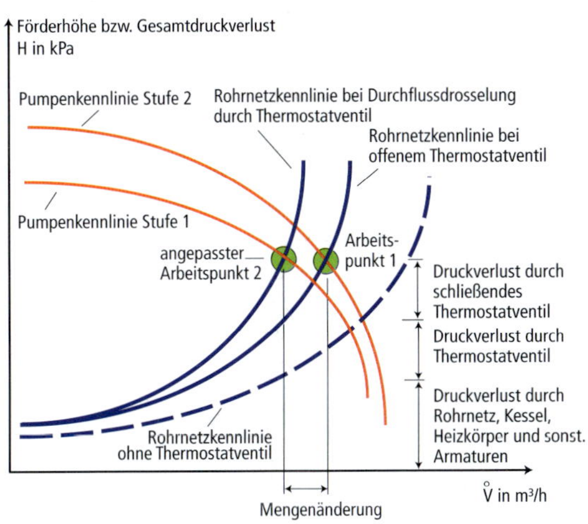

4.6.12: Anpassung der Heizungspumpe an die Rohrnetzkennlinie durch Schaltung auf niedrigere Stufe.

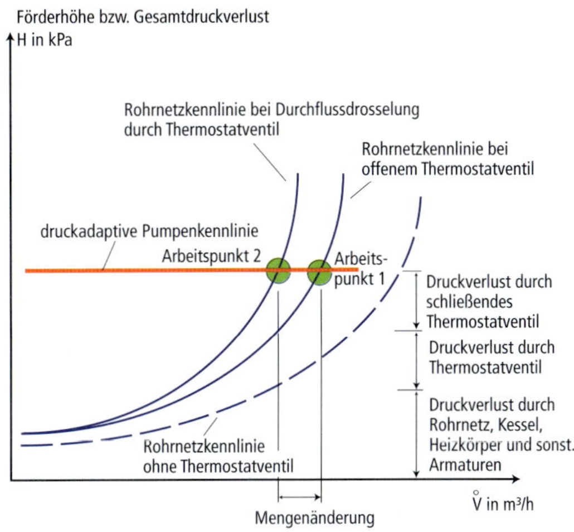

4.6.13: Pumpenkennlinie bei Druckkonstanz.

Weil genau diese Anpassung (Umschaltung der Pumpendrehzahl) in der Praxis so gut wie nie funktionierte, kam es zur Entwicklung autoadaptiver oder drehzahlgeregelter Pumpen. Die Pumpenkennlinie einer druckadaptiv arbeitenden Pumpe zeigt Abbildung 4.6.13.

4.6.4 Der hydraulische Abgleich

Im Beispiel zur Auslegung eines Rohrnetzes in Kap. 4.6.3 war die Rede vom ungünstigsten Heizkörper. Damit ist schlicht der Heizkörper gemeint, dessen Versorgung mit Heizungswasser am schwierigsten ist. In der Regel ist das der Heizkörper, der sich in der größten Entfernung von der Zentrale befindet. Es gibt jedoch auch Fälle, in denen sich bei Nachrechnung mehrerer oder aller Teilstränge unerwartet ein näherliegender Heizkörper als der ungünstigste herausstellt, weil z.B. ein relativ kleiner Heizkörper einen Raum mit erhöhtem Wärmebedarf (viel Außenwandfläche etc.) versorgen muss.

Bedeutung hat die Identifikation des ungünstigsten Heizkörpers für die Auslegung der Pumpe. Alle anderen Heizkörper bzw. Abnehmer von Wärme oder Kälte benötigen weniger Druckdifferenz, um vorhandene Rohr- und Armaturenwiderstände zu überwinden. Der ungünstigste Heizkörper in einem System ist der mit dem größten Gesamtwiderstand für die erforderliche Nenndurchflussmenge.

In vielen schlecht, falsch oder gar nicht dimensionierten Heizungsnetzen lassen sich die folgenden Beobachtungen machen:

- manche Heizkörper werden nicht warm,
- andere Heizkörper sind warm, erreichen aber nur eine minimale Spreizung (Temperaturdifferenz zwischen Vor- und Rücklauf),
- Heizkörperventile, Heizkörper, Rohrleitungen erzeugen Geräusche,
- Heizkörperventile öffnen und schließen nicht bei der gewünschten Raumtemperatur,
- Thermostate überschwingen, d.h. die Raum- und Heizkörpertemperaturen pendeln in kurzen Zeitabständen,
- die Heizungsanlage fährt mit zu hohen Vor- und Rücklauftemperaturen,
- die Heizungspumpen verbrauchen viel Strom,
- der Wirkungsgrad der gesamten Anlage ist niedriger als erwartet,
- die Heizung macht störende Geräusche.

Diese Erscheinungen, übrigens nicht nur auf alte Netze zutreffend, sondern oft auch in modernen, mit Brennwert- und Regelungstechnik ausgestatteten Anlagen zu beobachten, deuten fast immer darauf hin, dass kein exakter hydraulischer Abgleich des Rohrnetzes und der Verbraucher durchgeführt wurde.

Leider sind die Versuche, die beschriebenen Erscheinungen zu beheben, oft alles andere als fachgerecht: Die Heizungspumpen werden höhergestuft, die Vorlauftemperaturen angehoben, die Regelalgorithmen verändert. Damit werden die Ungleichgewichte in der Anlage verstärkt, denn bereits überversorgte Heizkörper erhalten noch mehr Heizungswasser, die unterversorgten erreichen trotzdem nicht die Nennleistung. Abb. 4.6.15 zeigt auf der linken Seite deutlich, dass die Heizkörper unterschiedlich durchströmt werden; der unterste Heizkörper erhält das meiste Heizungswasser, der oberste die geringste Menge. Die Wärmeleistung der Heizkörper ist dementsprechend unterschiedlich, einige Räume sind zu warm, andere zu kalt. Es stellt sich eine zu geringe Temperaturspreizung ein. Damit die Pumpe nicht zerstört wird, wenn alle Ventile geschlossen sind, gibt es ein Überströmventil (4.6.14). Es wird also sogar heißes Wasser umgewälzt, auch wenn keine Wärme gebraucht wird.

Beim hydraulisch abgeglichenen System auf der rechten Seite sind alle Heizkörper gleichmäßig durchströmt. Sie erhalten genau die Menge Heizungswasser, die für das Erreichen der gewünschten Raumtemperatur erforderlich ist. Erreichbar ist das durch voreinstellbare Thermostatventile (Abb. 4.6.16), an denen der Strömungswiderstand durch Querschnittsverminderung erhöht werden kann. Außerdem ist dort eine drehzahlgeregelte Pumpe installiert, die am Druckverlust erkennt, ob die Ventile geöffnet oder geschlossen sind. Wenn keine Wärme benötigt wird, geht der Stromverbrauch nahezu auf Null zurück. Eine erhebliche Strom- und Heizenergieeinsparung ist die Folge. Nur durch einen hydraulischen Abgleich lassen sich Verteilungsnetze so einstellen, dass keine Geräusche entstehen, keine Verbraucher über- oder unterversorgt sind, keine zu großen Mengen Heizwasser umgewälzt und keine Abweichungen von der Normspreizung im Auslegungsfall erreicht werden. Letztlich ist der hydraulische Abgleich die wichtigste Voraussetzung für den effizienten Betrieb jedes Heizungs- oder Kühlnetzes, ganz gleich, ob nun drei oder dreihundert Heizkörper versorgt werden sollen. Fördermittel von KfW und BAFA gibt es nur mit nachgewiesenem hydraulischem Abgleich.

Dieser erfordert mehrere Einzelschritte:

- Heizlast- oder Wärmebedarfsberechnung (analog: Kühllast) jedes Raumes, Aufnahme der installierten Heizkörperleistung in den Räumen, Bestimmung der notwendigen Vorlauftemperatur;
- Ermittlung der maximal benötigten Heiz-/Kühlwassermassenströme für jeden Heizkörper/jede Kühlfläche;
- Abschätzung/Berechnung der Druckverluste im Rohrnetz (längster Strang); daraus ergibt sich automatisch die benötigte Pumpenleistung;

4.6.14
Das Überströmventil zwischen Vor- und Rücklauf führt zu einer unerwünschten Anhebung der Rücklauftemperatur und vernichtet dadurch Exergie. Es ist oft schon im Kessel eingebaut und selbst bei neuen Brennwertkesseln sind sie noch anzutreffen, wenn sie lediglich mit ungeregelten Pumpen ausgestattet sind!

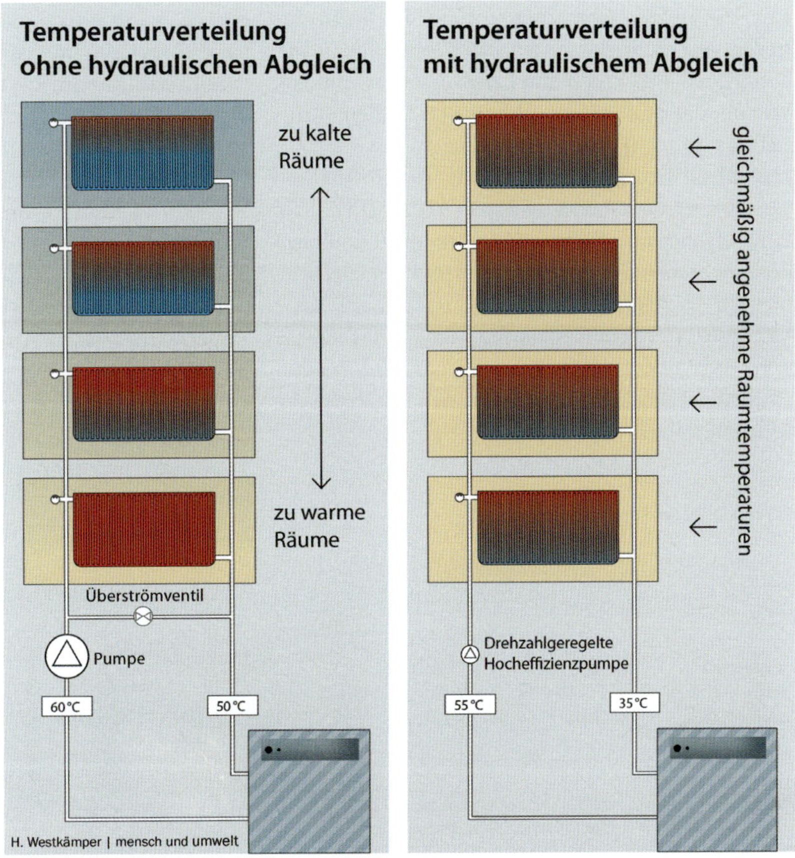

4.6.15
Temperaturverteilung ohne (links) und mit hydraulischen Abgleich (rechts). Die Heizkörper links werden ungleichmäßig durchströmt; Überstromventil und eine überdimensionierte Pumpe führen zu unnötigem Energieverbrauch. Das zurücklaufende Wasser hat eine relativ hohe Temperatur, so dass der Kessel mit schlechtem Wirkungsgrad arbeitet. Die Pumpe fördert zu viel Wasser durch die Heizkörper, verbraucht zu viel Strom und macht Geräusche. Die Heizkörper lassen sich außerdem schlecht regeln. Beim abgeglichenen System (rechts) werden alle Heizkörper gleichmäßig durchströmt. Das Überströmventil ist überflüssig.

- Auswahl der Thermostatventile und/oder Rücklaufverschraubungen nach den erforderlichen Durchfluss- und Druckkennwerten;
- Auslegung der Umwälzpumpe (oder ggf. automatisches Strangregulierventil) nach benötigter Förderhöhe und erforderlichem Volumenstrom;
- Anpassung der Regelung, Einstellung von Steilheit und Parallelverschiebung entsprechend der berechneten optimalen Auslegungsvorlauftemperatur;
- Einstellung und Dokumentation aller ermittelten Werte.

In bestehenden Anlagen gestaltet sich der hydraulische Abgleich oft schwieriger, da das gesamte Rohrnetz mit Heizkörpertyp und -leistungen, Rohrleitungsdimensionen und –längen, Armaturen in Strängen und Anschlussleitungen erfasst und in ein Rechenprogramm eingegeben werden muss. Doch bei alten Gebäuden sind die Rohrleitungswiderstände im Vergleich zu den Widerständen der Armaturen und Ventile weniger bedeutsam. Aus dieser Erkenntnis heraus wurden PC-Programme (Optimus) entwickelt, die mit Pauschalen für die Rohrleitungen rechnen. Man muss nur noch eine Wärmebedarfsberechnung für jeden Raum erstellen und die vorhandenen Heizkörper und Ventile eingeben. Das Programm liefert eine Liste mit den Werten, die dann an den Thermostatventilen einzustellen sind.

Das größte Hindernis beim hydraulischen Abgleich entsteht bei unsauber ausgelegten Heizkörper- bzw. Fußbodenheizungsflächen. Weichen die Leistungen der Heizflächen von den tatsächlichen Wärmebedarfsmengen der Räume wesentlich ab, werden sich keine Voreinstellwerte ermitteln lassen, so dass es weiterhin unter- oder überversorgte Räume geben wird. Eventuell müssen Heizkörper ausgewechselt, vergrößert oder verkleinert werden.

Nach der Berechnung und bevor die Ventile eingestellt werden, ist Folgendes zu erledigen:

- Thermostate ohne Voreinstellmöglichkeit müssen durch voreinstellbare ersetzt werden,
- nicht-regelbare Pumpen müssen durch drehzahlgeregelte Pumpen ersetzt werden,
- Überstömventile und hydraulische Weichen müssen ggf. entfernt werden.

Ein einfaches praktisches Verfahren zur hydraulischen Einregulierung einer vorhandenen Anlage ist die mehrfach wiederholte Messung der Vor- und Rücklauftemperaturen aller Heizkörper – am einfachsten mit einer Thermografiekamera oder einem Infrarotthermometer – und die behutsame Korrektur der Einstellungen. Dazu drückt man am Kessel am besten die Schornsteinfegertaste (volle Heizleistung) und schraubt die Ventilköpfe ab (maximaler Durchfluss). Gelingt es, die Spreizungen (Differenz von Vor- und Rücklauftemperatur eines Heizkörpers) auf einen annähernd gleichen Wert, z.B. auf 15 K, zu bringen, kann man von einer funktionierenden Hydraulik des Netzes ausgehen. Sind die Temperaturdifferenzen ausgeglichen, ist zu prüfen, ob die Räume über- oder unterversorgt sind. Im ersten Fall kann der Heizmittelstrom verringert, im zweiten Fall muss er erhöht werden. Sind alle Räume überversorgt, kann die Heizkurve korrigiert, d.h. flacher eingestellt werden. Das beschriebene vereinfachte Verfahren wird von BAFA und KfW nicht anerkannt, kann aber im Rahmen der Baubegleitung zur Kontrolle genutzt werden!

Bleiben trotz des Abgleichs Räume kalt oder werden zu warm, müssen die falsch dimensionierten Heizkörper ausgetauscht werden. An dieser Stelle sollte dann eine genaue Ermittlung des tatsächlichen Wärmebedarfs erfolgen, denn das ist immer die Voraussetzung für eine exakte Dimensionierung der Heizkörper. Nicht selten stellt man mit der Thermokamera in Altbauten fest, dass Vor- und Rückläufe vertauscht sind!

Voreinstellbares Thermostatventil

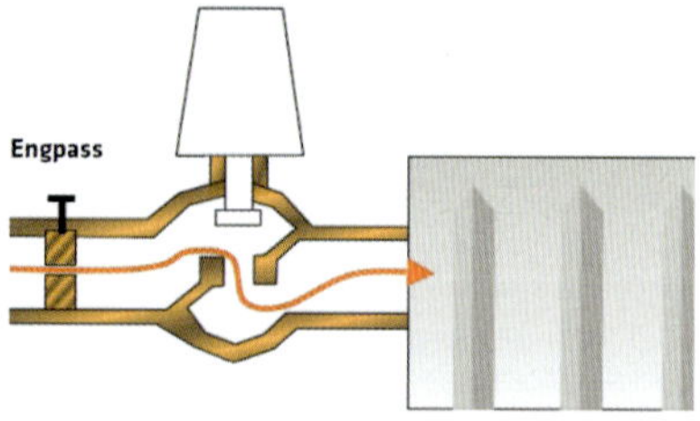

Nur wenn der Engpass richtig eingestellt ist, hat der Heizkörper seine volle Leistung und innere Wärmequellen (Sonne etc.) können optimal genutzt werden.

4.6.16
Prinzip des voreinstellbaren Thermostatventils. Der Drehknopf ist abgezogen. Quellen: links: Bund der Energieverbraucher; rechts: Fa. Danfoss

Beispiel eines hydraulischen Abgleichs

Das nachfolgende Beispiel zeigt das Ergebnis eines hydraulischen Abgleichs in einem Wohnzimmer mit 20 m² Fläche und einem Wärmebedarf von 1.400 W, Ventil-Differenzdruck 100 mbar, Systemtemperaturen: Vorlauf 70°C, Rücklauf (Soll) 55°C, Raumluft 20°C. Wird das Ventil nicht voreingestellt, fließen 300 l/h Wasser durch den Heizkörper (Abb. 4.6.15 links), und es ergibt sich eine Temperaturspreizung zwischen Vor- und Rücklauf von nur 6°C, d.h. der Rücklauf ist 64°C heiß. Wird das Thermostatventil dagegen korrekt auf Stufe 3 voreingestellt, fließen bei gleicher Druckdifferenz (100 mbar) nur noch 80 l/h an Wasser durch das Ventil (Abb. 4.6.15 rechts). Die Spreizung liegt damit bei 15°C (Rücklauf 55°C) und sorgt dafür, dass Wärmeerzeuger und Heizsystem einen besseren Wirkungsgrad erreichen.

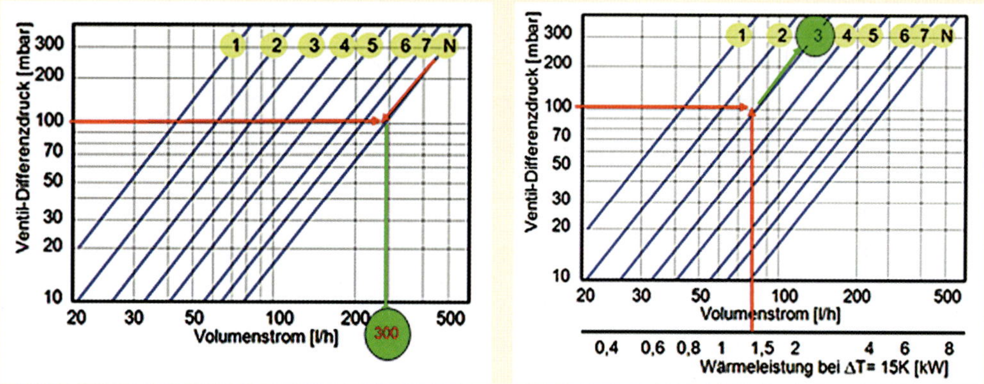

4.6.17: Volumenstrom an einem nicht-abgeglichenen und einem abgeglichenen Heizkörperventil. Bei einer Druckdifferenz am Thermostatventil von 100 mbar fließen 300 l/h, wenn das Ventil nicht voreingestellt ist und nur noch 80 l/h, wenn es korrekt auf Stufe 3 voreingestellt ist. Die Temperaturspreizung zwischen Vor- und Rücklauf liegt bei 6°C bzw. bei 15 K. Quelle: Fa. Bosch Thermotechnik GmbH, Buderus

Das Beispiel zeigt die Nachteile eines nicht-abgeglichenen Heizzsystems:

- dreifacher Volumenstrom (durch andere Heizkörper fließt dann eventuell zu wenig Wasser),
- die Leistungsaufnahme der Pumpe steigt (höherer Stromverbrauch und Geräusche),
- die Spreizung wird von 15 K auf 6 K reduziert,
- der Brennwerteffekt kann vermutlich nicht genutzt werden.

Eine richtige Dimensionierung der Heizkörper und der hydraulische Abgleich sind Grundvoraussetzungen für einen störungsfreien geräuscharmen und sparsamen Betrieb einer Heizungsanlage!

4.7 Rohrmaterialien und Isolierung

4.7.1 Rohrmaterialien im Vergleich

Jahrzehntelang reichte im Heizungs- und Sanitärgewerbe die simple Trennung in schwarzes und verzinktes Rohr aus: schwarzes (unbehandeltes) Stahlrohr wurde im Heizungs-, verzinktes Rohr im Sanitärbereich verwendet.

In der Zeit nach dem zweiten Weltkrieg kam zunehmend Kupfer als Rohrleitungswerkstoff in Gebrauch, und zwar sowohl im Heizungs- als auch Sanitärbereich. Die Vorteile bei der Verarbeitung (Schneidbarkeit, Plastizität, Lötfähigkeit bei niedrigen Temperaturen), vor allem aber die Korrosionsbeständigkeit überwogen den Nachteil des hohen Preises für relativ lange Zeit.

Mit der Verknappung von Kupfer und damit einhergehender Verteuerung kam es zur Entwicklung alternativer Materialien, deren praktische Einführung nicht immer reibungslos verlief. Die Fußbodenheizungs-Kunststoffleitungen der siebziger/achtziger Jahre waren oft nicht diffusionsdicht, so dass Sauerstoff aus der Luft in das Wasser des Heizungskreislaufs eindringen konnte. Die Folgen waren Korrosion und Verschlammung im Kreislauf.

Neben dem Kupferrohr dominieren heute vor allem diffusionsdichte Kunststoffrohre, Kunststoff-Mehrschichtverbundrohre (mit Aluminiumkern) und Edelstahlrohre den Markt (s. Tab. 4.7.1).

Mehrschichtverbundrohre bestehen aus einem Alurohr und zwei Polyethylenschichten. Bei dem verwendeten Polyethylen handelt es sich um unvernetztes PE mit erhöhter Temperaturbeständigkeit nach DIN 16833, sogenanntes PE-RT. Die PE-Schichten werden mittels „Haftvermittler“ (geeignete Kleber) mit der Innen- und der Außenseite des Alurohres kraftschlüssig verbunden. Die unterschiedlichen Ausdehnungskoeffizienten von Aluminium und Polyethylen sind kein Problem: das Alurohr ist so ausgelegt, dass es die Ausdehnungskräfte der PE-Schichten aufnehmen kann.

Auf Grund der kraft- und zeitsparenden Verlegetechnik (Pressfittinge), der geringen Rauhigkeit (daraus folgt eine geringe Rohrreibung, somit geringere Druckverluste im System), der extremen Korrosionsbeständigkeit, der Diffusionsdichtheit und des niedrigen Gewichtes haben die Mehrschichtverbundrohre trotz ihres hohen Preises in kurzer Zeit breite Anwendung gefunden, sowohl im Sanitär- wie im Heizungsbereich. Installationsbetriebe verwenden in der Regel nur noch Kupfer- oder Mehrschichtverbundrohr.

Tabelle 4.7.1: Die wichtigsten Rohrarten im Vergleich.

Merkmal	Cu-Rohr	Stahlrohr	Mehrschichtverbundrohr	Edelstahlrohr
Korrosion/ Lebensdauer	beständig, kann jedoch mit bestimmten Baustoffen wie Gips reagieren!	abhängig vom Sauerstoffgehalt des Wassers; Gefahr elektrolytischer + Kontaktkorrosion!	sehr gute Beständigkeit, da Alukern mit innerem und äußerem Kunststoffmantel (PE-RT)	gut, jedoch empfindlich gegen Chemikalien wie Chlor; Gefahr elektrolytischer + Kontaktkorrosion
Rauhigkeit	0,0013 - 0,0015 mm	0,02 - 0,06 mm	0,0004 mm	Niedrig bei glatten Rohren; hoch bei Wellschlauch;
Verarbeitung	Einfach zu trennen; Löt- oder Pressfittinge für Verbindungen; Spezialwerkzeuge für das Verpressen der Fittinge!	Aufwändig: Metallsäge erforderlich beim Trennen; Schraub-, Schweiß- oder Schneidring-Fittinge für Verbindungen	Einfach zu trennen; Press- oder Schraubfittinge für Verbindungen; Spezialwerkzeuge für das Verpressen der Fittinge!	Aufwändig: Zum Trennen Metallsäge o. Flex erforderlich; Schraub-, Schweiß- o. Schneidring-Fittinge für Verbindungen; Schweißen nur MIG oder WIG
Biegefähigkeit	Stangenmaterial: gering Ringmaterial: mittelmäßig	keine	sehr gut	Stangenmaterial: keine Schläuche: gut
Fertigung nach	DIN 1786	DIN 2448	DIN 16836, DIN 16837	DIN 17458, DIN 2391, DIN 2393, DIN 2394
Richtpreise (Beispiele)	Stangen - 10x1 : 4 - 5 €/m - 15x1 mm: 5 - 6 €/m Ring, nahtlos 10x1: 6-7 €/m - 15x1 mm: 7 - 8 €/m	Ähnliche Preise wie Kupferrohr; Fittinge sind teurer	60 - 80% Mehrpreis gegenüber Cu-Rohr	80 - 100% Mehrpreis gegenüber Cu-Rohr

4.7.2 Isolierung von Rohrleitungen, Armaturen und Behältern

Für die energetische Effizienz von Gebäudeheizungs- und Lüftungsanlagen ist neben der effektiven Wärme- und Kälteerzeugung auch die verlustarme Wärmeverteilung von Bedeutung. Große Wärmeverluste entstehen vor allem durch schlecht gedämmte oder ungedämmte Rohrleitungen und Armaturen in unbeheizten Räumen, z.B. Kellerräumen. Der jährliche Wärmeverlust, der durch ungedämmte Verteilleitungen und Armaturen im Keller verursacht wird, kann bei der bisher üblichen Auslegung der Rohrnetze bis zu einem Viertel des Jahres-Heizenergieverbrauchs eines Wohngebäudes erreichen (vgl. Abb. 3.5.7 - 3.5.11).

Auf die regelkonforme Ausführung der Dämmung von Behältern, Armaturen und Rohrleitungen ist daher größter Wert zu legen.

Dämmung nach EnEV

In der EnEV 2009 sind die Anforderungen an die Dämmung von Rohrleitungen sowie die Nachtrüstpflicht bei zugänglichen Rohrleitungen festgelegt. Die EnEV schreibt vor, dass nicht nur Wärmeverteilleitungen, sondern auch Kälteverteilleitungen sowie Kalt- und Warmwasserleitungen und ihre Armaturen lückenlos gedämmt werden, und zwar unabhängig davon, ob sie sich in beheizten oder unbeheizten Räumen befinden. Rohrleitungen, die bereits mit einer gewissen, wenn auch geringeren Dämmung versehen sind, müssen allerdings nicht nachgerüstet werden.

Die erforderliche Dämmung der Rohre, Armaturen und Behälter ist in Anlage 5, Tabelle 1 der EnEV (Tab. 4.7.2) beschrieben, die genannten Mindestdicken dieser sogenannten 100%-Dämmung gelten für einen Dämmstoff der Wärmeleitfähigkeitsgruppe WLG 035 (λ = 0,035 Wm·K). Kommt ein Dämmstoff mit geringerer Wärmeleitfähigkeit zum Einsatz, vermindert sich die erforderliche Dämmdicke entsprechend (Abb. 4.7.2).

Auf dem Markt erhältlich sind sogenannte 50%-, 100%- oder 200%-Rohrisolierungen (Abb. 4.7.1). Bei Leitungen in beheizten Räumen reicht eine 50%-Dämmung, während es außerhalb der thermischen Hülle 100 % sein müssen (Abb. 4.7.1). Leitungen von Wärme-/Kälteverteilungsanlagen, die von Außenluft berührt werden, sollten mit einer 200%-Dämmung versehen werden. Wird z.B. eine 22 mm dicke Rücklaufleitung einer Gebäudeheizungsanlage unter der Decke eines Carports zur Heizung gezogen, sollte die Dämmstärke im Freien mindestens 40 mm (λ = 0,035 W/m·K) dick sein. Das ergibt einen Gesamtdurchmesser von mehr als 100 mm! Soll der Gesamtdurchmesser dünner werden, muss ein Dämmstoff mit geringerer Wärmeleitfähigkeit gewählt werden, z.B. Polyurethan mit λ = 0,025 W/m·K (Abb. 4.7.2).

Anwendungsspezifische Isolierung

Die Einteilung der Isoliermaterialien erfolgt in

- synthetische Dämmstoffe (Polystyrol, z.B. EPS, XPS, PUR-Hartschaum)
- mineralisch-synthetische Dämmstoffe (Glaswolle, Steinwolle)

Mindestdämmdicken von Rohrleitungen nach EnEV 2009		
Zeile	Nennweite (Zeile 1 bis 4) und Lage der Leitungen / Armaturen (Zeile 5 bis 8)	Mindestdicke der Dämmschicht Dämmstoff der WLG 0,035 W/(m·K)
1	Innendurchmesser bis 22 mm	22 mm (100% Dämmung)
2	Innendurchmesser über 22 - 35 mm	30 mm (100% Dämmung)
3	Innendurchmesser über 35 - 100 mm	= Innendurchmesser (100% Dämm.)
4	Innendurchmesser über 100 mm	100 mm (100% Dämmung)
5	Leitungen u. Armaturen n. Zeile 1-4 in Wand- u. Deckendurchbrüchen, im Kreuzungsbereich von Leitungen, an Leitungsverbindungsstellen u. zentr. Leitungsverteilern	50% der Anforderungen nach Zeile 1 - 4 (50 % Dämmung)
6	Leitungen von Zentralheizungen nach Zeile 1 - 4, die nach dem 31.1.2002 in Bauteilen zwischen beheizten Räumen verschiedener Nutzer verlegt werden.	½ der Anforderungen der Zeilen 1 bis 4 (50% Dämmung)
7	Leitungen nach Zeile 6 im Fußbodenaufbau	6 mm
8	Kälteverteilungs- u. Kaltwasserleitungen sowie Armaturen von Raumlufttechnik- und Klimakältesystemen	6 mm

Tabelle 4.7.2 Mindestdämmdicken nach EnEV 2009.

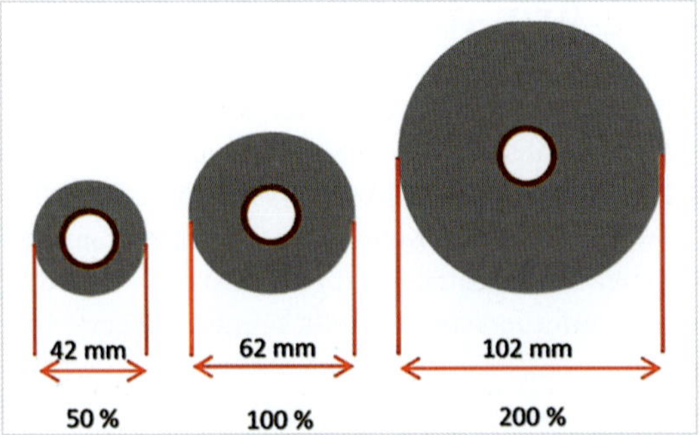

4.7.1
Dämmung eines Rohres mit 22 mm Außendurchmesser nach EnEV mit einem Dämmstoff der Wärmeleitfähigkeit λ = 0,035 W/mK; links 50%, mittig 100%, rechts 200%.

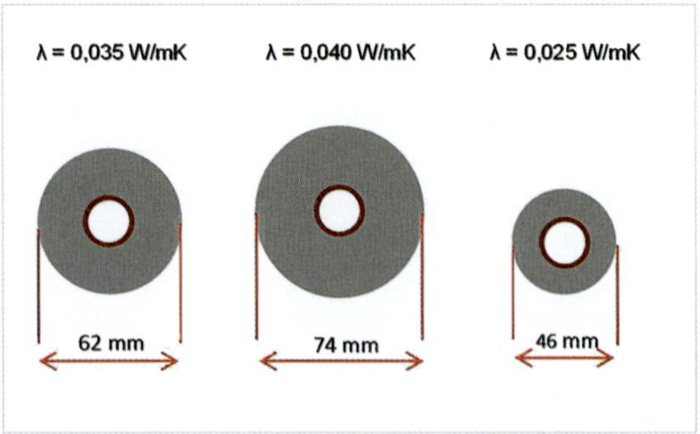

4.7.2
Dämmdickenvergleich für eine 100%-Dämmung nach EnEV bei verschiedenen Wärmeleitfähigkeiten des Dämmstoffes.

- mineralische Dämmstoffe (Schaumglas, Mineralschaum),
- pflanzliche Dämmstoffe (Zellulose, Kork, Baumwolle, Koksfasern, zur Verbesserung des Brandschutzes meist mit Borsalz versetzt),
- tierische Dämmstoffe (Schafwolle).

Die auf dem Markt erhältlichen Dämmstoffe haben Leitfähigkeiten zwischen 0,025 und 0,045 W/mK, wobei 0,035W/mK inzwischen als Standard gilt. Das einzusetzende Isoliermaterial kann jedoch nicht allein unter dem Aspekt einer möglichst geringen Wärmeleitfähigkeit ausgewählt werden, es muss in vielen Fällen auch besonderen Anforderungen genügen, die sich aus den Einsatzbedingungen ergeben. Vor allem zu beachten sind

- der Zweck der Dämmung (Wärme- oder Kälteschutz?),
- die Medientemperatur,
- die Umgebungstemperatur (Brandgefahr, Entzündbarkeit des Dämmstoffes oder der umgebenden Bauteile),
- Wind- und Wettereinflüsse (UV-Strahlung),
- Schutz vor Vogelfraß (bei außenliegenden Solarleitungen),
- Recyclingfähigkeit.

Beim Wärmeschutz liegt der Schwerpunkt auf einer guten Dämmwirkung, also der Minimierung der Wärmeverluste, schneller Verlegung und niedrigem spezifischen Preis. Für den Kälteschutz sind dampfdiffusionsdichte Materialien, z.B. Armaflex für Kälteanlagen, oder konventionelle Dämmstoffe mit dampfdiffusionsdichten Ummantelungen erforderlich, z.B.

- Blechummantelung mit gedichteten Sicken,
- Folien aus Aluminium mit überklebten Stößen,
- Klebebänder aus Aluminium oder Polyethylen (PE),
- Klebebänder aus PE,
- Bitumenbeschichtungen,
- Flüssigkunststoffe.

Der Aufwand für den Kälteschutz ist in der Regel höher als der für den Wärmeschutz, da auch noch die Dampfdiffusion beachtet werden muss.
Bei hohen Medientemperaturen (an thermischen Solarkollektoren können Stagnationstemperaturen von über 200°C auftreten) sind mineralisch-synthetische Dämmstoffe den rein synthetischen vorzuziehen.
Werden Leitungen im Freien verlegt, ist besonders auf die UV-Beständigkeit und die Wasserunempfindlichkeit des Dämmsystems zu achten. Glas- oder Steinwollmatten mit PVC-Ummantelung sind nicht witterungsbeständig! Alufolien erfüllen diese Anforderung, sind aber mechanisch nicht so belastbar wie Blechschalen. Die Dämmung von Solarleitungen im Außenbereich muss beständig gegen UV-Licht und hohe Temperaturen sein und sollte außerdem pickfest (Vögel) sein.

Dämmung von Behältern

Die Wärmedämmung von Wärmespeichern wird oft nur im Bereich der Behälterwandung betrachtet. Es ist aber unumgänglich, auch den Behälterboden und die Anschlüsse der ein-/ausführenden Rohrleitungen mit zu berücksichtigen. Denn der Speicherboden mit Stahlfüßen oder Standring kann beispielsweise mit einem Anteil von bis zu 25% zum Wärmeverlust des Speichers beitragen. Eine Verschraubung oder ein Ventil kann aufgrund der großen Oberfläche etwa die gleiche Wärmemenge abgeben wie ein 2 - 5 m langes ungedämmtes Rohrstück gleicher Nennweite (s. Abb. 3.5.10 und 3.5.11)!

Tipps für die Dämmung von Pufferbehältern, die per Holzheizung oder Solaranlage auf bis zu 95°C aufgeheizt werden:

- Tragfähige Dämmplatte (z.B. Schaumglasplatte) unter dem Speicher vorsehen.
- Für Pumpen und Armaturen passgenaue Dämmschalen verwenden. Sie werden häufig als Verpackungsmaterial mitgeliefert, aber leider oft über den gelben Sack entsorgt!
- Für nachträgliche Dämmung im Selbstbau besonders geeignet ist die Einhausung des Behälters und das Ausfüllen der Hohlräume mit Einblas- oder Schüttdämmstoffen, z. B. Zellulose- und Steinwolleflocken, Silikatleichtschaum (SLS20) oder Perlite-Granulat. Polystyrolkugeln sind nicht hitzebeständig. Vorsicht bei blanken Kupferflächen: wenn Borsalz imprägnierte Isolierstoffe (Zelluloseflocken) verwendet werden, besteht Korrosionsgefahr! Die Dämmstärke sollte mindestens 25 cm betragen.
- Eine Aluminiumfolie vermindert den Strahlungsaustausch zwischen der Speicherwandung und der Dämmung. Die Folie gehört immer auf die warme Seite des Dämmstoffs!

Dämmungen aus Aerogel (ein Material mit besonders geringer Wärmeleitfähigkeit) sind für Behälter derzeit nicht interessant, da zu teuer. Zudem ist die Schichtdicke der Gelmatten auf 1 cm begrenzt. Sie sind also bestenfalls für die Isolierung der Bodenplatte geeignet, wenn das Material ausreichend druckbeständig ist. Aerogelgranulat sollte nur von erfahrenen Handwerkern verarbeitet werden, die Stäube sind gesundheitsschädlich!

4.7.3 Verlegung von Rohrleitungen

Bei der Verlegung von Heizungs- und Kühlwasserrohrleitungen sind mehrere Aspekte zu beachten:

- Die Leitungen müssen statischen Gegebenheiten genügen, d.h. die Kräfte, die durch Eigengewicht und Wärmedehnung entstehen, dürfen nicht zu Überbeanspruchungen bzw. zu Schäden führen.
- Die Anordnung der Leitungen hat so zu erfolgen, dass jederzeit ohne größere Schwierigkeiten die Art der jeweiligen Leitung erkennbar ist.
- Der Schall- und Brandschutz darf durch die Art der Befestigung und der Durchführung durch Wände und Decken nicht beeinträchtigt werden.

Für die Wahrung der statischen Integrität sind die Halterungsabstände und eventuell auftretende Festpunktkräfte durch Wärmedehnung entscheidend. PVC hat z.B eine zehnfach größere Wärmedehnung als ein austenitischer Stahl. Stahl hat ein größeres Biegemoment als Kupfer, entsprechend unterschiedlich fallen die Abstände für Halterungen aus.

Für die Größe von Installationschächten und Heizzentralen sind die Mindestabstände zwischen Rohrleitungen und/oder Behältern von entscheidender Bedeutung. Sie sollen stets so groß sein, dass die Leitungen problemlos nach EnEV gedämmt werden können. Bei der Bemessung der Abstände von Leitungen, die Brandschutzbereiche durchdringen, sind die einschlägigen Brandschutzvorschriften einzuhalten.

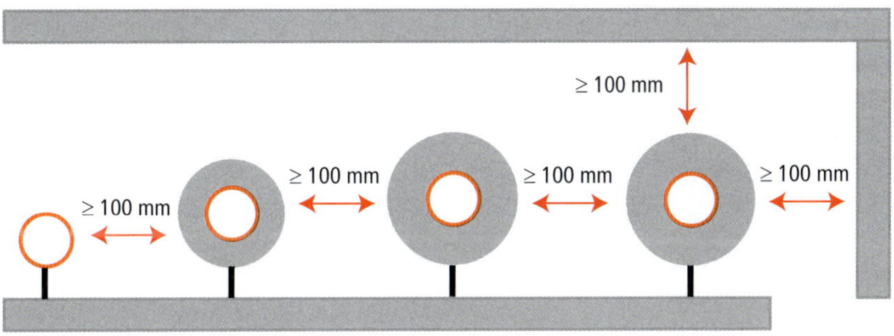

4.7.3
Mindestabstände zwischen gedämmten Rohrleitungen (hier mit 50% Dämmung, Maße in mm).

4.8 Pumpen

Ganz allgemein lassen sich Pumpen für Heizungs- oder Kühlzwecke in drei Gruppen einteilen:

1. Pumpen mit Festdrehzahl = Konstantläufer,
2. Pumpen mit zwei oder mehr Drehzahlstufen,
3. geregelte Pumpen, d.h. stufenlos drehzahlveränderliche Pumpen.

Die ungeregelten Pumpen der Gruppe 1 und 2 gelten als technisch veraltet, da sie ununterbrochen mit konstant hoher Leistung arbeiten und die Veränderung des Wasserdrucks in der Leitung nicht erkennen können. Sie pumpen auch dann, wenn mehrere oder alle Ventile der Heizkörper geschlossen sind. Damit sie keinen Schaden nehmen, ist ein Überströmventil vorzusehen, das öffnet, wenn die Ventile mehr oder weniger geschlossen sind (Abb. 4.6.14).

Eine geregelte Heizungsumwälzpumpe hingegen erkennt die Veränderungen des Wasserdrucks in der Leitung selbsttätig, indem sie die Pumpenleistung den veränderten Druckverhältnissen anpasst. Wenn die Ventile der Heizkörper geschlossen werden, wird die Förderhöhe bzw. Fördermenge durch Reduzierung der Drehzahl vermindert, wodurch die Pumpe weniger Strom verbraucht. Auch während der Nachtabsenkung der Heizung schalten diese Pumpen zurück, so dass ein Überströmventil überflüssig wird.

Hocheffizienzpumpen

Seit einigen Jahren gibt es drehzahlgeregelte Pumpen auch in besonders energiesparender Bauweise (Effizienzklasse A; Abb. 4.8.1). Diese sogenannten Hocheffizienzpumpen werden von einem elektronisch geregelten Synchronmotor mit Permanentmagnet-Rotor angetrieben. Das umlaufende Stator-Magnetfeld wird durch elektronische Kommutierung erzeugt (= EC-Motorentechnik; EC = Electronic Commutated), wodurch sich auch die Drehzahl regeln lässt. Im Vergleich zu den früher üblichen Asynchronmotoren werden ein erheblich besserer Motorwirkungsgrad und eine Stromeinsparung von bis zu 80% erreicht.

Nach der neuen EU-Verordnung unter der europäischen Ökodesign-Richtlinie (ErP) dürfen ab dem 1. Januar 2013 europaweit nur noch Hocheffizienzpumpen eingebaut werden! Ausgenommen ist der Abbau von Lagerbeständen. In den Jahren 2015 und 2020 treten weitere Effizienz-Verschärfungen in Kraft. Ab dem Jahr 2020 soll nach Angaben der EU-Kommission durch Hocheffizienzpumpen so viel Strom eingespart werden können, wie das Land Irland derzeit verbraucht.

Eine ungeregelte Pumpe läuft in einem durchschnittlichen Einfamilienhaus etwa 5.800 h/a und verbraucht damit mehr Strom als eine Waschmaschine (Abb. 4.8.2). Wird sie durch eine Hocheffizienzpumpe ersetzt, spart man rund 500 kWh oder 100 € an Stromkosten im Jahr.

Auch Warmwasser-Zirkulationspumpen, Solarpumpen, sowie Grundwasser- und Solepumpen für Wärmepumpen sind als Hocheffizienzpumpen erhältlich.

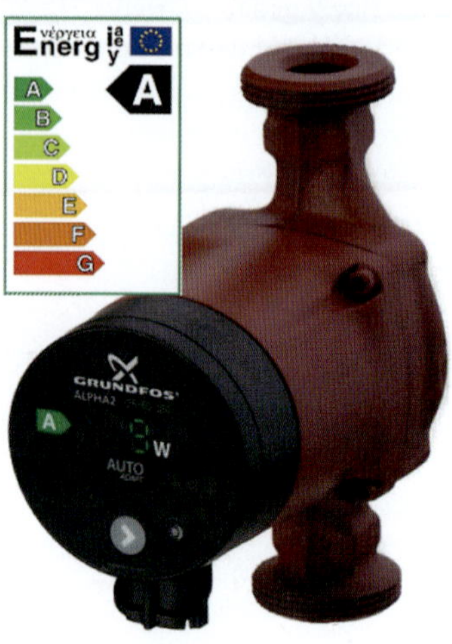

4.8.1: Hocheffizienzpumpe der Fa. Grundfos mit Display für den Stromverbrauch.

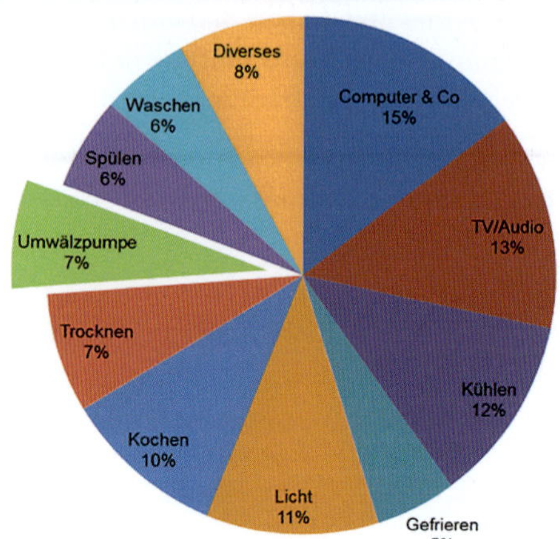

4.8.2
Stromverbrauch der Elektrogeräte in durchschnittlichen Haushalten ohne elektrische Warmwasserbereitung (konstruiert nach Daten der Energieagentur NRW, 4/2011)

Planungsregeln für den Einsatz drehzahlgeregelter Pumpen

Bei der Auswahl der Pumpen sind die Einsatzbedingungen zu beachten. Pumpen für Heizungsanlagen arbeiten mit anderen Betriebstemperaturen als Pumpen für Kühlanlagen. In Solarkollektoranlagen ist mit Medientemperaturen von bis zu 200°C zu rechnen. Zudem ist der Kollektorkreis in der Regel mit einer Glykolmischung befüllt. Aus diesem Grund lassen sich drei Einsatzgruppen unterscheiden:

- Heizungspumpen,
- Kaltwasserpumpen,
- Pumpen für Temperaturen > 110°C.

Jede Gruppe wiederum muss für die vorhandene Druckstufe und das verwendete Fluid geeignet sein. Pumpen für Glykolmischungen werden mit speziellen Dichtungen versehen.
Beim Einbau neuer Pumpen ist jedoch nicht nur auf die Bauart und die Energieeffizienzklasse zu achten, auch die Anordnung der Pumpe und ihre Dimensionierung spielen eine große Rolle für die Effektivität des Gesamtsystems.

Beim Ersatz alter ungeregelter Pumpen gegen neue drehzahlgeregelte ist zu beachten:

- Drosselventile und Überströmventile werden überflüssig.
- Reihenschaltungen von geregelten Pumpen sind zu vermeiden.
- Die Parallelschaltung geregelter Pumpen, z.B. für einzelne Kreise eines Vorlaufverteilers, ist möglich.
- Eine Parallelschaltung geregelter und ungeregelter Pumpen ist zu vermeiden. Denn auch die Förderleistung der ungeregelten Pumpe verändert sich bei Änderungen der geregelten!
- Ältere Heizkessel können nicht ohne weiteres mit einer geregelten Pumpe versehen werden, weil sie oft zu wenig Wasserinhalt haben. Hier sind die Mindestvolumenströme zu prüfen bzw. man befragt am besten den Kesselhersteller.
- Kesselbeimischpumpen (Abb. 4.8.3) zur Erhöhung der Rücklauftemperatur sollte es in neuen und erneuerten Heizungsanlagen nicht mehr geben. Einzige Ausnahme sind Holzheizkessel. Bei Brennwertkesseln sinkt der Wirkungsgrad durch Rücklaufbeimischung, daher sind drehzahlgeregelte (Vorschub-)Pumpen unbedingt vorzuziehen.

Drehzahlgeregelte Pumpen können druck- oder mengenkonstant betrieben werden (Abb. 4.8.4), eine Umschaltmöglichkeit von Konstantdruck auf variablen Druck kann im Teillastfall sinnvoll sein. Der Grund liegt im oftmals höheren Wirkungsgrad der Pumpen bei niedrigeren Förderhöhen und geringeren Druckverlusten im Netz, die auftreten, wenn das notwendige Fördervolumen sinkt.
Allgemein gilt: Druckkonstantregelungen sind bei Verbrauchern gleicher oder ähnlicher Charakteristik, z.B. bei Steigesträngen, die nur Wohn- oder Schlafräume versorgen, vorzuziehen. Druckvariable Regelungen bieten sich an bei unterschiedlichen Verbrauchern, z.B. bei wohnungsweisem Anschluss mit waagerechten Anbindungsleitungen.

Für die Dimensionierung ist wichtig:

- Die Drehzahlregelung ersetzt nicht die sorgfältige Bemessung der erforderlichen Pumpenleistung (Rohrnetzberechnung)!

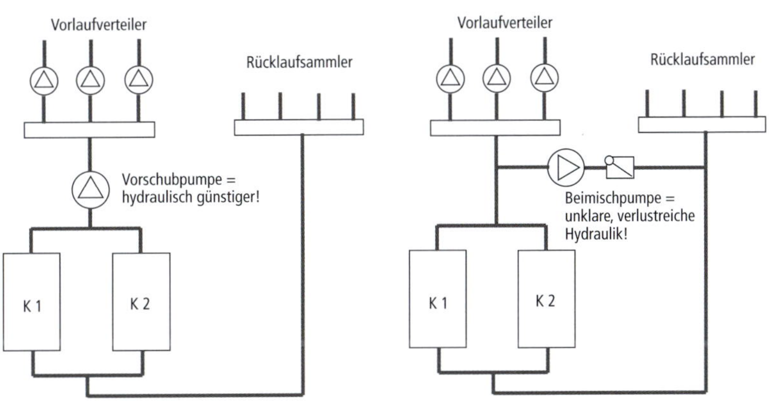

4.8.3
Schaltschema Vorschub- und Beimischpumpe (K1 und K2: Kessel 1 und 2). Die Beimischpumpe im rechten Bild war bei alten Konstanttemperaturkesseln zur Anhebung der Rücklauftemperatur erforderlich, um Wasserdampfkondensation im Kessel zu vermeiden. Manchmal wird bei einem Kesseltausch vergessen, die Beimischpumpe zu entfernen, so dass Brennwertkessel schlechte Wirkungsgrade haben. Heute sind Beimischpumpen nur noch bei Feststoffkesseln erforderlich.

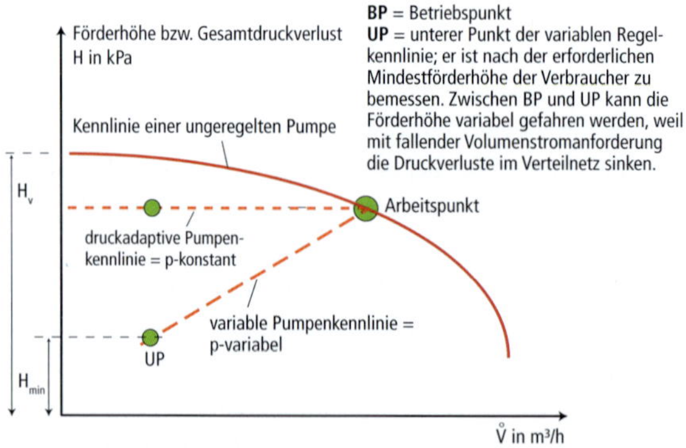

4.8.4: Kennlinien von druckkonstanten, druckvariablen und ungeregelten Pumpen.

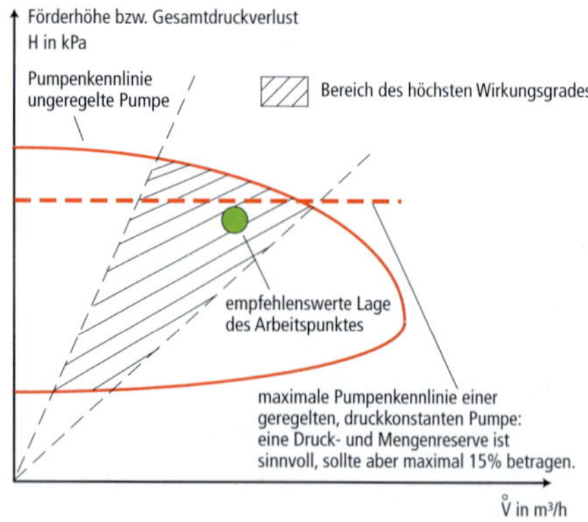

4.8.5: Optimale Lage des Arbeitspunktes im Kennlinienfeld einer Pumpe.

- Es besteht kein Zusammenhang zwischen der Höhe des Gebäudes und der Förderhöhe, da es sich um einen geschlossenen Kreislauf handelt. Entscheidend für die Pumpenförderhöhe sind der Heizkörper mit dem höchsten Durchflusswiderstand zuzüglich der Strömungsverluste im Heizkessel und in den Leitungen.
- Wird die geregelte Pumpe auf eine zu große Förderhöhe eingestellt, kann sie ihre Vorteile nicht geltend machen. Stromverbrauch, Geräusche und Verschleiß nehmen zu, die Regelfähigkeit des Systems wird durch verminderte Ventilautorität verschlechtert. Eine schlecht dimensionierte geregelte Pumpe kann mehr Strom verbrauchen als eine gut ausgelegte, den Netzbedingungen angepasste ungeregelte!

Der errechnete Betriebspunkt soll im oberen Drittel des Bereiches liegen, in dem der Wirkungsgrad der Pumpe am größten ist.

Dezentrale Pumpen

Die weitere Entwicklungsrichtung bei Pumpen für die Gebäudetechnik lässt sich mit drei Begriffen charakterisieren: Leistungsdichte („downsizing"), Usability (Vereinfachung der Handhabung, sprich der Einstellung von Parametern) und Energieeffizienz. Dass dabei völlig neue Entwicklungen herauskommen können, zeigt das Beispiel der Heizkörper-Pumpe der Firma Wilo-Geniax. Eine extrem kleine dezentrale Heizungspumpe mit 1 - 2 Watt elektrischer Leistung wird direkt an jedem Heizkörper oder am Heizkreisverteiler der Fußbodenheizung angeordnet. Wenn ein Raumtemperaturfühler Wärmebedarf anmeldet, startet die kleine Pumpe und sorgt für die Durchströmung des betreffenden Heizkörpers bzw. Heizkreises.

Die dezentrale Pumpe am Heizkörper steht für den allgemeinen Trend zur Bedarfsheizung/Kühlung und für eine Abkehr vom Angebotsprinzip: Verluste durch die Vorhaltung von Wärme/Kälte und durch Drossel- und Regulierorgane entfallen. Thermostatventile werden überflüssig, ihre Druckverluste müssen nicht mehr durch eine zentrale Pumpe erbracht werden. Dadurch ist das dezentrale Pumpensystem noch einmal sparsamer im Stromverbrauch als ein herkömmlicher, mit Hocheffizienzpumpen ausgestatteter Kreislauf.
Weitere Vorteile des dezentralen Pumpensystems in Verbindung mit einer modernen Bustechnik sind

- die schnellere Aufheizung einzelner Räume,
- die Vereinfachung bzw. der Wegfall des hydraulischen Abgleichs,
- die Möglichkeit einer Einbindung in die Gebäudeleittechnik mit zentraler Regelung,
- die Möglichkeit einer genauen Einzelerfassung von Wärmemengen.

Nachteilig ist, dass alle Heizkörper verkabelt werden müssen.

4.8.6: Dezentrales Pumpensystem. Quelle: Fa. Wilo

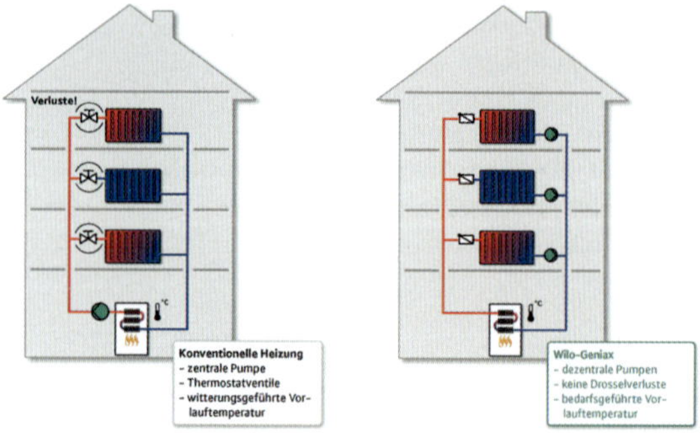

5 Trink-Warmwasserversorgung

Die Trinkwassererwärmung rückt zunehmend in den Mittelpunkt der Heizungstechnik. Während der Heizwärmebedarf durch bessere Dämmung stark zurückgeht, sind Bedarf und Ansprüche an die komfortable Versorgung mit Trink-Warmwasser gestiegen. Durch die zentrale Wassererwärmung hat der Hygieneaspekt insbesondere bei größeren Anlagen (z.B. in Mehrfamilienhäusern) erheblich an Bedeutung gewonnen (Vermeidung von Legionellen-Verkeimung), was ein Anlass für die Novellierung der Trinkwasserverordnung 2011 war. Gleichzeitig werden erneuerbare Energiequellen (Sonnenenergie, Holzöfen mit Wassertasche) verstärkt in die Energieversorgung eingebunden.
Um den oben genannten Trends gerecht zu werden, ist bei den Warmwasserbereitungssystemen derzeit ein starker Wandel zu beobachten, weg von reinen Trinkwarmwasserspeichern und hin zu zentralen Pufferspeichern mit Frischwasserstationen oder Wohnungsstationen. Dadurch haben die Warmwasserbereitung und die Trinkwasserverordnung einen wesentlichen Einfluss auf Konzeption und Planung der Heizungsanlage.

5.1 Planungsüberlegungen

Zentrale oder dezentrale Versorgung?

Die Trinkwassererwärmung kann auf verschiedene Art und Weise erfolgen (Tabelle 5.1):

- dezentral an den Zapfstellen durch gasbetriebene oder elektrische Durchlauferhitzer in der Nähe der Zapfstellen,
- zentral über die Heizungsanlage und einen Warmwasser- bzw. Wärmespeicher,
- wohnungszentral (in Mehrfamilienhäusern) über eine Wärmeübergabestation oder eine wohnungszentrale Gastherme.

Jede dieser Formen hat ihre Vor- und Nachteile, Stärken und Schwächen, so dass im Einzelfall entschieden werden muss, welche Form die günstigste ist.
Bei der dezentralen Lösung werden an jeder Zapfstelle oder in der Nähe mehrerer Zapfstellen Durchlauferhitzer oder Durchlaufspeicher installiert, die das Wasser mit Strom oder Gas erwärmen. Andere Energieträger kommen praktisch nicht infrage. Der Umwandlungswirkungsgrad (Brennstoff in Warmwasser) ist bei strombetriebenen Geräten mit über 90% gut, bei Gasdurchlauferhitzern und -thermen etwas ungünstiger. Dabei ist allerdings zu bedenken, dass Strom je kWh etwa viermal (25 ct/kWh) so teuer ist wie Erdgas (6,5 ct/kWh). Auch die CO_2-Bilanz von Strom ist wesentlich schlechter als die von Erdgas.
Vorteilhaft bei der dezentralen Variante ist, dass die Leitungen zu den Verbrauchern kurz sind. Das hat geringe Leitungswärmeverluste und Totvolumen in den Leitungen zur Folge. Die dezentrale Lösung hat Vorteile, wenn wenige und/oder weit voneinander entfernt liegende Zapfstellen mit geringem Warmwasserverbrauch versorgt werden sollen.
Bei der zentralen Warmwasserversorgung wird das Trinkwasser an zentraler Stelle, meist in einem Warmwasser- oder Heizungsspeicher, erwärmt und von dort über gut wärmegedämmte Trinkwasserleitungen den Verbrauchsstellen zugeführt. Die Wärmeerzeugung erfolgt üblicherweise gemeinsam mit der Raumheizung, z.B. über einen Heizungskessel, eine Wärmepumpe o.ä. Die zentrale Wärmeerzeugung erlaubt den Einsatz energieeffizienter Techniken und die Nutzung aller Energieträger, die auch für die Heizung zum Einsatz kommen, einschließlich der Sonnenenergie. Die bei dieser Technik üblichen bzw. erforderlichen Wärmespeicher bringen jedoch laufende Wärmeverluste mit sich. Auch die zwangläufig längeren Leitungen zu den Verbrauchsstellen bringen trotz guter Wärmedämmung weitere Wärmeverluste. Das Wasser in den Leitungen stellt obendrein ein Totvolumen dar (nach dem Zapfvorgang kühlt das Wasser ab), sofern nicht mittels Zirkulation (Kap. 5.6) das Wasser in den Leitungen durch Umwälzen auf Temperatur gehalten wird.

Folglich ist die zentrale Warmwasserversorgung immer dann sinnvoll, wenn warmes Wasser mehr als nur gelegentlich gebraucht wird und/oder andere Energieträger als Gas oder Strom genutzt werden sollen. Obendrein sollte durch geschickte Planung erreicht werden, dass die Verluste bei der Bevorratung und Verteilung des warmen Wassers nicht zu groß sind im Verhältnis zum eigentlichen Energieinhalt.

In größeren Gebäuden und Mehrfamilienhäusern ist auch ein Mittelweg zwischen zentraler und dezentraler Trinkwassererwärmung möglich, die wohnungs- oder stockwerksweise Erwärmung des Trinkwassers in kleineren Speichern oder Übergabestationen. Dieser Mittelweg vereint in der Regel sowohl die Vorteile als auch Nachteile der einzelnen Lösungen. Trotzdem kann diese Lösung in großen und weit verzweigten Gebäuden mit gehobenem Warmwasserverbrauch sehr sinnvoll sein.

Insgesamt ist die Entscheidung für die eine oder andere Lösung von einer Reihe von Faktoren abhängig, und zwar von der Art der Gebäudenutzung (Wohngebäude, Bürogebäude, Geschäftshaus, Hotel etc.), von der Zahl und Lage der Zapfstellen und vom Warmwasserverbrauch, der wiederum von der Zahl der Nutzer und ihren Gewohnheiten bestimmt wird.

Trinkwasserinstallation und Hygiene

Bakterien (Legionellen) und andere Krankheitserreger können sich in Wasserleitungen bei Temperaturen unter 50°C verstärkt vermehren und eine Gesundheitsgefahr darstellen (siehe Kasten). Bei der Installation von Trinkwasserleitungen ist deshalb die *Trinkwasserverordnung* in der novellierten Fassung (Mai 2011) zu beachten.

Um den verschärften Vorschriften in Bezug auf Hygiene und Wasserqualität Rechnung zu tragen, sind Schleifeninstallationen oder Schleifen-/Ringleitungsinstallationen mit und ohne Warmwasserzirkulation notwendig (Abb. 5.1). Die letzte Entnahmestelle sollte immer ein WC-Waschbecken oder ein anderes häufig benutztes Waschbecken sein. Todstrecken (Sackgassen) wie Stichleitungen zu Waschmaschinen oder Gartensprengventilen sind zu vermeiden. Solche selten genutzten Zapfstellen müssen an eine Ringleitung angeschlossen werden oder eine automatische Spülfunktion erhalten.

Wegen der Legionellengefahr (siehe Kasten) müssen größere Trink-Warmwasseranlagen beim Gesundheitsamt angemeldet werden. Installationen in Wohngebäuden fallen darunter, wenn folgende Bedingungen erfüllt sind:

- Die Wohnanlage verfügt über drei oder mehr Wohnungen, von denen mindestens eine Wohnung vermietet ist.
- In den Wohnungen gibt es Duschmöglichkeiten.

	Technik	Energie	Vorteile	Nachteile
dezentral	hydraulischer Durchlauferhitzer	Strom	kurze Wege, geringe Investition	teuerster Energieträger, hohe Verluste bei Stromerzeugung, unkomfortabel
		Erdgas		fossiler Brennstoff, Gas- und Abgasanschluss erforderlich, unkomfortabel
	elektronisch geregelter Durchlauferhitzer	Strom	kurze Wege, hoher Wirkungsgrad, gute Regelung	teuerster Energieträger, hohe Verluste bei der Stromerzeugung
		Erdgas		fossiler Brennstoff, Gas- und Abgasanschluss erforderlich
	Untertischspeicher Warmwasserspeicher	Strom	Untertischspeicher: kurze Wege, geringe Investition	Bereitschaftsverluste, teuerster Energieträger, hohe Verluste bei der Stromerzeugung
wohnungszentral	Gastherme	Erdgas	ist in vielen MFH bereits vorhanden	fossiler Brennstoff, Brennwertnutzung meist nicht möglich, hohe Nebenkosten durch Schornsteinfeger- und Gasgrundgebühren, Reparatur und Wartung für jede Wohnung
	Wohnungsstation	beliebig	gute Alternative zu veralteten Gasthermen, Nutzung von Sonnenenergie, Wärmepumpe, BHKW, Holzheizung etc. ist möglich	Investitionskosten meist höher als bei dezentralen Lösungen, Verteilungs- u. Bereitschaftsverluste, bei langen Wegen u.U. hohe Verluste
zentral	indirekt beheizt m. Kessel, BHKW, Wärmepumpe, Solaranlage	beliebig		
	direkt beheizt	Erdgas	niedrige Investitionskosten	schlechter Wirkungsgrad,fossiler Energieträger
	Warmwasser-Wärmepumpe	Strom, Umweltwärme	Nutzung von Abwärme aus dem Heizraum oder Kellerkühlung, Nutzung von Sonnenenergie ist möglich	teuerster Energieträger, Jahresarbeitszahl nur bei etwa 2 - 2,5; hohe Investitionskosten

Tabelle 5.1: Vor- und Nachteile verschiedener Techniken zur Warmwasserbereitung.

- Das Trinkwasser wird in einer zentralen Anlage erwärmt.
- Die Warmwasserinstallation speichert mehr als 400 Liter Wasser und/oder die 3-Liter Regel (siehe Kasten: DVGW-Arbeitsblatt) ist nicht mehr erfüllt.

Außer der Trinkwasserverordnung muss das *DVGW-Arbeitsblatt W551* des Deutschen Vereins des Gas- und Wasserfaches e.V. (s. Kasten) beachtet werden, das detaillierte Anforderungen und Hinweise für Trinkwassererwärmungsanlagen enthält.

Das DVGW-Arbeitsblatt unterscheidet zwischen Klein- und Großanlagen, wobei es bei Kleinanlagen nur empfehlenden Charakter hat, bei Großanlagen aber als Stand der Technik gilt. Kleinanlagen sind Warmwasseranlagen mit bis zu 400 Liter Speichervolumen und/oder bis zu 3 Liter Wasservolumen in der Warmwasserrohrleitung, wobei die Zirkulationsleitung nicht mitgerechnet wird. Tabelle 5.2 gibt einen Einblick in den Wasserinhalt von Kupferrohrleitungen. Man kann davon ausgehen, dass das Rohrvolumen in den meisten Ein- und Zweifamilienhäusern deutlich kleiner als 3 Liter ist.

In den letzten Jahren haben sich wegen der Legionellenproblematik Pufferspeicher mit Frischwasserzubereitung trotz höherer Kosten immer mehr durchgesetzt (s. Kap. 5.6). Dabei wird nicht mehr das Trinkwasser warm gehalten, sondern Heizungswasser, das auch durch die Heizkörper zirkuliert. Erst beim Zapfen des Trinkwarmwassers wird es im Durchlauferhitzerverfahren mittels Wärme aus dem Speicher erwärmt, so dass Legionellen keine Chance haben, sich zu vermehren.

Legionellen

Seit einigen Jahren sorgen Legionellen im Trinkwasser immer wieder für Schlagzeilen. Diese im Wasser nahezu immer vorhandenen Bakterien sind in geringer Konzentration unproblematisch. Sie vermehren sich bei Temperaturen zwischen 35 und 40°C sehr stark. Bei 55 - 60°C findet keine Vermehrung mehr statt und oberhalb von 60°C werden sie abgetötet.

Das Trinken von Wasser, das mit Legionellen verseucht ist, ist in der Regel gesundheitlich kein Problem. Werden große Mengen Legionellen jedoch z.B. beim Duschen mit winzig kleinen Wassertröpfchen eingeatmet, können sie in die Lunge gelangen und dort eine besondere Form der Lungenentzündung (Legionellose oder Legionärskrankheit) auslösen, die zum Tode führen kann. Besonders gefährdet sind Personen mit geschwächtem Immunsystem, insbesondere ältere Menschen und Kleinkinder.

Im Ein- und Zweifamilienhaus ist eine Gesundheitsgefährdung kaum gegeben, da aufgrund der Schichtung die Temperaturen im oberen Bereich des Warmwasserspeichers in der Regel über 50°C liegen und das Wasser nur kurze Zeit im Speicher und in den Rohrleitungen verbleibt.

Gefahren durch Legionellen drohen eher bei großen Leitungssystemen, wie sie in Hotels und Krankenhäusern zu finden sind. Warmwasserspeicher mit mehr als 400 l Volumen müssen deshalb einmal am Tag auf mindestens 60°C aufgeheizt werden. Moderne Heizungsregelungen erledigen dies automatisch. Solche Anlagen müssen beim Gesundheitsamt gemeldet werden.

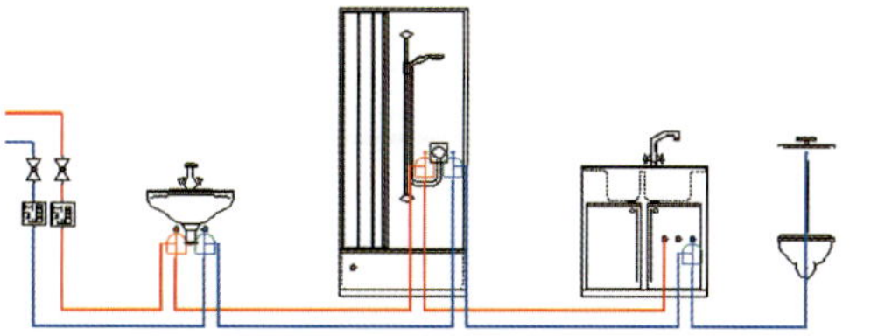

5.1: Schema mit Schleifeninstallation.

Tabelle 5.2: Wasserinhalte von Kupferrohren, Dämmstärke von Warmwasserleitungen nach EnEV und Wärmeverluste gedämmt und ungedämmt

*bei 45°C Wassertemperatur und 15°C Umgebungstemperatur

Cu-Rohr Bezeichnung	Außen-Durchmesser mm	Wandstärke mm	Innen-Durchmesser mm	Inhalt je lfd. m ml	Rohrlänge mit 3 Liter Volumen m	Dämmstärke WLG035 nach EnEV mm	Wärmeverlust* je lfm gedämmt W/m	ungedämmt W/m
10 x 1,0	10	1,0	8	50	59,68	20	3,0	10,6
12 x 1,0	12	1,0	10	79	38,20	20	3,3	12,3
15 x 1,0	15	1,0	13	133	22,60	20	3,7	14,7
18 x 1,0	18	1,0	16	201	14,92	20	4,1	17,2
22 x 1,0	22	1,0	20	315	9,55	30	3,8	20,5
28 x 1,0	28	1,0	26	531	5,65	30	4,3	25,4
28 x 1,5	28	1,5	25	491	6,11	30	4,3	25,4
35 x 1,5	35	1,5	32	804	3,73	30	4,9	31,1

Auszug aus dem DVGW-Arbeitsblatt W551 (April 2004): Trinkwassererwärmungs- und Trinkwasserleitungsanlagen

Kleinanlagen

Kleinanlagen nach DVGW sind:

- Wassererwärmungsanlagen in Ein- und Zweifamilienhäusern mit beliebigen Speicherinhalten
- Andere Anlagen mit Speicherwasserinhalten kleiner oder gleich 400 Liter und Rohrinhalten kleiner als 3 Liter zwischen Zapfstelle und Speicheraustritt. Die Zirkulationsleitung wird dabei nicht mitgerechnet.

Großanlagen

Als Großanlagen werden Wassererwärmungsanlagen mit Speicherinhalten von mehr als 400 Liter und Rohrleitungsinhalten von mehr als 3 Liter bezeichnet. An Großanlagen werden nach DVGW Arbeitsblatt 551 folgende Anforderungen gestellt:

Speicherwassererwärmer

- Durch die Konstruktion des Speichers, durch Wasserumwälzung oder andere Maßnahmen muss sichergestellt sein, dass das Wasser im Speicher überall gleichmäßig erwärmt wird.
- Es muss dafür gesorgt werden, dass der gesamte Trinkwasserinhalt einmal täglich auf 60°C erhitzt wird, z.B. durch eine elektronische Antilegionellenschaltung.
- Die Schaltdifferenz (Hysterese) des Reglers darf nicht zum Unterschreiten einer Speichertemperatur von 55°C führen.
- Am Warmwasserspeicher muss bei bestimmungsgemäßer Betriebsweise eine Temperatur von 60°C erreicht werden.

Zirkulationssysteme

- Durch die Konstruktion des Kaltwassereintritts in den Speicher muss vermieden werden, dass beim Zapfen von warmem Wasser eine große Mischzone entsteht.
- Speicherwassererwärmer müssen mit ausreichend großen Reinigungs- und Wartungsöffnungen ausgestattet sein (DIN 4753 Teil 1).
- Großanlagen sind mit Zirkulationsleitung oder Begleitheizung auszustatten. Ausgenommen sind Stockwerks- und Einzelzuleitungen mit einem Wasserinhalt bis zu 3 Liter.
- Zirkulationsleitungen und selbstregelnde Begleitheizungen sind bis unmittelbar an die Warmwasser-Entnahmearmatur zu führen.
- Zirkulationsleitungen und -pumpen sowie selbstregelnde Begleitheizungen müssen so dimensioniert und betrieben werden, dass die Temperatur des zirkulierenden Wassers um nicht mehr als 5 K gegenüber der Warmwasseraustrittstemperatur am Speicher unterschritten wird.
- Zeitsteuerungen für Zirkulationspumpen und selbstregelnde Begleitheizungen dürfen die Zirkulation nicht länger als 8 Stunden täglich unterbrechen.
- Schwerkraftzirkulationen sind wegen zu großer Temperaturdifferenz aus hygienischer Sicht nicht zu empfehlen und sollten vermieden werden.

Allgemeine Anforderungen und Hinweise

Wassererwärmungs- und Leitungsanlagen sind regelmäßig zu warten und zu reinigen (DIN 1988 Teil 8 bzw. DIN 4753 Teil 1). Außerdem gelten folgende Normen und Richtlinien:

- Trinkwasser-Installationen: DIN 1988
- Wassererwärmer: DIN 4753
- Dimensionierung: DIN 4708

Quelle: aus DVGW-Arbeitsblatt W551 mit freudl. Genehmigung

5.2 Wasserverbrauch

Der Frischwasserverbrauch in deutschen Haushalten ist – ebenso wie der Energieverbrauch – sehr unterschiedlich und liegt im Durchschnitt bei etwa 122 Liter (Trink-)Wasser pro Tag und Person entsprechend 45,6 m^3/a·Pers. (vgl. Abb. 5.2). Etwa 30 - 40% dieser Menge wird in der Regel erwärmt und dient der Körperpflege sowie zum Putzen und Waschen. Warmes Wasser ist erwärmtes Trinkwasser und sollte – ebenso wie Frischwasser – wie ein Lebensmittel und mit Respekt behandelt werden. Es soll am Zapfhahn hygienisch einwandfrei und schnell zur Verfügung stehen. Außerdem soll es preisgünstig und umweltfreundlich produziert werden.

Wie der Kaltwasserverbrauch ist auch der Warmwasserverbrauch stark vom Nutzerverhalten abhängig (vgl. Tabelle 5.3). Bei der Planung von Warmwasser-Versorgungsanlagen geht man üblicherweise von einem durchschnittlichen Warmwasserverbrauch von 30 Liter pro Tag und Person (l/d·Pers.) bei 45°C Wassertemperatur aus oder von 20 l/d·Pers. bei 60°C Temperatur.

Wenn in speziellen Anwendungsfällen starke Abweichungen vom Durchschnitts-/Normverbrauch (nach oben wie nach unten) zu erwarten sind, muss bei der Anlagenplanung natürlich auch dieser individuelle Verbrauch für die Dimensionierung zugrunde gelegt werden.

Es wird oft zu wenig beachtet, dass warmes Wasser relativ teuer ist: Neben den Kosten für Frischwasser- und Abwassergebühren (meist etwa 5 - 8 €/m^3) sind die Energiekosten für das Aufheizen (65 - 200 kWh/m^3 entsprechend 4 - 16 €/m^3) erheblich, so dass 1.000 Liter warmes Wasser letztlich 9 - 24 € kosten, je nach Energieträger und Art des Wärmeerzeugers. Daher lohnt sich ein sparsamer Umgang mit dem warmen Wasser auch finanziell. Um den eigenen Verbrauch zu ermitteln, hilft ein gelegentlicher Blick auf die Warmwasseruhr, die vor allem in Mehrfamilienhäusern üblicherweise zur Verbrauchsabrechnung installiert ist.

In vielen Fällen kann man den Warmwasserverbrauch ohne Komfortverzicht durch bewussten Umgang schon erheblich reduzieren, z.B. durch Schließen des Wasserhahns beim Zähneputzen oder beim Einseifen unter der Dusche, durch Duschen statt Baden usw. Hilfreich dafür sind Einhebelmischer oder thermostatgesteuerte Armaturen, die die Wassertemperatur auch bei Druckschwankungen konstant halten. Man kann den maximalen Wasserdurchfluss einer Zapfstelle auch am Druckminderer oder am Eckventil unter dem Waschbecken beeinflussen. Darüber hinaus können erhebliche Mengen Wasser eingespart werden, wenn an den Waschbecken sparsame Perlatoren und an den Duschen Durchflussminderer angebracht werden, die für wenig Geld erhältlich sind. Allerdings dürfen Durchflussminderer und thermostatgesteuerte Armaturen nicht bei veralteten Durchlauferhitzern oder drucklosen Elektroboilern eingebaut werden!

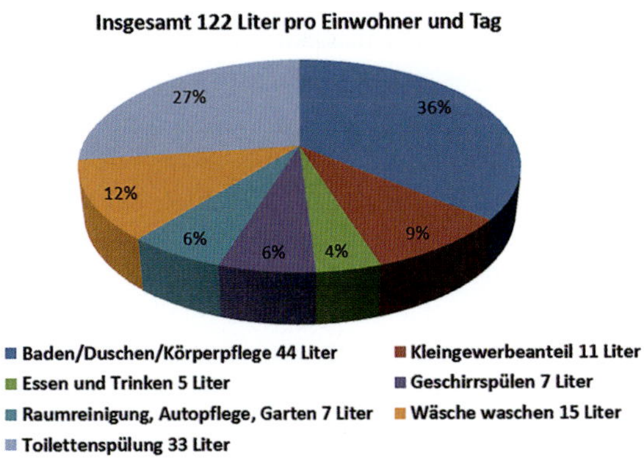

5.2: Wasserverbrauch in deutschen Haushalten im Jahre 2011 (Durchschnittswerte bezogen auf die Wasserabgabe an Haushalte und Kleingewerbe) Quelle: www.bdew.de.

Warmwasserverbrauch in deutschen Haushalten		
Warmwasserverbrauch	Wassertemperatur 45°C	Wassertemperatur 60°C
sparsam	15 - 30 l/d	10 - 20 l/d
mittel	30 - 60 l/d	20 - 40 l/d
zu hoch	60 - 120 l/d	40 - 80 l/d

Tabelle 5.3: Warmwasserverbrauch in deutschen Haushalten. nach VDI 2067

5.3 Wärmebedarf für die Warmwasserbereitung

Der Wärmebedarf für die Trinkwassererwärmung hängt vom individuellen Warmwasserverbrauch ab. Der reale Endenergiebedarf für die Wassererwärmung wird mit der Formel ermittelt:

$$Q = 1/\eta \cdot c \cdot m \cdot \Delta T$$

Dabei ist η der Wirkungsgrad des Heizgerätes, c = 1,16 Wh/kg·K die spezifische Wärmekapazität von Wasser, m dessen Masse in kg und ΔT die Temperaturdifferenz in Grad Kelvin (K), um die das Wasser erwärmt wird. In sehr guter Näherung wird für 1 Liter Wasser die Masse von 1 kg eingesetzt. Um 1.000 Liter Wasser von 10°C auf 60°C zu erwärmen, ist bei einer idealen Heizungsanlage mit 100% Wirkungsgrad (η=1) folgender (Netto-)Energieaufwand erforderlich:

$$Q = 1{,}16 \text{ Wh/kg K} \cdot 1.000 \text{ kg} \cdot 50 \text{ K} = 58.000 \text{ Wh oder } 58 \text{ kWh}$$

Diese Energiemenge muss durch die Heizungsanlage oder durch Strom- oder Gas-Durchlauferhitzer geliefert werden. Tatsächlich sind Heizungsanlagen aber niemals ideal. Der Wirkungsgrad kann in der Praxis bei 10% (z.B. veralteter Heizkessel im Sommer) liegen oder bis zu 90% (elektrische Warmwasserbereitung nahe der Zapfstelle) erreichen. Bei der elektrischen Warmwasserbereitung ist allerdings der Wirkungsgrad der vorgelagerten (Groß-)Kraftwerke von nur 30 - 40% zu berücksichtigen, so dass bezogen auf den Primärenergieeinsatz nur ein Gesamtwirkungsgrad von 25 - 35% erreicht wird. Moderne Brennwertthermen erreichen zwar bis zu 90% Wirkungsgrad bezogen auf die Primärenergie. Da das Wasser jedoch ständig warm gehalten werden muss, geht ein erheblicher Teil der produzierten Wärme trotz guter Dämmung verloren. Verluste gibt es außerdem über die Rohrleitungen, die zu den Wasserzapfstellen führen, und durch das in diesen Leitungen stehende Wasser (Totvolumen). In den meisten Häusern gibt es darüber hinaus eine Zirkulationsleitung, die weitere Verluste bringt. Letztendlich liegt der Wirkungsgrad dann bestenfalls noch bei 50 - 60%.

Je nach Anlagenwirkungsgrad muss der Heizungsanlage zwischen 64 und 580 kWh an Endenergie (Strom, Gas, Öl oder Holzpellets) zugeführt werden, um 1.000 Liter Wasser auf 60°C zu erhitzen. Bei Kosten von 6 (Gas) bis 25 (Strom) ct/kWh Endenergie ergeben sich beim modernen Gas-Brennwertkessel (η = 50%) Energiekosten von 7 €, bei Verwendung von Strom (η= 90%) Energiekosten von 16 € für 1.000 Liter warmes Wasser.

Einen merklichen Einfluss auf den Energieverbrauch für die Warmwasserbereitung hat die Temperatur des Warmwassers. Je höher die geforderte Warmwassertemperatur an der Zapfstelle, desto höher sind die Wärmeverluste an der Heizungsanlage, am Warmwasserspeicher und durch die Rohrleitungen.

Wasser mit zu hoher Temperatur muss durch Beimischen von Kaltwasser auf akzeptable Temperaturen heruntergemischt werden. Bei Temperaturen über 55°C besteht beim Aufdrehen der Zapfhähne Verbrühungsgefahr. Gegen hohe Temperaturen im Warmwassernetz spricht auch, dass Kalk ausfällt und Wärmetauscher und Leitungen verkalken. Außerdem laufen Korrosionsprozesse bei höheren Temperaturen schneller ab. Darüber hinaus nimmt der Wirkungsgrad von Brennwertkesseln und vor allem von Wärmepumpen und Solaranlagen mit zunehmender Wassertemperatur stark ab.

Aus energetischer Sicht spricht deshalb alles dafür, die Warmwasser-Temperatur zu begrenzen. Die höchsten Temperaturen werden in der Regel in der Küche benötigt. 45 - 50°C reichen auch dort normalerweise aus. Beim Einsatz von Speichern in zentralen Anlagen, die Trinkwarmwasser bevorraten, ist aus Gründen der Hygiene (Vermeidung der Legionellenvermehrung, siehe Kasten Seite 187) eine Speichertemperatur von mindestens 55 - 60°C erforderlich.

Losgelöst von der Planung der Warmwasserbereitungsanlage wird in der Energieeinsparverordnung EnEV der Nutzwärmebedarf Q_W für die Warmwasserbereitung pauschal nutzflächenbezogen zum Ansatz gebracht: Bei der Berechnung nach DIN V 4701-10 wird – unabhängig vom Nutzerverhalten – ein Betrag von 12,5 kWh je m² Nutzfläche A_N (das ist die nach EnEV aus dem beheizten Gebäudevolumen errechnete Nutzfläche) und Jahr gewählt. Bei der Berechnung nach DIN V 18599-10 wird in Ein-/Zweifamilienhäusern hingegen ein Betrag von 12 kWh/m²a und in Mehrfamilienhäusern von 16 kWh/m²a festgesetzt. Grund für die differenzierte Betrachtung in der DIN V 18599 ist, dass die Wohnfläche pro Person in Mehrfamilienhäusern geringer und damit der Warmwasserverbrauch pro m² in Mehrfamilienhäusern höher ist als in Einfamilienhäusern. Grundsätzlich ist der pauschale Ansatz für den Nutzwärmebedarf mit sehr großer Ungenauigkeit verbunden. Bei einer

Wohn-/Nutzfläche von 120 m², die von einer 4-köpfigen Familie bewohnt wird, führt der Ansatz zu einem Energieverbrauch von 1,04 kWh/d·Pers. entsprechend 30 l/d·Pers. Warmwasser von 50°C bzw. 18 l/d·Pers. Warmwasser von 60°C.

Für eine grobe Vorplanung und die vergleichende Bewertung, wie sie mit dem Energieausweis bundesweit beabsichtigt wird, ist eine Normierung mit einer solchen Pauschale aber außerordentlich hilfreich. In Altbauten liegt der Anteil des Wärmebedarfs für Warmwasser bezogen auf den Gesamtwärmebedarf bei 15 - 20%, in Neubauten bei 30 - 40% und in Passivhäusern bei 70 – 80%.

5.4 Ermittlung der Wärmeleistung

Der Warmwasserbedarf eines Haushalts schwankt je nach Nutzergewohnheiten und ist an Wochenenden meist höher als in der Woche. Für die Auslegung einer Warmwasseranlage ist der höchste Bedarf, der im Normalbetrieb auftreten kann, eine wichtige Größe.

Beispielsweise sollte eine Warmwasseranlage in einem Haushalt, der über eine mittelgroße Badewanne verfügt, auch in der Lage sein, diese in einem vernünftigen Zeitraum von z.B. 15 Minuten zu füllen (Tabelle 5.4). Müssen 150 Liter Wasser in 15 Minuten (= 0,25 Std.) von 10°C auf 40°C aufgeheizt werden, wird folgende Wärmeleistung benötigt (t = Zeit), sofern der Wirkungsgrad des Wärmeerzeugers 90% beträgt:

$$P = Q/t = 1/\eta \cdot c \cdot m \; \Delta T/t$$
$$= 1/0{,}9 \cdot 1{,}16 \text{ Wh/kg·K} \cdot 150 \text{ kg} \cdot 30 \text{ K}/0{,}25 \text{ h}$$
$$= 23.200 \text{ W} = 23{,}2 \text{ kW}$$

Wird das Wasser in einem Durchlauferhitzer erwärmt, ist eine Heizleistung von 23,2 kW erforderlich, um das Bad in 15 Minuten zu füllen. Mit einem solchen Heizgerät kann man auch eine Dusche dauerhaft betreiben, die etwa 10 Liter pro Minute an Wasser verbraucht.

Hat eine Heizungsanlage z.B. nur 10 kW Heizleistung, würde es mehr als doppelt so lange dauern, bis eine Wanne mit 150 Liter vollgelaufen wäre. In diesem Fall kann ein Vorratsspeicher von z.B. 150 Liter (Warmwasserspeicher) für Abhilfe sorgen, der in 30 - 40 Minuten nachgeladen wird.

Der gesamte Warmwasserverbrauch in einem Haus hängt von der Zahl der Personen und der Zahl der Duschen und Badewannen ab. Der Verbrauch an den sonstigen Zapfstellen kann dagegen vernachlässigt werden. In der Regel wird der überwiegende Teil des täglichen Warmwasserbedarfs in einem Zeitraum von etwa 2 Stunden abgefragt, z.B. wenn mehrere Personen in einem Haushalt morgens duschen. Wenn der Gesamtverbrauch bei 200 Liter (bei 45°C) liegt und der Heizkessel diese Wassermenge in 1 Stunde nachheizen soll, wird eine Heizleistung von etwa 7 kW benötigt.

In Mehrfamilienhäusern ist es unwahrscheinlich, dass in allen Wohnungen gleichzeitig geduscht oder gebadet wird. Um die für die Warmwasserbereitung erforderliche Heizleistung zu bestimmen, wird die obige Heizleistung (7 kW) mit der Zahl der Wohnungen und einem empirisch ermittelten Gleichzeitigkeitsfaktor φ (s. Tabelle 5.5) multipliziert.

Beispiel: Der maximale Wärmebedarf bei 8 Wohneinheiten und 200 Liter täglichem Warmwasserbedarf pro Wohnung ist:

$$P = n \cdot \varphi \cdot 7 \text{ kW} = 8 \cdot 0{,}5 \cdot 7 \text{ kW} = 28 \text{ kW}.$$

Die Kesselleistung kann wesentlich niedriger dimensioniert werden, wenn es einen Speicher gibt. Wenn es 2 Stunden (z_A) dauern darf, den Speicher aufzuheizen, ist ein Speicher von 690 Liter und eine Kesselleistung von 14 kW erforderlich (Tabelle 5.5).

Für die Auslegung der Anlage heißt das, dass man in einem gewissen Rahmen wählen kann zwischen einer großen Kesselleistung mit kleinem Speicher und einer kleineren Kesselleistung mit größerem Speicher.

	Einmalige Entnahme	Temperatur °C	Dauer Minuten
Handwaschbecken	5	35	1,5
Waschbecken	10	35	2
Badewanne klein (Größe 100)	100	40	15
Badewanne mittel (Größe 160)	150	40	15
Badewanne groß (Größe 180)	250	40	20
Dusche	50	40	6
Gesamtverbrauch (40 - 60°C)	30 - 60 l/d·Pers.		

Tabelle 5.4: Warmwasserbedarf von Wohnungen. (VDI 2067-12, 07/2000)

Zahl der Wohnungen n	Gleichzeitigkeitsfaktor φ	Max. Wärmebedarf P kW	Kesselleistung P_K in kW bei Z_A in Std.				Speichergröße in Liter bei Z_A in Std.			
			0,5	1	2	3	0,5	1	2	3
1	1,15	8	7	6	4	3	90	150	200	220
2	0,86	12	10	8	6	5	130	200	300	370
4	0,65	18	15	12	9	7	190	300	450	520
6	0,56	24	19	16	12	10	230	400	600	740
8	0,50	28	24	19	14	12	300	470	690	890
10	0,47	33	27	22	17	13	330	540	835	960
12	0,47	39	32	26	20	16	395	640	985	1180
15	0,44	46	37	31	23	18	455	765	1130	1330
18	0,42	53	42	35	27	21	520	860	1130	1550
20	0,40	56	45	37	28	22	555	910	1380	1620

Z_A = Aufheizdauer des Kessels; 60°C Zapftemperatur; 2 Std. Betriebsdauer des Spitzenbedarfs

Tabelle 5.5: Zentrale Wassererwärmungsanlagen mit Speicher für Wohnungen mit 3-4 Personen und Badewanne je Wohnung (aus Sander, H.: Warmwasserbereitungsanlagen, 2. Aufl. Berlin. Haenchen und Jäh 1963)

5.5 Dezentrale Warmwasserbereitung

Bei der dezentralen Warmwasserbereitung wird jede Zapfstelle mit einem eigenen Wärmeerzeuger versorgt. In der Regel sind das Elektrospeicher (Untertischspeicher), elektrische Durchlauferhitzer oder Erdgasdurchlauferhitzer. Die Verluste über das Rohrnetz sind entsprechend gering und Warmwasser ist meist sofort verfügbar.

Elektrospeicher

Elektrische Warmwasserspeicher werden oft unter Waschtischen oder in Schränken montiert. Sie sind von den Investitionskosten her günstig (ab 50 €), weil man keine Rohrleitungen (zur Zentralheizung) verlegen muss. Man unterscheidet offene von geschlossenen Speichern. Ein offener Speicher ist drucklos und kann nur eine einzige Zapfstelle bedienen. Es wird eine spezielle Auslaufarmatur benötigt, die dafür sorgt, dass sich im Innern des Speichers kein Druck aufbaut. Geschlossene Speicher sind etwas teurer und stehen unter normalem Wasserdruck. Sie können mehrere Zapfstellen versorgen, und es können die ganz normalen Auslaufarmaturen, z.B. auch mit Durchflussminderern verwendet werden.

Weil Elektrospeicher mit Strom betrieben werden, sind die Energiekosten und die Umweltbelastung allerdings vergleichsweise hoch, zumal zu den Verbrauchkosten auch noch die recht hohen Standby-Verluste (Tabelle 5.6) hinzugerechnet werden müssen. Es ist deshalb ratsam, bei diesen Geräten die Warmwassertemperatur möglichst weit herunter zu drehen und sie mit einer Zeitschaltuhr zu versehen, so dass sie nur dann heizen, wenn das Wasser gebraucht wird.

Volumen l	Warmwassertemperatur 65 °C			Warmwassertemperatur 45 °C		
	Tagesverlust kWh	Jahresverlust kWh	Jahresverlust €	Tagesverlust kWh	Jahresverlust kWh	Jahresverlust €
5	0,45	164	41	0,25	91	23
10	0,55	201	50	0,31	113	28
30	0,75	274	68	0,42	153	38
50	0,90	329	82	0,50	183	46
100	1,30	475	119	0,72	263	66
200	2,10	767	192	1,44	526	131

Tagesverluste aus RWE-Bau-Handbuch, 14. Ausgabe 2010

Tabelle 5.6: Wärmeverluste und Bereitschaftskosten von Elektro-Warmwasserspeichern bei einem Strompreis von 25 ct/kWh.

Elektrodurchlauferhitzer

Bei den Durchlauferhitzern wird das Wasser beim Durchströmen des Gerätes erwärmt. Der Wasserinhalt des Gerätes ist gering, so dass es keine Probleme mit Legionellen gibt. Obwohl sie keine Standby-Verluste haben, sind bei regelmäßiger Benutzung Stromverbrauch und Stromkosten hoch.

Die kleinsten Mini-Durchlauferhitzer haben eine Leistung von 3,5 kW und können an einer Schukosteckdose mit 230 V betrieben werden. Sie liefern etwa 2 Liter Wasser pro Minute und können damit ein Handwaschbecken versorgen. Bei sehr geringem Warmwasserbedarf und langen Leitungen (z.B. abgelegenes Gäste-WC) kann die Versorgung mit einem elektrischen Durchlauferhitzer ökonomisch und ökologisch sinnvoll sein.

Die größeren Geräte haben eine Heizleistung von 18 bis 27 kW und benötigen einen Drehstromanschluss (400 V). Dafür sind sie in der Lage, einen ausreichenden Wasserstrom für eine Dusche oder eine Badewanne zu erwärmen. Es gibt unterschiedliche Qualitäten: Hydraulische Durchlauferhitzer besitzen einen Strömungsschalter, der die Heizung einschaltet, sobald ein Mindest-Wasserdurchfluss vorhanden ist. Einige Geräte haben noch eine zweite Stufe für erhöhten Wasserdurchfluss. Hydraulische Durchlauferhitzer sind unkomfortabel, da sie empfindlich auf Druckschwankungen im Wassernetz reagieren. Stimmt der Wasserdurchfluss nicht, ist das auslaufende Wasser zu heiß oder zu kalt.

Komfortabler sind elektronische Durchlauferhitzer, die auch bei Druckschwankungen nahezu gradgenau warmes Wasser liefern. Bei ihnen ist die Temperatur des auslaufenden Wassers zwischen 30 und 60°C einstellbar. Die Temperatur wird elektronisch überwacht, um die Heizleistung entsprechend zu steuern. Elektronische Durchlauferhitzer sind u.U. interessant zur Nachheizung bei Solaranlagen, wenn es beispielsweise keinen Gasanschluss gibt. Schafft die Solaranlage z.B. nur eine Temperatur von 30°C, kann man das Wasser mit einem elektronischen Durchlauferhitzer z.B. auf 45°C nachheizen.

Gasdurchlauferhitzer

Gasdurchlauferhitzer benötigen einen Gas- und Abgasanschluss und erfordern damit eine aufwändigere Installation. Außerdem benötigen sie eine Frischluftzufuhr. Erfolgt diese aus dem Raum, kann es Probleme mit Lüftungsanlagen oder Küchenabzugshauben geben. Bei älteren (hydraulischen) Anlagen brennt ständig eine Zündflamme; das bedeutet, dass sie Stand-By-Verluste haben können, die durchaus 50 bis 100 € im Jahr an Kosten verursachen können. Ältere Gasdurchlauferhitzer gelten als sehr unkomfortabel: Es dauert eine Weile, bis sie warmes Wasser liefern, und auf Wasserdruckschwankungen reagieren sie ebenso wie ihre einfachen elektrischen Verwandten mit starken und unangenehmen Temperaturschwankungen.

Bei neueren Gasdurchlauferhitzern ist die Temperatur stufenlos einstellbar. Sie haben keine Zündflamme mehr, sondern werden bei Bedarf elektronisch gezündet (Piezo-Zündung). Durch eine verbesserte Regelung reagieren sie auch nicht mehr so stark auf Druckschwankungen. Durch ein doppelwandiges Rohr werden sie direkt von außen mit Frischluft versorgt, wobei durch das innere Rohr das Abgas nach außen strömt und das äußere Rohr der Frischluftzufuhr dient. Damit sind sie raumluftunabhängig, und Konflikte mit der Lüftungsanlage gehören der Vergangenheit an. Trotzdem werden sie nur noch selten installiert.

Wohnungszentrale Warmwasserbereitung

Viele große Mehrfamilienhäuser (MFH), die in früheren Zeiten mit einzelnen Gasthermen mit Heizwärme und warmem Wasser versorgt wurden, werden im Zuge einer Modernisierung mit Zentralheizungsanlagen ausgestattet. Diese haben den Vorteil, dass sie effizienter arbeiten und erheblich niedrigere Nebenkosten verursachen (Schornsteinfeger-, Gasgrundgebühren, Wartungs- und Reparaturkosten). Außerdem kann man bei einer Zentralheizung relativ einfach den Energieträger wechseln, Sonnenenergie nutzen oder ein Blockheizkraftwerk einbauen.

In kleineren MFH kann man die Wohnungen von der Zentralheizung direkt mit Wärme und Warmwasser versorgen, wobei in jede Wohnung 2 Leitungspaare (Vor- und Rücklauf für Heizung + Trinkwarmwasser- und Zirkulationsleitung) gelegt werden müssen. Doch bereits ab 4 Wohneinheiten ist das zu aufwändig, und die Wärmeverluste der vielen Leitungen werden zu groß. Deshalb werden in zunehmendem Maße sogenannte Wohnungsstationen eingebaut, die auch als Übergabestation bei Fernheizungen bekannt sind (s. Abb. 5.3 und 5.4).

In diesem Fall muss nur noch ein Leitungspaar (Vor- und Rücklauf für Heizung) als Ringleitung zu den Wohnungen geführt werden. Die Trinkwassererwärmung erfolgt über einen Plattenwärmetauscher direkt

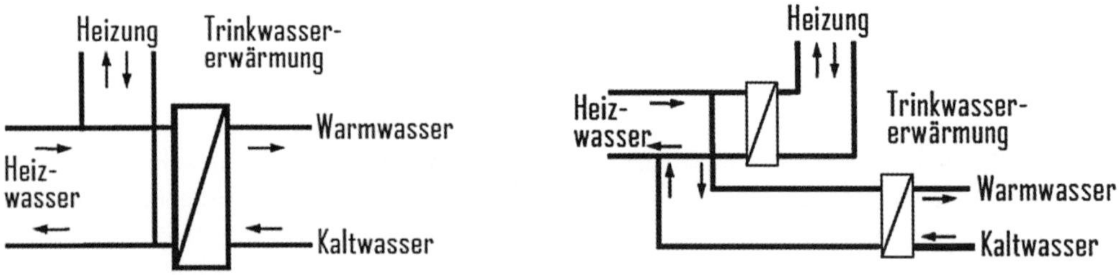

5.3
Installationsschema der Wärmeübergabe in Wohnungsstationen. Links: Das Heizwasser der Ringleitung fließt auch durch die Heizkörper der Wohnung. Rechts: Die Wohnung hat einen eigenen Heizkreis. Die Trinkwassererwärmung erfolgt in beiden Fällen sehr hygienisch mit Wärmetauschern.

5.4: Wohnungsstation.
Quelle: Fa. PEWO Energietechnik GmbH

in der Wohnung. Das Heizungswasser aus der Ringleitung fließt außerdem entweder direkt durch die Heizkörper, oder die Wärme wird, wie bei der Fernwärme, mit einem weiteren Plattenwärmetauscher an das Wohnungsheizungswasser übertragen. Außer den Heizungsein- und -ausgängen haben die Geräte noch einen Kaltwasserein- und -ausgang sowie einen Warmwasserausgang.

Im Sommer, wenn keine Heizwärme benötigt wird, sorgt eine drehzahlgeregelte Pumpe an der Zentralheizung dafür, dass der Trinkwasser-Wärmetauscher der Wohnungsstation mit einem minimalen Heizwasserdurchfluss durchströmt und warm gehalten wird, damit immer warmes Trinkwasser bereitsteht. Beim Aufdrehen des Zapfhahns fordert die Wohnungsstation mehr Wärme von der Zentrale an: Die Drehzahl der zentralen Pumpe steigt. Wenn alle Rohrleitungen und Wärmetauscher gut gedämmt sind, sind die Wärmeverluste sehr gering. Die Verluste kommen überdies (in den Wintermonaten) auch noch den Wohnungen als Heizwärme zugute. Das Trinkwasservolumen des ständig warmen Wärmetauschers und der Stichleitungen zu den Zapfstellen in der Wohnung ist – gute Planung vorausgesetzt – deutlich geringer als 3 Liter, so dass diese Anlagen von den besonderen Anforderungen der Trinkwasserverordnung befreit sind.

Ein Wärmemengenzähler und ein Kaltwasserzähler für die Abrechnung der Heizkosten werden auf Wunsch in die Wohnungsstationen eingebaut. Die Zähler können per Funk oder per Internet ausgelesen werden, ohne die Wohnung zu betreten.

5.6 Zentrale Warmwasserbereitung

Bei der Zentralversorgung werden alle Zapfstellen über ein Gerät versorgt, meist über einen Warmwasserspeicher, der an die Heizungsanlage angeschlossen ist. Dadurch gibt es auch bei schwankenden Druck- und Entnahmeverhältnissen stets ausreichend warmes Wasser. Außerdem können mehrere Zapfstellen gleichzeitig bedient werden. Bei langen Rohrleitungen kann es allerdings eine Weile dauern, bis warmes Wasser aus dem Hahn fließt.

Zirkulation

In ausgedehnten Gebäuden wird deshalb eine Zirkulationsleitung unumgänglich: Dabei wird heißes Wasser durch die Leitungen im Kreis gepumpt, damit sofort heißes Wasser gezapft werden kann. In den Leitungen gibt es jedoch erhebliche Wärmeverluste, und der Pumpenstrom kommt noch hinzu. Die Pumpen in Einfamilienhäusern haben oft Leistungen von 30 W. Sind sie ganzjährig in Betrieb, ergeben sich Stromkosten von 65 € im Jahr. Noch höher sind die Kosten durch die Wärmeverluste. In den letzten Jahren sind Hocheffizienzpumpen auf den Markt gekommen, die nur noch 3 - 9 W Leistung haben und 70 - 80% weniger Strom verbrauchen.

Um die Wärmeverluste und den Stromverbrauch zu vermindern, fordert die Energieeinsparverordnung in § 14:

(4) Zirkulationspumpen müssen beim Einbau in Warmwasseranlagen mit selbsttätig wirkenden Einrichtungen zur Ein- und Ausschaltung ausgestattet werden.

Das sind meist Zeitschaltuhren, die die Pumpe nur zu bestimmten Zeiten laufen lassen, wenn die Wahrscheinlichkeit groß ist, dass Wasser gezapft wird. In Altbauten sollte eine solche Uhr unbedingt nachgerüstet werden, da sie sich in wenigen Monaten amortisiert. Häufig sind diese Uhren bereits in die Zirkulationspumpe eingebaut, oder die Pumpe wird von der Kesselsteuerung aus bedient.

Neben diesen einfachen Uhren gibt es noch folgende Steuerungen, die wesentlich energiesparender sind:

- Neben der Zeitschaltuhr enthält die Steuerung noch einen Temperaturfühler: Erst wenn die Temperatur in der Leitung z.B. 30°C unterschreitet und der richtige Zeitpunkt da ist, schaltet sich die Pumpe kurz ein und wieder aus. Diese Steuerungen sind oft bereits in der Pumpe integriert.
- Selbstlernende Pumpen merken sich die Zeiten, in denen warmes Wasser gezapft wird, und schalten sich am nächsten Tag kurz vorher selbsttätig ein und wieder aus. Das ist aber nur sinnvoll, wenn jemand einen sehr geregelten Tagesablauf hat.
- Eine andere Regelung reagiert auf Druckschwankungen im Wassernetz. Dreht man kurzzeitig den Hahn auf und wieder zu, beginnt die Pumpe einige Minuten lang zu laufen. Nach kurzer Zeit ist heißes Wasser an allen Zapfstellen verfügbar. Solche Druckschalter werden auch direkt in Zirkulationspumpen eingebaut.

In gut geplanten Einfamilienhäusern mit kurzen Wegen zwischen Wärmeerzeuger und Zapfstellen ist eine Zirkulationsleitung überflüssig. In Neubauten sollte die Wasserzirkulation wo immer möglich vermieden werden, z.B. indem man den Heizungsraum möglichst in der Nähe der Zapfstellen anordnet.

Direkt beheizte Warmwasserspeicher

Direkt beheizte Wasserspeicher, die mehrere Zapfstellen gleichzeitig bedienen können, haben ein Volumen von 100 - 250 Liter Inhalt und werden entweder mit Strom (Heizpatrone) oder Erdgas beheizt.

Die Gas-Warmwasserheizer oder Gas-Vorratsheizer haben einen eigenen Gasbrenner mit 6 - 8 kW Heizleistung. Sie benötigen einen Schornsteinanschluss und entnehmen die Verbrennungsluft dem Aufstellungsraum. Während ältere Geräte noch eine ständig brennende Zündflamme haben, sind die neueren mit einer elektronischen (Piezo-)Zündung ausgestattet.

Der Wirkungsgrad dieser Geräte ist schlecht, da sie z.B. den Brennwerteffekt nicht nutzen können. Außerdem gibt es eine offene Verbindung zum Schornstein, so dass ständig kalte Luft durch den Speicher strömt und Wärme über den Schornstein nach draußen transportiert wird. Die Abgase aus einem direkt befeuerten Warmwasserspeicher können nicht über denselben Schornsteinzug entsorgt werden, an dem ein Brennwertkessel hängt, da ersterer mit Unterdruck und letzterer mit Überdruck (Gebläse) arbeitet. Sie werden deshalb immer weniger eingebaut.

Indirekt beheizte Warmwasserspeicher

Indirekt beheizte Warmwasserspeicher werden nicht direkt, z.B. durch eine eigene Feuerung, beheizt, son-

dern durch den Zentralheizungskessel und/oder eine Sonnenkollektoranlage mit Wärme versorgt.
Gebräuchlichste Bauart sind Druckspeicher mit eingebauten Rohrschlangen-Wärmetauschern, über die das Trinkwasser im Speicher erwärmt wird. Stehende Speicher haben eine günstigere Warmwasserschichtung als liegende. Der Speicherinhalt sollte bei Ein- und Zweifamilienhäusern etwa dem mittleren Tagesbedarf entsprechen, also etwa 30 - 40 Liter pro Person betragen; für einen 4-Personen-Haushalt könnte also ein 120 - 150 Liter-Speicher ausreichen.
Wird der Speicher aus der Zentralheizung aufgeladen, lässt sich mit einer zeitgesteuerten Speicheraufheizung (z.B. morgens und abends) die energetische Effizienz und damit die Wirtschaftlichkeit der Warmwasserbereitung im Sommer deutlich erhöhen. Für die bivalente Wärmeversorgung durch Heizung und Solaranlage sind zwei Wärmetauscher im Speicher erforderlich. Das Speichervolumen sollte dann für den optimalen Betrieb mit der Solaranlage größer ausgelegt werden und etwa 80 - 100 l/Pers. bzw. 50 l/m² Kollektorfläche betragen. Der Speicherstandort sollte möglichst nahe an den Zapfstellen und auf jeden Fall innerhalb der thermischen Gebäudehülle gewählt werden.
Sehr gebräuchlich, da kostengünstig, sind innen emaillierte Warmwasserspeicher aus Stahl. Um einer Korrosion des Stahlbehälters infolge kleinerer und kleinster Schäden in der Emailleschicht vorzubeugen, wird in solche Speicher stets eine Magnesium-Opferanode eingebaut. Sollte ein elektrolytischer Korrosionsprozess auftreten, wird Magnesium von der Anode – sie besteht aus dem weniger edlen Metall – anstelle des wertvollen Speichermaterials Stahl geopfert, so dass der Magnesiumstab im Laufe der Zeit buchstäblich zerfressen wird. Es ist deshalb wichtig, diese Opferanoden jährlich zu kontrollieren und gegebenenfalls zu ersetzen! Alternativ können auch wartungsfreie Fremdstromanoden eingebaut werden, die zwar erheblich teurer in der Anschaffung (ca. 150 € statt 10 €) sind, dafür aber die jährliche Wartung ersparen. Der Stromverbrauch einer Fremdstromanode liegt bei 2 - 4 W bzw. bei 17 - 35 kWh/a, was zu Stromkosten von 4 - 9 €/a führt.
Bei Edelstahlspeichern ist keine Anode erforderlich; sie sind jedoch deutlich teurer als emaillierte Speicher. Es ist jedoch zu beachten, dass in manchen Gegenden in Deutschland das Trinkwasser eine chemische Zusammensetzung hat, bei der auch Edelstahl vom Wasser angegriffen wird. In der Regel ist das örtliche Installationshandwerk über solche Sonderfälle informiert und weiß Abhilfe. Auskünfte erteilen ggf. auch die zuständigen Wasserwerke.
Indirekt beheizte Speicher haben eine Reihe von Vorteilen: Sie können mehrere Zapfstellen gleichzeitig versorgen, trotzdem bleibt die Temperatur des gezapften Wassers relativ konstant. Es wird nur ein einziger Wärmeerzeuger benötigt, was geringe Wartungskosten und einen einfacheren Anschluss an den Schornstein zur Folge hat. Außerdem ist die Nutzung zukunftsträchtiger Wärmeerzeugungstechniken (Sonnenenergie, Wärmepumpen, Holzkessel, Brennstoffzelle etc.) nur mit indirekt beheizten Speichern möglich.
Nachteilig ist, dass Trinkwasser bevorratet wird, in dem sich Legionellen vermehren können. Aus diesem Grund sollte die Temperatur im oberen Teil des Speichers mindestens 55°C betragen, sofern nicht der gesamte Speicher automatisch mindestens einmal wöchentlich auf mehr als 60°C aufgeheizt wird (Legionellenschaltung).
Eine Speichertemperatur von 60°C (und darüber) ist für moderne Wärmeerzeuger nachteilig; denn mit zunehmender Temperatur sinkt der Wirkungsgrad eines Brennwertkessels ebenso wie der einer Wärmepumpe oder Solaranlage. Daher ist es sinnvoll, besonders beim Betrieb mit einer Wärmepumpe, die Speichertemperatur nicht höher als 50°C einzustellen und zur Vermeidung von Legionellen mit einem Elektroheizstab einmal wöchentlich die Speichertemperatur auf über 60°C anzuheben. Das ist in der Regel sparsamer, als den Speicher mittels Wärmepumpe dauerhaft auf 55°C oder mehr aufzuheizen.

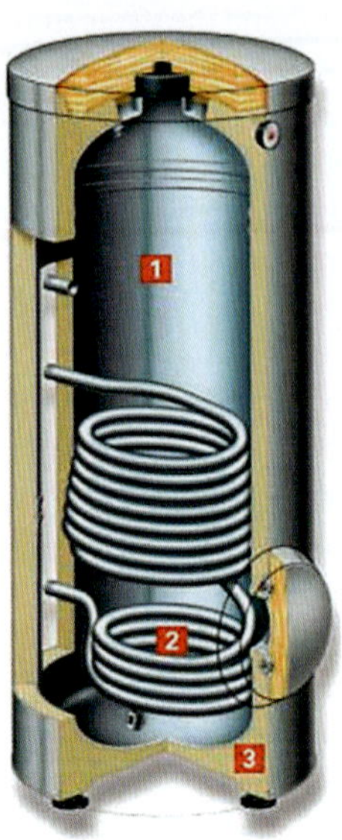

5.5
Indirekt beheizter Warmwasserspeicher aus Edelstahl.
Quelle: Fa. Viessmann

1 Warmwasservolumen
2 von Heizungswasser durchströmte Heizwendel
3 Wärmedämmung

Schichtenspeicher

Schichtenspeicher sind ebenfalls indirekt beheizte Speicher, bei denen besondere Vorkehrungen zur Erhaltung einer ausgeprägten Temperaturschichtung im Speicher getroffen wurden und die dadurch energetisch noch effizienter be- und entladen werden können. Schichtenspeicher wurden im Hinblick auf optimale Solarenergienutzung und als Pufferspeicher für Brennwertkessel entwickelt, da bei beiden Techniken eine niedrige Rücklauftemperatur effizienzsteigernd wirkt. Schichtenspeicher werden überwiegend über außenliegende Wärmetauscher aufgeladen, es gibt aber auch solche mit eingebauten Wärmetauschern.

Zur Aufladung eines Schichtenspeichers mit außenliegendem Wärmetauscher (Abb. 5.6) wird Kaltwasser aus dem unteren Speicherteil entnommen, in einem Plattenwärmetauscher auf die gewünschte Temperatur aufgeheizt und im oberen Bereich des Speichers eingeschichtet. Da die Rücklauftemperatur (d.h. die Temperatur des zufließenden kalten Wassers) niedrig bleibt, bis der Speicher weitgehend geladen ist, können Brennwertheizgeräte auch beim Aufladen eines Warmwasserspeichers überwiegend im günstigen Kondensationsbetrieb arbeiten. Auch Wärmepumpen erreichen höhere Arbeitszahlen, wenn sie mit einem Schichtenspeicher als Puffer arbeiten.

Im Unterschied zu Speichern mit eingeschobener Wärmetauscherspirale, bei denen der Speicherinhalt von unten nach oben erwärmt wird (Schwerkraftprinzip), wird der Schichtenspeicher von oben nach unten be- und auch entladen, ohne dass es zu einer Durchmischung des gesamten Speicherinhaltes mit entsprechendem Temperaturausgleich kommt. Dadurch kann dem Speicher sehr lange Wärme auf einem hohen Temperaturniveau entnommen werden, so dass in vielen Fällen ein reduziertes Speichervolumen ausreichend ist.

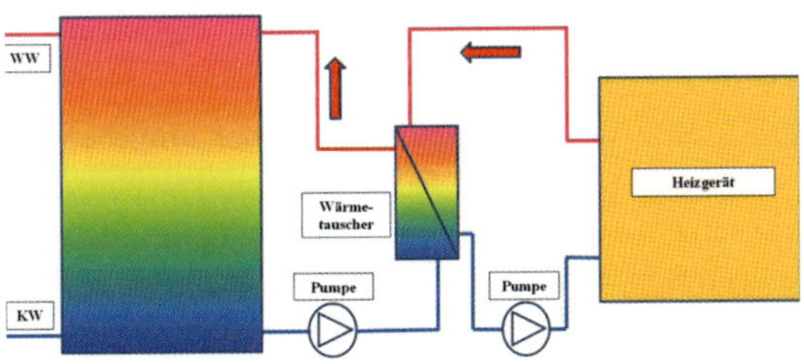

5.6
Speicher mit Schichtenladung; KW: Kaltwassereingang; WW: Warmwasserausgang.

Wird beim Warmwasserspeicher in Abb. 5.6 eine größere Menge Warmwasser gezapft, beginnt das Heizgerät über den Wärmetauscher den Speicher zu laden. Ist die Leistung des Wärmetauschers (und des Heizgerätes) größer als die mit dem gezapften Wasser abfließende Energie, kann das Trinkwasser quasi im Durchlauf erwärmt werden, so dass der Speicherinhalt unangetastet bleibt. Steigt die Zapfmenge, wird auch der Warmwasservorrat des Speichers verbraucht. Verschiedene Hersteller bieten für Einfamilien-Haushalte in Verbindung mit Gas-Brennwertthermen wandhängende Schichtenspeicher mit 20 bis 70 Liter Inhalt an (Abb. 5.7). Die sehr kleinen Schichtenspeicher benötigen allerdings eine relativ hohe Spitzenleistung vom Heizkessel; viele Geräte werden nur in Kombination mit einem Heizkessel von mind. 20 kW angeboten.

Speicher mit Frischwasser-Wärmetauscher

In den letzten Jahren haben sich Sonnenkollektoren zur Warmwasserbereitung und Heizungsunterstützung zunehmend durchgesetzt, bei denen Speichervolumina von z.T. deutlich über 400 l gefragt sind. Gleichzeitig sind, nicht zuletzt durch die novellierte Trinkwasserverordnung, die Anforderungen an eine hygienische Warmwasserbereitung gestiegen. Eine Lösung liegt darin, nicht mehr Trinkwasser zu spei-

5.7
Gasbrennwertgerät mit 20 l-Schichtenwarmwasserspeicher. Quelle: Fa. Vaillant

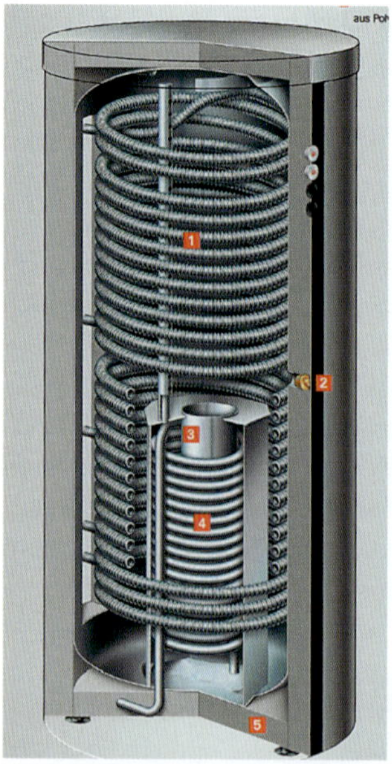

5.8
Indirekt beheizter Speicher aus Edelstahl mit innenliegendem Trinkwasserwärmetauscher.
Quelle: Fa. Viessmann

1 Trinkwasser-Wärmetauscher
2 Anschluss für Elektro-Heizstab
3 Schichtenlader
4 Solar-Wärmetauscher
5 Wärmedämmung

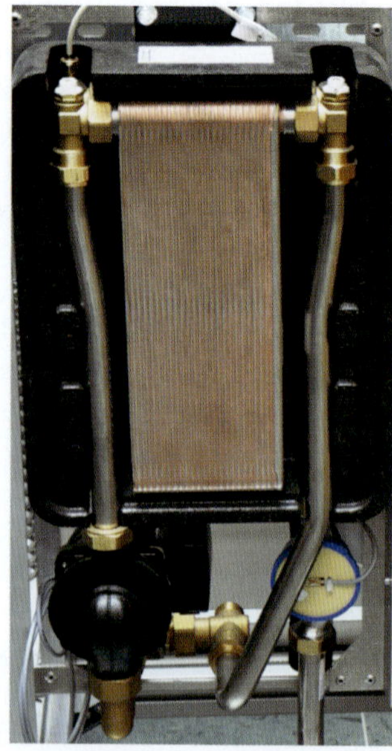

5.9
Frischwasserstation mit Wärmetauscher und Pumpe.
Quelle: Fa. Solvis

chern, sondern Heizungswasser und damit das Trinkwasser über einen Wärmetauscher im Durchfluss zu erwärmen. Abb. 5.8 zeigt solch einen Speicher, in dem nicht mehr Frischwasser, sondern Heizungswasser gespeichert ist. Für die Warmwasserbereitung ist eine Wärmetauscherwendel eingebaut, die von Frischwasser durchströmt wird. Das Frischwasservolumen ist sehr gering, so dass sich Legionellen kaum vermehren können.

Nachteilig an dieser Bauform ist eine mögliche Kalkausfällung bei Heizwassertemperaturen ab 60°C. Die Menge der Kalkablagerungen steigt exponentiell zur Temperatur. Aus diesem Grund werden Pufferspeicher mit innenliegendem Wärmetauscher oft nicht bis zur max. möglichen Höchsttemperatur (95°C) beladen, sondern eine niedrigere Grenztemperatur gewählt. Im Falle der Einschichtung von solarer Wärme wird damit solares Potential verschenkt.

Alternativ zum innenliegenden Frischwasserwärmetauscher kann das Trinkwasser auch über einen außenliegenden Wärmetauscher erwärmt werden, wie in Abb. 5.9 und Abb. 3.5.6 gezeigt ist. Diese Variante, die auch als *Frischwasserstation* bezeichnet wird, ist aufwändiger, da eine zusätzliche drehzahlgeregelte Pumpe installiert werden muss. Sie ist aber auch leistungsfähiger; die Wasserauslauftemperatur kann über die Drehzahl der Pumpe exakt gesteuert werden, auch wenn mehrere Zapfstellen gleichzeitig geöffnet werden. Der Pufferspeicher kann außerdem bis auf 95°C aufgeladen werden.

Frischwasserstationen sind aber im Vergleich zu indirekt beheizten Trinkwasserspeichern mit Wärmetauschern relativ teuer. Sie kosten je nach Leistung des externen Wärmetauschers 1.000 – 2.500 € zusätzlich.

Warmwasser-Wärmepumpen

Warmwasser-Wärmepumpen bestehen im Prinzip aus zwei Komponenten, nämlich einem Trinkwarmwasserspeicher mit 300 - 400 Litern Inhalt und einem Wärmepumpenaggregat mit etwa 1,5 - 2 kW Heizleistung, das entweder auf den Speicher aufgesetzt oder separat installiert wird (Abb. 5.10). Zur Sicherheit gegen Ausfall der Wärmepumpe wird noch ein elektrischer Heizstab in den Speicher eingebaut. Günstig ist es, wenn neben dem Tauscher für die Wärmepumpe noch ein zweiter Wärmetauscher vorhanden ist, so dass z.B. eine Solarkollektoranlage oder auch der Heizkessel angeschlossen werden kann. Der Speicherinhalt von 300 - 400 l ist in der Regel für einen 4-Personen-Haushalt ausreichend bemessen.

Die kleine Wärmepumpe entzieht der umgebenden Raumluft Wärme und führt sie dem Warmwasserspeicher zu. Durch Abkühlung der Raumluft wird dem Raum auch Feuchtigkeit entzogen, denn die in der Raumluft enthaltene Feuchtigkeit kondensiert am Kondensator der Wärmepumpe und kann in die Kanalisation abgeleitet werden.

Wenn sich die Warmwasserwärmepumpe im Heizungsraum befindet, kann sie die Abwärme der Heizungsanlage nutzen. Da moderne Heizungsanlagen jedoch kaum noch Wärme an den Raum abgeben, besteht die Gefahr, dass zumindest kleine Räume zu stark auskühlen. Der Betrieb der Wärmepumpe sollte deshalb bei zu niedrigen Temperaturen eingestellt werden, sofern der Heizkessel die Versorgung übernehmen kann.

Bei alten Heizungsanlagen, die viel Wärme an den Raum abgeben, kann man mit solch einer Wärmepumpe einen Teil der Abwärmeverluste des Heizkessels zurückgewinnen. Energetisch günstiger ist jedoch der Einbau einer neuen Heizung, die deutlich weniger Abwärme produziert. Ein Wärmerecycling ist dann nicht notwendig.

Bei günstigen Rahmenbedingungen und geschickter Planung kann man mit einer Luft-Wärmepumpe auch einen Kühlraum zum Lagern von Obst, Gemüse und Getränken im Haus schaffen. Der Kühlraum sollte nach allen Seiten über einen sehr guten Wärmeschutz zu den Nachbarräumen und nach draußen verfügen.

Grundsätzlich arbeiten Brauchwasserwärmepumpen – wie alle Wärmepumpen – umso effizienter, je geringer die Temperaturdifferenz zwischen Wärmequelle (Raumluft) und Warmwasser ist. Deshalb sollte die Warmwassertemperatur so niedrig wie möglich eingestellt werden, beispielsweise auf 50°C. Zur Hygienisierung des Trinkwassers kann der Speicher gelegentlich (z.B. 1 x wöchentlich) auf 60°C geheizt werden (Legionellenschaltung).

Auch bei Geräten neuerer Bauart erreicht die Arbeitszahl je nach Lufteintrittstemperatur und eingestellter Wassertemperatur oftmals nur Werte von 1,5 - 2,4, wie ein zweijähriger Feldtest von Falk Auer (Dr. Falk Auer: Nicht jede Wärmepumpe trägt zum Klimaschutz bei. 2007) gezeigt hat. Das bedeutet, dass diese Anlagen aus einer Kilowattstunde Strom nur 1,5 - 2,4 kWh Wärme gewinnen. Bedenkt man, dass 1 kWh Strom etwa 25 ct kostet, 1 kWh Gas aber nur 6,5 ct, wird deutlich, dass diese Geräte in der Regel sehr unwirtschaftlich arbeiten. Auch die ökologische Bilanz ist nicht in Ordnung. Trinkwasser-Wärmepumpen stehen im Haus und entziehen dem Raum, in dem sie stehen, die Wärme (wie oben beschrieben). Wenn die Heizungsanlage modern und sparsam und die Kellerdecke gedämmt ist, steht aber im Keller möglicherweise gar nicht genügend nutzbare Abwärme zur Verfügung.

Solare Warmwasserbereitung

Die solare Warmwasserbereitung mittels Sonnenkollektoren wurde bereits in Kap. 3.5 beschrieben. Technisch macht es kaum einen Unterschied, ob der Wärmespeicher durch die Zentralheizung oder eine Sonnenkollektoranlage erwärmt wird, wenn man einmal davon absieht, dass das Speichervolumen in Anbetracht des schwankenden Solarangebotes größer bemessen werden muss als wenn ständig verfügbare Heizwärme genutzt wird. Hinsichtlich der Speichertechniken und -bauformen gilt das zuvor Gesagte.

5.10
Warmwasser-Wärmepumpe.
Quelle: Fa. Bosch Thermotechnik GmbH, Buderus

5.7 Warmwasserbereitung mit Photovoltaik oder Solarthermie?

Das Erneuerbare-Energien-Gesetz (EEG) hat bewirkt, dass Solarstromanlagen (d.h. Photovoltaikanlagen) seit Jahren massenhaft produziert werden und entsprechende Verbreitung gefunden haben. Dadurch sind die Produktions- und Einbaukosten für Photovoltaikanlagen massiv gefallen: Kostete im Jahre 2005 eine PV-Anlage noch etwa 5.000 € je kW installierter Leistung, sind es heute 2.000 €/kW_{peak} und weniger. Bei einem typischen Ertrag von ca. 900 kWh/kW_{peak}·a kostet die solare Kilowattstunde Strom dann überschlägig 22 - 24 ct/kWh.

Dagegen kostet eine Solaranlage für die Warmwasserbereitung (4 - 6 m² Kollektorfläche) etwa 5.000 € und eine Anlage für Heizungsunterstützung und Warmwasser (10 m² Kollektorfläche) etwa 10.000 € (jeweils inkl. Wärmespeicher). In 20 Jahren liefert die kleinere Anlage etwa 35.000 - 40.000 kWh und die größere ca. 70.000 kWh. Das ergibt einen Wärmepreis von etwa 25 ct/kWh.

Eine Ursache für den relativ hohen Wärmepreis der thermischen Kollektoranlagen ist darin zu finden, dass sie in den letzten Jahren noch nicht den massenhaften Einsatz gefunden haben wie PV-Anlagen, nicht zuletzt, weil ihre Installation in der Vergangenheit weitaus weniger gefördert wurde als die von PV-Anlagen. Infolgedessen gab es weniger Wettbewerb, auch mit Herstellern aus China, so dass die Anlagen bis heute vergleichsweise teuer sind.

In Anbetracht der gesunkenen und weiter sinkenden Gestehungskosten für PV-Anlagen argumentieren nun nicht nur PV-Hersteller, dass die Warmwasserbereitung mittels PV in Verbindung mit einer Luftwärmepumpe wirtschaftlich günstiger ist als die Warmwasserbereitung mittels einer klassischen solarthermischen Anlage (s. Kap. 3.5). Und angesichts der unter den Strombezugspreis gesunkenen Einspeisevergütung erscheint die verstärkte Eigennutzung des erzeugten Solarstroms natürlich besonders sinnvoll und naheliegend. Geht man von Stromgestehungskosten aus einer PV-Anlage von 24 ct/kWh (mit weiter sinkender Tendenz) aus und nimmt an, dass eine Luft-Wärmepumpe zur Warmwasserbereitung mit einer Jahresarbeitszahl von 3 - 4 arbeitet, könnte sie Wärme zu Kosten von etwa 6 - 8 ct/kWh produzieren, was sogar preiswerter ist als die Wärme aus Öl oder Gas. Die Investitionskosten für die Brauchwasserwärmepumpe sind bei diesem groben Wirtschaftlichkeitsvergleich noch nicht mitgerechnet, werden aber durch die Kosten für den alternativ notwendigen Brauchwasserspeicher teilweise aufgewogen.

Einzuwenden gegen obige Argumentation ist vor allem, dass die Wärmepumpenhersteller zwar mit hohen Arbeitszahlen von 3 - 4 für ihre Warmwasser-Wärmepumpen werben, in der Praxis vielfach aber nur Arbeitszahlen zwischen 1,5 und 2,5 erreicht und gemessen wurden (Untersuchung von F. Auer, 2007, siehe Kap. 5.6). Der niedrigere Wert wurde bei geringem, der höhere Wert bei hohem Warmwasserbrauch gemessen, weil sich bei geringem Verbrauch die Standby-Verluste stärker bemerkbar machen. Legt man diese ungünstigeren Arbeitszahlen zugrunde, ergeben sich resultierende Wärmepreise von 9,6 - 16 ct/kWh, wiederum ohne Abschreibung der Investitionskosten. Verglichen mit den Kosten der Wärme aus solarthermischen Anlagen, die bei 12,5 - 14,3 ct/kWh liegen, kann die Warmwasserbereitung mit PV-Strom damit teilweise wirklich günstiger sein.

Ein weiterer Nachteil der Warmwasser-Wärmepumpen ist, dass Frischwasser warm gehalten wird, in dem sich Legionellen vermehren können. Das ist bei thermischen Solaranlagen, die nur der Warmwasserbereitung dienen, zwar auch so, nicht aber bei den Anlagen mit Heizungsunterstützung, die das Trinkwasser über ein Frischwassermodul erwärmen.

Ein wichtiger Aspekt beim Systemvergleich ist die Flächeneffizienz: Geht man davon aus, dass Süddachflächen in Deutschland nur begrenzt zur Verfügung stehen, sollten Solarsysteme möglichst effizient arbeiten. Eine solarthermische Anlage hat im Jahresmittel einen Wirkungsgrad von 35 - 45%. Bei einer solaren Einstrahlung von etwa 1.000 kWh/m²·a (Durchschnitt in Deutschland) erwirtschaftet sie also 350 - 450 kWh Wärme je m² Kollektorfläche im Jahr. PV-Dünnschichtmodule haben Wirkungsgrade von rund 10%, die meistverkauften polykristallinen Module schaffen etwa 15% und die besten auf dem Markt erhältlichen monokristallinen Module erreichen 20% Wirkungsgrad. Die Stromausbeute liegt somit bei 100 bis 200 kWh/a je m² Modulfläche. Eine Wärmepumpe mit Dünnschichtmodulen müsste eine Arbeitszahl von 3,5 - 4,5 erreichen, um bei gegebener Dachfläche die gleiche Menge an Wärme bereitzustellen wie eine thermische Solaranlage. Das ist mit Warmwasser-Wärmepumpen nicht zu schaffen. Für Anlagen mit polykristallinen und monokristallinen Zellen wäre eine Arbeitszahl von 2,5 - 3 für eine vergleichbare Energieproduktion ausreichend. Das schaffen die kleinen Warmwasser-Wärmepumpen aber nicht, wohl aber größere Wärmepumpen für Heizung und Warmwasser, insbesondere, wenn es sich um erdgekoppelte Anlagen an Flächenheizungen handelt.

Günstig am System PV-Wärmepumpe ist, dass das Süddach komplett mit Solarmodulen bestückt werden kann. Stromüberschüsse der PV-Anlage können eingespeist und verkauft werden. Dagegen sollten thermische Anlagen für Ein- und Zweifamilienhäuser nicht größer als 10 bis 15 m² sein, damit die sommerlichen Wärmeüberschüsse nicht zu groß werden. (Erst wenn es einen Jahreszeitenspeicher gibt, sind große Kollektorflächen >20 m² sinnvoll, s. Kap. 3.5)
Die restliche Dachfläche kann und sollte für eine PV-Anlage genutzt werden. Aus ästhetischen und konstruktiven Gründen ist es sicherlich günstiger, wenn das Dach einheitlich mit Solarmodulen belegt ist als mit einer Mischung aus Sonnenkollektoren und PV-Modulen.
Auf das Süddach eines EFH passt, voll belegt, durchaus eine 50 - 60 m² große PV-Anlage entsprechend 5 - 8 kW_{peak} Nennleistung, die 4.500 - 7.200 kWh/a an jährlichem Ertrag liefert. Die Investition ist eine rentierliche Geldanlage, solange die Vergütung nach EEG kostendeckend ist und die Mittel für die Investition verfügbar sind. Die Stromerzeugung einer derart großen Anlage könnte im Winterhalbjahr ausreichen, um damit die Warmwasserbereitung mittels Wärmepumpe zu bestreiten, ohne das Netz allzu sehr als Puffer zu benutzen. In einer Jahresbilanz lässt sich mit der von der PV-Anlage erzeugten Strommenge in Verbindung mit einer erdgekoppelten Wärmepumpe durchaus die gesamte Heizenergie (13.000 - 22.000 kWh/a) für ein großes EFH erzeugen, und das zu wirklich konkurrenzfähigen Kosten. Da der Strom aus der Photovoltaikanlage überwiegend (zu etwa 75%) in den Sommermonaten anfällt, während die Wärmepumpe den Strom überwiegend und genau gegenläufig im Winterhalbjahr benötigt, muss das öffentliche Stromnetz als Langzeitspeicher dienen. Das kann an trüben und sehr kalten Wintertagen zu einer sehr hohen Netzbelastung führen. Allerdings können Wärmepumpen auch zur Netzstabilisierung beitragen, wenn sie vorzugsweise dann eingeschaltet werden, wenn es z.B. ein starkes Angebot an Wind- und Sonnenstrom gibt. Thermische Solaranlagen belasten das Stromnetz zwar nicht, können aber auch nicht zur Netzstabilisierung herangezogen werden.

Andererseits schaffen es Wärmepumpen nur mit Mühe, d.h. hohem Stromverbrauch, den Speicher auf Temperaturen von 50°C aufzuladen, während thermische Solaranlagen in den Sommermonaten durchaus auch 90°C erreichen. Das bedeutet, dass ein und derselbe Warmwasserspeicher fast doppelt soviel Wärme aufnehmen kann, wenn er mit einer thermischen Anlage geladen wird.
Ein weiterer Nachteil von PV-Anlagen ist, dass sie auf Verschattung wesentlich stärker reagieren als thermische Anlagen. Aufgrund der elektrischen Verschaltung der Solarmodule reicht es schon, wenn beispielsweise eins von 10 Modulen verschattet wird, um die Leistung des Gesamtsystems um 30% oder mehr zu mindern. Bei einer thermischen Anlage entspricht der Leistungsabfall dagegen etwa dem Grad der Verschattung, ist also wesentlich geringer.
Andererseits haben thermische Solaranlagen den Nachteil, dass sich Wärme nur unter hohen Verlusten und hohen Kosten über größere Entfernungen transportieren lässt. Die Solaranlage sollte also möglichst in der Nähe der Heizungsanlage und nahe an den Verbraucherstellen montiert werden. PV-Module können dagegen auch auf dem Scheunendach in einiger Entfernung installiert sein, da der Strom wesentlich kostengünstiger und verlustärmer transportiert werden kann als die Wärme.
Da in den kommenden Jahren mit einer weiteren Preisdegression bei den PV-Anlagen zu rechnen ist, wird die Nutzung von PV-Strom zur Wärmeerzeugung an Attraktivität noch zunehmen. Wenn sich die solarthermischen Anlagen für die Wärmeerzeugung im Haus am Markt behaupten wollen, werden Hersteller und Installateure daran arbeiten müssen, durch Rationalisierung in Fertigung und Montage zu günstigeren und damit konkurrenzfähigeren Anlagenpreisen zu kommen.
Ein weiterer Aspekt sollte beim Vergleich Solarthermie – Photovoltaik bedacht werden:
Thermische Kollektoren sorgen für eine Einsparung an fossiler Energie. Momentan ist die monetäre Einsparung gering, weil fossile Energieträger noch immer billig sind (Umweltschäden sind nicht eingerechnet). Doch aller Voraussicht nach werden fossile Energieträger knapper und teurer; d.h. die jährliche Einsparung wird ständig steigen.
Abschließend kann man sagen, dass beide Systeme Vor- und Nachteile haben. Noch ist keinesfalls zu erkennen, dass die thermischen Solaranlagen „am Ende" sind.

6 Lüftungsanlagen

6.1 Aufgaben der Lüftung

Während die Heizungsanlage der Temperierung von Gebäuden an kalten Tagen dient, sind die Aufgaben einer Lüftungsanlage komplexer. Lüftungsanlagen sollen nicht nur die Luftqualität auf ein hygienisch erforderliches Niveau bringen und die in der Raumluft enthaltene Feuchtigkeit abführen, sondern können darüber hinaus auch teilweise oder ganz Räume temperieren (s. Kap. 4.4). Durch Entlüftung wird mit Feuchtigkeit, Geruchsstoffen und CO_2 beladene Luft nach draußen abgeführt und durch Frischluft (ggf. mit Filterung der Zuluft) ersetzt. Erfolgt der Luftaustausch nicht durch Undichtheiten der Gebäudehülle und Öffnen der Fenster, sondern durch elektrisch angetriebene Gebläse, spricht man von einer Lüftungsanlage. Lüftungsanlagen sollten nicht mit Klimaanlagen verwechselt werden, welche die Luft auch noch be- oder entfeuchten und kühlen können.

Durch die gestiegenen Anforderungen an Wärmeschutz und sparsame Energienutzung stößt man mit den Möglichkeiten der Fensterlüftung an Grenzen, so dass den Lüftungsanlagen zunehmende Bedeutung zukommt. Früher waren durch undichte Fenster und Türen sowie durch andere Undichtheiten in der Gebäudehülle (also bereits ohne Öffnen der Fenster) je nach Windeinfluss Luftwechselraten von bis zu 2 h^{-1} an der Tagesordnung (d.h. die gesamte Raumluft im Haus wird zweimal pro Stunde gewechselt). Mit neuen dichtschließenden Fenstern und dem Bestreben um eine winddichte Bauweise der Außenhülle erreicht die Luftwechselrate ohne weitere Maßnahmen heute nur noch Werte von 0,1 - 0,3 h^{-1}. Wenn sich Personen in den Räumen aufhalten, ist diese Rate viel zu niedrig, da pro Person täglich etwa 2 - 3 Liter Wasser sowie CO_2 aus der Atmung an die Raumluft abgegeben werden, die abgeführt werden müssen. Geschieht dies nicht, drohen, abgesehen von einem schlechten Raumklima, längerfristig Bauschäden aufgrund von Wasserdampfkondensation.

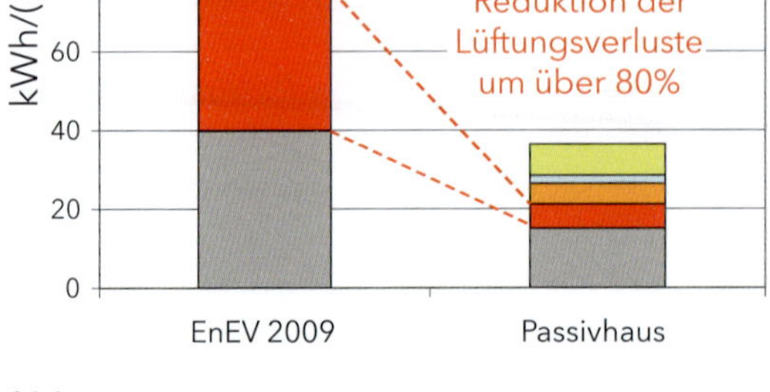

6.1.1
Lüftungsverluste in einem Standard-EFH und in einem Passivhaus. Luftwechselrate Standardhaus 0,6 h^{-1} mit Fensterlüftung bzw. Passivhaus 0,4 h^{-1}; Rückgewinnungsgrad 80%. Quelle: IWU, Kontrollierte Wohnungslüftung

Wie sollte richtiges Lüftungsverhalten mittels Fensterlüftung aussehen? Westfeld und Lucenti (s. Westfeld, H.; Lucenti, S.: Lüftungsanforderungen von Wohngebäuden im Wandel. Der Sachverständige 11/2008, S. 344-349) haben diese Frage untersucht: Ausgehend von 4 Personen in einer 100 m^2 großen Wohnung und einem täglichen Feuchteanfall von 8.000 Gramm (8 Liter) errechneten sie mit Hilfe des sogenannten h,x-Diagramms, wie viel Feuchtigkeit bei einem Lüftungsvorgang maximal abgeführt werden kann. Im Ergebnis sind 12 Lüftungsintervalle à 10 Minuten im Abstand von ca. 2 Stunden (d.h. auch nachts und bei Abwesenheit der Bewohner) notwendig, um die anfallenden 8.000 Gramm Feuchtigkeit pro Tag abzuführen. Einerseits ist das praktisch nicht einzuhalten, andererseits würden durch die geöffneten Fenster die Bemühungen um Energieeinsparung konterkariert, da der Anteil der Lüftungswärmeverluste an den Gesamtwärmeverlusten auf diese Weise über Gebühr steigen würde.

Bei einem einfachen Luftwechsel (1,0 h^{-1}) und derzeit üblicher Dämmung der Gebäudehülle nach EnEV 2009 liegt der Anteil der Lüftungsverluste an den Gesamtwärmeverlusten bei ca. 35% (s. Abb. 6.1.1). Mit steigenden Anforderungen an den Wärmeschutz der Außenbauteile verschiebt sich dieses Verhältnis. Bei Niedrigenergie- und Passivhäusern ist der Anteil der Lüftungsverluste an den gesamten Wärmeverlusten bereits größer als der Wärmebedarf für Warmwasserbereitung. Die Konstruktion eines Passivhauses ist ohne Lüftungsanlage mit Wärmerückgewinnung nicht möglich, weil das Haus per Definition einen Heizwärmebedarf von 12 kWh/m²a nicht überschreiten darf. Bei hoher Raumluftfeuchte (>75%) über längere Zeiträume hinweg ist in Wohnräumen damit zu rechnen, dass Schimmelpilze wachsen. Begünstigt wird das Wachsen der Schimmelpilze, wenn die Feuchtigkeit in der Raumluft an kalten Bauteilen (z.B. Wärmebrücken) kondensiert. Abb. 6.1.2 zeigt das Ergebnis einer Untersuchung über Ursachen von Schimmelpilzbefall in gut gedämmten Gebäuden. Falsches (d.h. unzureichendes) Lüften ist immerhin in 33% der Fälle für die Schimmelschäden verantwortlich.

In gut gedämmten Neubauten kommt der Schimmelpilzbefall entgegen landläufiger Meinung eher selten vor. Weitaus häufiger tritt er in mangelhaft gedämmten Altbauten auf, vor allem nach dem Einbau dichtschließender Fenster. Denn die alten undichten Fenster sorgten noch für eine gewisse Zwangslüftung, obendrein waren die Fensterscheiben mit Abstand die kältesten Flächen im Raum. Das heißt: Wenn Feuchtigkeit aus der Raumluft kondensierte, dann auf den Fensterscheiben. Durch den Einbau neuer Fenster entfällt nicht nur die Zwangslüftung, die Scheibenoberflächen sind jetzt auch wärmer als die Wände. Infolgedessen fällt das Kondenswasser nicht mehr auf den Scheiben, sondern an den Wänden aus. Insbesondere in Wandecken (geometrische Wärmebrücken) und hinter Schränken finden Schimmelpilze optimale Lebensbedingungen.

Die KfW fördert den Einbau neuer Fenster in Altbauten deshalb nur noch, wenn nachgewiesen wird, dass der Wärmeschutz der Wände besser ist als der der Fenster. Um dies zu erreichen, müssen neben den Fenstern oft auch die Wände saniert werden. Außerdem ist ein Lüftungskonzept zu erstellen.

Erfordernisse und Möglichkeiten lüftungstechnischer Maßnahmen

Neben der Einhaltung brand- und schallschutztechnischer Bestimmungen und von Anforderungen an die Nutzung (Stichwort: Behaglichkeit) müssen Lüftungssysteme für Wohn- und Aufenthaltsräume folgende Kriterien erfüllen:

- die Luftqualität (Lufthygiene) sichern, d.h. CO_2 und Gerüche abführen,
- die Luftfeuchte (Feuchteschutz) regulieren und Feuchte abführen,
- die Raumtemperatur konstant halten (Energieeffizienz), d.h. möglichst wenig Energie abführen.

Bei der Instandsetzung oder Modernisierung eines Gebäudes ist gemäß DIN 1946-6 der lüftungstechnische Aspekt zu beachten, wenn

- im Ein- und Mehrfamilienhaus mehr als 1/3 der vorhandenen Fenster ausgetauscht werden bzw.
- im Einfamilienhaus mehr als 1/3 der Dachfläche abgedichtet wird.

Bei dieser Forderung wird unterstellt, dass das unsanierte Gebäude im Bestand einen durchschnittlichen Undichtigkeitswert von 4,5 h^{-1} bei 50 Pa Druckdifferenz (zwischen Gebäude und Atmosphäre) hat (n_{50}-Wert = 4,5 h^{-1}), d.h. jede Stunde wird das gesamte Luftvolumen 4,5 mal getauscht. Die 50 Pa Druckdifferenz zwischen drinnen und draußen entsprechen etwa einer mittleren Windgeschwindigkeit (Windstärke 5).

Für neu zu errichtende oder zu modernisierende Gebäude fordert die DIN 1946-6 in jedem Fall die Erstellung eines Lüftungskonzeptes. Dieses muss den Nachweis der Notwendigkeit lüftungstechnischer Maßnahmen und die Auswahl eines geeigneten Lüftungssystems enthalten. Dazu bietet der Bundesverband für Wohnungslüftung ein kostenloses PC-Programm an, das unter www.wohnungslueftung-ev.de heruntergeladen werden kann.

Lüftungstechnische Maßnahmen können sich zwar auf Teile einer Nutzungseinheit beschränken, z.B. Belüftung eines fensterlosen Raumes mit einem mechanischen Ablüfter, haben aber in der Regel Auswirkun-

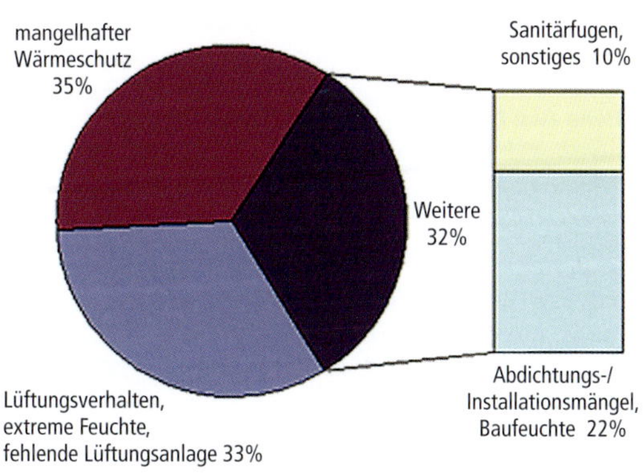

6.1.2
Ursachen für Schimmelpilzschäden bei hochwärmegedämmten Gebäuden.
Quelle: nach Oswald,R.; Liebert, G.; Spilker: Erhebung von Schadensfällen – Ursachen und Konsequenzen. Fraunhofer IRB Verlag, 2008

gen auf die gesamte Nutzungseinheit. Die Luftdurchlässigkeit der Hüllkonstruktion der gesamten Nutzungseinheit ist zu beachten, um das Nachströmen der entsprechenden Menge Zuluft zu sichern, ohne die Einhaltung energetischer Forderungen zu verletzen.

Für die Erstellung des Lüftungskonzeptes sind die Gebäudedaten (Anzahl der Geschosse, Gebäudehöhe, Windgebiet, Wärmeschutz, Gebäudedichtheit) und die Daten der Nutzungseinheit (Geometrie, beheizte Wohnfläche, Zahl der Geschosse, Höhe über Geländeoberkante) zu erfassen (s. DIN 1946-6:2009-05, Anhang B).

Das wichtigste Kriterium bei der Festlegung der lüftungstechnischen Maßnahmen bzw. der Auswahl eines geeigneten Systems ist der Vergleich des notwendigen Volumenstromes für den Feuchteschutz mit dem Luftvolumenstrom durch Infiltration zuzüglich der Fensterlüftung. Zusätzliche lüftungstechnische Maßnahmen sind immer dann erforderlich, wenn der für den Feuchteschutz notwendige Luftvolumenstrom größer ist als derjenige, welcher der Nutzungseinheit durch Infiltration und normale Fensterlüftung zugeführt wird.

Die DIN 1946-6 enthält drei Tabellen für Gesamtaußenluftströme:

- Tab. 5: Mindestwerte der Außenluftvolumenströme von Nutzungseinheiten
- Tab. 6: Gesamtaußenluftströme bei freier Lüftung für einzelne Räume
- Tab. 7: Gesamtaußenluftvolumenströme bei ventilatorgestützter Lüftung für einzelne Räume mit oder ohne Fenster

Eingegangen werden soll an dieser Stelle nur auf Tab. 5 der Norm (Abschn. 6.1.4). Die unterscheidet, wie in Tab. 6.1.1 angedeutet, bei Nutzungseinheiten unterschiedlicher Größen (< 30 m² bis zu 210 m²) fünf Lüftungsarten: Lüftung zum Feuchteschutz bei niedrigem und bei hohem Wärmeschutz, reduzierte Lüftung sowie Nennlüftung und Intensivlüftung.

Die Luftwechselrate errechnet sich dabei aus dem jeweiligen Tabellenwert, dividiert durch das Raumvolumen der Nutzungseinheit. Beispiel: Das Luftvolumen eines Gebäudes mit 90 m² Fläche und einer angenommenen Raumhöhe von 2,5 m ist 225 m³. Die Luftwechselrate bei Nennlüftung NL beträgt dann 115 m³/h : 225 m³ = 0,51 h^{-1}.

Lüftungsstufen nach DIN 1946-6					
Art der Lüftung — **Fläche je Nutzungseinheit**	< 30 m²	50 m²	70 m²	90 m²	110 m²
Lüftung zum Feuchteschutz FL, Wärmeschutz hoch notwendige Lüftung zur Sicherstellung des Bautenschutzes (Feuchte) unter üblichen Nutzungsbedingungen bei teilweise reduzierten Feuchtelasten. Z.B. zeitweilige Abwesenheit der Nutzer u. kein Wäschetrocknen in der NE: Betrifft alle Neubauten nach 1995 oder Komplettmodernisierung nach 1995 mit entspr. Wärmeschutzniveau, mind. nach WSchV 95; schließt EnEV ein.	15 m³/h	25 m³/h	30 m³/h	35 m³/h	40 m³/h
Lüftung zum Feuchteschutz FL, Wärmeschutz gering notwendige Lüftung zur Sicherstellung des Bautenschutzes (Feuchte) wie vor. Betrifft nicht-modernisierte oder teilmodernisierte (z.B. nur Fensterwechsel) und alle vor 1995 errichteten Gebäude.	20 m³/h	30 m³/h	40 m³/h	45 m³/h	55 m³/h
Reduzierte Lüftung RL notwendige Lüftung zur Sicherstellung der hygienischen Mindestanforderungen sowie des Bautenschutzes (Feuchte) unter üblichen Nutzungsbedingungen bei teilweise reduzierten Feuchte- und Stofflasten, z.B. infolge zeitweiliger Abwesenheit von Nutzern.	40 m³/h	55 m³/h	65 m³/h	80 m³/h	95 m³/h
Nennlüftung NL notwendige Lüftung zur Sicherstellung der hygienischen Anforderungen sowie des Bautenschutzes bei Anwesenheit der Nutzer (Normalbetrieb).	55 m³/h	75 m³/h	95 m³/h	115 m³/h	135 m³/h
Intensivlüftung IL zeitweilig notwendige Lüftung mit erhöhtem Luftvolumenstrom zum Abbau von Lastspitzen (Lastbetrieb). Kann auch durch Fensterlüften realisiert werden.	70 m³/h	100 m³/h	125 m³/h	150 m³/h	175 m³/h

Tabelle 6.1.1: Lüftungsstufen nach DIN 1946-6, Tab. 5, mit Beispielen für Nutzungseinheiten (NE) verschiedener Größe.

Das heißt, alle zwei Stunden sollte einmal die gesamte Raumluft ausgetauscht werden.
Bei erhöhter Feuchteabgabe (z.B. beim Wäschetrocknen ohne Kondenstrockner) reicht die Lüftungsstufe FL nicht aus. In diesem Fall muss der Luftdurchsatz auf IL erhöht werden, bei einem 30 m^2 großen Raum z.B. von 55 m^3/h auf 70 m^3/h. Die Anpassung der Luftmengen an veränderte Feuchtelasten ist natürlich auch über einen Feuchtesensor möglich.
Nach dem Vergleich der erforderlichen Außenluftvolumenströme mit dem Volumenstrom durch Fensterlüftung und Infiltration kann entschieden werden, ob die freie Lüftung durch Fenster ausreicht oder ob eine ventilatorgestützte Lüftungsanlage notwendig ist.

6.2 Nichtmechanische Lüftungssysteme

6.2.1 Fensterlüftung

Die Fensterlüftung ist das einfachste aller Lüftungssysteme und bietet mehrere Möglichkeiten: Dauer-, Stoß- und Spaltlüftung. Da eine Dauerlüftung mittels offener Fenster ebenso wie Spaltlüftung aus energetischen und Behaglichkeitsgründen ausscheidet, bleibt nur die Methode „Stoßlüftung". Diese Lüftungsart kann Probleme bereiten, wie die Ergebnisse von Untersuchungen zeigen (s. dazu z.B. Abb. 6.1.2).
Daher wird in der DIN 1946-6 im Abschnitt 4.2.4 eine nutzerunabhängige Lüftung gefordert bzw. die Fensterlüftung nur als unterstützende Lüftung zur Erreichung der erforderlichen Luftwechsel betrachtet. Denn werden Lüftungsintervalle ausgelassen, kommt es zu einer CO_2-Anreicherung und zu Luftfeuchtigkeiten von über 80%. Dies dürfte mindestens nachts, zumal in schwach beheizten Schlafzimmern, der Fall sein. Werden die Lüftungsintervalle zu lang, stellen sich schnell höhere Luftwechsel ein, und es wird unnötig viel Luft ausgetauscht.
Eine Berechtigung hat die reine Fensterlüftung bei großen Wohneinheiten mit geringer Personenzahl. Doch auch dann ist eine Überwachung der relativen Feuchtigkeit mit einem Hygrometer mit Alarmfunktion sinnvoll.

Erreichbare Luftwechsel durch Fensterlüftung	
Fenster, Türen geschlossen	0 - 0,2 h^{-1}
Fenster gekippt	0,3 - 3 h^{-1}
Fenster, halb offen	2 - 10 h^{-1}
Fenster, ganz offen	5 - 15 h^{-1}
Fenster, Türen, gegenüberliegend offen	bis 40 h^{-1}

Tabelle 6.2.1:
Durch Fensterlüftung erreichbare Luftwechselzahlen.
Quelle: Recknagel u.a.: Heizungs- und Klimatechnik, R. Oldenbourg Industrieverlag München, S. 1103

6.2.2 Querlüftung

Die Querlüftung ist eine Form der freien Lüftung, die durch den Differenzdruck zwischen windzu- und windabgewandter Seite eines Gebäudes zustande kommt. Vereinfacht ausgedrückt ist die Querlüftung nichts anderes als ein Durchzug, der nicht durch geöffnete Fenster zustande kommt, sondern durch einstellbare Zu- und Abluftöffnungen in den Außenwänden. Dabei sollte möglichst den Wohnräumen über Luftdurchlässe frische Außenluft zugeführt und die Abluft aus Küche, Bad und Gäste-WC wieder abgeführt werden, wobei die Flure als Überströmzonen fungieren.

Die Querlüftung lässt sich durch Einbau von regelbaren Lüftungsöffnungen baulich recht einfach und kostengünstig realisieren, ist für den nachträglichen Einbau geeignet und kommt ohne Strom und zusätzliche Betriebskosten aus.

Die Nachteile der Querlüftung bestehen darin, dass :

- durch wechselnde Windrichtung Gerüche aus Bad und Küche in Wohn- und Schlafräume gelangen können,
- eine Wärmerückgewinnung nicht möglich ist und

6.2.1
Außenwandluftdurchlass ALD der Firma Aerex; Wandventil mit manuell stufenloser Einstellung und Filter, mit Sturmsicherung und Schalldämmung.
Quelle: Fa. Aerex

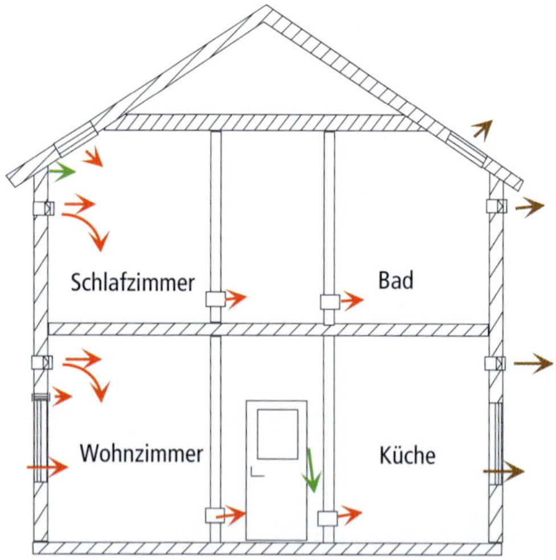

6.2.2: Prinzipdarstellung Querlüftung.

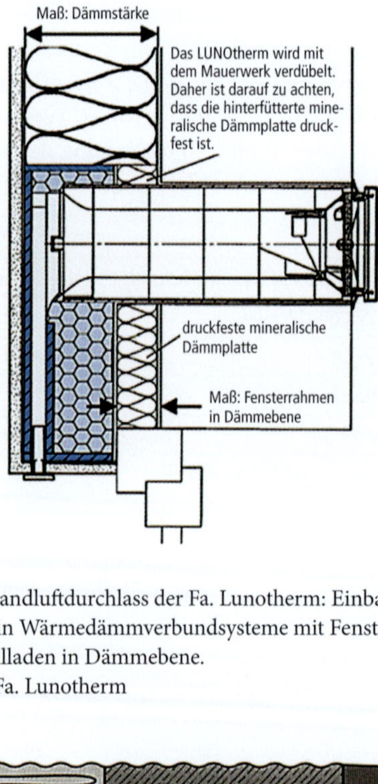

6.2.3
Außenwandluftdurchlass der Fa. Lunotherm: Einbauschritte in Wärmedämmverbundsysteme mit Fenster oder Rollladen in Dämmebene.
Quelle: Fa. Lunotherm

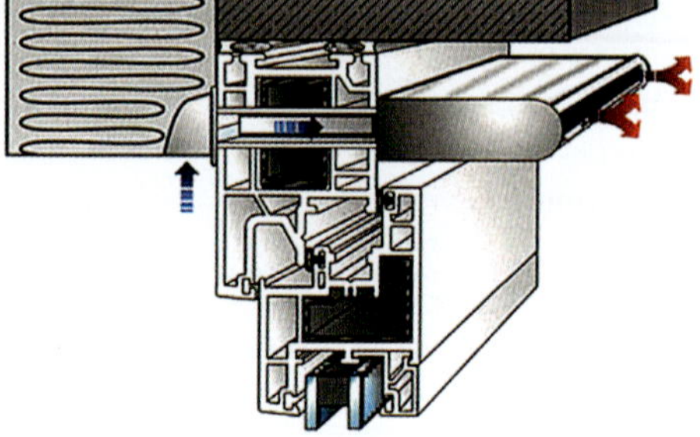

6.2.4: Fensterventil. Quelle: Fa. Aerex

- bei fehlendem Winddruck eine ausreichende Durchlüftung u.U. nicht erreicht wird.

Um die Querlüftung durch thermischen Auftrieb zu unterstützen, können die Zu- und Abström-Luftdurchlässe in den Außenwänden auf unterschiedlichen Höhen angeordnet werden.

Die Außenwandluftdurchlässe bestehen zumeist aus einem Teleskoprohr (dessen Länge entsprechend der Gesamtwandstärke bemessen wird) mit Schalldämpfer, Winddrucksicherung und Filter. Die sich einstellenden Volumenströme, die zum jeweiligen Produkt angegeben werden, beziehen sich auf 4 und 8 Pa Winddruck, typische Werte bei schwachem Wind. Die Außenwanddurchlässe können in die Fassade gesetzt, aber auch in Fensterlaibungen, Fensterstürze oder Fensterbänke integriert werden.

Alternativ zum Außenwanddurchlass können auch regulierbare Fensterventile vorgesehen werden. Sie bestehen aus schmalen Lüftungsgittern, die in den oberen Blendrahmen von Holz-, Kunststoff- oder Metallfenstern eingebaut werden. Erhältlich sind sie in verschiedenen Materialien (Kunststoff, Alu, Edelstahl) und Formen (mit Schieberegler für die Regelung der Luftmenge, ohne oder mit Schalldämmung).

Die Überströmöffnungen zwischen den Räumen können durch einen Türspalt hergestellt werden. Komfortabler sind Tür- oder Wandgitter mit Einbaurahmen, verstellbaren Lamellen zur Luftmengenregelung und eventuell auch Filtermatten.

Ein Beispiel für regulierbare Fensterventile sind die sogenannten Fensterfalzlüfter der Firma Regel-air. Sie werden versteckt liegend im Fensterfalz eingebaut. Der Fensterfalzlüfter reagiert selbständig auf Winddruck-Änderungen am Gebäude. Er benötigt keine zusätzliche Energieversorgung und arbeitet ohne jegliches Zutun der Bewohner. Dieser Lüfter kann sowohl in neue Fenster werksseitig eingebaut oder auch in bestehenden Fenstern nachgerüstet werden.

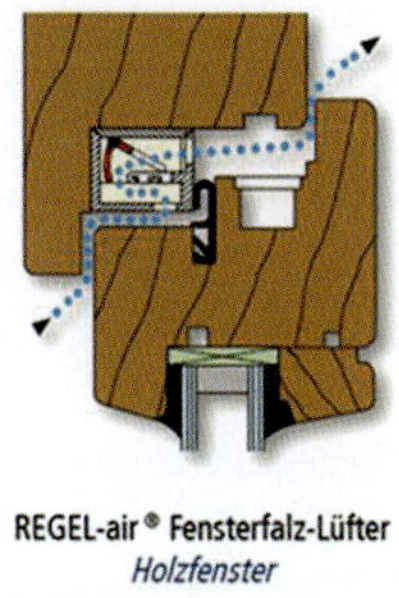

6.2.5
Fensterfalzlüfter der Fa. REGEL-air

6.2.3 Schachtlüftung

Bei der Schachtlüftung ist jeder zu lüftende Raum mit einem über Dach geführten eigenen Abluftschacht verbunden. Die Frischluft wird entweder über undichte Fenster und Türen oder über eigene Zuluftschächte zugeführt. Schachtlüftungen, die es nur noch in Altbauten gibt, nutzen den natürlichen thermischen Auftrieb warmer Luft aus. Dieser ist umso größer, je größer der Dichteunterschied von Innen- und Außenluft ist. Die Vor- und Nachteile entsprechen in etwa dem System der Querlüftung.

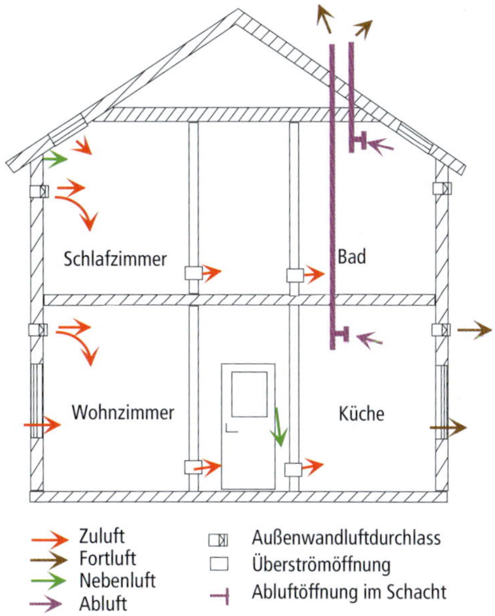

6.2.6: Prinzipdarstellung Schachtlüftung

6.3 Mechanische Lüftungssysteme

6.3.1 Eigenschaften mechanischer Lüftungssysteme

Die Nachteile nichtmechanischer Lüftungssysteme, insbesondere die begrenzte Leistungsfähigkeit, die großen Schwankungen der effektiven Luftwechsel und deren Abhängigkeit von äußeren Bedingungen (Winddruck, Temperaturdifferenzen, Lage der Außenwanddurchlässe, Schächte, Dachaufsätze, Zuglufterscheinungen usw.) lassen sich nur mit mechanischen Lüftungssystemen vermeiden. Diese verfügen über einen oder mehrere motorbetriebene Ventilatoren, welche Abluft aus dem Gebäude heraus und/oder Zuluft hinein befördern. Fördermenge und Förderdruck lassen sich durch Wahl und Steuerung der Motorleistung dem Bedarf anpassen und ermöglichen eine Lüftung, die bedarfsbezogen, energieeffizient und von äußeren Einflüssen weitgehend unabhängig ist und obendrein den energetischen, bauphysikalischen und hygienischen Anforderungen Rechnung trägt.

Bei mechanischen Lüftungsanlagen wird der Luftaustausch in einem Raum, in einer Wohnung oder in einem Gebäude durch Ventilatoren realisiert und durch Regelung der Ventilatorleistung auf das erforderliche Maß begrenzt. Durch die bedarfsorientierte und optimierte Einstellung der Luftwechselrate können die Lüftungswärmeverluste von Räumen und Gebäuden und damit der Heizwärmebedarf im Vergleich zur Fensterlüftung wirksam vermindert werden.

Wichtig ist auch für mechanische Lüftungssysteme die Möglichkeit der Nutzereinwirkung auf Grund subjektiver, psychologisch begründeter Bedürfnisse, z.B. Öffnung der Fenster zur Unterstützung der mechanischen Lüftung bei besonders hoher Feuchte- oder Geruchsbelästigung oder die Erhöhung/Absenkung der Volumenströme.
Im Gegensatz zur natürlichen Lüftung erlauben es mechanische Lüftungsanlagen obendrein, die Zuluft zu filtern, um Staub-, Pollen- und Insekteneintrag in die Wohnung entscheidend zu vermindern. Dieser Gesichtspunkt ist nicht nur für Personen mit allergenen Reaktionen von Bedeutung, auch für Normalbenutzer spielt die Raumluftqualität zunehmend eine Rolle. Mechanische Lüftungsanlagen können störende Außengeräusche mindern, wenn die Fenster geschlossen bleiben. Dies ist vor allem in lärmbelasteten Wohnlagen ein Vorteil. In Ländern mit gemäßigten Klimaten stehen beim Wohnen die Aufgaben des Heizens und der Sicherung einer guten Raumluftqualität im Mittelpunkt. In aller Regel haben Zusatzaufgaben wie Kühlen sowie das Be- oder Entfeuchten der Raumluft eine untergeordnete Bedeutung. Aus diesem Grund verzichtet man zumeist auf diese Funktionen. In den letzten Jahren sind jedoch Techniken (z.B. Enthalpiewärmetauscher) entwickelt worden, mit denen sich im Sommer eine Abkühlung der Raumluft bzw. eine Befeuchtung winterlich-trockener Außenluft ohne großen Mehraufwand verwirklichen lässt.
Der zunehmende Einsatz mechanischer Lüftungssysteme hat seinen Hauptgrund im Bemühen um Komfort und um möglichst weitgehende Energieeinsparung. Bei den immer besser gedämmten, dichten Gebäuden mit einem tendenziell immer geringeren Transmissionswärmebedarf kann der Lüftungswärmeverlust durch eine Wärmerückgewinnung aus der Abluft stark reduziert werden. Außerdem kann die Lüftungsanlage neben der Be- und Entlüftung auch die Funktionen der Beheizung/Kühlung der Räume mit übernehmen, und zwar umso besser, je geringer die Transmissionswärmeverluste eines Gebäudes sind. Allerdings funktionieren mechanische Lüftungsanlagen nur dann richtig, wenn das Haus luftdicht ist, was durch einen Luftdichtheitstests unbedingt nachzuweisen ist!

6.3.2 Lüftungsanlagen ohne Wärmerückgewinnung

Bei der Lüftungsanlage ohne Wärmerückgewinnung wird über einen Abluftventilator (selten auch über einen Zuluftventilator) die Wohnung/Nutzungseinheit ent- bzw. belüftet. In der Regel wird ein Abluftventilator vorgesehen, der aus den Feuchträumen (Küche, Bad, WC) Luft absaugt und nach außen führt (Abb. 6.3.1). In den Wohn- und Schlafräumen gibt es Zuluftöffnungen, über die Frischluft einströmt, da der Abluftventilator einen Unterdruck im Haus erzeugt. Die Luft aus den Wohn- und Schlafräumen gelangt durch Türritzen, Schlüssellöcher oder Überströmöffnungen in die Feuchträume und wird dort abgesaugt. Vorteil dieses Systems ist, dass die Luft im Haus ständig erneuert wird, ohne dass die Fenster geöffnet werden müssen. Eine Wärmerückgewinnung ist bei dieser Art von Anlage leider nicht möglich. Auch können an sehr kalten Tagen in der Nähe der Zuluftöffnungen Zugerscheinungen auftreten, weshalb die Zuluftöffnungen gern über Heizkörpern angeordnet werden, um die Frischluft schnell zu erwärmen.

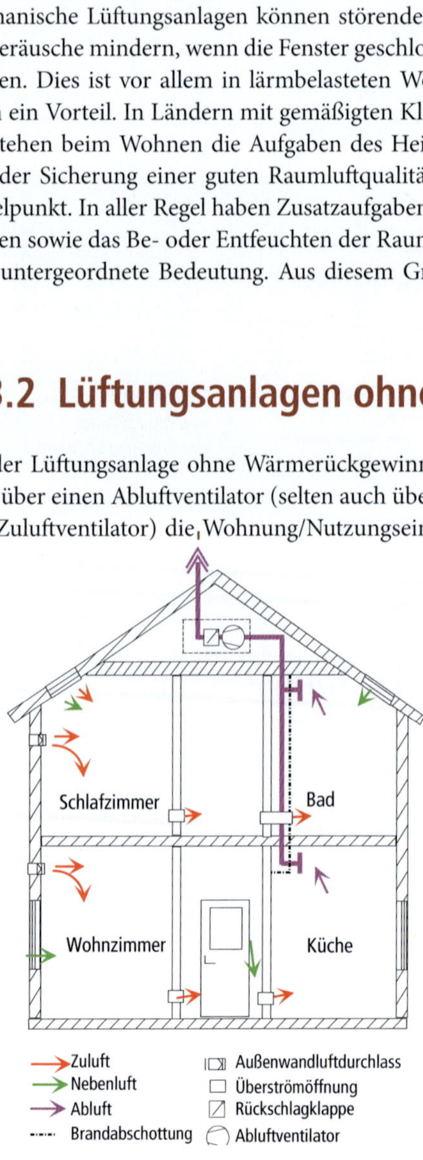

6.3.1
Lüftungsanlage ohne Wärmerückgewinnung (Abluftanlage mit Einzelventilator für mehrere Wohneinheiten). Die Abluftstränge sind getrennt; bei Durchführung durch die Decken müssen Brandschutzbelange beachtet werden.

6.3.3 Lüftungsanlagen mit passiver Wärmerückgewinnung

Um die Wärme aus der Abluft (teilweise) zurückzugewinnen und sie zum Erwärmen der Zuluft zu nutzen, müssen bei Lüftungsanlagen mit Wärmerückgewinnung Zuluft und Abluft in Kanälen geführt werden. Die nötigen Zu- und Abluftventilatoren sowie der Wärmeübertrager/Wärmetauscher sind gewöhnlich im sogenannten Zentralgerät untergebracht, das in einem Nebenraum oder unter dem Dach Platz findet.

Zentralgeräte

Herzstück der Lüftungsanlage ist ein Kasten, in dem sich je ein Zu- und Abluftventilator sowie ein Wärmetauscher befinden (vgl. Abb. 6.3.2 - 6.3.4). Oftmals ist noch ein Elektroheizstab oder ein Vorheizregister darin enthalten, um Eisansatz oder Kondensatbildung zu verhindern. Auch ein Nachheizregister ist manchmal eingebaut, um die Zuluft nachzuheizen. Das zentrale Gerät sollte innerhalb der thermischen Hülle des Gebäudes untergebracht werden, damit es nicht zu unerwünschtem Kondensat im Zentralgerät oder in den Leitungen kommen kann. Auch die Abluft- und Zuluftleitungen müssen innerhalb der thermischen Hülle verlegt werden. Anderenfalls führt dies in den Rohrleitungen zu Tauwasserbildung und es entstehen hohe Wärmeverluste.

Neben dem Zentralgerät findet man in einer Lüftungsanlage noch Schalldämpfer, Zuluft- und Abluftventile. Das Funktionsprinzip ist einfach: Aus Küche, Bad und WC wird Luft abgesaugt und über ein Rohrsystem zum Zentralgerät transportiert. Gleichzeitig wird frische Luft aus dem Freien angesaugt und ebenfalls zum Zentralgerät geführt. Im Zentralgerät wird ein Großteil der Wärme aus der warmen Abluft mittels Wärmetauscher an die kältere Frischluft übertragen. Die so erwärmte Frischluft wird über ein Rohrsystem und regelbare Einlässe, meistens Tellerventile, in die Wohnräume geführt. Gute Zentralgeräte können bis zu 95% der in der Abluft enthaltenen Wärme auf die Zuluft übertragen. Einen aktuellen Vergleich der auf dem Markt vorhandenen Lüftungssysteme findet man im TZWL-eBulletin, dem europäischen Testzentrum für Wohnungslüftungsgeräte (www.tzwl.de).

Ausführung und Einbau des Zentralgerätes

- Durch die Aufstellung in unbeheizten Räumen können die Wärmeverluste des Zentralgerätes bei schlechter Wärmedämmung erheblich sein. Moderne Geräte haben deshalb eine bis zu 80 mm starke Wärmedämmung. Dennoch sollten sie möglichst innerhalb der thermischen Hülle aufgestellt werden.
- Die Ventilatoren sind in der Drehzahl regelbar, die Steuerung ist frei programmierbar auszuführen. Durch einfache Bedienelemente (z.B. mehrstufige Schalter) sollte der Nutzer die Lüftungsleistung beeinflussen können, um die individuellen Bedürfnisse zu berücksichtigen.
- Luftfilter mit Filterüberwachungseinrichtung für die Fort- und die Außenluft schützen den Wärmetauscher und sichern die Arbeitsfähigkeit des Zentralgerätes.
- Der „Dichtsitz" der Filter im Gehäuse muss gegeben sein, um Leckageströme zu vermeiden.
- Das Zentralgerät ist mit Schalldämpfern an das Kanalsystem anzuschließen. Die Kanäle können in Dachschrägen, hinter Abseitenwänden, in Schächten, im Estrich, aber auch in Rohdecken (Filigrandecke) innerhalb der thermischen Hülle verlegt werden. Bei Kanalführung durch unbeheizte Räume ist auf eine ausreichende Isolierung (empfohlen: 100 mm) zu achten.
- Das Gerät muss ein Ü-Zeichen tragen (Kennzeichnung für die Übereinstimmung mit den Prüfkrite-

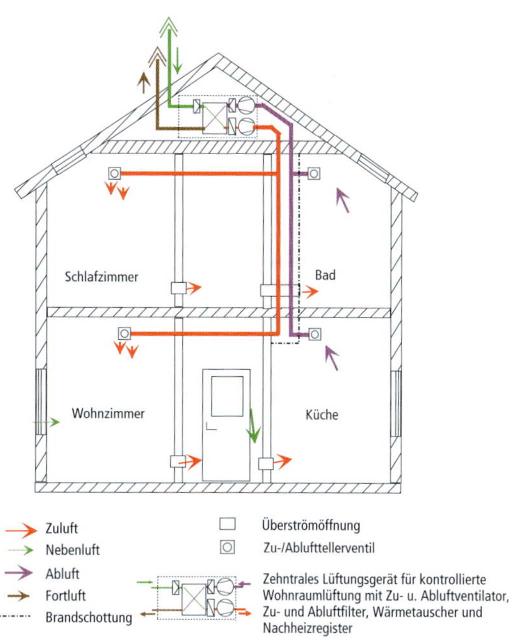

6.3.2: Einfamilienhaus mit zentraler Lüftungsanlage mit Wärmerückgewinnung.

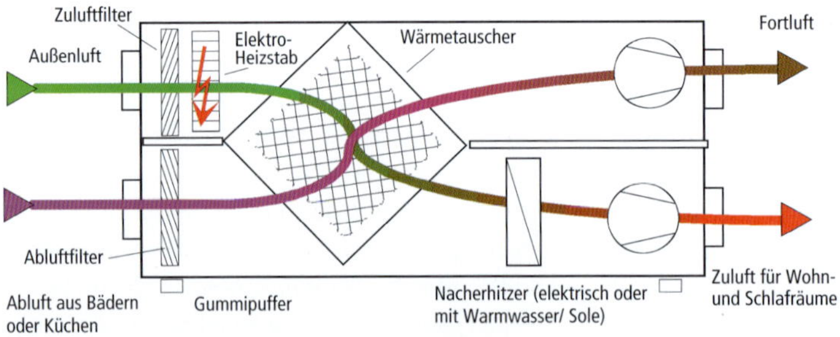

6.3.3
Aufbau eines zentralen Lüftungsgeräts mit Wärmerückgewinnung.

6.3.4
Gerät für kontrollierte Wohnraumlüftung mit Zu- und Abluftventilator, Wärmetauscher für passive Wärmerückgewinnung, Zu- und Abluftfilter und Elektroheizstab zur Verhinderung der Vereisung.
Quelle: Fa. Bosch Thermotechnik GmbH, Buderus

rien für die technische Zulassung; wird von einem zugelassenen Institut erteilt).

- Auf eine hohe Wärmerückgewinnungszahl (Abb. 6.3.5), einen niedrigen Stromverbrauch und geringe Geräuschemissionen ist zu achten.

Vorwärmung der Außenluft

Bei niedrigen Außentemperaturen besteht Vereisungsgefahr im Wärmetauscher. Aus diesem Grund muss die Außenluft bei tiefen Temperaturen vorgewärmt werden. Zum klassischen Heizstab (relativ hoher Strombedarf!) gibt es Alternativen:

- Luft-Erdwärmetauscher im Zuluftkanal: Die Außenluft wird über ein Rohr, das ca. 1,2 - 1,5 m tief im Erdreich liegt, zum Zentralgerät geführt (Dimensionierung des Erdwärmetauschers s. Kap. 6.4). In dieser Tiefe herrschen relativ konstante Temperaturen von +6°C im Winter und 14°C im Sommer, so dass die durch den Kanal strömende Zuluft im Winter durch Erdwärme erwärmt, im Sommer durch die kühle Erde vorgekühlt wird. Allerdings kann es bei dieser Form des Erdwärmetauschers zur Bildung von Kondensat und Keimen kommen. Erforderlich sind auf jeden Fall eine saubere Verlegung mit einem ausreichenden Gefälle zu einem Kontroll- und Abwassersammelschacht, ausreichende Dimensionierung der Rohrquerschnitte, um die Druckverluste nicht zu groß werden zu lassen, und die Verwendung eines unter hygienischen und wärmetechnischen Aspekten geeigneten Rohrmaterials, z.B. Rohre aus Polyethylen (PE-HD) oder Polypropylen (PP). Nach Möglichkeit sollte die innere Oberfläche glatt sein, um Keimen und Bakterien keinen Nährboden zu bieten (antimikrobielle Wirkung). Außen kann das Rohr auch gewellt sein. Eine Reinigung der Rohrleitungen sollte möglich sein.
- Sole-Erdwärmetauscher: Durch eine im Erdreich liegende Kunststoff-Rohrschlange wird Sole gepumpt und zu einem Vorheizregister im Zentralgerät geleitet. Im Winter nimmt die Sole die Erdwärme auf und wärmt über das Vorheizregister die Außenluft vor; umgekehrt kann im Sommer die Außenluft auch gekühlt werden. Der Wirkungsgrad ist besser als beim Luft-Erdwärmetauscher. Der Strombedarf für die Umwälzpumpe ist relativ gering, sofern eine Hocheffizienzpumpe eingesetzt wird. Diese Variante ist hygienischer als die erste Variante und leichter zu realisieren.
- Warmwasserheizregister: Das Vorheizregister im Zentralgerät wird an die Wärmeversorgung/Zentralheizung angeschlossen; vielfältige Wärmequellen sind möglich, z.B. Erdwärmepumpe, Brennwertgerät, Wärme aus einem Pufferspeicher.
- Umluftbetrieb: Bei Temperaturen unter 0°C wird die Außenluftzufuhr kurzzeitig gestoppt und die Anlage im Umluftbetrieb gefahren (Firma Schmeisser Berlin). Dabei kann der Wärmetauscher auftauen. Anschließend wird wieder Außenluft zugeführt. Die Anlage läuft intermittierend.

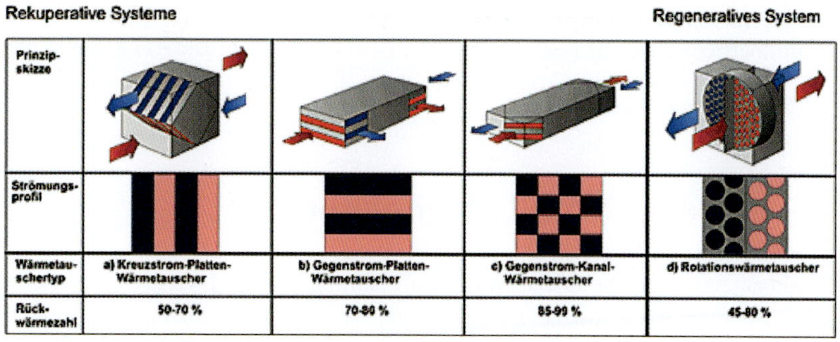

6.3.5 Wärmetauscher von zentralen Lüftungsanlagen. Quelle: Fa. Paul

Das Kanalnetz

Für die Luftkanäle sind verschiedene Bauformen und Materialien möglich:

- *Wickelfalzrohr aus verzinktem Stahlblech:* hydraulisch günstig, aber hoher Platzbedarf und schlechte schallschutztechnische Eigenschaften,
- *Flachkanäle aus Kunststoff:* sehr gut integrierbar in Decken und Wände, sehr beständig, etwas höherer Druckverlust,
- *Styroporkanäle:* zeitsparende Verlegung, sehr gute Wärmedämmung, jedoch nur geringe mechanische Belastbarkeit,
- *Flexschläuche aus Aluminium:* einfach zu verlegen (z.B. in Filigrandecken), preiswert, beständig, aber erhöhte Druckverluste und evtl. schlecht zu reinigen.
- *Flexschläuche aus Kunststoff:* Sie sind innen glatt und mittlerweile am weitesten verbreitet, da sie einfach verlegt werden können, gute Reinigungsmöglichkeiten, einen guten Schallschutz und günstige hydraulische Eigenschaften bieten. Außerdem sind sie preiswert (s. Abb. 6.3.6 und B2.3 in Kap. 3.9).

Glatte runde Rohre haben den Vorteil, dass die geringeren Strömungsverluste auch einen geringeren Stromverbrauch der Ventilatoren zur Folge haben und sich in den Rohren kein oder kaum Staub ansammeln kann. Die Rohre/Schläuche haben in der Regel einen Durchmesser von 65 – 100 mm für die Zu- und Abluft einzelner Räume und von 100 - 200 mm für die Hauptzu- oder -abluftstränge. Die Verteilung erfolgt meist über je einen Verteilerkasten. Von den Verteilerkästen werden die Flexschläuche zu den einzelnen Räumen geführt. Bei diesem System ist eine Reinigung der Schläuche gut möglich, da es keine Verzweigungen oder scharfe Bögen gibt. Für Flachkanäle gelten hydraulisch gleichwertige Abmessungen.
Die Verbindungen zwischen den Räumen sind mit Schalldämpfern (schalldämpfende Schläuche, lieferbar als Meterware) zu versehen. Eine genaue Rohrnetzberechnung ist erforderlich, damit die Rohre gleichmäßig durchströmt werden. Als Richtwert für die Kanaldimensionierung (s. auch Kap. 6.4) sollte die Luftgeschwindigkeit in den Hauptsträngen 3 m/s und in den Nebensträngen ca. 1,5 m/s nicht überschreiten.

Dunstabzugshauben

Dunstabzugshauben sollten nicht an das Zentralgerät angeschlossen werden, da sie nur sporadisch laufen, dann aber mit sehr hohen Volumenströmen, Pressungen und Schadstofflasten (Gerüche, Kondensat, Fette). Durch die hohe Förderleistung der Dunstabzugshauben kann es im Übrigen zum Luftaustritt in anderen Bereichen kommen, was obendrein noch die Gefahr einer Übertragung von Feuer und Rauch mit

6.3.6 Verteilerkästen für Zu- und Abluft sowie Flexschläuche. Quelle: Fa. Helios

sich bringt. Vorteilhafter sind Dunstabzugshauben mit Umluftbetrieb, wobei die Kochdünste von einem Kohlefilter absorbiert werden. Die verbrauchte Luft sollte an anderer Stelle in der Küche abgesaugt werden.

6.3.4 Dezentrale Lüftungsgeräte

In Altbauten ist es oft schwierig, die dicken Lüftungsrohre einer zentralen Anlage unterzubringen. In den Wohnungen von Mehrfamilienhäusern gibt es außerdem oft unterschiedliche Anforderungen hinsichtlich der Lüftungsintensität. Daher ist es in manchen Fällen angebracht, für jeden Raum ein eigenes Lüftungsgerät einzusetzen.

Dezentrale Lüftungsgeräte wie in Abb. 6.3.7 bestehen aus einem Außenwanddurchlass mit eingebautem Ventilator und einer wärmespeichernden Masse (meist Keramik). Es sind immer mindestens 2 Geräte vorzusehen, die mit einer Steuerung verbunden werden. Ein Lüftungsgerät (oder mehrere) läuft im Zuluftmodus und das zweite (oder eine zweite Gruppe) im Abluftmodus. Warme, verbrauchte Raumluft durchströmt den Keramik-Speicher des Abluftgerätes und erwärmt ihn dabei. Nach etwa einer Minute wird die Drehrichtung der Lüfter umgeschaltet, so dass die Wärme der Keramikmasse nun an die Zuluft übertragen werden kann. Im Sommer wirkt diese Wärmerückgewinnung als passive Kühlung, d.h. die Hitze bleibt draußen. In den kühleren Abendstunden und über Nacht können die Räume mit der Lüftungsfunktion ohne Wärmerückgewinnung angenehm temperiert werden.

Ein Teil der Abluftfeuchte verbleibt im Wärmespeicher und wird nach Drehrichtungsänderung von der Zuluft aufgenommen. Dadurch ist eine Befeuchtung der Zuluft im Winter möglich. Die Einzelgeräte sind über einen Zentralregler vernetzbar; so können Gruppen gebildet werden, die synchron umschalten. Eine feuchtegeregelte Be- und Entlüftung ist durch Anschluss eines Feuchtefühlers an das Steuergerät möglich. Die Geräuschentwicklung liegt z.B. bei den Geräten der Firma Inventer bei 19 - 42 dB in 1 m Abstand, der Stromverbrauch beträgt 1 - 3 Watt.

Nachteile und Einsatzgrenzen dieser Geräte:

- Durch die Strömungsumkehr kann Luft aus belasteten Räumen (Bad, WC, Raucherzimmer) in andere Räume gelangen. Aus diesem Grund sind Geräte vor allem für die Be- und Entlüftung von Einzelräumen vorgesehen. Sie müssen immer paarweise oder als Doppel (Twin) eingesetzt werden. Wird eine Nutzereinheit oder ein ganzes Haus mit solchen Lüftern ausgerüstet, sind Überströmöffnungen oder Leckagen zwischen Räumen unterschiedlicher Nutzung unzulässig. Will man auf Überströmöffnungen nicht verzichten, müssen den Geräten feste Drehrichtungen zugeordnet werden: Geräte in Bad und Küche als Ablüfter, Geräte in Wohn- und Schlafräumen als Zulüfter. In diesem Fall ist allerdings keine Wärmerückgewinnung mehr möglich.
- Geräusch: Obwohl die Geräte auf kleiner Stufe extrem leise sind, können die Lüftergeräusche in Schlafzimmern in sehr ruhigen (ländlichen) Gebieten als störend empfunden werden.
- Durch die Außenwandbohrung kann es zu Schallübertragungen von draußen kommen (Straßenlärm etc.).

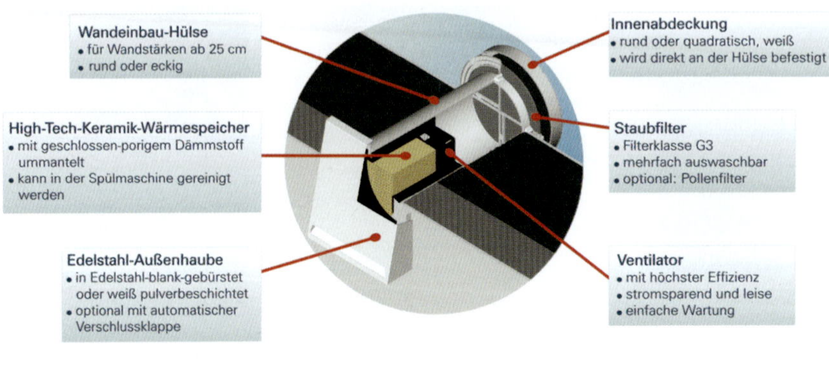

6.3.7 Dezentrales Lüftungsgerät mit Wärmerückgewinnung. Quelle: Fa. Öko-Haustechnik Inventer

Eine Neuentwicklung der Fa. BluMartin will die genannten Nachteile eliminieren. Es handelt sich dabei um ein dezentrales Frischluftsystem mit einem Zweitraumabluft-Anschluss (s. Abb. 6.3.8). Neben der Be- und Entlüftung des Erstraumes (Wohnzimmer oder Schlafzimmer) führt das freeAir 100 je nach Bedarf automatisch auch die feuchte Luft z.B. aus Bad oder Toilette ab, so dass zwei Räume mit einem Gerät bedarfsgerecht gelüftet werden können. Eine größere Wohnung wird typischerweise mit mehreren Geräten ausgestattet, wobei die klassischen Ablufträume Küche und Bad jeweils einen eigenen Zweitraumanschluss erhalten.
Das freeAir 100 misst CO_2, Feuchte und Temperatur im Zu- und Abluft-Raum. Integrierte Sensoren ermitteln den Lüftungsbedarf, motorische Luftklappen sorgen für die richtige Verteilung. Die Richtung der Luftströmung von den Wohn- und Schlafräumen zu Bad und Küche kann so eingehalten werden, ohne auf die Wärmerückgewinnung zu verzichten.
Fazit: In Altbauten besitzen dezentrale Lüftungsanlagen durchaus Vorteile. In Neubauten ist es in der Regel günstiger, gebäude- oder wohnungszentrale Anlagen einzubauen.

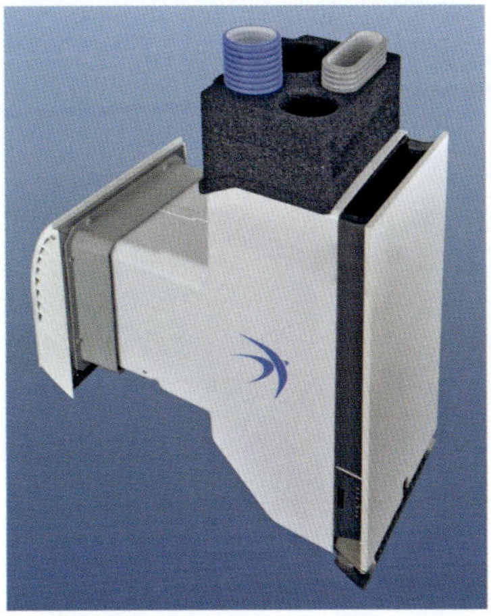

6.3.8: Dezentrales Lüftungsgerät freeAir 100 mit Zweitraumanschluss. Quelle: Fa. BluMartin

6.3.5 Zentrale und dezentrale Lüftungsgeräte im Verbund

In größeren Gebäuden (z.B. Mehrfamilienhäusern) sind Kombi-Lösungen aus zentraler und dezentraler Lüftungstechnik möglich (Abb. 6.3.9). So können z.B. die Grundfunktionen der Luftaufbereitung und Luftbereitstellung von einem Zentralgerät erledigt werden, während die individuelle Versorgung der verschiedenen Endnutzer über dezentrale Geräte erfolgt. Im zentralen Gerät wird in der Regel die Zuluft gefiltert, über einen leistungsfähigen Kreuzgegenstromwärmetauscher vorgewärmt und von einem Hauptventilator zu den Nutzern transportiert. An der Schnittstelle zur Nutzungseinheit kann die Luft dann nochmals entsprechend den individuellen Anforderungen nachgeheizt oder gekühlt werden. Ein solches Funktionssplitting kann in größeren Anlagen zu einer Vereinfachung der Anlagentechnik durch Wegfall redundanter Bauteile führen. Der Platzbedarf für die Lüftungstechnik sinkt, ebenso die erforderlichen Investitionskosten, so dass die Wirtschaftlichkeit besser wird.

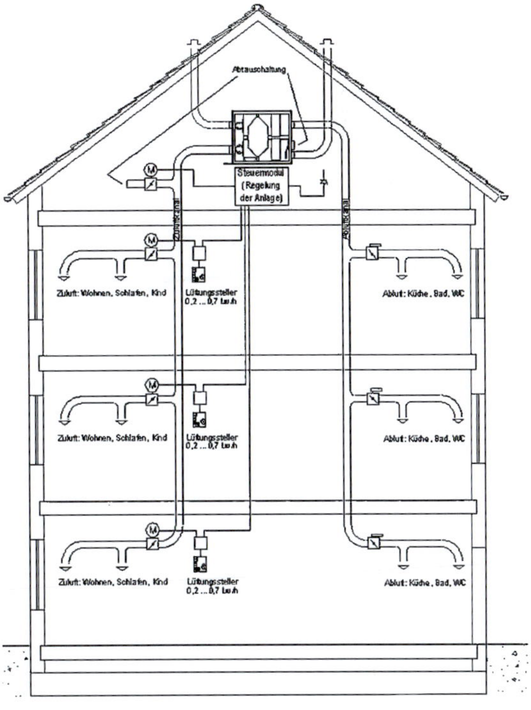

6.3.9
Beispiel für eine Kombi-Lösung aus zentralen und dezentralen Geräten: Kontrollierte Wohnraumlüftung mit einem Zentralgerät und drei Nebengeräten.
Quelle: Fa. Schmeisser Lufttechnik

6.3.6 Lüftungsgeräte mit aktiver Wärmerückgewinnung

Lüftungsgeräte mit aktiver Wärmerückgewinnung verwenden eine Wärmepumpe, deren Verdampfer der Fortluft Wärme entzieht und diese auf ein höheres, besser nutzbares Temperaturniveau hebt. Der Kondensator der Wärmepumpe kann diese transformierte Wärme für verschiedene Nutzungen bereitstellen:

- Trinkwassererwärmung,
- Frischlufterwärmung,
- Versorgung von Flächenheizungen.

Je nach Art der Übertragung kommen dabei Luft-Wasser- oder Luft-Luft-Wärmepumpen zum Einsatz. Man unterscheidet reine Abluftsysteme mit Wärmepumpe und kombinierte Zu-/Abluftsysteme mit einer oder mehreren Wärmepumpen.

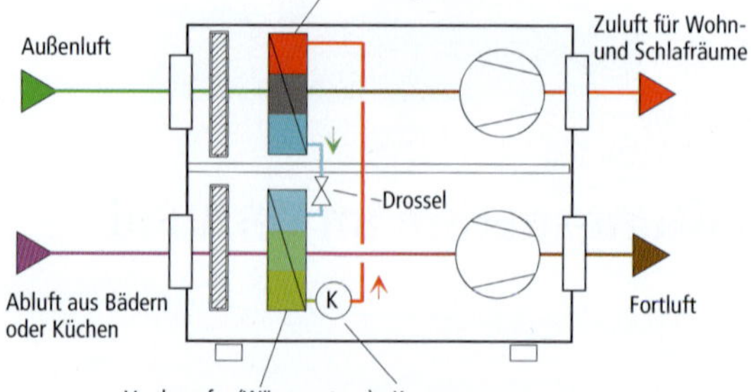

6.3.10:
Lüftungsgerät mit Luft-Luft-Wärmepumpe; die Kondensationswärme wird für die Erwärmung der Außenluft genutzt.

Reine Abluftsysteme mit Wärmepumpe

Die einfachste Form der aktiven Wärmerückgewinnung stellen die reinen Abluftsysteme mit integrierter Wärmepumpe dar. Die Zuluft wird nicht erwärmt, denn die gefilterte Frischluft gelangt lediglich über mehrere winddrucksichere Wandluftdurchlässe in Wohn- und Schlafräume. Wie bei der Abluftanlage (vgl. Abb. 6.3.1) erfolgt die Absaugung mittels Ventilator über Abluftventile in Küche und Bad. Das Abluftgerät mit Verdampfer/Verdichter und der Regelung wird im Dachgeschoss oder Spitzboden aufgestellt. Der Kondensator speist seine Wärme in Flächenheizungen oder in die Warmwasserbereitungsanlage. Der anlagentechnische Aufwand ist bei zentralen Abluftanlagen geringer als bei kombinierten Zu- und Abluftsystemen, aus diesem Grund sind diese Anlagen interessant bei der Sanierung von Mehrfamilienhäusern mit zentraler Trinkwassererwärmung. Die Zuluftöffnungen in den Wohn- und Schlafräumen stellen jedoch Wärmebrücken dar und können zu Zugerscheinungen führen.

Kombinierte Zu-/Abluftanlagen mit Wärmepumpe

Kombinierte Zu-/Abluftanlagen gibt es in unterschiedlichen Bauformen. Gemeinsam ist ihnen ein Wärmeentzug aus der Abluft durch Einsatz einer Wärmepumpe. Die Wärme wird entweder zur Aufheizung der Zuluft (Abb. 6.3.10), des Heizungswassers oder des Trinkwassers (Abb. 6.3.11) verwendet.

Beispiel:

Ein Effizienzhaus 40 oder Passivhaus mit 150 m² Wohnfläche und einem maximalen Heizwärmebedarf von 10 W/m² habe eine Luftwechselrate von 0,6 h^{-1}. Die maximale Heizlast liegt also bei 1,5 kW.
Leben im Haus 4 Personen mit durchschnittlichem Warmwasserbedarf, werden täglich etwa 7 kWh an Wärme für die Trinkwassererwärmung benötigt. Das entspricht einer mittleren Leistung von 7.000 Wh/24 h = 292 W. Andererseits wird am kältesten Tag des Jahres eine mittlere Heizleistung von etwa 1,8 kW benötigt.
Wird die Abluft aus dem Haus um 15 K mit der Wärmepumpe abgekühlt, so ergibt sich eine (Ab-)Wärmeleistung von 1 kW. Hinzu kommt der Stromverbrauch der Wärmepumpe. Liegt die Arbeitszahl bei 3, so hat die Wärmepumpe eine elektrische Leistung von 0,5 kW, und es ergibt sich eine Heizleistung von 1,5 kW. Diese Leistung reicht an sehr kalten Tagen für die Beheizung aus, nicht jedoch für die Warmwasserbereitung. An milderen Tagen hat die Wärmepumpe dagegen Überschüsse, die auch noch der Warmwasserbereitung zugeführt werden können. Das bedeutet, dass eine solche Abluft-Wärmepumpe das Haus – bis auf wenige Tage im Jahr – komplett versorgen kann. In Spitzenzeiten muss allerdings ein Elektroheizstab für die Warmwasserbereitung zugeschaltet werden. Der Stromverbrauch dürfte jedoch akzeptabel sein, insbesondere, wenn es für die Sommermonate auch noch eine thermische Solaranlage gibt.
Manchmal werden leider auch in schlechter gedämmte Gebäude solche Abluft-Wärmepumpen eingebaut. Der Elektroheizstab muss dann sehr häufig nachhelfen, was die Stromkosten enorm in die Höhe treibt. Günstiger ist die Bilanz, wenn in einem solchen Fall noch Erdwärme genutzt werden kann oder ein Holzofen zugeschaltet wird.

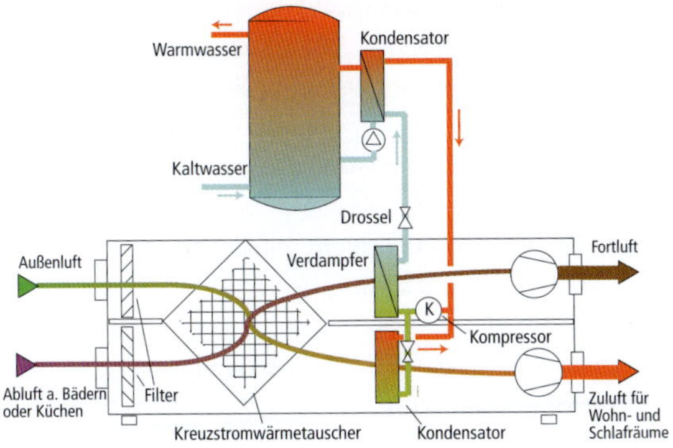

6.3.11
Lüftungsgerät mit Kreuzgegenstromwärmetauscher und einer Luft-Wasser-Wärmepumpe für die Warmwasserbereitung. Anstelle des Trinkwasserspeichers kann man auch einen Pufferspeicher mit Frischwassermodul installieren und die Wärme auch noch der Heizung zuführen.

Es ist allerdings nur in Ausnahmefällen sinnvoll, diese Form der aktiven Wärmerückgewinnung zu wählen, etwa wenn eine räumliche Trennung von Zu- und Abluftgerät notwendig ist. In der Regel wird einem (passiven) Wärmetauscher eine (aktive) Wärmepumpe nachgeschaltet. So ergeben sich sehr hohe Rückwärmewerte (bis zu 99 %) und Arbeitszahlen (>5). Da die Zuluft auf über 20°C aufgewärmt werden kann, ist in sehr gut gedämmten Häusern (Passivhäusern) eine weitere statische Heizung vielfach überflüssig (s. Kap. 4.4).
Bei einem sehr gut gedämmten Gebäude (Effizienzhaus 40, Passiv- oder Plusenergiehaus) bestehen gute Chancen, mit der Wärme aus der Abluft plus Stromverbrauch der Wärmepumpe das Gebäude weitgehend zu beheizen.

6.3.7 Zu- und Abluftsysteme mit Enthalpiewärmetauscher

Die Raumluft gilt als angenehm, wenn die relative Luftfeuchte (r.F.) zwischen 40 und 60% liegt. Raumluft mit 60% r.F. hat bei 20°C einen Wassergehalt von etwa 10 g/m³ (s. Abb. 6.3.12).
Kalte Winterluft (10°C) hat dagegen nur einen Wassergehalt von maximal 2,2 g/m³, selbst wenn sie zu 100% mit Wasserdampf gesättigt ist. Tauscht man die Raumluft gegen kalte Winterluft aus – egal, ob per Fensterlüftung, durch Undichtigkeiten im Haus oder per Lüftungsanlage –, führt das schnell zu sehr trockener Luft im Haus, obwohl pro Person täglich etwa 2 - 3 Liter Wasser an die Raumluft abgegeben werden. Zwar kann man an kalten Tagen auch den Luftdurchsatz vermindern, doch das wird erkauft durch eine schlechtere Luftqualität.
Um dies zu vermeiden, wurden sogenannte Enthalpie-Wärmetauscher entwickelt, die seit einiger Zeit auf dem Markt sind. Mit einem Enthalpie-Wärmetauscher wird die Feuchtigkeit der Abluft, die im Wärmetauscher kondensiert, teilweise an die Zuluft übertragen. Damit kann der zu trockenen Luft in den belüfteten Räumen im Winter entgegengewirkt werden.

Die Enthalpie-Wärmetauscher gibt es momentan in zwei Bauformen:

- Zum einen als Rotationswärmetauscher mit einem Rotor aus einer Aluminiummatrix mit Sorptionsschicht in bienenwabenähnlicher Struktur. In den mikroskopischen Luftkanälen dieser Matrix werden der Abluft Wärme und Feuchtigkeit (Wasserdampfmoleküle) entzogen und durch die Drehung an die Zuluft übergeben.
- Die zweite Bauform arbeitet mit einer speziellen Membran (Osmose) als Wärmetauscher und kommt ohne bewegliche Teile aus. Die Wassermoleküle der abgesaugten Raumluft schlagen sich an

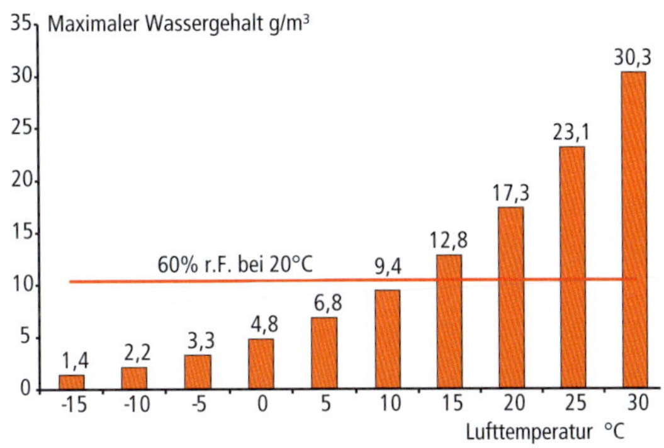

6.3.12: Der maximale Wassergehalt der Luft steigt mit zunehmender Temperatur.

den Übertragungsflächen des Wärmetauschers nieder, wandern durch die Membran und werden auf der Zuluftseite von der trockenen Außenluft aufgenommen.

Durch die Feuchtenutzung wird gleichzeitig die in der Abluftfeuchte gebundene Energie (Verdampfungswärme des Wassers) für die Zuluft genutzt. Insofern ähnelt der Enthalpiewärmetauscher den Abgaswärmetauschern der Brennwerttechnik im Heizungsbau. Von den Herstellern (z.B. Helios-Ventilatoren, Paul-Wärmerückgewinnung, Hoval) werden daher auch, analog zu Brennwertkesseln, Wirkungsgrade über 100% angegeben. Diese wurden vom europäischen Testzentrum für Wohnungslüftung (www.tzwl.de) bestätigt.

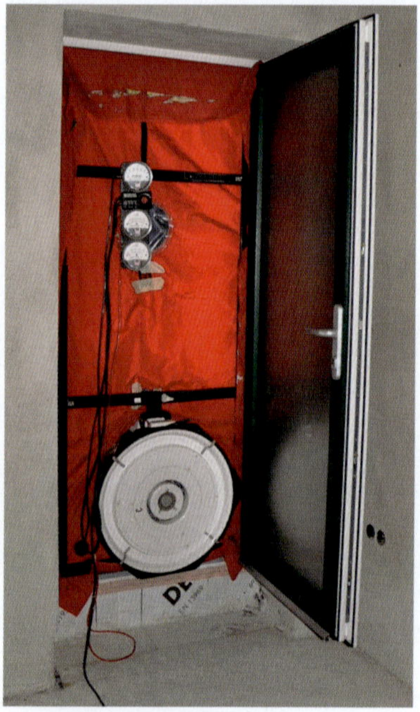

6.3.13: Blower-Door für einen Luftdichtheitstest.

Mit folgenden Problemen muss man rechnen:

- Die Feuchte lässt sich nicht regeln. Eine anlagenunabhängige Überwachung der Raumfeuchte mit einem Hygrometer ist daher wichtig. Bei hohen Feuchteeinträgen (bei mildem Wetter) plus hoher innerer Feuchtelast (viele Personen auf relativ kleiner Fläche) kann es zu Kondensation an Wärmebrücken und damit Schimmelbildung kommen. Die Firma Paul hat in ihre Lüftungsanlagen deshalb einen weiteren Wärmetauscher ohne Feuchterückgewinnung eingebaut: Bei zu hoher Luftfeuchte wird umgeschaltet.
- Bei Rotationswärmetauschern gelangt ein Teil der Abluft in die Zuluft. Umluft- bzw. Leckvolumenströme sind die Folge, sie lassen sich nur durch eine höhere Ventilatorleistung ausgleichen. Zudem werden Geruchsstoffe transportiert. Abhilfe schafft hier eine Spülluftmenge, das ist eine Teilmenge der Zuluft, die umgelenkt wird und über ein Teilsegment, die „Spülkammer“, dem Fortluftstrom zugeführt wird. Der Spülluftstrom treibt die benötigte Ventilatorleistung weiter in die Höhe.
- Das Langzeitverhalten der osmotischen Membranen ist nicht bekannt.
- Das Passivhaus-Institut misst den Wärmerückgewinnungsgrad trocken. Dies dürfte auch der Grund dafür sein, dass es noch keine Passivhaus-zertifizierten Enthalpiewärmetauscher gibt.

6.4 Hinweise für die Planung

Luftwechselrate

Die EnEV verlangt, dass neue Gebäude luftdicht sein müssen. Ein Gebäude gilt als luftdicht, wenn folgende Luftwechselraten bei 50 Pascal (Pa) Druckdifferenz zwischen drinnen und draußen nicht überschritten werden:

- Neubau ohne Lüftungsanlage: $n_{50} \leq 3{,}0\ h^{-1}$
- Neubau mit Lüftungsanlage: $n_{50} \leq 1{,}5\ h^{-1}$
- Passivhaus : $n_{50} \leq 0{,}5\ h^{-1}$

Die Luftdichtheit kann mit einem Luftdichtheitstest (Blower-Door-Test; s. Abb. 6.3.13) bestimmt werden. $n_{50} = 2{,}0\ h^{-1}$ bedeutet, dass das Luftvolumen des Gebäudes zweimal pro Stunde ausgetauscht wird. Nach DIN 1946 Teil 6 muss im Wohnbau ein Luftwechsel von 0,5 - 0,7 h^{-1} gewährleistet sein, um Feuchtigkeit und Schadstoffe sicher abzuführen.

Empfohlen werden allgemein folgende stündliche Luftwechsel:

- Wohn-, Aufenthalts- und Schlafräume: 0,5 - 1,0 h^{-1}
- innenliegende Sanitärräume: 4 - 6 h^{-1}
- Küchen: 0,5 - 25 h^{-1}

Bei Annahme einer Raumhöhe von 2,5 m ergeben sich die auf die Wohnfläche bezogenen spezifischen Luftmengen, sie liegen für die beiden erstgenannten Raumarten bei 1,25 - 2,5 $m^3/m^2 \cdot h$. Für eine 80 m^2 große Wohnung ist überschläglich also mit 100 - 200 m^3/h zu rechnen.

Ein weiterer möglicher Ansatz zur Erfüllung der hygienischen Anforderungen ist die Annahme eines Luftvolumenstroms von 30 m^3 pro Stunde und Person. Für die Vermeidung von Schimmel in gut gedämmten und ausreichend beheizten Häusern reichen bereits 20 $m^3/h \cdot$Pers. aus.

Rechnet man mit dem Wert 20 $m^3/h \cdot$Pers. den erforderlichen Luftwechsel für einen realen Raum aus (z.B. für ein großes Wohnzimmer mit einem Volumen von $5 \cdot 6 \cdot 2{,}5 = 75\ m^3$), der überwiegend von nur einer Person benutzt wird, zeigt sich die Abhängigkeit des Luftwechsels von der Nutzerzahl und Nutzungsbeanspruchung: $20\ m^3/h^{-1} / 75\ m^3 = 0{,}27\ h^{-1}$. Die DIN 1946-6 legt den erforderlichen Luftwechsel zum Feuchteschutz auf $0{,}17 h^{-1}$ fest, in Passivhäusern wird als Mindestluftwechsel ein Wert von 0,3 h^{-1} empfohlen.

Druckverluste

Der Volumenstrom und der Druckverlust einer Lüftungsanlage sind die bestimmenden Größen für den Stromverbrauch der Ventilatoren und damit für einen wesentlichen Betriebskostenfaktor. Ein Fortluftgitter mit 15 Pa statt mit 5 Pa Druckverlust führt in einer Anlage mit 160 m^3/h über einen Zeitraum von 25 Jahren je nach Antriebseffizienz zu Strommehrkosten von 66 -110 € (nach: www.komfortlüftung.at; Nr. 22: „Druckverlust und dessen Optimierung im EFH“, S. 4).

Auf die Größe des Volumenstromes haben Planer nur bedingten Einfluss, denn sie ergibt sich aus den einschlägigen Vorschriften. Dagegen können Planer, aber auch Installateure und Nutzer, auf die Höhe der Druckverluste sehr viel besser einwirken.

Zu beachten sind vor allem folgende Punkte:

- Leitungen kurz halten;
- runde Leitungen sind druckverlustärmer als rechteckige Kanäle;
- innengewellte Schläuche erhöhen die Druckverluste (Aluflex-Rohr vermeiden);
- wenn möglich, keine Schläuche mit 63 mm Durchmesser verlegen. Zwei 75 mm-Schläuche ersetzen vier Schläuche mit 63 mm ø!
- der Druckverlust steigt exponentiell zur Strömungsgeschwindigkeit;
- die Anzahl der Formstücke auf das unbedingt nötige Maß beschränken;
- scharfe Richtungsänderungen vermeiden;
- das Lüftungsgerät lieber eine Nummer größer auslegen und mit Teilleistung betreiben;
- auf die Filter achten: d.h. am Gerät unbedingt Druckdifferenzanzeiger installieren lassen, wobei die Filter bei Erreichen eines festzulegenden maximalen Differenzdruckes ausgetauscht werden sollten.
- bei Luft-Erdwärmetauschern: mindestens 200 mm-Rohr wählen, keinesfalls kleiner als 150 mm ø. PVC (Kanalgrundrohr, preiswert) ist aus physikalischer

6.4.1: Kunststoffschlauch, innen glatt, außen gewellt, flexibel

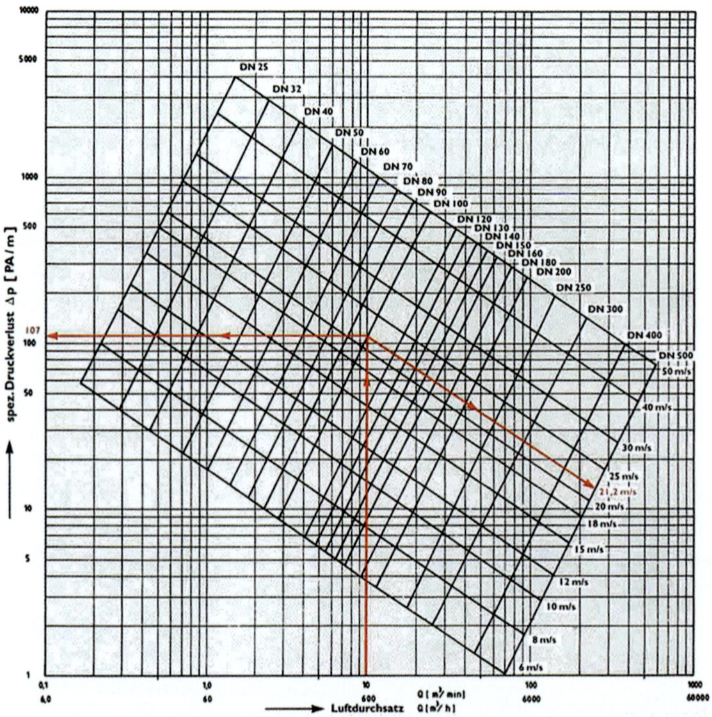

6.4.2
Druckverlust von Luftströmen in Kunststoff-Rohrleitungen.
Quelle: Fa. Masterflex

Sicht möglich, da der Wärmeübergang keinen allzu großen Einfluss auf die Leistung der Erdwärmetauscher hat;

- Reinigungsmöglichkeiten des Kanalsystems vorsehen, z.B. durch Revionsöffnungen, Enddeckel, Vermeidung scharfer Radien, Wahl möglichst großer Rohrdurchmesser;
- Anstelle von Luft-Erdwärmetauschern kann man dünne Soleleitungen oder einen Erdkollektor (s. Kap. 3.4.4) verlegen, um die hygienischen Probleme zu vermeiden. Die Sole wird mit einer (Hocheffizienz-)Pumpe durch einen Wärmetauscher gepumpt, der in der Zuluft-Leitung sitzt.

Für die Druckverluste der Gesamtanlage und ihrer Teile sind folgende Richtwerte zu beachten:

1. Außenluftansaug:	max. 5 Pa
2. Außenluftansaug mit Filter F 5:	max. 20 Pa
3. Vorwärmeregister:	max. 10 Pa
4. Überströmöffnungen:	max. 2 Pa
5. Luft-Erdwärmetauscher:	max. 15 Pa
6. Sole-Luftwärmetauscher:	max. 10 Pa
7. Gesamtdruckverlust Anlage (100 Pa mit Erdwärmetauscher):	max. 75 Pa

6.4.2 zeigt beispielhaft die Druckverluste von Kunststoff-Rohrleitungen. Die Hersteller von Lüftungsanlagen bieten häufig Software für die Auslegung ihrer Anlagen und Produkte an.

Filter

Die Betriebskosten einer Lüftungsanlage werden vor allem durch den Strombedarf, durch Verschleißmaterialien wie Keilriemen, Lager und Filter, aber auch durch den Reinigungsaufwand von Zentralgerät, Kanalsystem und Zu-/Abluftelementen bestimmt. Eine besondere Bedeutung kommt dabei den verwendeten Filtern zu. Filter mit hohen Abscheidegraden schützen zwar die Anlage vor Verunreinigungen, führen aber durch hohe Differenzdrücke zu einem erheblichen Strommehrverbrauch. Der Einsatz der richtigen Filterklasse ist daher wichtig.
In Deutschland werden Grob- und Feinfilter nach der europäischen Norm DIN EN 779, HEPA- und Ulpa-Filter nach EN 1822-1 klassifiziert. Die DIN EN 779 unterscheidet zwei Gruppen:

- Grobstaubfilter, Filterklassen G1 bis G4 (ehemals EU1 bis EU4) und zum anderen
- Feinstaubfilter, Filterklasse F5 bis F9 (ehemals EU5 bis EU9).

Die Filter unterscheiden sich durch die Abscheidegrade für Stäube mit einer Partikelgröße zwischen 0,1 bis 10 Mikrometer (µm). Für die kontrollierte Wohnraumlüftung sind die Filterklassen G 3 bis F 7 von Bedeutung, und zwar für folgende Einsatzzwecke:

- Filterklasse G3 und G4: Filter für die Klima- und Lüftungstechnik zur Feinstaubabscheidung, Vorfilter für Fein- und Schwebstofffilter, Filter zum Schutz von Wärmetauschern, Filter für Ablufttellerventile,
- Filterklasse F5: Feinstaubabscheidung mit hoher Luftreinheit, z.B. für Restaurant- und Saallüftung, Luftvorhänge für Lebensmittelgeschäfte, medizinische Praxen ohne OP-Einrichtung, Vorfilter für Feinst- und Schwebstofffilter,
- Filterklasse F6: Feinstaubabscheidung in der Industrie, Teil- und Vollklimaanlagen mit hoher Luftreinheit, Laboratorien, Krankenzimmer.
- Filterklasse F7 (bis F9): Feinstaubabscheidung in klimatechnischen Systemen mit sehr hoher Luftreinheit, Zuluftfilter für hochwertige Montageräume, Schaltanlagen, bei der Lebensmittelerzeugung, Vorfilter für Reinraumanlagen in der pharmazeutischen Industrie, Sterilisations- und OP-Räume.

Wählt man Filter höherer Filterklassen, steigt der Gesamtdruckverlust der Anlage, in der Folge steigen auch Stromverbrauch, Betriebskosten und Verschleiß. Wählt man zu niedrige Filterklassen, verschmutzen nicht nur Kanäle und Zentralgerät, es gelangen auch Stäube und Pollen in den Wohnbereich.

Auch die Art der Anordnung spielt eine Rolle. Hat nur das Zentralgerät Filter, werden alle Kanäle bis zum Gerät verschmutzt. Bei fetthaltiger Küchenabluft kann daraus sogar ein gravierendes Brandschutzproblem entstehen!

Zu empfehlen sind Filtermatten mit mindestens G 3 für die Ab- und die Außenluft. Für die Filterung der Zuluft werden meist höhere Filterklassen gewählt. Das Gros der Hersteller von Lüftungsgeräten hat sich für folgende Varianten entschieden:

- Vorfilter Außenluft (im Gerät oder am Außenluftansaug): G 4
- Filter Zuluft (im Gerät oder im Luftauslass): F 7
- Filter Abluft (vor Ablüfter/Wärmetauscher): G 4

Die mitunter hohen Preise für die Filter haben bei einigen Nutzern zur Selbsthilfe geführt: Die Eigenfertigung von Filtern aus Filtermatten ist leicht, die Filtermatten sind als Rollenware sehr preiswert erhältlich und können zugeschnitten und mit einer Nähmaschine vernäht werden (Abb. 6.4.3).

Nicht zuletzt können durch regelmäßige Kontrolle und Filterwechsel die Betriebskosten gesenkt werden. Ein Vergleich der Summe aller Filterdruckverluste mit dem Gesamtdruckverlust der Anlage zeigt die Einsatzgrenzen. Hat z.B. die Anlage mit neuen Filtern 80 Pa Gesamtdruckverlust, sollte spätestens beim Ansteigen des Druckverlustes auf den doppelten Wert eine Kontrolle der Filter erfolgen. Denn wie gesagt: 10 Pa mehr Druckverlust bedeuten für eine durchschnittliche Anlage mit 160 m^3/h Luftdurchsatz im Zeitraum von 25 Jahren Strommehrkosten bis zu 110 €! Unter normalen Verhältnissen ist mit einer ca. 6 - 12-monatigen Standzeit der Filter zu rechnen.

6.4.3
Tellerventil mit neuem, selbstgenähtem Filter; rechts der benutzte Filter.
Foto: Martin Gesell

Tabelle 6.4.1:
Filterklassen und Abscheidegrade.
Quelle: www.dezentral.info

Filterklassen und Abscheidegrade							
Filter-klasse	Abscheidegrad in % bei Partikelgröße						
	0,1 µm	0,3 µm	0,5 µm	1 µm	3 µm	5 µm	10 µm
G 1	-	-	-	-	0 - 5	5 - 15	40 - 50
G 2	-	-	-	0 - 5	5 - 15	15 - 35	50 - 70
G 3	-	-	0 - 5	5 - 15	15 - 35	35 - 70	70 - 85
G 4	-	0 - 5	5 - 15	15 - 35	30 - 55	60 - 90	85 - 98
F 5	0 - 10	5 - 15	15 - 30	30 - 50	70 - 90	90 - 99	>98
F 6	5 - 15	10 - 25	20 - 40	50 - 65	85 - 95	95 - 99	>99
F 7	25 - 35	45 - 60	60 - 75	85 - 95	>98	>99	>99
F 8	35 - 45	65 - 75	80 - 90	95 - 98	>99	>99	>99
F 9	45 - 60	75 - 85	90 - 95	>98	>99	>99	>99

6.5 Weitere Hinweise für Planung und Betrieb

KfW-Förderung

Der Einbau von Lüftungsanlagen mit Wärmerückgewinnung schont nicht nur die Primärenergiereserven, sondern bringt auch mehr Wohnqualität. Die KfW-Effizienzhäuser 55 und 40 sowie Passivhäuser können ohne Lüftungsanlage mit Wärmerückgewinnung nicht realisiert werden. Auch bei Standardhäusern und rundum sanierten Altbauten (Effizienzhäuser 100 und 70) sind Lüftungsanlagen dringend zu empfehlen. Bei der Altbausanierung werden Lüftungsanlagen mit Wärmerückgewinnung von der KfW gefördert (Kap. 7).

Behaglichkeit und Komfort

Wesentlich für Komfort und Behaglichkeit sind

- die wohlüberlegte Anordnung der Luftauslässe (Vermeidung von Zugerscheinungen),
- die Laufruhe der Anlage (auf dB-Werte achten; das Zentralgerät mit Schalldämpfern ins Kanalnetz einbinden),
- die leichte Programmierung und Bedienung (Wahl der Zulufttemperatur, Absenkung, Abschaltung).

Regelmäßige Wartung

Raumlufttechnische Anlagen unterliegen der Abnutzung, Alterung und Verschmutzung. Sie können, u.U. begünstigt durch Instandhaltungsdefizite, Mikroorganismen verbreiten und hierdurch die Gesundheit beeinträchtigen. Die VDI 6022 verlangt aus diesem Grund von allen Betreibern raumlufttechnischer Anlagen (RLT-Anlagen) eine regelmäßige Wartung. Die DIN 1946-6 formuliert Zeitintervalle für die Inspektion/Wartung einzelner Bauteile; sie bewegen sich zwischen 0,5 und 2 Jahren.

Empfohlen wird eine mindestens halbjährliche Kontrolle des Zentralgerätes; das Kanalnetz und der Erdwärmetauscher sollten nach spätestens fünf Jahren inspiziert werden! Die Reinigung ist nach Erfordernis auszuführen. Befindet sich die Anlage in vermieteten Wohnungen oder Häusern, ist auf ein jährliches Serviceprotokoll (= Bestätigung der fachgerecht ausgeführten Arbeiten) zu achten!

Zur Erleichterung der Reinigung sind die Luftauslässe abnehmbar zu gestalten. Das Zentralgerät muss frei zugänglich sein; die Luftleitungen dürfen nicht zu lang und nicht mit zu vielen scharfkantigen Formstücken verlegt werden. Größere Leitungsquerschnitte erleichtern die Reinigung.

Für die Reinigung von KWL-Systemen eignet sich z.B. das Schlauchsystem: Es besteht aus einem 10 m langen Schlauch, an den eine Düse angeschlossen ist. Mit einem Kugelhahn lässt sich die Menge der Druckluft (ca. 5 bar) regeln. Die angeschlossene Düse bewirkt eine selbstständige Vorwärtsbewegung und die Lösung von Staub und Ablagerungen von den Kanalwandungen. Die Verwendung rotierender Bürsten ist ebenfalls üblich.

Dokumentation

Nach Fertigstellung einer Anlage ist ein Übergabeprotokoll auszufüllen, das folgende Unterlagen enthält:

- Kanalnetzschema mit allen Anlagenkomponenten (Luftdurchlässe, Drosselklappen, Lüfter, Reinigungsöffnungen usw.);
- Messprotokoll der Druck-Volumenstrom-Kennlinie und der elektrischen Aufnahmeleistung für mindestens 2 Betriebsstufen an den vorgesehenen Messpunkten;
- Messprotokoll der Luftmengenverteilung auf die verschiedenen Luftdurchlässe bei Nennlast;
- Liste mit den wichtigen Einstellmaßen der Anlage (z.B. Luftdurchlässe, Minimumpotentiometer, Drosselklappen);
- Datum der Abnahme;
- Technische Unterlagen zu den Komponenten;
- Wartungsplan;
- Serviceadressen;
- Gewährleistungsbedingungen.

6.6 Kosten von Lüftungsanlagen

Die Investitions- und Betriebskosten für eine Lüftungsanlage sind von mehreren Faktoren abhängig. Wesentlich sind

- die Größe der Anlage; allgemein gilt: je größer der Versorgungsbereich, umso geringer die spezifischen Anlagen- und Betriebskosten,
- die Art der Anlage (dezentral, zentral),
- die Zahl der Funktionen (Entlüftung, Entlüftung mit Wärmerückgewinnung, Be- und Entlüftung mit Zusatzfunktionen wie Wärmerückgewinnung, Kühlung, Befeuchtung usw.).

Tabelle 6.4.2 und 6.4.3 zeigen Preise für die verschiedenen Lüftungsanlagen (Quelle: EnergieAgentur NRW).

Der Kosten-Nutzen-Vergleich typischer Lüftungsanlagen erfolgt getrennt für Ein- und Mehrfamilienhäuser. Dabei werden jeweils die Investitions-, Betriebs- und Wartungskosten sowie die zu erwartenden Energieeinsparungen betrachtet.
Bei Umrechnung der aufgeführten Anlagen- und Betriebskosten auf einen Preis pro Quadratmeter Wohnfläche und Jahr, eine zwanzigjährige Nutzungsdauer vorausgesetzt, ergeben sich je nach Art und Ausführung der Lüftungsanlage jährliche Kosten von ca. 1,80 – 7,00 €/m²·a (der letzte Wert bezieht sich auf eine Lüftungsanlage mit Wärmepumpe, d.h. auf eine Lüftungsanlage mit Heizfunktion, vgl. Tab. 6.4.2, letzte Zeile).

Kosten von Lüftungsanlagen für Einfamilienhäuser	Kosten Neubau	Kosten Sanierung	Kosten Betrieb	Kosten Wartung	Energie-Einsparung
Anlagentyp	€	€	€/Jahr	€/Jahr	€/Jahr
Zentrale Abluftanlage	3.500	3.750	10	40	-
Dezentrale Lüftungs-Anlage mit WR	5.000	5.500	35	150	150
Zentrale Lüftungsanlage mit Wärmerückgewinnung	7.900	8.300	20	65	198
Zentrale Lüftungsanlage mit Wärmepumpe	16.400	16.700	35	65	117

Tabelle 6.4.2 *(oben)*
Lüftungsanlagen für Einfamilienhäuser. Den angegebenen Kosten liegen folgende Randbedingungen zu Grunde: Einfamilienhaus mit 150 m² Wohnfläche. Die Anlage ist während der Heizperiode 3.700 Stunden in Betrieb. Die Betriebskosten entstehen durch den Stromverbrauch der Ventilatoren (ohne Wärmepumpenstrom). Die Wartungskosten enthalten die Inspektion und Gerätereinigung der Anlagen sowie einen jährlichen Filterwechsel.

Tabelle 6.4.3 *(unten)*
Lüftungsanlagen für Mehrfamilienhäuser. Den angegebenen Kosten liegen folgende Randbedingungen zu Grunde: Mehrfamilienhaus mit 6 Wohneinheiten von je 75 m² Wohnfläche (3 Zimmer KDB). Die Anlage ist während der Heizperiode 3.700 Stunden in Betrieb. Die Betriebskosten entstehen durch den Stromverbrauch der Ventilatoren (ohne Wärmepumpenstrom). Die Wartungskosten enthalten die Inspektion und Gerätereinigung der Anlagen sowie einen jährlichen Filterwechsel. Die dezentrale Lüftungsanlage besteht aus 5 Einzelgeräten. Bei zentralen Lüftungsanlagen wird unterschieden, ob die Wohnungen über jeweils eigene Anlagen oder über eine gemeinsame Anlage versorgt werden.

Kosten von Lüftungsanlagen für Mehrfamilienhäuser	Kosten Neubau	Kosten Sanierung	Kosten Betrieb	Kosten Wartung	Energie-einsparung
Anlagentyp	€	€	€/Jahr	€/Jahr	€/Jahr
Zentrale Abluftanlage: 1 Anlage pro Wohneinheit	2.500	2.600	10	32	-
Zentrale Abluftanlage: 1 Anlage pro Gebäude**	2.300	2.400	10	19	-
Dezentrale Lüftungsanl. m. Wärmerückgewinnung in 5 Einzelgeräten	3.800	4.200	24	102	59
Lüftungsanlage mit WR wohnungszentral	6.500	6.800	14	59	99
Zentrale Lüftungsanlage mit WR gebäudezentral**	5.800	6.100	14	32	99
** Angegebene Kosten pro Wohneinheit					

7 Fördermittel

Energiesparmaßnahmen und erneuerbare Energien werden auf vielfältige und sehr unterschiedliche Weise gefördert, so dass es selbst für Energieberater und Planer schwer ist, den Durchblick zu behalten, zumal sich die Förderrichtlinien ständig ändern.

Im Folgenden werden nur die Fördermittel und -programme des Bundes aufgeführt. In den meisten Bundesländern gibt es außerdem Landesmittel, die oft zusätzlich zu den Bundesmitteln gewährt werden. Auch viele Energieversorger unterstützen energiesparende Maßnahmen oder erneuerbare Energien. Eine sehr gute und stets aktuelle Informationsquelle bietet BINE unter www.energiefoerderung.info. Auch eine Nachfrage bei der Energieberatung der Verbraucherzentrale kann lohnend sein.

7.1 Bundesamt für Wirtschaft und Ausfuhrkontrolle (BAFA)

Das BAFA fördert den Einsatz regenerativer Energien überwiegend nur im Gebäudebestand durch direkte Zuschüsse (Tab. 7.1.1). Zum Gebäudebestand zählen Gebäude, für die vor dem 1. Januar 2009 ein Bauantrag gestellt bzw. eine Bauanzeige erstattet wurde und die bereits vor dem 1. Januar 2009 über ein Heizungssystem verfügten. Grundsätzlich werden bei den thermischen Solaranlagen nur Anlagen für die Trinkwassererwärmung und Heizungsunterstützung (TWW+Hzg) gefördert. Eine Ausnahme gibt es für Mehrfamilienhäuser ab 3 Wohneinheiten. Hier werden sowohl in Neubauten als auch in Altbauten thermische Solaranlagen ab 20 m² gefördert, und zwar auch für die reine Trinkwassererwärmung.

Fördermittel für Holzheizungen und Wärmepumpen gibt es nur für Altbauten. Außer der in Tab. 7.1.1 auf-

0	**Solarkollektoranlagen (thermisch)**	**Förderbetrag**
1	TWW: 20 - 100 m² Bruttokollektorfl. in MFH ab 3 WE (auch Neubau	90 €/m²
2	TWW+Hzg: bis 40 m² Bruttokollektorfläche	1.500 - 3.600 €
3	TWW+Hzg: zwischen 20 bis 100 m² Bruttokollektorfläche in Mehrfamilienhäusern und großen Nichtwohngebäuden auch in Neubauten	3.600 - 18.000 €
4	bis 1.000 m² zur Erzeugung von Prozesswärme	bis 50% der Nettoinvestitionskosten
5	**Biomasseanlagen**	
6	Pelletöfen mit Wassertasche	1.400 - 3.600 €
7	Pelletkessel	2.400 - 3.600 €
8	Pelletkessel mit Pufferspeicher (mind. 30 l / kW)	2.900 - 3.600 €
9	Hackschnitzelkessel mit Pufferspeicher	1.400 €
10	Scheitholzvergaserkessel mit Pufferspeicher	1.400 €
11	**Wärmepumpen**	
12	Sole/Wasser- und Wasser/Wasser-Wärmepumpen	2.800 - 11.800 €
13	Sole/Wasser- und Wasser/Wasser-Wärmepumpen mit Pufferspeicher	3.300 - 12.300 €
14	Luft/Wasser-Wärmepumpen	1.300 € bzw. 1.600 €
15	Luft/Wasser-Wärmepumpen mit Pufferspeicher	1.800 € bzw. 2.100 €
16	**BHKW**	
17	BHKW bis 20 kW (elektrisch)	1.500 - 3.450 €
	Weitere Zuschüsse gibt es für sparsame Solarpumpen, Solar-Wärmenetze, Anlagenteile für Biomassefeuerungen zur Emissionsminderung oder Effizienzsteigerung	

Tabelle 7.1.1: Basis-Fördermittel des BAFA: Diese Fördermittel gibt es nur für Bestandsgebäude, mit Ausnahme der Zeilen 1, 3 und 17.

geführten Basisförderung gibt es noch eine Bonusförderung:

- *Kesseltauschbonus:* Wird eine alte Heizungsanlage durch einen Brennwertkessel mit thermischer Solaranlage (TWW+Hzg) ersetzt, erhöht sich der Zuschuss um 500 €.
- *Kombinationsbonus:* Wenn zwei erneuerbare Quellen kombiniert werden, z.B. Pelletkessel plus thermische Solaranlage, erhöht das BAFA den Förderzuschuss um 500 €.
- *Effizienzbonus:* Liegt der Transmissionswärmeverlust H'_T eines sanierten Altbaus um 30% unter dem nach EnEV2009 vorgegebenen Wert, erhöht sich die Basisförderung um 50%.
- *Innovationsbonus:* Für besonders effiziente Technologien erhöht sich die Förderung um 750 €.

Des Weiteren gibt es noch Boni für besonders sparsame Solarpumpen (50 €) und Wärmenetze, die alle kumulierbar sind. Die Fördermittel werden *nach* dem Einbau beantragt. Bei Kesselsanierungen wird ein hydraulischer Abgleich verlangt. Förderantrag und weitere Informationen finden sich unter www.bafa.de. Förderauskunft: 06196 / 908-625. Die BAFA-Förderung ist nicht kumulierbar mit den KfW-Programmen 152 und 430 Einzelmaßnahmen, wohl aber mit den Programmen 151 und 430 Effizienzhäuser.

Tabelle 7.1.2: Förderbeispiele (Zuschuss in €).

Förderbeispiele **Maßnahme**	**Förderung**	**Zuschuss €**
Neuer Brennwertkessel mit thermischer Solaranlage (TWW+Hzg) ersetzt alten Kessel	Solarförderung:	1.500
	Kesseltauschbonus:	500
	Gesamt	**2.000**
Pelletkessel mit thermischer Solaranlage (TWW+Hzg) und Puffer ersetzt alten Kessel	Pelletkessel:	2.900
	Solaranlage:	1.500
	Kombinationsbonus:	500
	Kesseltauschbonus:	500
	Gesamt	**5.400**
Sole-Wärmepumpe mit thermischer Solaranlage (TWW+Hzg) und Puffer ersetzt alten Kessel	Wärmepumpe:	3.300
	Solaranlage:	1.500
	Kombinationsbonus:	500
	Kesseltauschbonus:	500
	Gesamt	**5.800**

7.2 Kreditanstalt für Wiederaufbau (KfW)

Altbausanierung

Die KfW vergibt Darlehen ab 1% p.a. Effektivzins oder direkte Zuschüsse in den Programmen 151, 152 und 430 für die Altbausanierung bis Baujahr 1994. Die Mittel der KfW müssen grundsätzlich *vor* Auftragsvergabe beantragt und bewilligt werden. Ein Sachverständiger, der unter www.energie-effizienz-experten.de gelistet ist, muss die Energiesparmaßnahme begleiten und hinterher abnehmen. Die Leistungen des Sachverständigen werden im Rahmen der Baubegleitung (Programm 431) zu 50% bezuschusst, sofern die Rechnungssumme größer als 600 € ist.

Darlehen für Einzelmaßnahmen (Programm 152)

Gefördert werden neue Fenster, Türen, die Dämmung von Wänden, Böden, Dächern und Heizungsanlagen, BHKW. An den Wärmeschutz werden sehr hohe Anforderungen gestellt. Kumulierungsverbot: Thermische Solaranlagen, Biomasseheizungen und Wärmepumpen werden nicht gefördert, weil sie vom BAFA gefördert werden. Förderhöhe: Maximal 50.000 € je Wohneinheit.

Darlehen für Effizienzhäuser (Programm 151)

Wird in einem Altbau das Effizienzhaus-Niveau (s. Kap. 2) erreicht, wird ein Tilgungszuschuss gewährt. Förderhöhe: maximal 75.000 € je WE. Der Tilgungszuschuss liegt zwischen 2,5% und 12,5% je nach erreichtem Niveau (s. Tab. 7.2.1).
Die Kumulierung mit den BAFA-Mitteln ist bei der Effizienzhausförderung erlaubt!

KfW-Plus
Effizienzhaus

Maßnahme	Programm 151		Programm 430	
	Tilgungs-zuschuss	Maxi-mum	Zu-schuss	Maxi-mum
Einzelmaßnahmen	---	---	7,5%	3.750 €
Effizienzh. Denkmal	2,5%	1.875 €	10,0%	7.500 €
Effizienzhaus 115	2,5%	1.875 €	10,0%	7.500 €
Effizienzhaus 100	5,0%	3.750 €	12,5%	9.375 €
Effizienzhaus 85	7,5%	5.625 €	15,0%	11.250 €
Effizienzhaus 70	10,0%	7.500 €	17,5%	13.125 €
Effizienzhaus 55	12,5%	9.375 €	20,0%	15.000 €

Tabelle 7.2.1
Maximale Tilgungszuschüsse und Zuschüsse je Wohneinheit bei den KfW-Programmen 151 und 430 für die Altbausanierung.

Beispielrechnung Investition - Fördermittel	**Effizienzhaus 115**	**Effizienzhaus 100**
Austausch der Fenster, Türen	[a] 9.000 €	[b] 13.000 €
Außenwände dämmen	[c] 3.000 €	[d] 10.000 €
Böden oder Kellerdecke dämmen	3.000 €	3.000 €
Neues Dach	25.000 €	25.000 €
Holzpelletkessel + Solaranlage	25.000 €	25.000 €
Sonstiges	10.000 €	15.000 €
Zwischensumme	**75.000 €**	**91.000 €**
Tilgungszuschuss	-1.875 €	-3.750 €
Fördermittel Pelletkessel	-2.900 €	-2.900 €
Fördermittel Solaranlage	-1.500 €	-1.500 €
Kombinationsbonus	-500 €	-500 €
Kesseltauschbonus	-500 €	-500 €
Summe Fördermittel	-7.275 €	-9.150 €
Investitionssumme	**67.725 €**	**81.850 €**

[a] Zweifach-Wärmeschutz-Verglasung; [b] Dreifach-Wärmeschutz-Verglasung; [c] Kerndämmung (Hohlschichtdämmung); [d] Kerndämmung und Wärmedämmverbundsystem

Zuschüsse für Einzelmaßnahmen und Effizienzhäuser (Programm 430)

Werden die Maßnahmen mit Eigenmitteln finanziert, werden die in Tab. 7.2.1 angegebenen Zuschüsse gezahlt. Bei den Einzelmaßnahmen werden maximal 50.000 € je Wohneinheit und bei den Effizienzhäusern 75.000 € je Wohneinheit als Investitionssumme akzeptiert. Die Kumulierung mit den BAFA-Mitteln ist bei der Effizienzhausförderung erlaubt!

Vorsicht Falle: Das „Upgrade" ist bei der KfW unverständlicherweise nicht möglich, das „Downgrade" dagegen jederzeit. Beispiel: Es wurde die Sanierung zum Effizienzhaus 100 beantragt und die ersten Mittel sind geflossen. Während der Umbauarbeiten stellt man fest, dass mit geringem Mehraufwand das Effizienzhaus 85 erreichbar ist. Leider ist dann eine Wandlung nicht mehr möglich, der erhöhte (Tilgungs-)Zuschuss wird nicht gewährt! Umgekehrt ist es einfach: Wenn das Effizienzhaus 100 nicht erreicht wird, sondern nur das Effizienzhaus 115, gibt es den verminderten (Tilgungs-)Zuschuss! Im Zweifelsfall sollte also immer das bessere Niveau beantragt werden, denn eine Verschlechterung ist immer möglich!

Neubauten (Programm 153)

Die KfW fördert energiesparende Neubauten durch zinsverbilligte Darlehen (ab 1,3% p.a.) und Tilgungszuschüsse. Die Darlehenssumme ist auf 50.000 € je Wohneinheit begrenzt. Die Tilgungszuschüsse liegen bei 5% beim Effizienzhaus 55 und bei 10% beim Effizienzhaus 40 sowie beim Passivhaus.

Tabelle 7.2.2
Förderbeispiel: Totalsanierung eines Einfamilienhauses, Baujahr 1968 mit ca. 150 m² Wohnfläche; Kosten und Fördermittel.

Stichwortverzeichnis

Weitere Bücher im ökobuch Verlag

Hauserneuerung

Instandsetzen - Modernisieren - Energiesparen - Umbauen: mit Anleitung zur Selbsthilfe. Das Buch beschreibt ausführlich den behutsamen, handwerklich sachgerechten und umweltverträglichen Umgang mit alter Bausubstanz. Von G. Haefele, W. Oed und L. Sabel. 255 Seiten, 200 Abb., 21 x 21 cm, 12. überarbeitete Aufl. 2012 28,90 €

Vom Altbau zum Niedrigenergie- und Passivhaus

Energietechnische Gebäudesanierung in der Praxis: Nachträgliche Wärmedämmung der Gebäudehülle, Fenstererneuerung sowie Sanierung der Haustechnik. Jetzt mit EnEV 2009. Hrsg. v. Ingo Gabriel u. H. Ladener. 262 S. m.vielen z.T. farb. Abb., 21 x 21 cm, 9. Aufl. 2010 29,90 €

Praxis: Holzfassaden

Material, Planung, Ausführung. Das Buch zeigt nicht nur die gestalterischen Möglichkeiten moderner Holzfassaden, sodern stellt zahlreiche vorbildliche Beispiele und Detaillösungen mit Ecken, Sockel, Dach- und Fensteranschlüssen vor. Von Ingo Gabriel. 4. Aufl. 2012, 113 S.m.v.farb. Abb. 28,- €

Handbuch Lehmbau

Umfassendes Lehrbuch und Nachschlagewerk: Es zeigt Einsatzmöglichkeiten, Eigenschaften und Verarbeitungstechniken des Baustoffes Lehm. Mit Forschungsergebnissen u. Beschreibungen ausgeführter Lehmhäuser. Von Gernot Minke. 222 S. m.v. Abb., 21 x 28 cm, gebunden, 8. verbess. Aufl. 2012 38,00 €

Neues Bauen mit Stroh in Europa

Bauen mit großformatigen Quadern aus gepreßtem Stroh: gebaute Beispiele, erprobte Bauformen und Konstruktionen, Besonderheiten, neue Projekte und Forschungen. Von H. u. A. Gruber u. H. Santler. 4. überarb. Aufl. 2012, 112 S. m. v.Abb., 14,95 €

Handbuch Strohballenbau

Ein Konstruktions-Handbuch, das Konzeption, Bautechnik und alle Details beschreibt, um aus Strohballen gut gedämmte, dauerhafte Häuser zu bauen. m.vielen Konstruktionsdetails und Beispielen. Von Gernot Minke u. Benjamin Krick. 2. Aufl. 2009, 142 S.m.v.farb. Abb. 28,90 €

Kompost-Toiletten

Grundlagen, Konzepte und Beispiele wasserloser Sanitärtechnik und die verschiedenen Komposttoilettensysteme. Herausgegeben von Wolfgang Berger und Claudia Lorenz-Ladener. 1. Aufl.2008, 214 S. m.farb.Abb., 29,90 €

Autonome Stromversorgung

Auslegung, Aufbau und Praxis autonomer Stromversorgungsanlagen mit Batteriespeicher für Beleuchtung und für netzferne Handwerks- u. Landwirtschaftsbetriebe. Von Philipp Brückmann. 3.Aufl. 2012, 110 S. m.v. Abb., 17x24 cm 15,90 €

Dächer begrünen

Ratgeber für die Begrünung von Wohn- und Bürogebäuden, Garagen und Carports. Mit Konstruktionsdetails, Dachaufbauten, Begrünungssystemen, Kosten u. Selbstbauhinweisen. Von Gernot Minke. 94 S. m. v. Abb., 17 x 24 cm, 4. Aufl. 2010 12,95 €

Solaranlagen

Grundlagen, Planung und Bau solarer Wärmeerzeugungsanlagen. Kompendium der Sonnenkollektortechnik: Warmwasserbereitung, Schwimmbad- u. Raumheizung, Großanlagen. Technik, Auslegung, Beispiele. von F. Späte, H. Ladener 12. Aufl. 2011, 277 S.m.v. Abb., geb. 29,90 €

Regenwasser für Garten und Haus

Ein kompetenter Ratgeber für Planung und Bau von Regenwassersammelanlagen nach dem Stand der Technik: Bemessung, Genehmigung, Speichertanks, Pumpen, Rohrleitungen, Zubehör. Von Karlheinz Böse. 92 S. m.v.Abb., 17x24 cm, 6. verbess. Aufl. 2011 12,95 €

Hütten von Kindern selbst gebaut

Das Buch zeigt schön illustriert, wie Kindern ohne großen Aufwand ihr eigenes kleines Reich erschaffen können, mit Baumaterialien, die fast alle draußen zu finden sind: Spielhäuschen, Kuppelbau, Schlupfwinkel, Beobachtungsversteck. Ab 8 Jahre. Von Louis Espinassous. 58 S. m.v. Abb., 21 x 21 cm, gebunden, 2. Aufl. 2011 13,95 €

Kleine Baumhäuser und Hütten

... kinderleicht gebaut. Hier wird gezeigt, wie Baum- und Stelzenhäuser gebaut werden können. Mit Anleitungen für verschiedene Konstruktionen und Bildern von realisierten Beispielen. Von David Stiles 93 S. m. v. farb. Abb., 17x24 cm, 5. Aufl. 2012 12,95 €

Richtig Brennholz machen

Vom Fällen bis zum richtigen Feuern zeigt das Buch, welche Holzarten, Arbeitstechniken und Werkzeuge am besten geeignet sind, um den Brennstoff für das Holzfeuer selbst auzubereiten. Von Hans J.K. Flöel. 77 S. m. vielen farb. Abb., 4. Aufl. 2012 10,95 €

Heizen mit Holz

Umfassender Ratgeber über Holzeinkauf, Zurichten des Waldholzes, Lagerung und Trocknung, Anforderungen an Feuerstelle und Schornstein, verschiedene Ofentypen u. ihre Einsatzbereiche. Von Hans-P. Ebert u. Thorsten Beimgraben. 132 S. m.v.Abb., 15. überarb. Aufl. 2013 12,95 €

Holzbacköfen im Garten

Detaillierte Bauanleitungen vom einfachen Lehmofen bis zum gemauerten Brotbackhäuschen. Mit vielen Erfahrungen und Ratschlägen sowie pfiffigen Tipps und Rezepten. Herausgegeben von Claudia Lorenz-Ladener. 138 S.m.vielen Abb., 15. Aufl. 2011 15,90 €

Kieselstein-Mosaik

Schöne Böden für Wege und Lieblingsplätze im Garten selbst gestalten. Anleitungen für einfache u. fortgeschrittene Arbeiten mit Tipps aus der Praxis. Viele Gestaltungsvorschläge geben Anregung für eigenes Schaffen. Von Maggy Howarth. 118 S. m.v. z.T. farb. Abb., 4. Aufl. 2011 gebunden 20,90 €

Naturkeller

Grundlagen der Kühllagerung und Anleitungen für Planung u. Bau naturgekühlter Lagerräume im Haus u. Freiland. Mit detaillierten Angaben zu den Klimabedingungen für eine erfolgreiche Frischlagerung. Von Cl. Lorenz-Ladener. 140 S. m.v.Abb., 13. Aufl. 2013 19,90 €

Gestalten mit Holz im Garten

Bodenbeläge, Holzdecks, Zäune, Rankgerüste, Lauben. Bauanleitungen und Gestaltungsideen für Nützliches und Dekoratives aus Schnittholz und aus grünem Holz. Das Buch zeigt, wie vielfältig und formschön sich Holzwerk in den Garten einbinden lässt. Von Heidi Howcroft. 135 S. m.v. Abb., 21 x 21cm, geb., 3. neu gestaltete Aufl. 2012 15,95 €

Lauben und Hütten

Einfache Paradiese zum Selbstbauen. Bauanleitungen für schnell zu errichtende Behausungen (Tipi, Baumhaus, Kuppelbau, Hogan etc.), sowie für schöne Lauben für den Garten oder die freie Natur. Herausgegeben von Cl. Lorenz-Ladener. 4. Aufl. 2009, 190 S. m.v. Abb., 22,90 €

Wir pflanzen eine Laube

Bauen mit lebenden Gehölzen. Auch im Hausgarten ist es möglich, eine reizvolle Laube wachsen zu lassen. Mit Schritt-für-Schritt-Anleitung, auch zum Pflanzen, Flechten und Formen von Stühlen u. Tischen aus lebendem Holz. Von Hermann F. Block. 2008, 101 S. 15,90 €

Mit Weiden bauen

Anleitungen für Zäune. Laubengänge, Wigwams, Sitzplätze und grüne Kuppeln. Pflanzen und Arbeiten mit lebendem Material, aus dem sich viele schöne, nützliche Dinge herstellen lassen. Von Jon Warnes. 7. Aufl. 2011, 60 S. m.v.farb. Abb., geb. 12,95 €

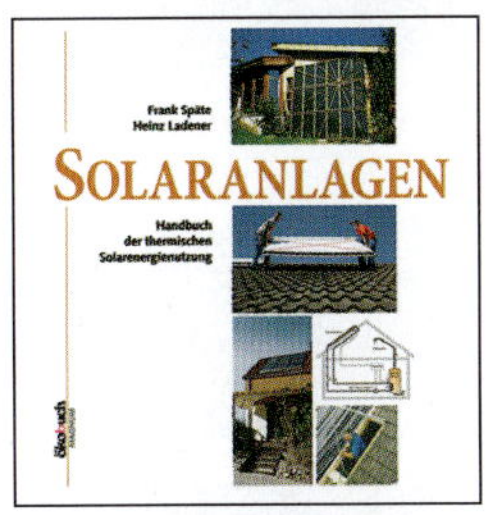

Terrassen und Decks aus Holz selbst gebaut

Planung, Baukonstruktionen und Ausführung von kleinen und größeren Holzdecks einschließlich Kostenüberlegungen. Viele Beispiele und Schritt-für-Schritt-Fotos vermitteln das nötige Wissen, um selbst ein schönes Holzdeck bauen zu können. Von Peter Himmelhuber.
102 S. m.v. farb. Abb., 17 x 24cm 2. Aufl. 2012 14,95 €

Trockenmauern für den Garten

Bauanleitung & Gestaltungsideen. Ob Sitzplätze oder Hochbeete einzufassen, eine Hangfläche zu terrassieren oder das Grundstück einzugrenzen: Mit einfachen Werkzeugen kann jeder kostengünstig eine schöne und dauerhafte Trockenmauer selbst bauen. Von Jana Spitzer und Reiner Dittrich. 3. Aufl. 2012, 95 S., farbig, 17x24 cm, 13,95 €

Auf 300 qm Gemüseland

... den Bedarf eines Haushalts ziehen. Wie man auf kleinstem Raum einen Nutzgarten anlegt und erfolgreich bewirtschaftet, können wir von unseren Vorfahren lernen. Mit schnellen, praktischen, alphabetisch geordneten Infos über die wesentlichen Pflanzen, über Anbau- und Arbeitsmethoden. Von Arthur Janson. Neugestalteter Nachdruck der 5. Aufl. 1926. 170 S. A5, gebunden, 13,95 €

Anders gärtnern

Permakultur-Elemente im Hausgarten. Ob Kräuterspirale, Krater- bzw. Hochbeet, Kartoffelturm, Wurmfarm oder Erdgewächshaus mit Hühnerstall, bei allem dient die Natur als Vorbild. Mit vielen Anleitungen für einen Hausgarten, in dem die Bereiche harmonisch zusammenwirken und sich gegenseitig fördern. Von Margit Rusch. 3. Aufl. 2012, 94 S. m.v. farb. Abb., 17 x 24 cm 13,95 €

Saatgut aus dem Hausgarten

Nach einer Einführung in die Saatgutgewinnung und die Vermehrung werden die nötigen Hilfsmittel, Ernte, Reinigung und Lagerung der Samen sowie Aussaat und Aufzucht beschrieben. Mit kurzen Pflanzenporträts aller im Hausgarten üblichen Kräuter, Gemüse und Blumen. Von Marlies Ortner. 136 S. m. v. farb. Abb., 17 x 24 cm, geb., 2. Aufl. 2012 19,90 €

Essbare Wildpflanzen aus dem Hausgarten

150 Arten: Obst, Kräuter, Gemüse. Wie eine dauerhafte Pflanzenlandschaft aus fruchttragenden Bäumen und Sträuchern, wilden Stauden sowie Kräutern und essbaren Bodendeckern geschaffen werden kann. Mit mehr als 70 Pflanzenporträts essbarer Wildfrüchte, Wildkräuter und Wildgemüse und Tipps zu deren Verwertung. Von Marlies Ortner. 125 S. m.v.Abb., 2. Aufl. 2012 15,95 €

Trocknen und Dörren mit der Sonne

Bau & Betrieb von Solartrocknern.: Ein Buch für alle, die einen funktionstüchtigen Solartrockner kostengünstig selbst bauen möchten, um Obst, Gemüse und Kräuter natürlich und hochwertig haltbar zu machen. Außerdem: Praxis des Trocknens mit vielen Tipps aus langjähriger Erfahrung. Herausgegeben von Claudia Lorenz-Ladener. 3. Aufl. 2012, 95 S., farbig, 17x24 cm 13,95 €

Kochen mit der Sonne

... in Mitteleuropa. Beschreibung käuflicher Solarkocher sowie Bauanleitung für einen Solarofen. Mit Tipps aus der Praxis u. vielen erprobten Koch- u. Backrezepten. Von Rolf Behringer und Michael Götz. 87 S. m.v.farb. Abb., 2. Aufl. 2012, 17 x 24 cm 13,95 €

Kleine grüne Archen

Passivsolare [Erd-]Gewächshäuser selbst gebaut. Der Bau und Selbstbau von freistehenden, angelehnten oder in die Erde versenkten Solargewächshäusern wird praxisnah beschrieben. Zahlreiche Baubeispiele zeigen die Vielfalt möglicher Lösungen, um ganzjährig Gemüse, Kräuter und Obst zu ernten. Von Claudia Lorenz-Ladener. 141 S. m. v. Abb., 1. Aufl. 2012 22,90 €

Preisstand: 1.1.2013

Unsere Bücher erhalten Sie in allen Buchhandlungen!

ökobuch Verlag GmbH
Postfach 1126 79216 Staufen

✆ 07633-50613 · ✉ 50870 · Email: oekobuch@t-online.de · http://www.oekobuch.de